薄互层油藏高效开发技术与应用

余传谋　著

北京理工大学出版社
BEIJING INSTITUTE OF TECHNOLOGY PRESS

图书在版编目(CIP)数据

薄互层油藏高效开发技术与应用 / 余传谋著. —北京:北京理工大学出版社, 2020.8

ISBN 978-7-5682-8877-4

Ⅰ. ①薄… Ⅱ. ①余… Ⅲ. ①薄互层-低渗透油气藏-油田开发-研究 Ⅳ. ①TE348

中国版本图书馆 CIP 数据核字(2020)第 148773 号

出版发行 / 北京理工大学出版社有限责任公司
社 址 / 北京市海淀区中关村南大街 5 号
邮 编 / 100081
电 话 / (010)68914775(总编室)
(010)82562903(教材售后服务热线)
(010)68948351(其他图书服务热线)
网 址 / http://www.bitpress.com.cn
经 销 / 全国各地新华书店
印 刷 / 唐山富达印务有限公司
开 本 / 787 毫米×1092 毫米 1/16
印 张 / 16.75
字 数 / 388 千字
版 次 / 2020 年 8 月第 1 版 2020 年 8 月第 1 次印刷
定 价 / 98.00 元

责任编辑 / 王玲玲
文案编辑 / 王玲玲
责任校对 / 刘亚男
责任印制 / 李志强

前言

中原油田东濮老区目前已进入高含水后期开发，主力厚油层采出程度已达41%，综合含水达96%以上。同时，受寒冬期油价大幅下跌影响，产量下滑明显，油田生存发展面临极大挑战。东濮老区复杂断块薄互层非均质油藏地质储量2.74亿吨，占总储量的49.6%，采出程度仅29%，具有埋藏深、油层多、层系多、多层薄互层发育、非均质性严重的特点，储层纵向上多层薄互层发育，仅沙二下就有50个小层，平均砂厚2.5 m，小于3 m的占75%，隔夹层厚度主要为2 m左右。平面上相变快，多条窄小河道发育，同期发育50条以上。以50~160 m窄条状河道为主，占80%。目前采出程度仅为29.1%，剩余可采储量1 021万吨。濮城油田文51油藏层段长，渗透率级差大，层间动用差异大，属于典型的薄互层非均质油藏。同时，该油藏构造复杂，被多期断层作用复杂化，切割出11个断块，并且每个断块内部低序级断层发育经过30余年的注水开发，长井段多油层合采合注，层间矛盾加剧，开发指标呈变差趋势。集团公司在2016年水驱技术交流会后，提出通过在地层薄互层剩余油描述技术、井筒深层精细分注技术、地面高效增注技术、精细注水管理机制等方面开展自主创新，确立创建濮城油田文51油藏中石化精细注水示范区，探索一套适应特高含水期薄互层油藏改善开发效果，提升开发效益的高效注水开发技术；指导同类油藏进一步改善开发效果，提升开发效益，实现油田健康可持续发展的目标。

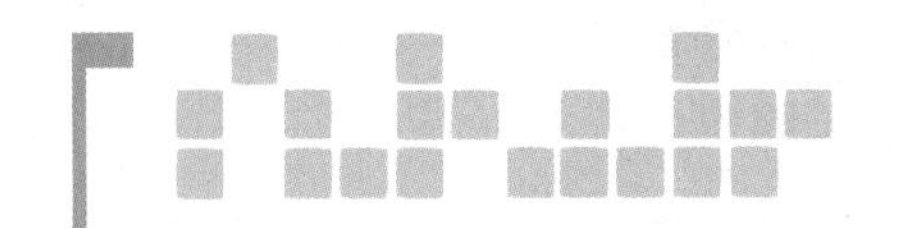

目　录

第一章
绪　论

一、研究的目的及意义

中原油田东濮老区目前已进入高含水后期开发，主力厚油层采出程度已达41%，综合含水达96%以上。同时，受寒冬期油价大幅下跌影响，产量下滑明显，油田生存发展面临极大挑战。东濮老区复杂断块薄互层非均质油藏地质储量2.74亿吨，占总储量的49.6%，采出程度仅29%，具有埋藏深、油层多、层系多、多层薄互层发育、非均质性严重特点，储层纵向上多层薄互层发育，仅沙二下就有50个小层，平均砂厚2.5 m，小于3 m的占75%，隔夹层厚度主要为2 m左右。平面上相变快，多条窄小河道发育，同期发育50条以上。以50～160 m窄条状河道为主，占80%。目前采出程度仅为29.1%，剩余可采储量1 021万吨。濮城油田文51油藏层段长，渗透率级差大，层间动用差异大，属于典型的薄互层非均质油藏，同时，该油藏构造复杂，被多期断层作用复杂化，切割出11个断块，并且每个断块内部低序级断层发育经过30余年的注水开发，长井段多油层合采合注，层间矛盾加剧，开发指标呈变差趋势。集团公司在2016年水驱技术交流会后，提出通过在地层薄互层剩余油描述技术、井筒深层精细分注技术、地面高效增注技术、精细注水管理机制等方面开展自主创新，确立创建濮城油田文51油藏中石化精细注水示范区，探索一套适应特高含水期薄互层油藏改善开发效果，提升开发效益的高效注水开发技术；指导同类油藏进一步改善开发效果，提升开发效益，实现油田健康可持续发展的目标。

二、国内技术研究现状

基于薄互层油藏砂层单层薄、多层叠置、横向连续性差、层间非均质性严重的特点，目前国内各油田普遍认为薄互层油藏的开发，应把握好几个方面的问题：

①对薄互层储层而言，需要建立精细地层格架模型、微构造模型、沉积相微相模型、测井解释模型、非均质模型、储层流动单元模型，做好精细构造解释及储层非均质性及微观孔隙结构研究，分析了层内、层间、平面上的储层差异；

②通过相控剩余油分析，明确剩余油分布类型及区域，分层系实施相控注水挖潜剩余油；

③对于层间渗透率差异较大的油藏，应开展好层系细分技术研究来改善油藏开发效

果，目前多以细分注水、分段开发为主，调剖、堵水为辅，矿场实践证明经济效果较好。

经过多年的相控注水、单元重组及分层系开发，国内大部分老油田已进入高含水、特高含水期开发阶段，因层间差异大，水驱效率较低，部分油田含水高达95%以上，为了确保油田更长期的稳产，除进行主力油层的开发层系调整外，国内各油田越来越看重薄差油层、难采储层的井网加密调整、层段细分调整。与此同时，配套的采油工艺技术也逐步完善，目前细分注水技术已日趋进步，多段注水、四寸套井分注等技术普遍应用，但部分技术仍存在一定缺陷。

目前国内各大油田注水开发主要采用的是偏心分注技术，受工艺限制，无法适应进一步细分需要：一是受配水堵塞器投捞的影响，两级偏心配水器间距要求至少要在6 m以上才能保证投捞顺利、不投错层，限制了封隔器的卡距，使现有技术无法进一步细分；二是细分将导致封隔器级数的增加，管柱解封力加大，常规作业设备无法满足现场作业需求；三是目前管柱无法适应小夹层坐卡需要；四是细分后层段数大幅度增加，测调工作量将成倍增长，常规更换陶瓷水嘴的试配法无法满足测试需要。同时，由于井况、注水压差等原因，部分分注井采用4寸①套封隔器或油套分注管柱，这类管柱无法洗井，容易造成作业时卡管柱、井损等问题。为此，需要开展多级细分注水技术研究，形成一套适应特高含水期薄互层油藏剩余油挖潜的注水开发技术。

三、主要研究内容和难点

（一）研究的油藏概况

东濮老区复杂断块薄互层非均质油藏地质储量2.74亿吨，占总储量的49.6%，采出程度29.1%，综合含水94%，已进入特高含水开发阶段。油藏埋深 -2 550 ~ -2 900 m，油水界面为 -2 810 m。孔隙度19.5%，渗透率101.8 mD②（毫达西），属中孔、中渗复杂断块油藏。

纵向上多层薄互层发育，仅沙二下就有50个小层。平均砂厚2.5 m（图1-1、图1-2）。

平面上多条窄小河道发育，同期发育50条以上。宽度以50 ~ 160 m窄条状河道为主（图1-3）。

（二）研究油藏面临的难题

精细注水示范区的创建是一项集地下、井筒、地面、管理为一体的系统工程，经调查分析，进入高含水开发期后，制约濮城油田复杂断块薄互层非均质油藏开发水平提升主要有三大问题：

①难题一：多层薄互层非均质油藏特高含水期剩余油分布模式，特别是储量占比达72%的窄薄河道相剩余油分布模式还有待细化研究。

---

① 1寸=0.033 m。

② 1 D = 0.987×10^{-3} μm^2。

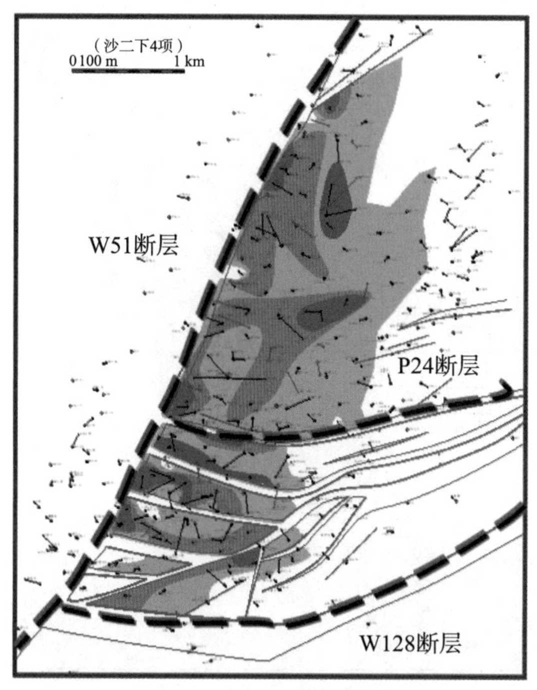

图 1-1 文 51 油藏构造图

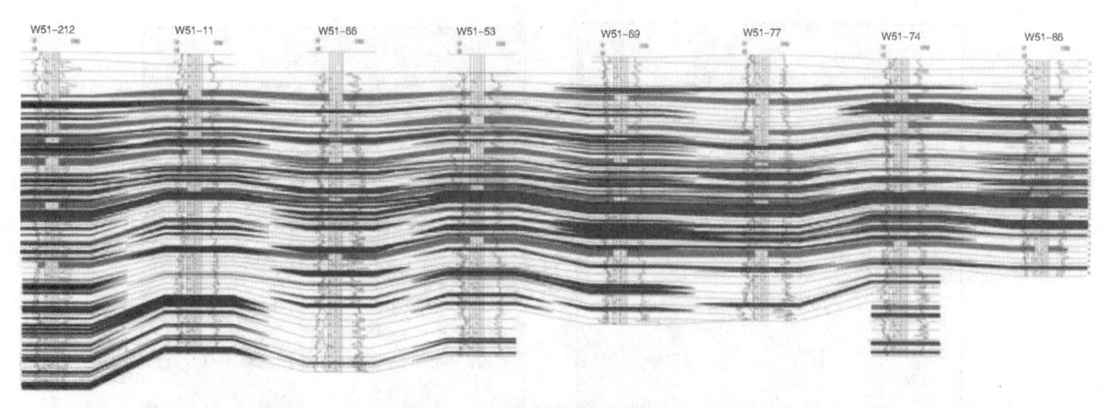

图 1-2 沉积微相连井剖面图

随着开发时间的增长，精细剩余油认识在地质开发工作中越发重要，以往刻画的宽泛河道及剩余油认识已不能适应高含水开发后期薄互层油藏精细开发需求。当前多层薄互层非均质油藏特高含水期剩余油分布模式，特别是储量占比达 72% 的窄薄河道相剩余油分布模式还有待细化研究（图 1-4）。

②难题二：受油藏埋藏深、高压、高温及井况影响，目前配套工艺技术不适应多层薄互层非均质油藏的精细开发需求。

薄互层油藏一方面层间非均质性强，随着开发对象向二、三层转移，必须研究优化多级多段注水管柱；另外，多层薄互层油藏隔夹层薄（0.6～2.8 m），目前的分注工艺较难实现薄夹层有效分注。同时，目前对于水井分注，缺乏一套层段优化、分注方案优选的解决方案，措施的有效率有待进一步提高。

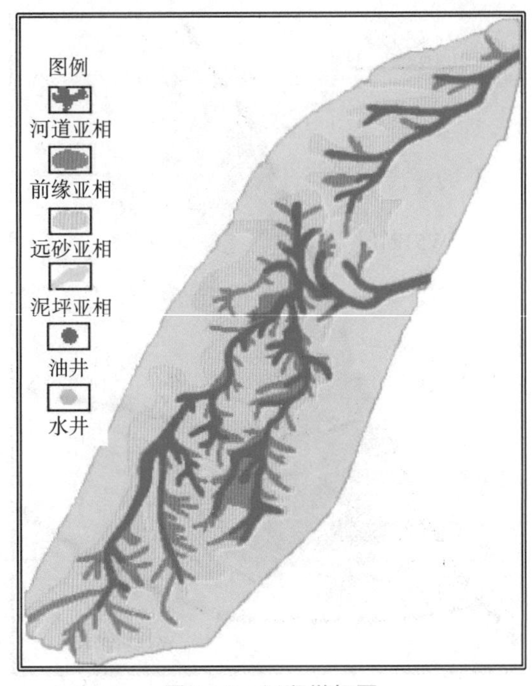

图 1－3　沉积微相图

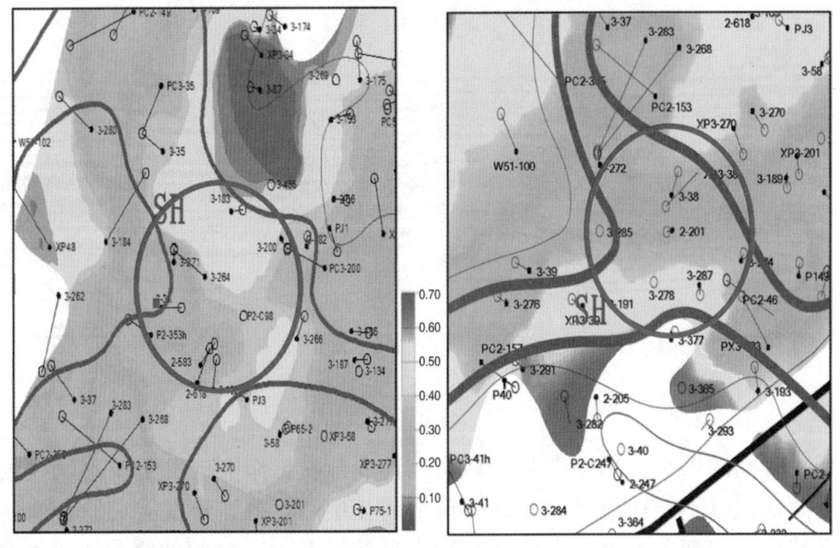

图 1－4　剩余油饱和度图

③难题三：老油田开发后期，开发目标向二、三类层转移，注水压力逐步上升，注水能耗增加，系统效率降低，原有地面注水系统不适应精细注水要求。

薄互层油藏层间非均质性严重，随着开发目标向二、三类层转移，注水压力逐步上升，早期建立的地面注水系统主要适应中高渗储层，增注站的注水能力与注水量的匹配程度下降，效率低，不适应精细注水、精细分注的要求。

第二章

井间砂体构型研究

一、单成因砂体的识别标志

前人对储层空间结构的研究和探讨主要集中于曲流河点坝砂体构型的分析，对三角洲前缘水下分流河道砂体的空间构型研究甚少，尤其是针对三角洲前缘窄薄砂体空间构型的研究基本还是一个空白。本次借鉴了前人在曲流河点坝空间构型分析方面的研究成果，在结合本区具体沉积环境和砂体特征的基础上，确定了水下分流主河道单成因砂体的识别的四类标志。

（一）不连续的水下分流河道间砂体

尽管大面积分布的水下分流河道砂体多为多条河道侧向拼合的结果。一般情况下，如果河道出现分岔，则在河道间会因为漫溢作用而形成不连续的水下分流河道间砂或者因为砂质沉积缺乏而只有河道间泥，沿河道横向上不连续分布的水下分流河道间砂体或者河道间泥便成为两条不同水下分流河道的分界标志（图2-1）。

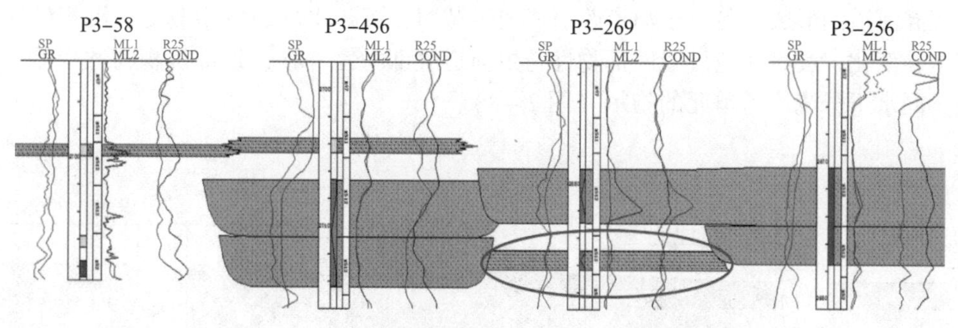

图2-1　单一河道识别标志——河道间薄层砂沉积

（二）同时期水下分流河道砂体顶底面高程差异

不同水下分流河道砂体尽管属于同一地质时期沉积的产物，但是受其沉积古地形的影响、沉积能量的微弱差别及水下分流河道改道或发育时间差异的影响，在顶底相对高程上会有差异（图2-2）。

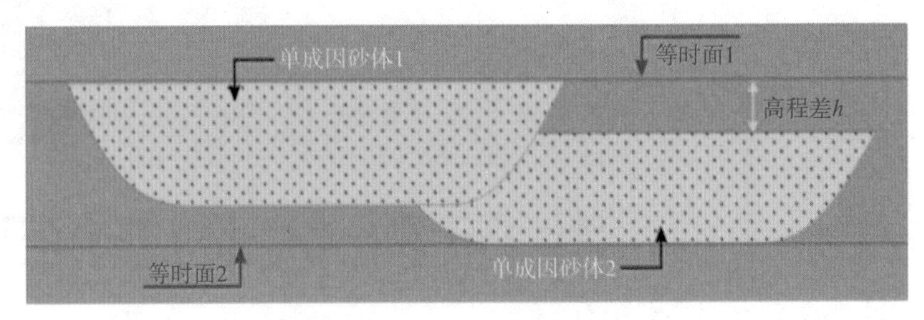

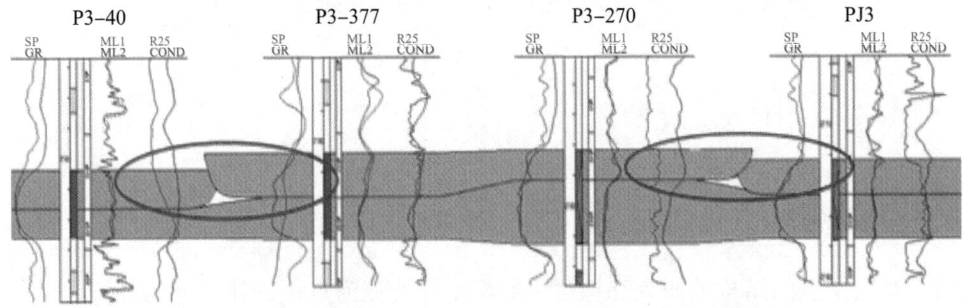

图 2-2　单一河道识别标志——同时期河道砂体顶面高程差异

如果这种差异出现在水下分流河道分界附近，就可以将其作为两条水下分流河道砂体的边界的标志，需要和其他资料配合使用才能更好地起到单河道划分的标志性作用。

（三）水下分流河道砂体厚度差异

不同水下分流河道砂体，由于分流能力受到多种因素的影响而必然会出现差异，会通过沉积砂体的厚度上的差异表现出来，如果这种差异性的边界可以在较大范围内追溯，就可以认为是不同水下分流河道单元的指示。

（四）废弃河道

废弃河道的形成多是由于河道改道或河道截留，沉积水动力发生改变，沉积砂体厚度出现差异变化。废弃河道一般底部物性与主河道底部物性一致，顶部沉积物性变差，可认为是不同水下分流河道单元的指示（图 2-3）。

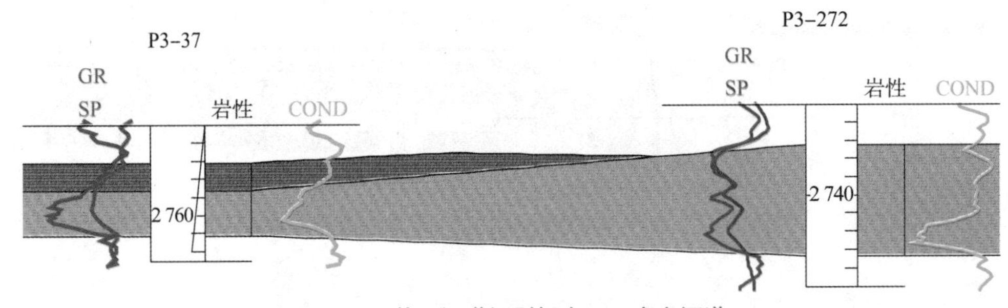

图 2-3　单一河道识别标志——废弃河道

二、单成因砂体的连接模式

以岩芯观察划分为基础，结合测井响应特征，将水下分流河道测井相划分为以下三大类：

①多期叠合型：剩余油主要分布在未连通的砂体内部。

②横向孤立型：剩余油分布在水井难控制的孤立河道砂体中。

③切叠拼接型：剩余油分布在受隔夹层遮挡的井间渗流屏障区。

三、厚油层构型划分及内部构型分析

（一）厚油层内部结构层次划分

在开展地下储层结构研究中，大多数学者基本都采用了 Miall 提出的储层结构界面及结构要素划分思路，虽然该方案严格遵循了沉积结构层次性原则，但明显存在与现场地层及小层划分方案和使用习惯不配套的问题，因而有必要针对具体的研究对象提出全新而具体的砂体内部结构划分方案。结构界面和要素的划分与种类应当是一个开放的体系，可以结合所研究地区的特点及研究对象的复杂程度自行排列界面序列、定义结构要素类型，不拘一格。

鉴于此，本次研究过程中，针对研究区厚油层的结构性和现场使用习惯提出了适合本油藏的砂体内部结构划分方案（表 2－1）。厚油层砂体结构解剖的重点研究对象为第六、七级结构体，即单成因砂体和加积体，分别对应于小层划分方案中的单砂体及加积单元。

表 2－1　砂体内部结构划分方案及其与小层划分方案对比表

构型方案	一级	二级	三级	四级	五级	六级	七级	八级	九级
地层方案	组	段	亚段	砂组	小层	单砂体	层理组	层系	纹层
厚油层构型识别结果	沙河街组	沙二段	沙二下	X2 砂组	24	4－1 单成因砂体	层理组	层系	纹层
					24	4－2 单成因砂体	层理组	层系	纹层
				X3 砂组	34	4－1 单成因砂体	层理组	层系	纹层
					34	4－2 单成因砂体	层理组	层系	纹层
				X5 砂组	51	1－1 单成因砂体	层理组	层系	纹层
					51	1－2 单成因砂体	层理组	层系	纹层
					51	1－3 单成因砂体	层理组	层系	纹层
					52	2－1 单成因砂体	层理组	层系	纹层
					52	2－2 单成因砂体	层理组	层系	纹层
				X6 砂组	64	4－1 单成因砂体	层理组	层系	纹层
					64	4－2 单成因砂体	层理组	层系	纹层

（二）厚油层内部结构面类型及特征

厚油层内部结构面是指，在纵向沉积层序中，一期连续稳定沉积结束到下一期连续稳定沉积开始之间形成的，在岩性和测井响应特征上有别于上下邻层的特征岩性面。与结构层次划分相应，结构面的规模有大小之别，级别有高低之分，本研究的重点是第六级和第七级结构面，即单成因砂体的边界结构面和单成因砂体内部的加积面（一般以夹层形式产出），这既是重点，也是难点，更是做好空间结构研究的关键所在。

根据岩芯特征和测井解释结果，厚油层砂体内部的第六级结构面主要有3种类型：泥质层、含砾砂岩层、钙质层。从岩芯特征来看，第七级结构面主要是单成因砂体内部的泥岩、粉砂质泥岩或泥质粉砂岩薄夹层，厚度一般为0.1～0.3 m，一般为洪后水道内的悬浮沉积或洪峰间河道内的细粒沉积，属水动力短暂变弱的沉积产物。

1. 泥质层

泥质层的成因往往是一期河道沉积在沉积晚期，随着水动力作用的减弱而在下部砂质沉积物之上形成的一套泥质，也可以是水下分流河道间的泥质沉积，但随着后期河道逐渐发育及下切作用不断增强的影响，此前的泥质沉积物一部分会被侵蚀，但这种侵蚀作用还不至于下切至前期沉积的河道砂体，于是在两期河道沉积砂体之间便形成了泥质结构面，微电极测井曲线回返明显，幅度差减小，比较容易识别。

2. 含砾砂岩层

含砾砂岩层主要由冲刷－充填作用形成，指位于河道底部的一套滞留沉积，此层分选和物性均相对较差（图2－4）。对研究区岩芯观察表明，虽然含砾砂岩层物性相对较差，但依然含油，只是原始油气充满度不如其上部砂岩段，电阻率回返程度较低。物性差的含砾砂岩层从岩芯上容易识别，但从测井曲线上识别尚有一定难度，故在做空间单成因砂体划分时，需要参考连井剖面上各结构体的空间位置及接触关系来开展综合识别。

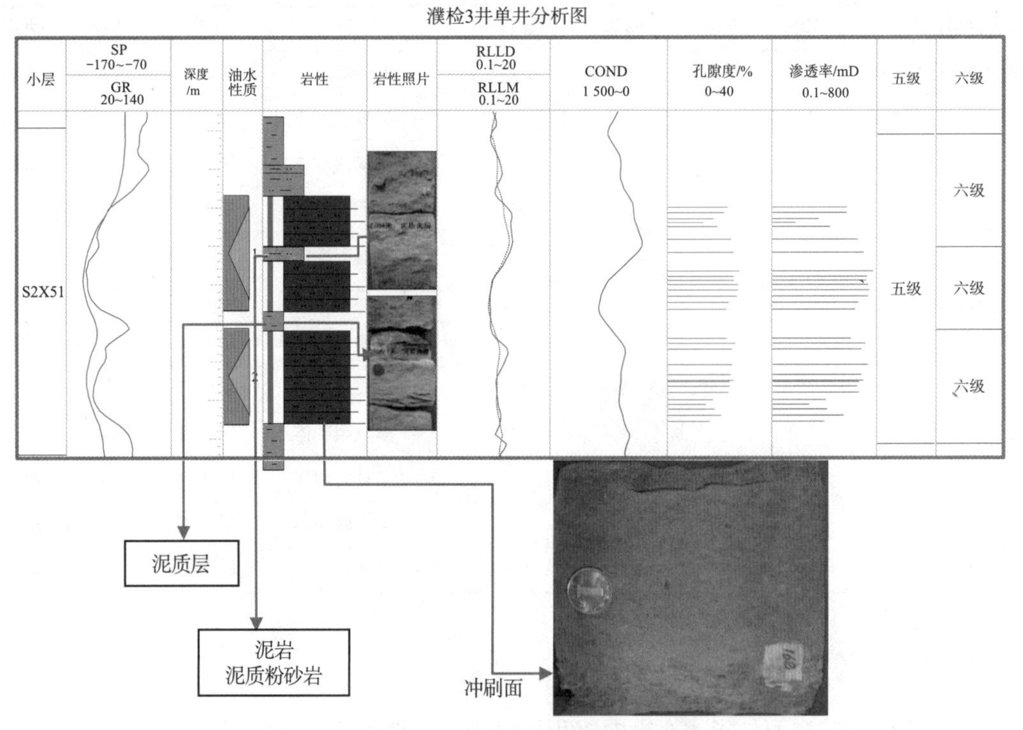

图2－4　厚油层当中的结构面（PJ3井）

3. 钙质层

正韵律水下分流河道储层的下部物性一般较好，是孔隙水的优势渗流部位，也是钙质优先沉积场所，易形成钙质砂岩，此为钙质层成因之一。另外，从厚油层岩芯特征来看，河道顶部与上覆泥岩接触位置的钙质层也较发育。所以，钙质层的成因之二也可能是早期黏土矿物转化过程中产生的钙离子，在沉积砂体顶部成岩而成的。不管钙质层属于哪一种成因，厚油层内部的钙质层指示了单成因砂体的顶、底面，属六级结构面之一，可作为多期单成因砂体叠加的佐证（图 2－5）。

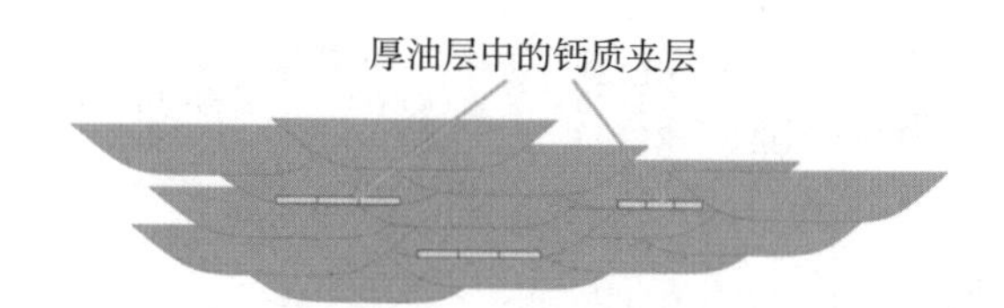

图 2－5 厚油层内部钙质层分布模式

至于研究区厚油层内第七级结构面，从岩芯特征来看，主要是单成因砂体内部的泥岩、粉砂质泥岩或泥质粉砂岩薄夹层，单层厚度一般为 0.1～0.3 m，一般为洪后水道内的悬浮沉积或洪峰间河道内的细粒沉积，属于水动力短暂变弱的沉积产物。

开展储集砂体划分和识别不同级次结构面必须遵循所研究对象的沉积规律，按照点－线－面－空间的思路开展全方位研究。一般地，如果是不同河道单元叠置，其间出现的泥质、钙质和冲刷面第六级结构面具有横向延续较稳定或略呈渐变的特点。如果在厚油层中的结构面不连续、井间不可追，则这种结构面有可能是单成因砂体内部的第七级结构面（图 2－6）。

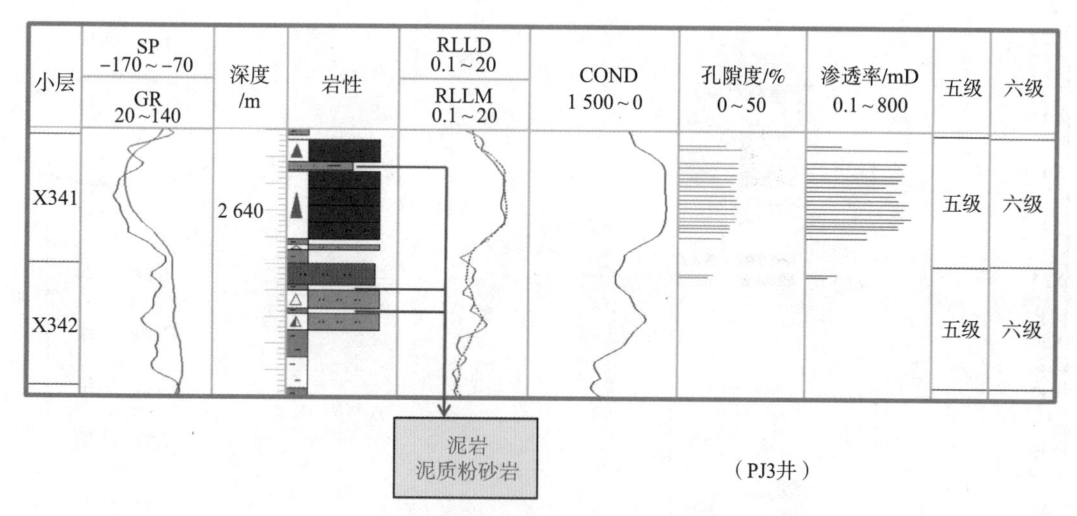

图 2－6 厚油层中的第七级结构面特征

（三）厚油层空间结构特征分析

通过对储层沉积单元的细分与对比，进行砂体骨架精细解剖，建立起东西向 2 条和南北向 2 条共计 4 条砂体精细划分与对比基干剖面和若干平行剖面。在此基础之上，充分认识砂体可能成因类型、组合样式，并结合砂体的平面组合样式，在现代河流和古代露头沉积模式的指导下，按照地质思维来合理地建立砂体的剖面和平面结构模型。

1. 取芯井厚油层结构特征分析

详细观察和描述了研究区所有目的层取芯井的岩芯资料，对取芯井的岩芯观察和描述着眼于3个方面的问题：取芯井厚油层内部各级结构面的识别；厚油层内部结构面的产状特征；取芯井厚油层单成因砂体的划分。以岩芯资料为基础，建立了濮检3井的单井结构剖面（图2－7）。

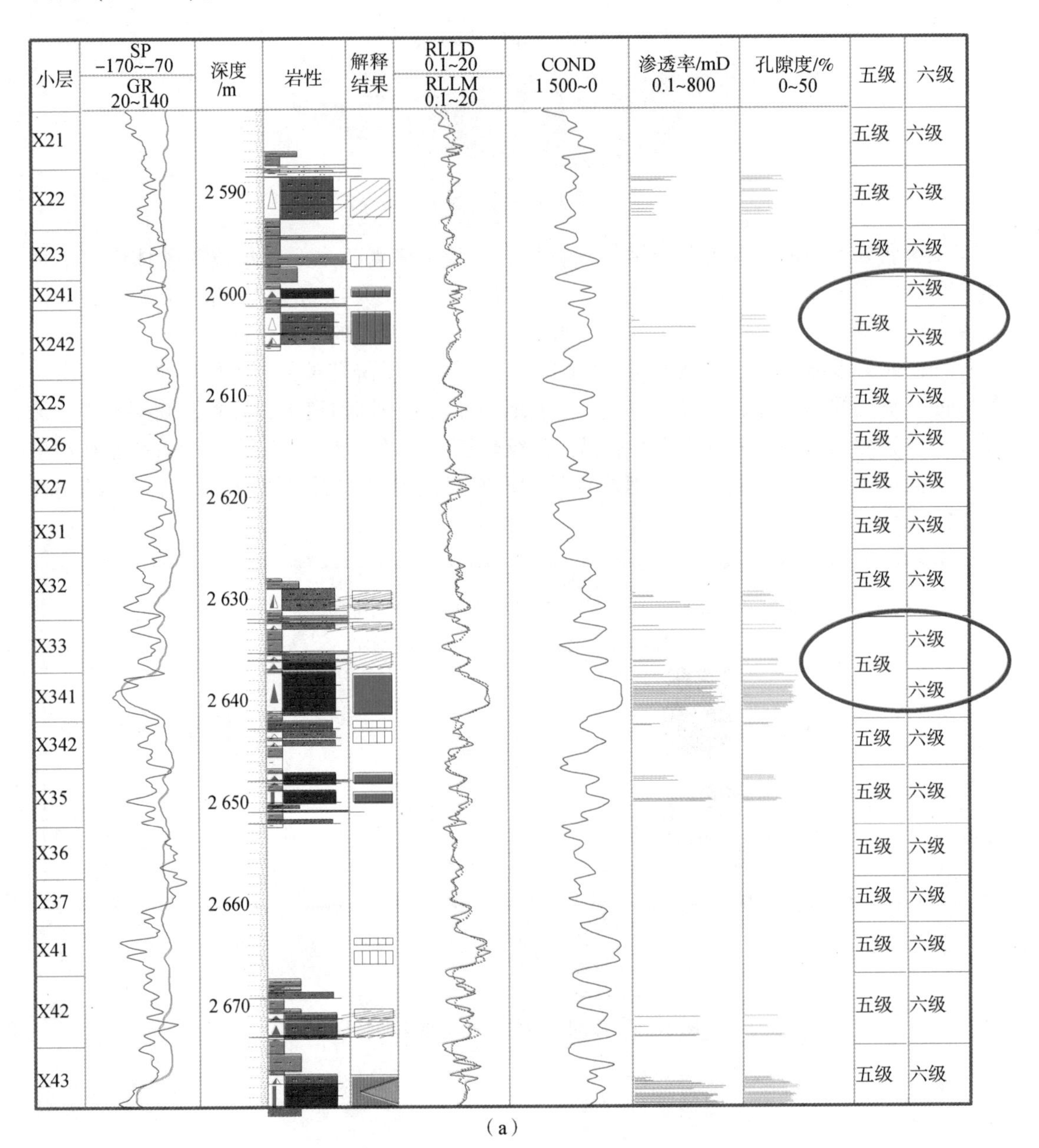

（a）

图2－7 濮检3井单井结构分析图

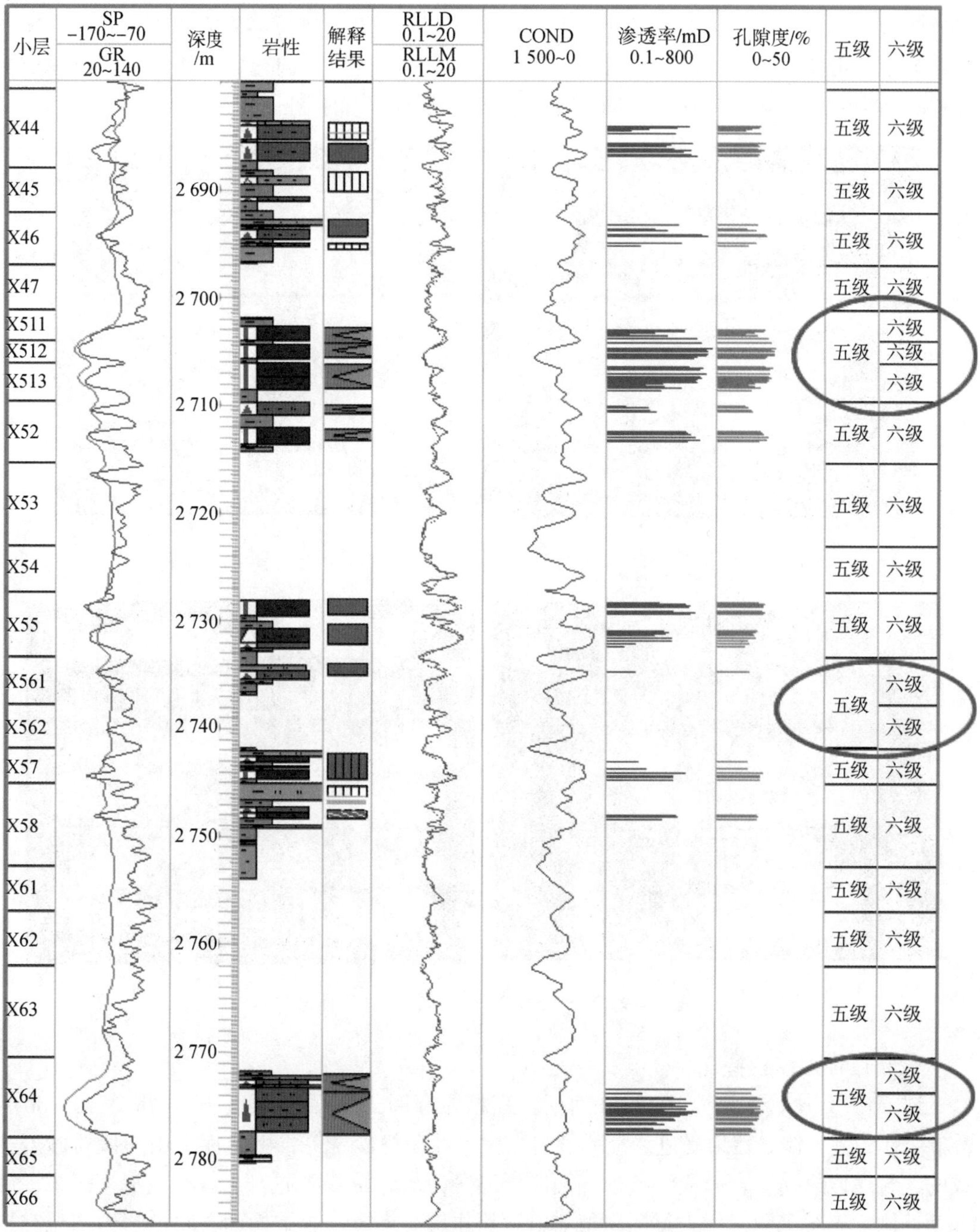

（b）

图 2－7　濮检 3 井单井结构分析图（续）

濮检 3 井是 2002 年 10 月完钻的一口取芯井，分析化验资料较全。取芯段主要厚油层砂体所处层位为沙二下，属三角洲前缘水下分流河道砂。

（1）结构面类型及产状

濮检 3 井厚油层内部的结构面共有两种类型：一种是单河道底部冲刷面（图 2－8），

另一种是泥质结构面（图2－9）。岩芯观察的结果表明，六级泥质结构面和七级泥质结构面的产状主要为水平状，而六级含砾砂岩结构面（冲刷面）则除了具有水平产状外，还有一部分呈低角度状产出，这说明六、七级结构砂体的主体以垂向充填沉积为主，厚油层内部六级结构体在空间上具有“纵向切叠、横向叠置连片”的空间特征。

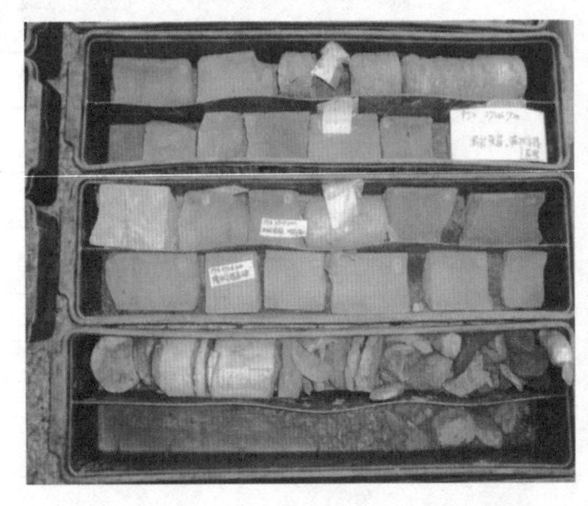
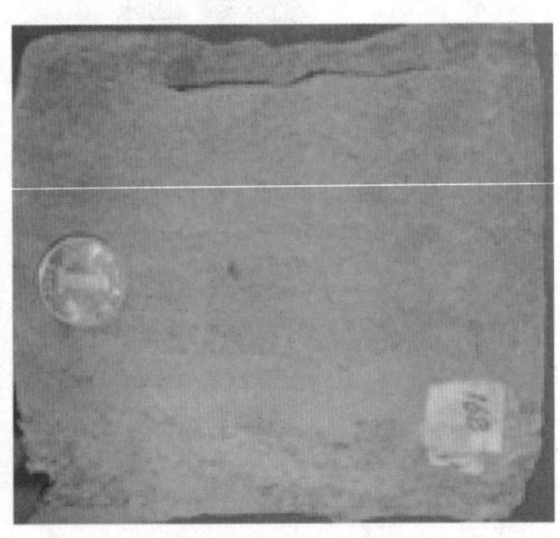

图2－8　结构面类型及产状特征（冲刷面）

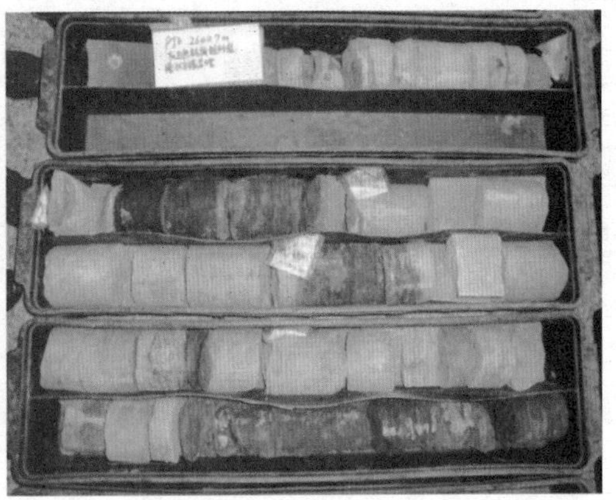

图2－9　结构面类型及产状特征（泥质面）

（2）厚油层结构特征

以濮检3井沙二下5砂组1小层厚油层为例，该厚油层位于井深2 701.80～2 709.81 m，主体岩性为褐色油浸粉砂岩、棕色油斑粉砂岩等，由上而下由三段粉砂岩构成的正粒序段纵向叠合而成，其内部两段低渗段为灰色粉砂质泥岩、紫红色泥岩沉积，底部为冲刷－充填沉积，代表每期河道滞留沉积作用，为第六级结构面，粉砂岩内部见交错层理、平行层理。以第六级结构面为界，可以将51厚油层砂体纵向上划分为三期水下分流河道，即该厚油层是由三期水下分流河道纵向切叠构成（图2－10）。

岩芯分析结果表明，高渗段出现在厚油层中下部，从下往上渗透率逐渐降低，显正韵律特征。另外，也注意到，该厚油层下部剩余油饱和度低，从下往上剩余油饱和度逐渐变大。这正是正韵律油层的注入水易从下部高渗段流动，上部低渗段波及效果差的结果，导致砂体上部剩余油富集。

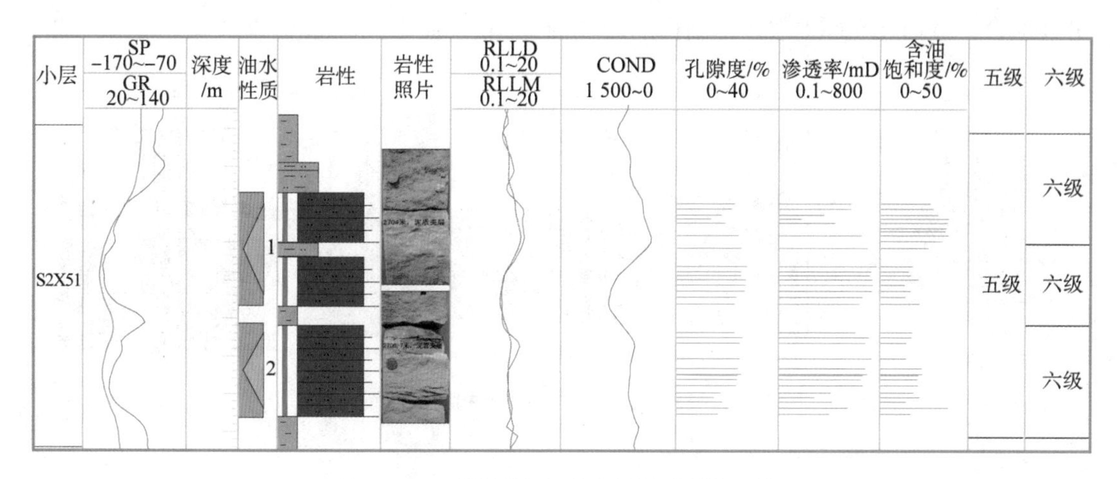

图 2－10　厚油层砂体结构特征（濮检 3 井）

2. 对子井厚油层结构分析

重点选取了南区沙二下濮 53 块 7 组对子井 2 个小层 51、64 进行了研究，平均井距为 165 m。薄夹层的横向延展范围难以确定，但对子井小井距的特点正好为研究不同级次结构面的空间特征提供了良好的契机；另外，这种小井距的特点也更便于研究砂体的横向变化特征。研究结果表明，这 7 组对子井在 51、64 小层共钻遇河道砂体 70 个，其中这些河道砂体在对子井间尖灭的有 35 个，占 50%；共钻遇不同类型结构面（夹层）42 个，其中这些结构面在井间尖灭的有 9 个，占 21.43%（表 2－2）。统计数据说明，厚油层内部结构有两个重要特点：六级结构体（单河道砂体）较窄，横向变化较快，拼合性特征明显；不同级次结构面横向变化较快，具有一定的随机分布特征。这实质上充分说明了厚油层内部复杂的结构非均质性。

表 2－2　对子井厚油层和夹层特征统计表

钻遇夹层/个	井间尖灭		井间连续	
	个数/个	比例/%	个数/个	比例/%
42	9	21.43	33	78.57
钻遇河道砂体/个	井间尖灭		井间连续	
	个数/个	比例/%	个数/个	比例/%
70	35	50	35	50

3. 厚油层剖面结构分析

厚油层单成因砂体剖面结构的建立过程主要包括 3 个部分的内容：单成因砂体的空间组合；单成因砂体内的夹层空间组合分析；单成因砂体空间结构组合结果的检验。在各沉积单元储层对比的格架内，在地层构造、沉积展布等条件约束下，充分考虑不同类型沉积体的韵律变化规律和横向变化特点，在相控条件下实施不同单成因砂体的识别、对比、划分及组合，进而建立厚油层砂体结构剖面（图 2－11、图 2－12）。

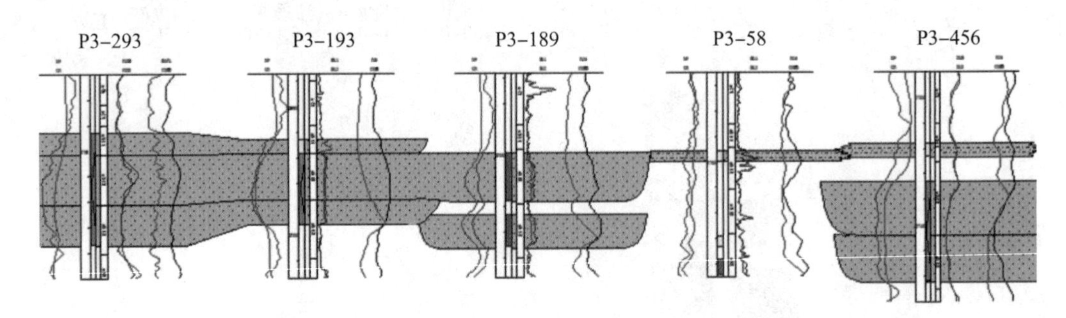

图 2－11　51 小层厚油层砂体结构要素剖面（1）

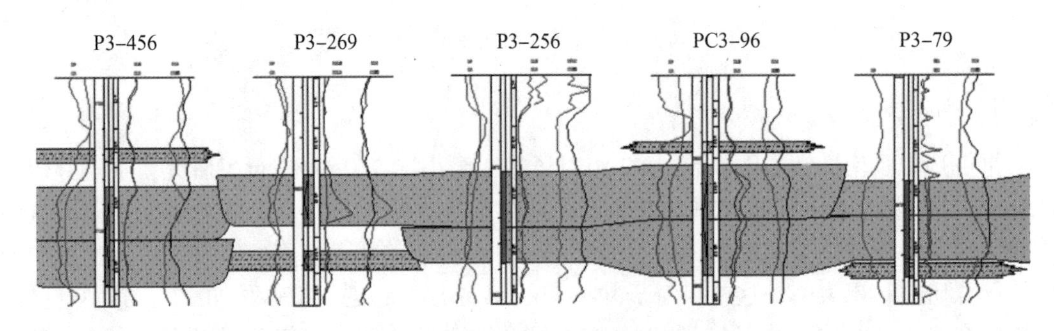

图 2－12　51 小层厚油层砂体结构要素剖面（2）

通过结构剖面分析，可以得出以下几点认识：

①顺物源方向厚油层结构要素剖面的单成因砂体（六级结构体）的横向连续性好于垂直物源方向。

②厚油层砂体并不是由于一期河道作用形成的，几乎所有的厚油层砂体都是由多条水下分流主河道相互切割，叠置连片而形成的。

③厚油层砂体内部不同级次结构面具有随机分布特征，并且多以低角度相互斜交的方式产出。

4. 厚油层平面结构分析

研究南区沙二下不同小层三角洲前缘厚油层砂体平面结构表明，厚油层砂体是由多期水下分流河道在纵向切叠和横向叠置连片的基础上而形成的。三角洲的演化具有明显的多期次叠加特征（图 2－13）。解剖夹层结构表明，由水道、水道间到前缘砂及远砂，随着砂层的逐渐变差，夹层厚度、分布范围逐渐变大（图 2－14 和图 2－15）

5. 厚油层内部结构模式

采用传统的地层及砂体划分和对比方法研究南区沙二下厚油层时，厚油层多呈横向成片分布的特点，但通过厚油层内部结构解剖之后，不难发现其内部复杂的结构非均质性。基于厚油层内部结构立体解剖成果，建立了其内部结构模式（图 2－16）。

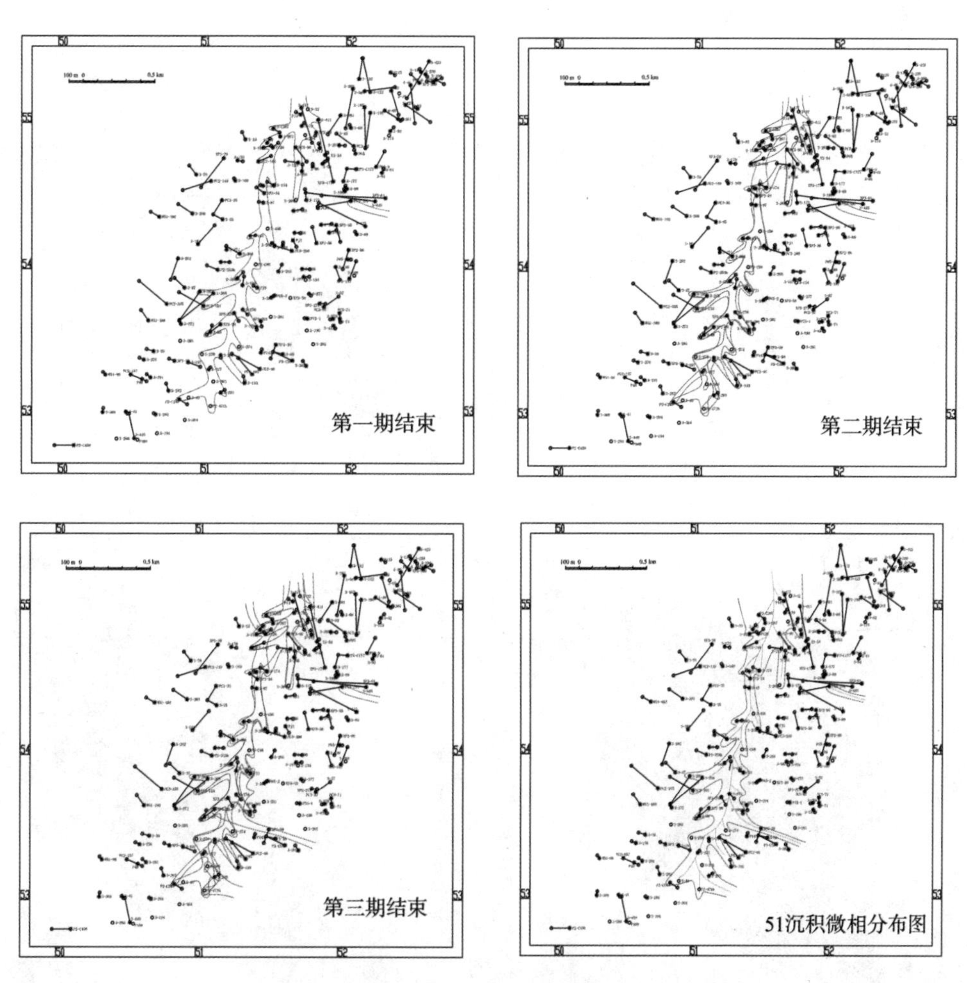

图 2-13 濮 53 块沙二下 51 小层平面结构演化图

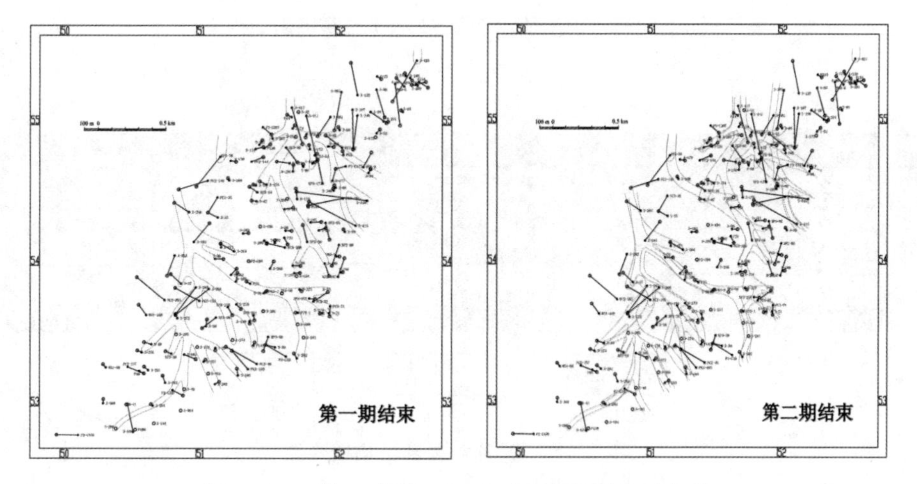

图 2-14 濮 53 块沙二下 64 小层平面结构演化图

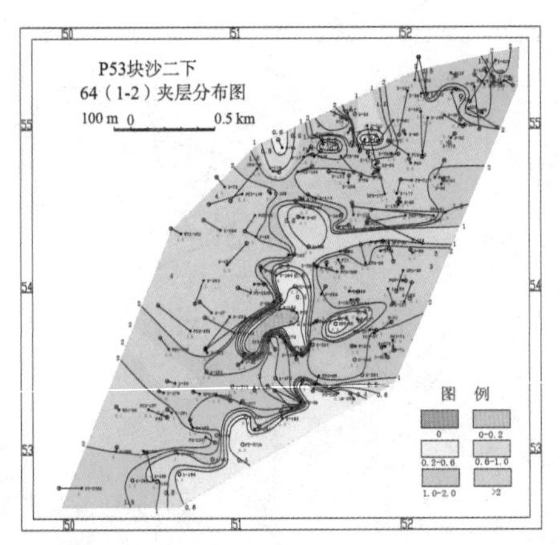

图 2－14　濮 53 块沙二下 64 小层平面结构演化图（续）

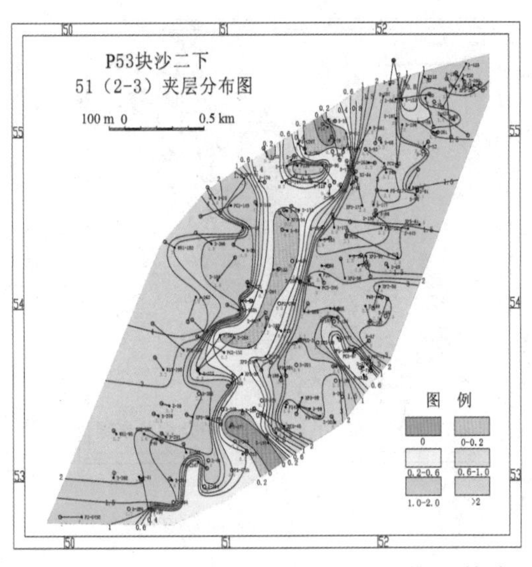

图 2－15　濮 53 块沙二下 51、64 夹层平面结构演

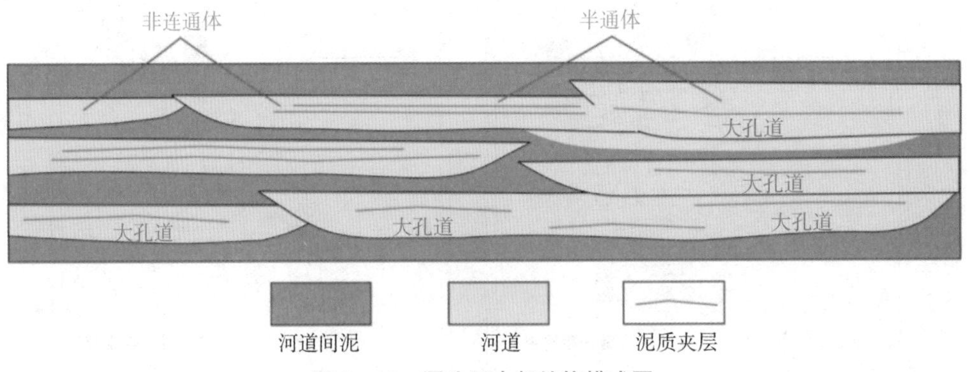

图 2－16　厚油层内部结构模式图

第三章

薄砂体刻画研究

一、相对保持提高分辨率处理与质量监控

地震分辨率决定了地震资料预测储层和剩余油的能力与精度，常规处理的分辨率不能满足地质上对薄互储层解释的需要。为此，采用时频空间域球面发散与吸收衰减补偿、炮点检波点统计反褶积处理、高频噪声压制与监控等技术，实现相对保持的提高分辨率，如图 3 – 1 所示。

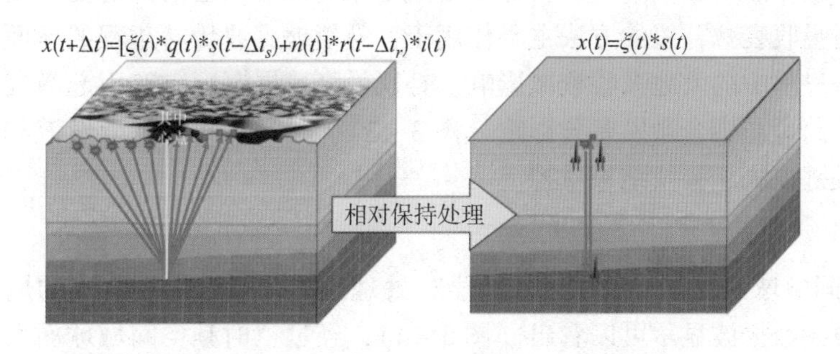

图 3 – 1　相对保持储层信息的地震数据处理思想

基于相对保持提高分辨率的目的，以濮城油田 2008 年采集的高精度地震数据（10 × 10 面元，满覆盖面积 240 km^2）和 2004 年采集的高精度地震数据（25 × 25 面元，满覆盖面积 110 km^2）为例，展开相对保持储层信息的提高分辨率处理研究。制定的相对保持处理流程及监控（QC）如图 3 – 2 所示，虚线左侧为数据处理流程，右侧是相应的处理质量监控方法和质量控制点。该处理流程的主要特点为：一方面，尽可能采用简单的满足相对保持处理的方法和技术，如“时频空间域球面发散与吸收补偿”技术和炮点检波点统计预测反褶积技术，来提高叠前数据的成像分辨率；另一方面，特别注重处理过程的三维质量监控和处理参数的定量分析，其目的是在保证有效消除近地表影响前提下，确保处理流程和处理参数的选择正确、合理，使得最终结果能够满足相对保持储层信息和地质解释的要求。

（一）时频空间域球面发散与吸收衰减补偿

“时频空间域球面发散与吸收衰减补偿”是通过对地震信号时频域分解与重构，拟合

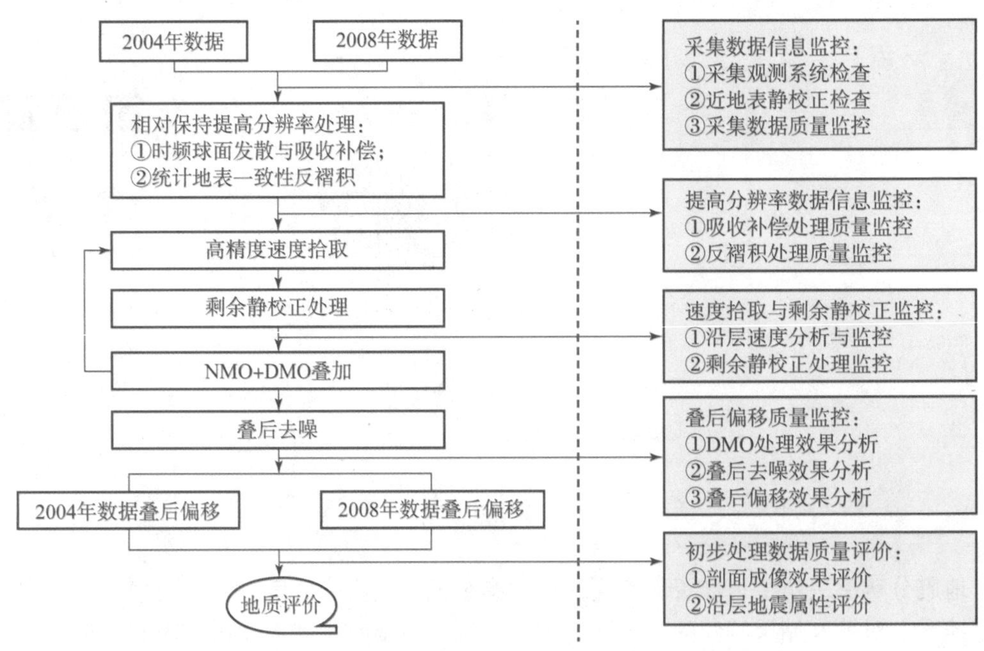

图 3－2　地震相对保持处理流程图

求取吸收衰减曲线和模型，以此有效补偿受近地表和大地吸收衰减造成的能量和频率衰减，消除空间激发能量和频率差异，并最终满足相对保持储层信息的处理要求。时频空间域球面发散与吸收衰减补偿的方法主要作用于：补偿地震波传播过程的球面发散影响；补偿地震波传播过程中的大地吸收衰减影响；补偿低降速层厚度空变引起激发差异影响；补偿激发井深、药量与耦合激发差异影响（图 3－3）。时频空间域球面发散与吸收衰减补偿质量的好坏关键取决于补偿结果质控。

1. 原始单炮质控

“时频空间域球面发散与吸收衰减补偿”处理后，针对原始控制点的炮集数据开展质控。从对比原始数据波显示可以看出（图 3－4），经过“时频空间域球面发散与吸收衰减补偿”处理后，受地表条件变化引起的炮间的激发能量和激发频率的空间差异明显地消除了，同时，随传播距离（时间）和频率的吸收衰减，数据波也得到了很好的补偿。此外，原始炮集数据上的面波也得到了很好的压制，时间和空间方向的能量和频率的一致性明显改善，数据的信噪比也得到一定的提高。

2. 激发能量平面质控

三维激发能量平面监控可以宏观分析整个三维数据体的补偿处理后效果。图 3－5 给出了研究区三维数据经过“时频空间域球面发散与吸收衰减补偿”前后的三维激发能量平面监控结果。对比补偿处理前后的激发能量平面监控图，可以看出，由于受近地表条件变化的影响，原始数据的空间激发能量变化较大，激发能量差异在 0～1 之间变化，能量分布范围比较分散，而经过时频空间域补偿处理后，整个三维数据体的激发能量差异减小到 0.3～0.7 之间，分布范围也更加集中，消除了近地表条件变化引起的 60% 以上的空间激发能量差异。经过“时频空间域球面发散与吸收补偿”处理后，有效消除了近地表变化造成的激发能量空间差异问题。

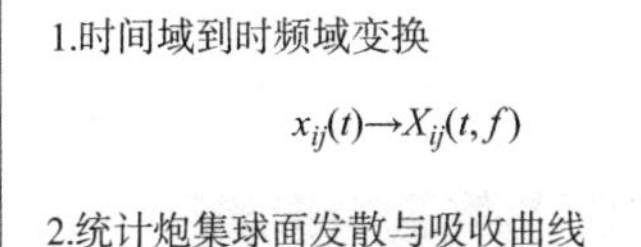

1.时间域到时频域变换

$$x_{ij}(t) \rightarrow X_{ij}(t,f)$$

2.统计炮集球面发散与吸收曲线

$$\varepsilon = \sum_{t \in \Omega} \{\ln A[X_{ij}(t,f)] - \alpha_{ij}(t,f)\}^2$$

$$\alpha_{ij}(t,f) = \alpha_0^{ij}(f) + \alpha_1^{ij}(f)t + \ldots + \alpha_n^{ij}(f)t^n$$

3.时间域空间差异补偿

$$X_{ij}(t,f) \cdot e^{\alpha_{ij}(t,f)} \rightarrow x'_{ij}(t)$$

4.时频域到时间域变换

$$X'_{ij}(t,f) \rightarrow x'_{ij}(t)$$

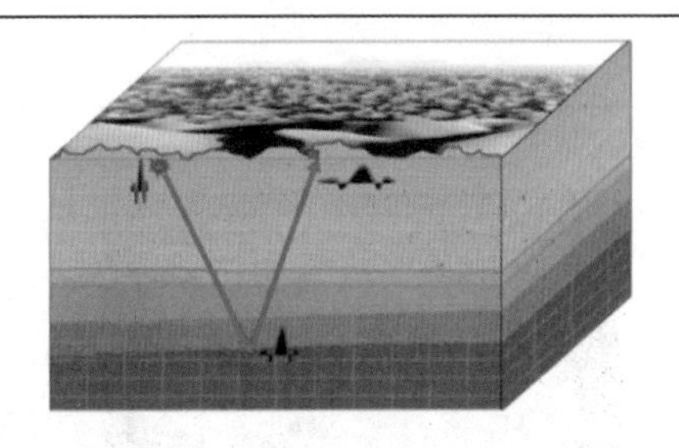

时频空间域球面发散与吸收衰减补偿方法的主要作用：

①补偿地震波传播过程的球面发散影响；

②补偿地震波传播过程的大地吸收衰减影响；

③补偿低降速层厚度空变引起激发差异影响；

④补偿激发井深、药量与耦合激发差异影响。

图 3－3　时频空间域球面发散与吸收补偿技术

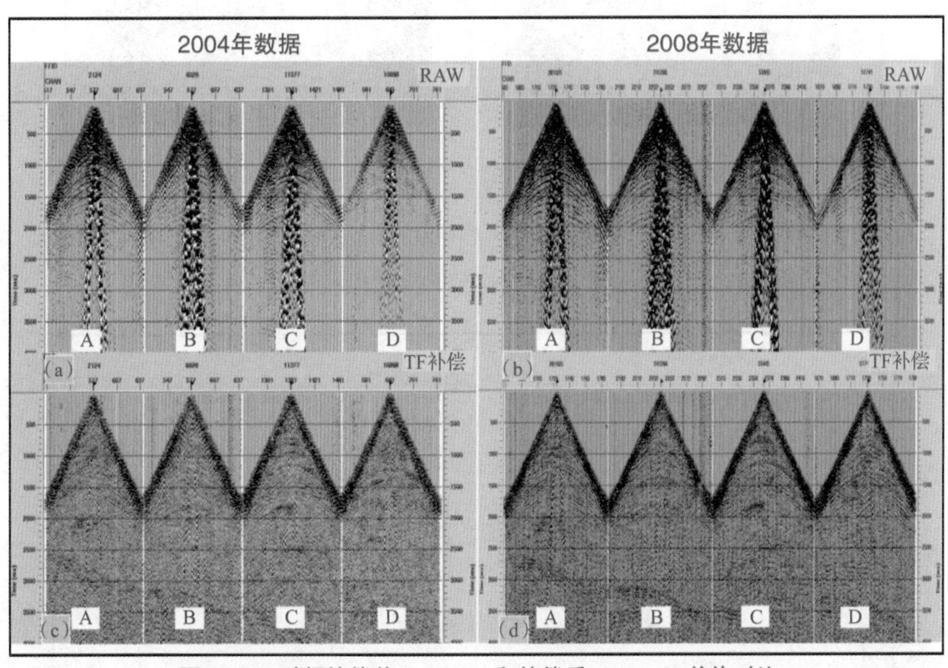

图 3－4　时频补偿前（a，b）和补偿后（c，d）单炮对比

3. 相对定量时频分析质控

相对定量的时频分析可以有效评价振幅和频率的补偿效果。图 3－6 给出了研究区控制点炮集在 0.8～2.4 s 时窗和 2.0～3.5 s 时窗内的统计频谱分析结果，从控制点炮集统计频谱分析，可以更明确地显示补偿处理前后数据的定量差异。从图中可以看出，经过“时频空间域球面发散与吸收补偿”处理后，炮集间的激发能量差异减小到 3 dB 以内，同时，随频率变化的大地吸收衰减也得到了很好的补偿，地震波有效频带明显展宽，在 100 Hz 处频率能量提升了近 20 dB。时频空间域球面发散与吸收衰减补偿的方法在补偿近地表大地吸收衰减的同时，还可以有效地消除炮间振幅和频率的空间差异，提高地震数据的空间一致性。

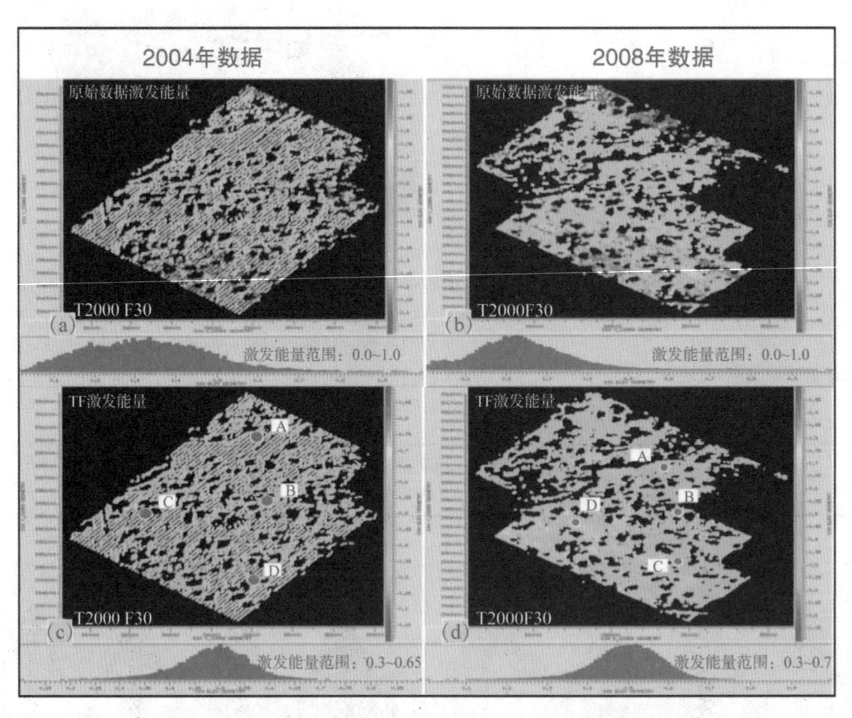

图3-5 时频补偿前（a，b）和补偿后（c，d）全区能量对比

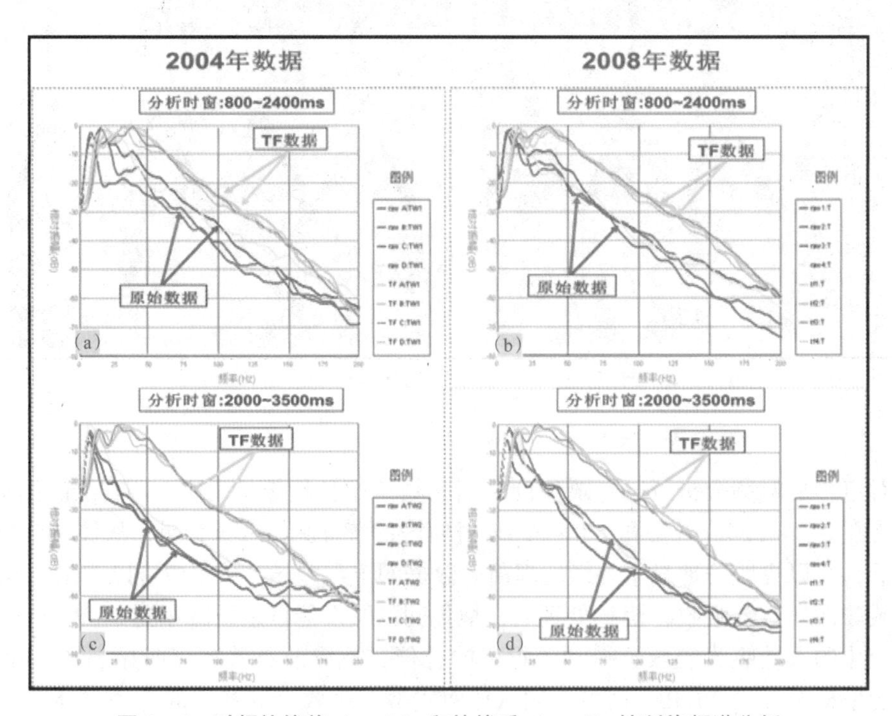

图3-6 时频补偿前（a、b）和补偿后（c、d）控制炮频谱分析

激发子波质控图 3－7 给出了“时频空间域球面发散与吸收衰减补偿”处理前后的三维激发子波平面检测结果。从图中可以看出，原始数据的激发子波空间相对差异较大，子波类型也比较复杂，经过“时频空间域球面发散与吸收衰减补偿”处理后，子波空间差异明显减少，子波一致性明显改善，这从监控图中的颜色差异和图中的子波类型减少可以很明显地反映出来。

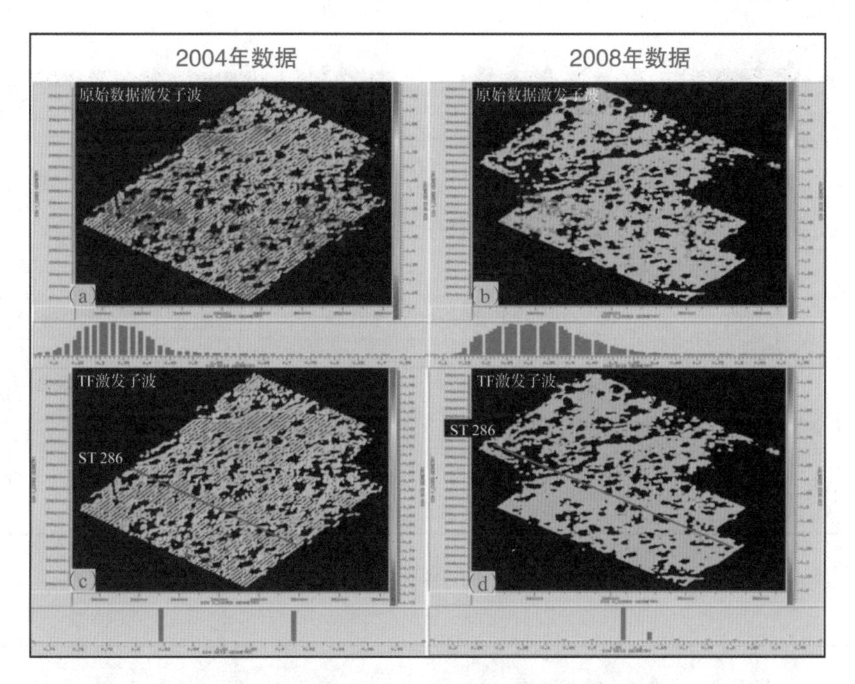

图 3－7 时频补偿处理前后平面子波监控

为了能更具体、直观地监控分析“时频空间域球面发散与吸收衰减补偿”前后空间激发子波的变化情况，对控制线处理前后的炮集统计自相关做对比分析。从图3－8可以看出，原始数据地震子波的空间变化也非常明显，经过“时频空间域球面发散与吸收衰减补偿”处理后，控制炮线的统计自相关空间一致性明显提高，激发子波的空间差异明显减少了，子波的主频也有了明显提高。采用“时频空间域球面发散与吸收衰减补偿”方法有效补偿了大地吸收衰减的影响，较好地解决了由于近地表变化引起的激发子波的空间差异问题。

图 3－9 是时频补偿处理前后沿 Inline 方向的叠加剖面，图 3－10 是时频补偿处理前后沿 Xline 方向的叠加剖面。从控制线处理前后的叠加剖面上可以看出，输入叠加剖面的整体能量变化不大，但由于地层吸收影响，存在明显的随传播时间的频率吸收衰减现象，这会造成地震子波的时变问题，进而影响反褶积参数的确定和反褶积处理的效果。经过“时频空间域球面发散与吸收衰减补偿”处理后，时间和空间方向的能量变化均得到了较好的补偿，尤其是频率随传播时间的吸收衰减和空间差异得到了很好的补偿，地震子波的时变问题得到了较好的解决，数据中深层的成像分辨率得到了明显的提高。

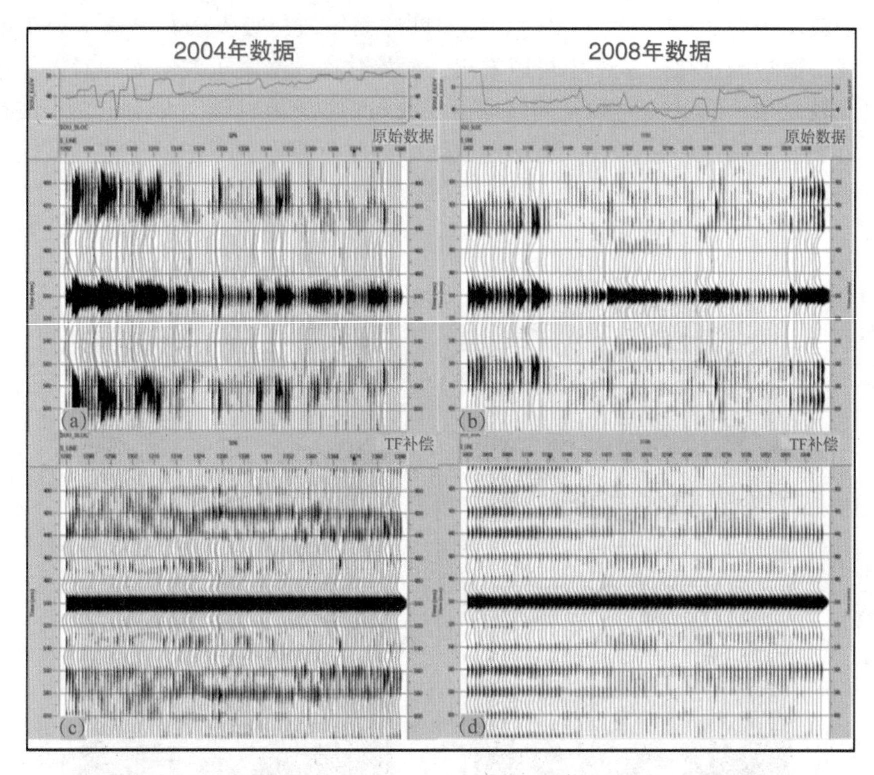

图3-8 时频补偿前（a，b）和补偿后（c，d）炮集统计自相关

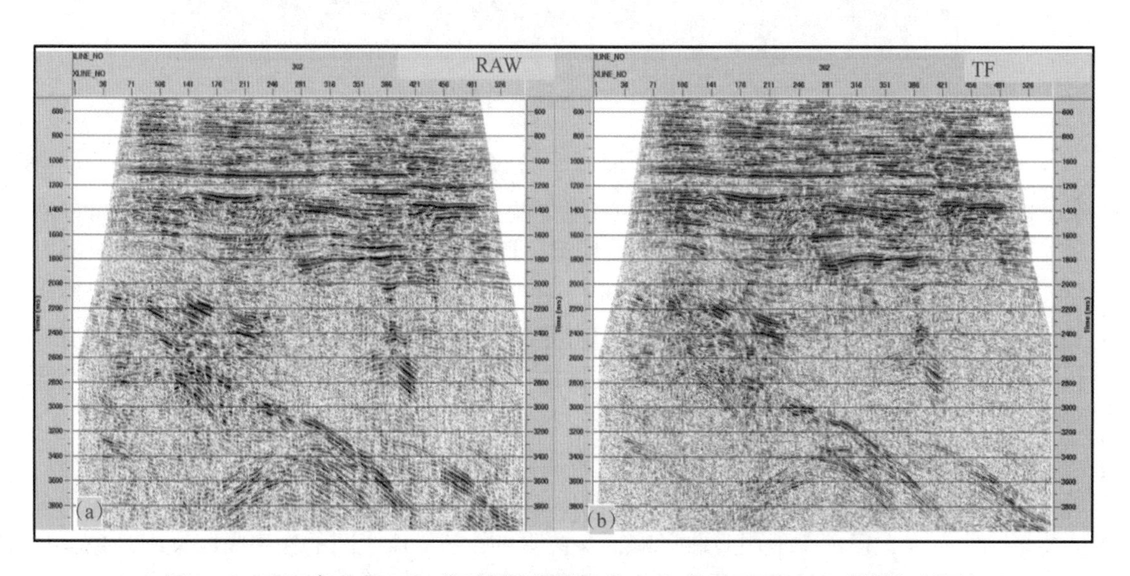

图3-9 2004年Inline300线时频补偿处理前（a）和处理后（b）的叠加剖面

从以上炮集显示、激发能量、激发子波和叠加剖面的严格质量监控可以看出，“时频空间域球面发散与吸收衰减补偿”方法可以较好地补偿近地表条件变化和大地吸收衰减的影响，可以有效消除激发能量和激发子波的空间差异。尤其是较常规振幅补偿更好地消除了地层吸收造成的频率衰减和地震子波时变问题。

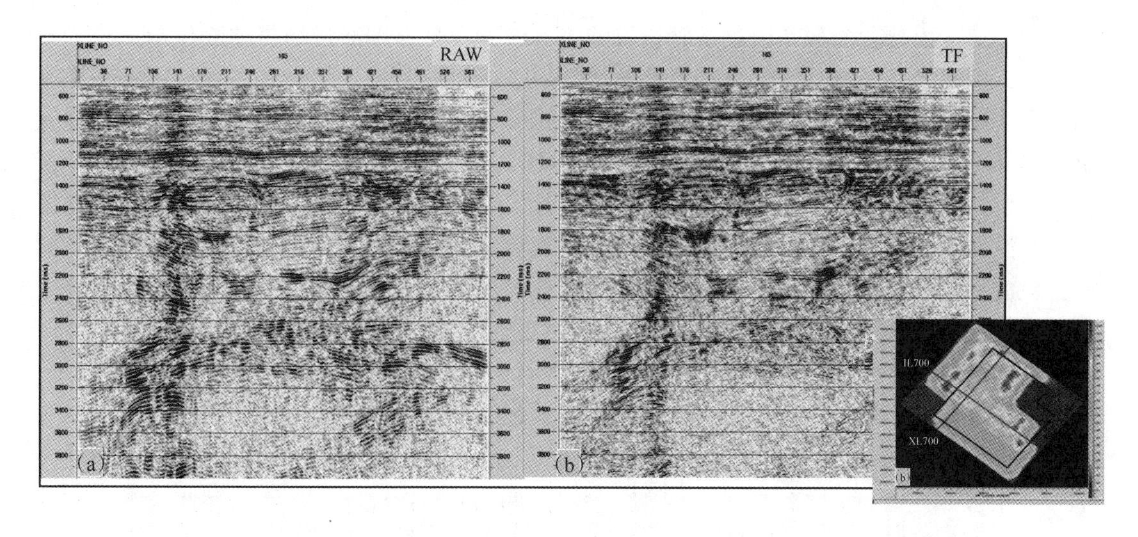

图 3-10 2004 年 Xline165 线时频补偿处理前（a）和处理后（b）的叠加剖面

（二）两步法炮点和检波点统计反褶积处理

“时频空间域球面发散与吸收衰减补偿”处理可以消除时间和空间的能量、频率基本差异。但此类补偿不能完全消除激发子波差异，原因是激发子波的形态除了取决于频带宽窄外，相位和虚反射差异也是主要的影响因素。相位和虚反射的空间变化主要来自近地表的风化层厚度和潜水面变化的影响。因此，实际采集数据的激发子波空间变化通常是十分剧烈的，并且炮点和检波点产生的虚反射存在周期差异，而常规地表一致性反褶积无法提供合适的参数来同时消除炮点和检波点产生的虚反射影响。

两步法炮点和检波点统计反褶积方法可以用来消除近地表虚反射引起的激发子波差异，较好地解决了炮点和检波点虚反射周期不同的问题。其中，炮点统计子波反褶积消除空变井深和低降速层厚度引起的虚反射，同时，通过统计子波实现相对提高分辨率。

检波点统计子波反褶积消除空变低降速层厚度引起的虚反射，同时，通过统计子波实现相对提高分辨率（图 3-11）。

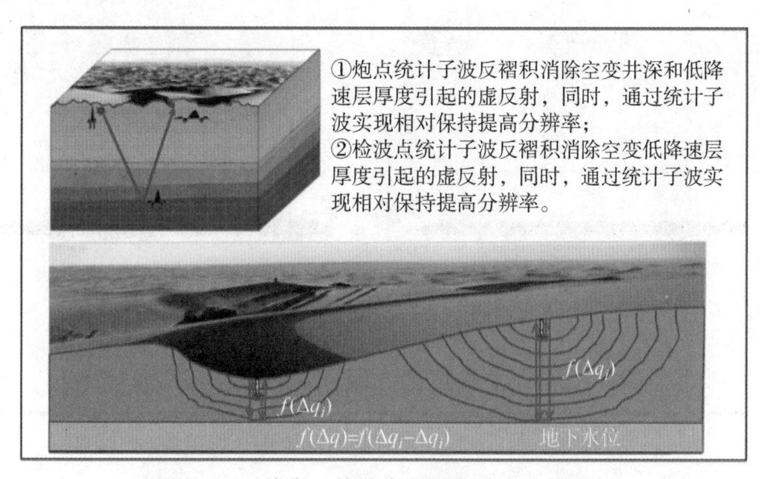

图 3-11 炮点、检波点反褶积技术工作原理

炮点统计反褶积参数是通过试验选取的。具体方法是分别通过炮集纯波显示、统计频谱分析、空间激发子波、统计自相关和叠加剖面进行对比分析，综合考虑各种影响因素来确定最终处理参数，并通过三维激发能量、三维激发子波和叠加剖面监控反褶积处理效果。选择不同预测步长（4 ms、8 ms、12 ms、16 ms、20 ms、24 ms、32 ms）进行了分析实验，例如图 3－12 是不同反褶积参数炮点统计自相关图，在预测步为 16 ms 时，既保证了空间激发子波的稳定性，同时，又尽可能提高数据成像分辨率，是比较合适的参数。同样，检波点统计反褶积处理参数试验的确定流程与炮点统计反褶积是完全一致的。

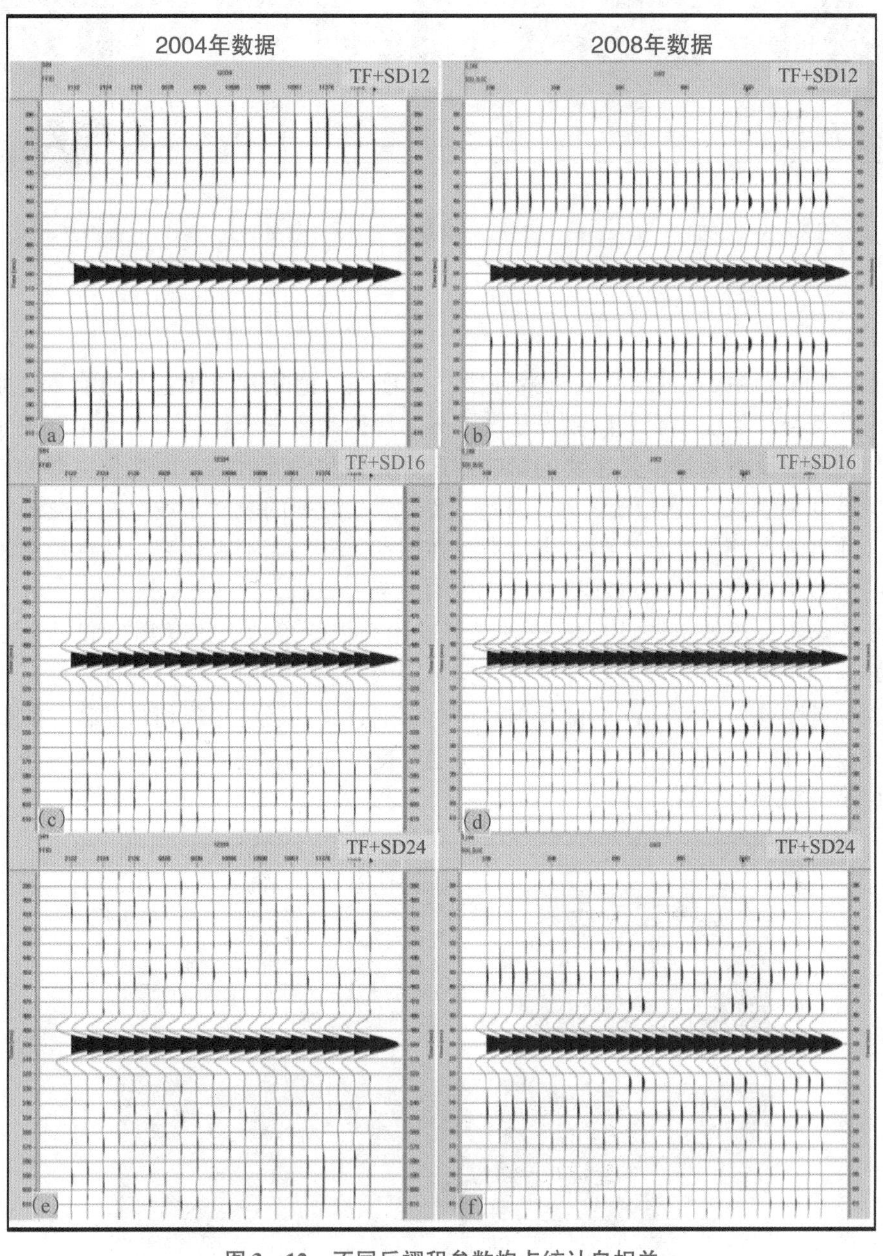

图 3－12　不同反褶积参数炮点统计自相关

炮点、检波点统计反褶积处理参数的确定均是在时频补偿处理后的基础上进行的。给定分析时窗 0.8 ~ 2.4 s 和 2.0 ~ 3.5 s，从控制点炮集统计反褶积处理前后的频谱分析质控结果来看，数据的频带范围得到了一定拓宽，高频能量得到明显提升，100 Hz 处频率能量提高近 15 dB。在 −20 dB 处，频率范围从 10 ~ 110 Hz 拓宽到 10 ~ 140 Hz，统计频谱的一致性更加稳定，并且反褶积预测步长产生的频谱抖动也得到较好地消除。如图 3 − 13 和图 3 − 14 所示。

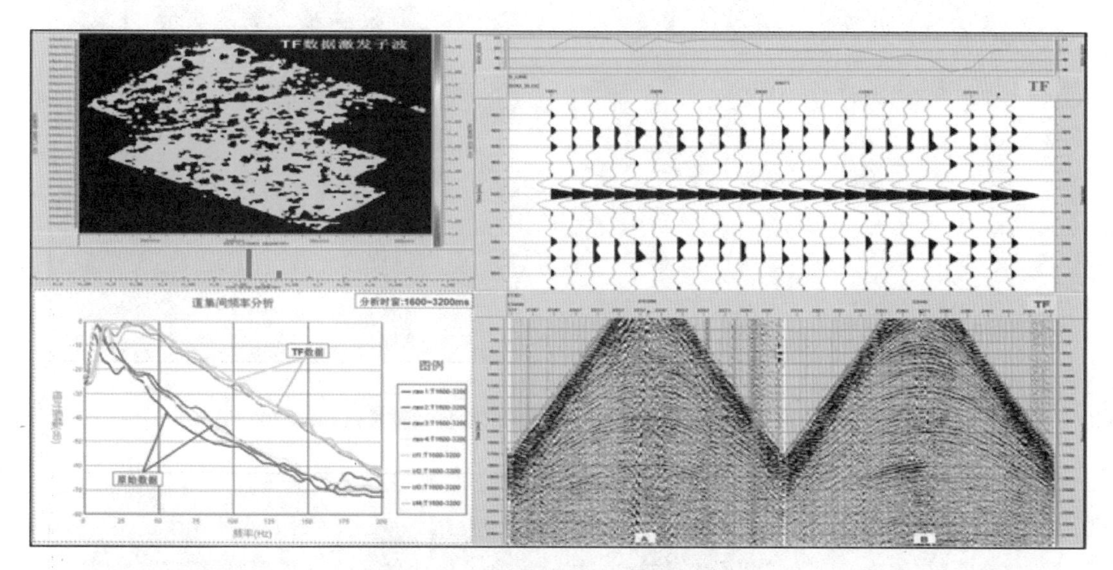

图 3 − 13　炮点反褶积应用前监控图件

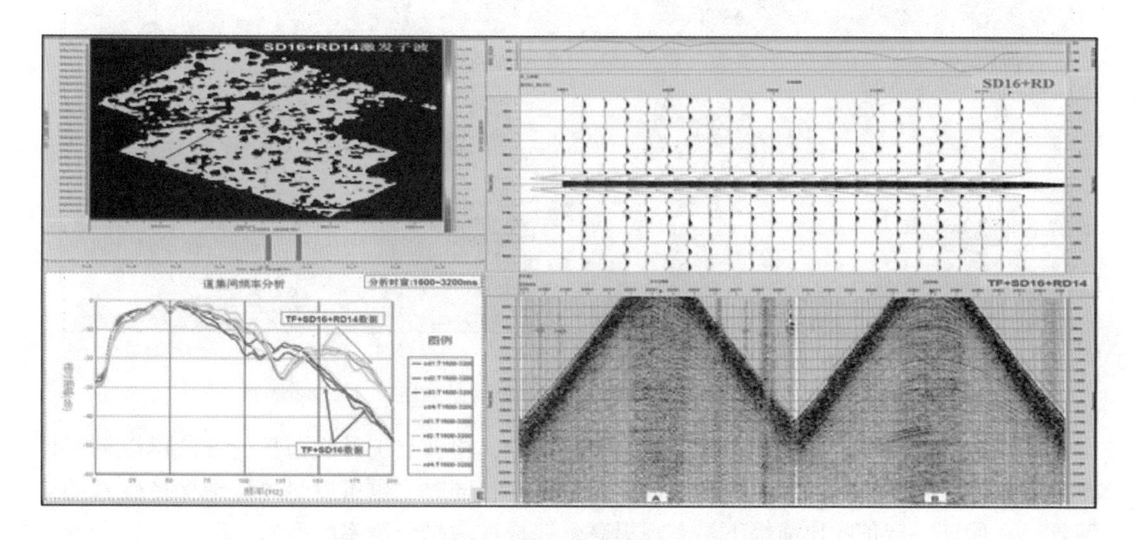

图 3 − 14　炮点、检波点反褶积应用后监控图件

从叠加剖面来分析炮点、检波点统计反褶积的处理效果。图 3 − 15 和图 3 − 16 给出了控制线（2004 年和 2008 年数据）检波点统计反褶积处理前后的叠加成像结果。从处理前后的控制线叠加剖面上可以看出，输入叠加剖面的整体能量和频率都是比较好的，但仍存在剩余虚反射引起的地震反射波多相位现象，降低了剖面分辨率。从检波点统计反褶积处

理后可以看出，由于近地表虚反射造成的目的层附近地震反射波多相位现象被进一步消除，分辨率有了进一步提高，同时，可以看出信噪比有所降低。考虑到分辨率与信噪比之间的矛盾，这种信噪比损失还是可以接受的。

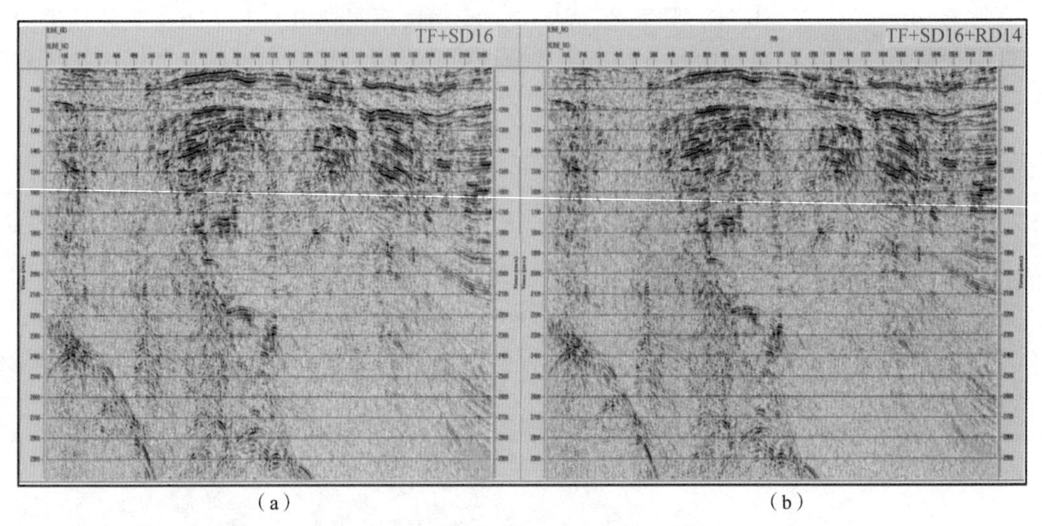

（a）（b）

图 3－15　2004 年数据检波点反褶积试验叠加监控（Inline700）

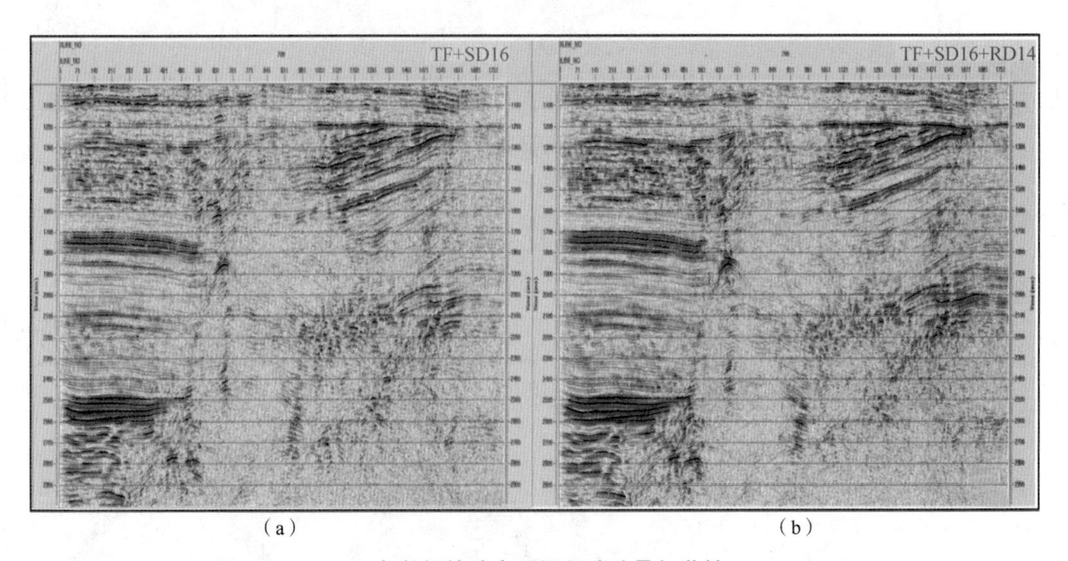

（a）（b）

图 3－16　2008 年数据检波点反褶积试验叠加监控（Xline700）

通过炮检波点统计反褶积参数试验及质量监控，检波点统计反褶积的方法可以较好地消除剩余虚反射的影响，相对提高了数据的分辨率，同时，也可以尽可能地保持数据的信噪比，在保证一定信噪比前提下，实现提高最终成像数据分辨率的目的。

二、叠前同时反演

叠后约束稀疏脉冲反演是建立在零偏移距褶积模型基础上的，叠前同时反演是建立在AVO 技术即描述反射系数随入射角及地层岩性参数变化关系的 Zoeppritz 方程基础上的。

叠前同时反演技术主要利用不同部分偏移距叠加数据体来描述 AVO 效应，同时考虑了不同部分叠加数据子波的差异性，因此，获得了 AVO 界面上下的岩石弹性参数数据。叠前同时反演的主要关键点在于求解非线性方程中的目标函数。

利用叠后波阻抗反演和弹性阻抗反演，只能得到波阻抗或弹性阻抗的信息，不能直接求取纵波速度、横波速度和密度这 3 个基本的弹性参数。叠前同时反演是基于地震反射波振幅与不同入射角反射系数有关的理论，利用多个（至少 3 个）不同角度的部分叠加地震数据体来同时（或同步）直接反演各种弹性参数，如纵波阻抗、横波阻抗、密度和泊松比等，进而预测储层岩性、物性及流体性质的方法。叠前反演技术从多个部分角度叠加数据出发，综合利用所有入射角的地震数据，进行同时反演，直接得到纵波速度、横波速度和密度这 3 个基本的弹性参数。从这 3 个基本参数出发，进而得到许多弹性参数（泊松比、拉梅系数、杨氏模量、剪切模量、体积模量等），综合利用这些弹性参数，进行地层的岩性预测和储层的含流体性质检测。

在地震、测井资料质量控制（QC）基础上，进行层位精细标定，开展砂泥岩岩石物理分析，明确“纵波阻抗”和“纵横波速比”两个参数能够较好地区分砂岩、泥岩，预测井间 10 m 以上砂体空间展布。

（一）测井评价与岩石物理建模

地球物理学家研究的是不同流体储层的地震响应，该响应本质上是上下界面的波阻抗、纵横波速度比、密度等弹性参数的变化量，实际上反映的是上下界面的弹性参数——速度与密度。而岩石物理学家与地球物理学家不同，研究的是在油藏条件下，采油过程中引起的岩性与孔隙流体的改变对地震特性的影响。因此，岩石物理是联系地震与油藏的桥梁，是应用地震及测井资料来研究储层和预测油气的理论基础。近年来，在低孔低渗储层岩石物理分析的实际工作中，测井资料的评价和岩石物理建模是一个相辅相成的过程。首先对测井数据进行质控和分析，然后进行面向储层预测的精细测井评价分析工作。测井资料处理为测井解释和岩石物理建模工作提供完整、合理的测井曲线。质量控制的主要目的是补偿多井间由于不同仪器、不同测量环境和井眼条件引起的测量结果差异。

高质量的测井资料是定量化油藏描述项目研究的基本条件。测井数据用于对反映油藏特征的地震数据体进行标定。然而，项目研究所应用的测井曲线通常质量很差、多井之间缺乏一致性或者数据缺失。因此，在和地震资料进行联合应用之前，必须对测井资料进行质量控制，以提供一致性高、相对完整的测井数据集。在此基础上，测井曲线建模作为建立油藏特征和岩石弹性参数之间关系的手段，使得可以根据地震反演得到的弹性参数对油藏特征进行解释（图 3－17）。

1. 测井资料质量控制

在井标定的地震约束反演中，多井测井资料一致性检查是很重要的质量控制环节。由于不同系列的测井仪器可能存在系统误差、各井使用的泥浆性能的差异，以及井眼等因素的影响，使得不同井之间相同测井曲线在标准层的测井响应存在很大的差异。这种差异的存在，使得用井标定的地震合成记录和受批量井约束的地震岩性反演可能存在很多不确定的因素。因此，在单井资料质量控制的基础上，多井资料标准化校正是井、震资料结合的重要质控环节。

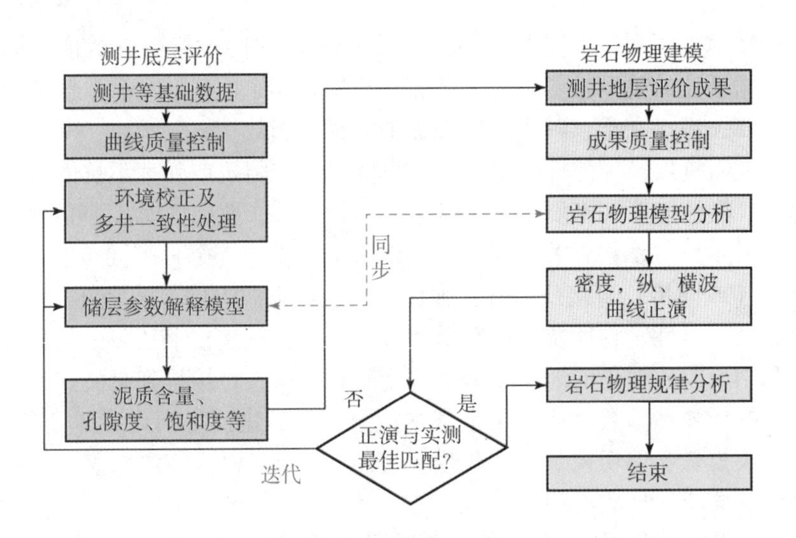

图 3－17　岩石物理建模流程

测井曲线标准化处理的难点是标准地层的选择和多井间系统偏差的认识。根据对基础测井资料和地质条件的分析，由于地层压实趋势明显，势必对标准层统计产生影响。以文51块沙二段为例，该区块砂泥互层，全区沙一段盐下泥岩展不稳定，因此，选取沙一盐岩底部200 m左右厚的稳定沉积地层作为多井一致性处理的标准层，其原因在于：一是该套地层在全工区范围都有较稳定的分布，工区内所有井均钻穿该套地层，利于各井间的对比分析；二是工区内该套地层岩性、沉积和层位基本一致。

选择测井质量较高的井为标准井。基于地层厚度基本相同、岩性没有明显变化的特点，采用模式匹配的方法，对多井目标地层测井采集序列的自然伽马、声波、中子、密度等曲线进行一致性检查和校正处理。多井标准化校正后的曲线很好地满足了单井地质特征在横向上的变化规律，并且在不同岩性间的响应差异也完整地保留。图3－18所示为对该地层自然伽马和声波的直方图统计结果。

研究区的自然伽马、密度、中子和纵波时差与标准井间直方图累计曲线存在偏差，需要校正；标准化处理后，多井不同岩性的响应范围基本一致，而主峰应代表的是该标准层段的主要岩性响应特征。

考察标准化处理成果的依据是处理后不同岩性的分布概率是否协调一致，同时，各井数据的展布空间相同或者没有明显偏差。为了考察多井标准化处理效果，将目的层标准化处理前后中子－密度做交会图对比分析。

可以看出，标准化处理后，多井中子和密度及声波和密度的一致性很好，数据分布规律一致性较好，没有偏态现象，满足储层预测对求取弹性参数的一致性要求。

2. 面向岩石物理分析的测井二次评价

地层矿物体积组分模型分析，传统的测井解释方法和解释程序基本上都是应用有限的几种测井资料进行地层参数的评价和油气分析评价，与常规测井解释思路不同，StatMin通过建立和求解物理意义明了的线性方程组，输入任意反映“四性”特征的测井曲线来得到地层矿物组分、孔隙度等岩性和物性信息。

最优化测井解释数据准备和数据预处理的过程中，要注意以下几个方面问题：

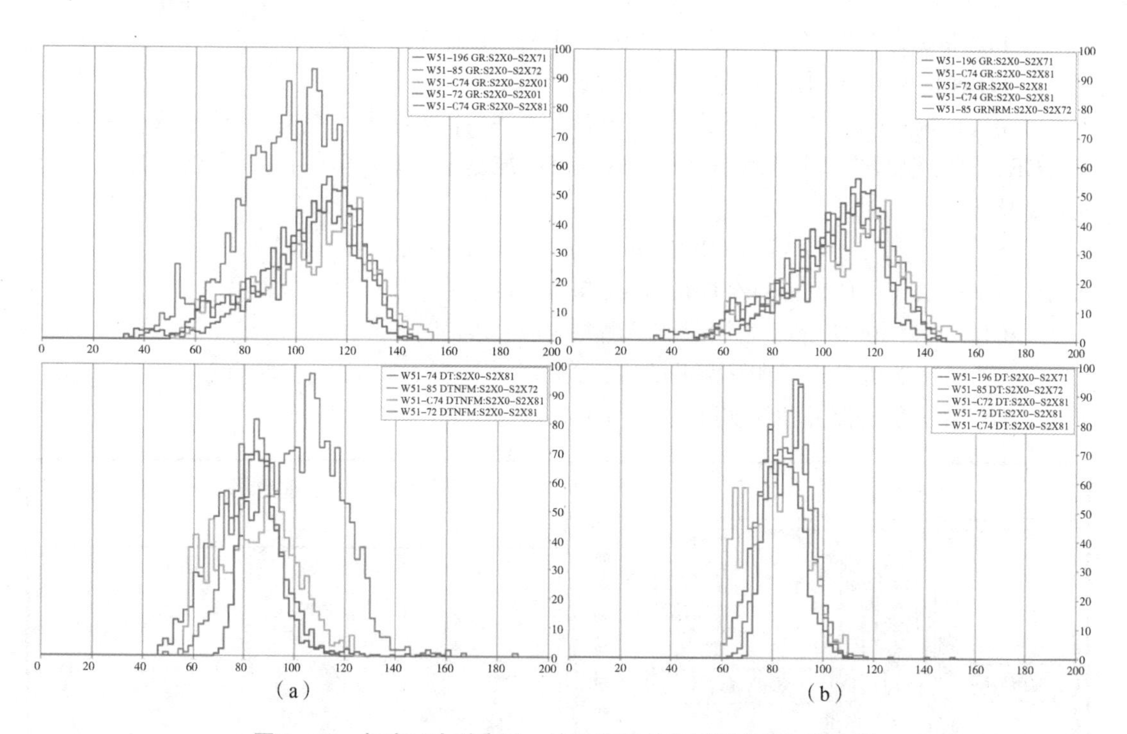

图 3－18　标志层自然伽马、声波标准化前后频率累积直方图

(a) 标准化前的自然伽马（上）、声波（下）；(b) 标准化后的自然伽马（上）、声波（下）

①保证测井输入曲线与模型输出曲线间的线性化响应；

②确定不同类型测井响应误差范围。

项目应用 StatMin 最优化测井解释软件模块进行测井地层评价模型的搭建与各矿物含量的求解计算。StatMin 是基于多矿物模型的统计学岩石物理分析工具，可用于计算岩性、矿物及孔隙度等参数。该工具十分灵活方便，并且可以根据需要进行调整。任意与岩性或者矿物相关的测井曲线或者计算曲线，均可以作为该工具的输入曲线；反之，该工具可以按照输入数据所反映的矿物类型，计算得到该矿物的体积。在该模块中可以建立平衡、超定和欠定的模型，可以建立计算速度比非线性响应方程更加快速的线性响应方程。

由于研究区井眼垮塌比较严重，密度曲线即使经过校正，用中子－密度交会图法计算黏土含量也会有人为因素的影响；也有个别井段会受到影响而使自然伽马曲线测量不准。因此，采用经验自然伽马黏土计算模型 Steiber（$a=2$）计算黏土含量；选用井眼相对较好的井段，用中子－密度交会图法计算的黏土含量对自然伽马计算的黏土含量进行标定。

应用中子－密度交会法计算黏土含量的方程如下所示：

Vshl_ND = [RHOB * (PHINma − RhoF) − PHIN * (RhoM − RhoF) − RhoF * PHINma + RhoM]/[(RhoSh − RhoF) * (PHINma − RhoF) − (PHINsh − RhoF) * (RhoM − RhoF)]

其中，RhoM 为 100% 砂岩密度测井响应，g/m^3；

RhoF 为地层水密度测井响应，g/m^3；

RhoSh 为 100% 黏土岩密度测井响应，g/m^3；

PHINma 为 100% 砂岩中子测井响应，dec；

PHINsh 为 100% 黏土岩中子测井响应，dec；

应用 Steiber（$a=2$）自然伽马黏土计算模型计算得到目的地层黏土含量指示值 VCLGR，其方程形式如下所示。伽马纯砂岩点和纯黏土点来自多井直方图统计结果，如图 3－19 所示。

$$VCLGR = X/[a-(a-1)*X]$$

其中，$X=(GRlog-GRclean)/(GRclay-GRclean)$；

GRclay 为 100% 黏土岩层段伽马测井响应，dec；

GRclean 为纯砂岩段伽马测井响应，dec；

GRlog 为伽马测井曲线实际响应，dec。

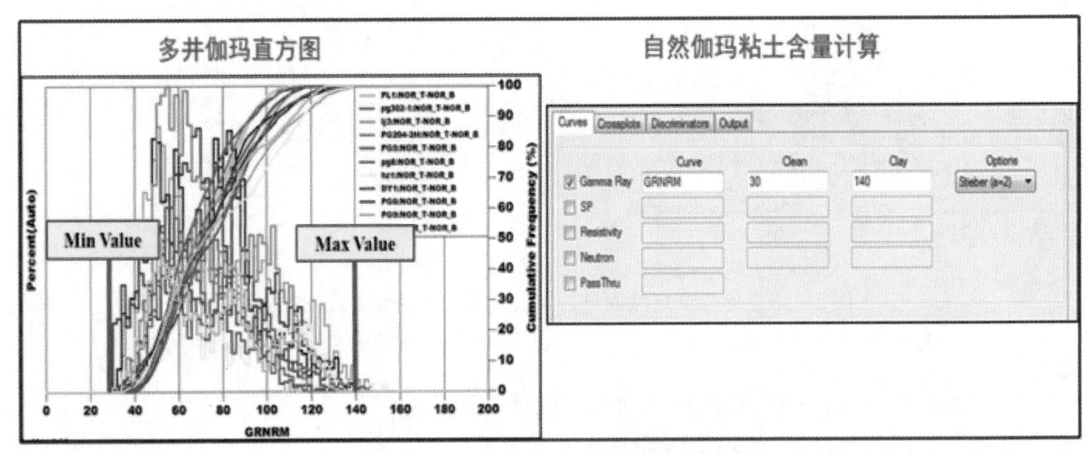

图 3－19　自然伽马黏土含量计算模型

从图 3－20 可以看出，Steiber（$a=2$）自然伽马算法计算的黏土含量与中子－密度交会图法计算的黏土含量吻合得很好，说明该方法可靠。

本次多井评价沙三上、中段以 VCLGR_F（Steiber（$a=2$）伽马计算黏土含量）、PHIDT（声波孔隙度）、CNLNRM（补偿中子孔隙度）、DENEDNRM（密度）和 VCLND（中子密度交会计算黏土含量）为输入，应用 Statmin 最优化模块进一步优化求解了干黏土、石英和孔隙度参数。应用于计算的 StatMin 模型及参数如图 3－21 所示。本次解释未对含水饱和度参数重新进行计算。

根据 StatMin 测井地层评价结果，结合项目地质目标，划分了 4 类岩石类型，方案如下：

泥岩：VDCL≥0.3；

干层：VDCL＜0.3、PHIT＜0.1；

水层：VDCL＜0.3、0.1≤PHIT＜0.25、SW≥0.6；

油层：VDCL＜0.3、PHIT≥0.1、SW＜0.6。

处理后多井总孔隙度和黏土含量数值分布范围一致，与处理前相比明显改善；处理后多井总孔隙度、矿物组分及与弹性参数间存在较一致的响应规律，变化趋势合理。

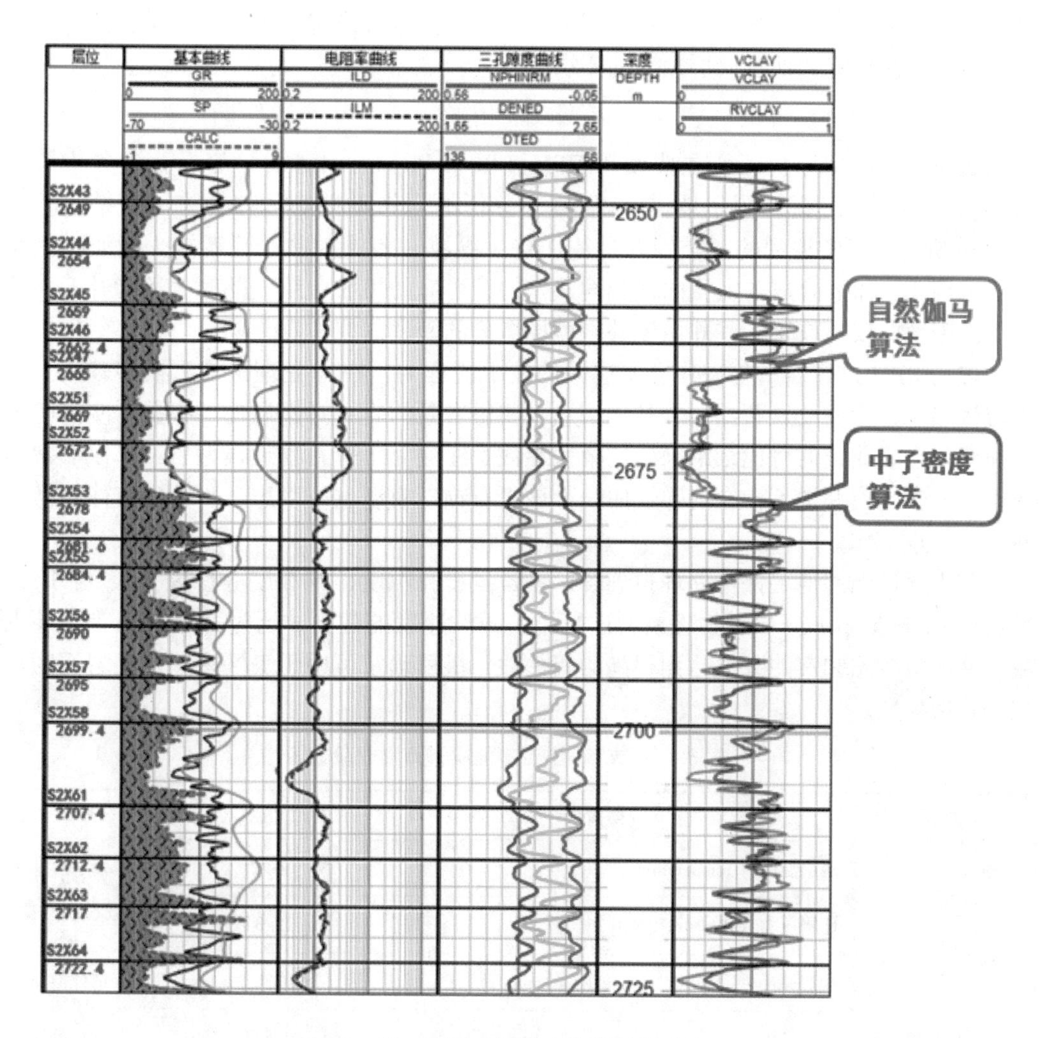

图 3－20　两种方法黏土含量计算对比

Show　End　曲线　Delta　矿物骨架参数矩阵　解释成果曲线

	O/P Vols -->>		VDCL		VQUA		PHIT							
	Use	Input	End	Delta	End	Delta	End	Delta	End	Delta	End	Delta	End	Delta
1	☑	CNLNR…	0.42	0.03	EPN…	0.03	1	0.03						
2	☑	DENED…	2.86	0.02	2.65	0.02	1	0.02						
3	☑	VCLND…	1	0.05	0	0.05	0	0.05						
4	☑	VCLGR…	1	0.05	0	0.05	0	0.05						
5	☑	PHIDT	0	0.02	0	0.02	1	0.02						
6	☐													
7	☐													
8	☐													
9	☐													
10	☐													
11	☐													
12	☐													

	Output		
	O/P Vols	Type	Alg
1	VDCL	Clay	Solve
2	VQUA	Min…	Solve
3	PHIT	Por	Solve
4		Por	Solve
5		Por	Solve
6		Por	Solve
7		Por…	Solve
8		Por	Solve
9		Por	Solve
10		Por	Solve

图 3－21　StatMin 最优化测井解释模型

各计算参数的数值空间分布一致，处理后多井间物性参数与弹性参数存在较一致的响应规律，趋势合理，进而表明根据统一参数、统一模型计算的储层参数，在多井之间保持稳定，从而为后续应用统一的岩石物理模型，进行流体置换奠定了数据基础，满足了后续岩石物理建模研究和地震储层预测的要求。

3. 建立岩石物理模型，确定岩石物理量图版

岩石物理模型分析工作主要使用 RPM（Rock Physics Module）岩石物理分析模块进行。RPM 将测井分析与用于地震 AVO 属性分析的岩石弹性物理建模方法相结合。地震 AVO 分析中，经常遇到的一个问题是往往缺少纵波时差测井曲线或者缺少横波时差测井曲线。因此，需要合成与实测曲线相同误差的、可靠的声波曲线；同时，还能补齐一些井缺失的密度曲线，校正一些井由于井眼垮塌造成的密度曲线失真。

应用 RPM 进行岩石物理建模所遵循的技术流程为：在建立理论岩石模型基础上，应用流体和矿物构成及岩石结构等基础信息，获得有效的岩石弹性属性。根据对实测的弹性波曲线与合成曲线的对比结果来确定模型参数。在建立了岩石物理模型后，可以非常容易地用于预测建模井中不存在的弹性曲线。该岩石物理模型也可以进一步开展流体替换研究和侵入校正工作。

首先通过测井地层评价处理得到各矿物含量、孔隙度、饱和度等参数（表 3 - 1），然后选用 GrainSupported 岩石物理模型进行纵、横波速度的建模，通过微调黏土等骨架点参数，使模型数据和实测数据达到很高的相关性，最后确定可用于工区内的优化岩石物理模型和骨架参数。

表 3 - 1　文 51 块沙二上段岩石物理参数表

类别	模型参数	值	备注
环境参数	地层温度（Temperature）/℃	94.2	根据文 51 井温压分析数据
	地层压力（Pressure）/MPa	25.04	
流体参数	标态原油密度（Oil Density）/($g \cdot mL^{-1}$)	0.828 7	估计值
	气的密度（Gas gravity）/($g \cdot mL^{-1}$)	0.567	根据文 51 井温压分析数据
	地层水矿化度（Salinity）/ppm①	71 336	
骨架矿物参数	石英矿物密度（Quartz Density）/($g \cdot mL^{-1}$)	2.65	理论值
	石英矿物纵波速度（Quartz v_p）/($m \cdot s^{-1}$)	5 750	理论值
	石英矿物纵横波速度比（Quartz v_p/v_s）	1.58	理论值
黏土矿物参数	黏土矿物密度（Clay Density）/($g \cdot mL^{-1}$)	2.86	
	黏土矿物纵波速度（Clay v_p）/($m \cdot s^{-1}$)	4 900	
	黏土矿物纵横波速度比（Clay v_p/v_s）	2.09	

① $1\ ppm = 10^{-6}$。

续表

类别	模型参数	值	备注
孔隙结构参数	骨架矿物长宽比（Matrix Aspect ratio）	0.12	
	泥质矿物长宽比（Clay Aspect ratio）	0.045	

流体体积模量计算方法：2008 Fluids Consortium。

气水两相体积模量计算方法：Brie 方程（Brie 指数为 3）。

干岩石模量计算方法：微分有效介质模型（DEM）。

流体置换方法：盖斯曼（Gaussmann）方程。

岩石物理最重要的作用之一就是可以预测弹性曲线。

对于泥质砂岩地层来说，石英矿物的密度、纵横波速度骨架点参数不需要改动（砂岩矿物成熟度较低的时候，可能需要改动）；黏土的密度骨架点等参数与测井评价时使用的参数尽可能一致，其他使用不相同的参数（例如纵波、横波速度骨架点），需要后续调参（两个目的：一是优选合适的有预测性的岩石物理模型，以实测曲线与正演曲线间的误差最小为标准；二是测试参数是否合理）。参数优化的顺序是干黏土密度骨架点、干黏土横波速度骨架点、干黏土纵波速度骨架点，最后是 Alpha 参数。进一步优化砂岩相的纵横波速比和泥岩相的纵横波速比参数，使正演曲线和实测曲线间的误差进一步缩小，并注意两个参数范围，一般来说，砂岩相的纵横波速比范围在 0.07 ~ 0.12 之间，泥岩相的在 0.02 ~ 0.06 之间。如果参数优化后不能使误差足够小，对于预测性的岩石物理模型，需要返回到测井评价流程（环境校正或岩石物理体积模型分析）进行迭代处理，最后得到一个与实测曲线匹配最佳的结果。利用生成的密度和声波曲线，计算纵横波速度、阻抗及纵横波速度比等，为后续反演做准备。

根据以上岩石物理建模流程和先前解释得到的岩石物理体积模型进行正演计算，图 3 - 22和图 3 - 23 所示的是岩石物理正演成果剖面，同时绘制了研究区部分井的岩石物理正演成果剖面。

其中，左数第 1 道为地质分层道，第 2 道为自然伽马（深绿），第 3 道为电阻率曲线，第 4 道为三孔隙度曲线，第 5 道为深度值，第 6 道为岩石体积物理模型处理结果，第 7 道为岩性曲线，第 8 为密度曲线，第 9 道为纵波曲线，第 10 道为横波曲线，第 11 道为纵波阻抗和正演与实测结果对比曲线，第 12 道为纵波阻抗曲线。其中，蓝色实线代表实测曲线，红色实线代表拟合曲线。拟合曲线与实测曲线相关性很高，说明了正演模型和正演结果的可靠性。

根据工区实际地质情况，首先建立了不同含水饱和度与不同孔隙度条件下的泥质地层的基于岩石物理建模分析的纵波阻抗 - 纵横波速度比叠前反演成果定量解释模板（图 3 - 24），以及研究区实测纵波阻抗和正演纵横波速度比岩石物理解释量图版。

图 3-22　文 51-74 井沙二下段岩石物理正演成果剖面

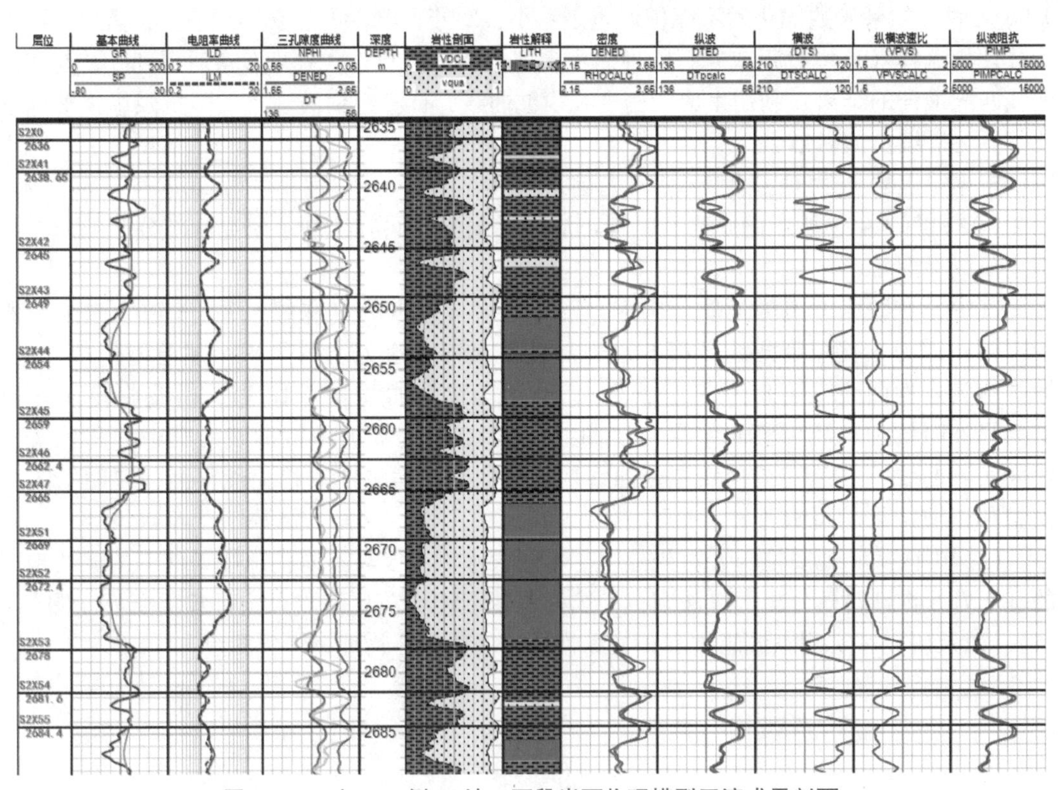

图 3-23　文 51-侧 74 沙二下段岩石物理模型正演成果剖面

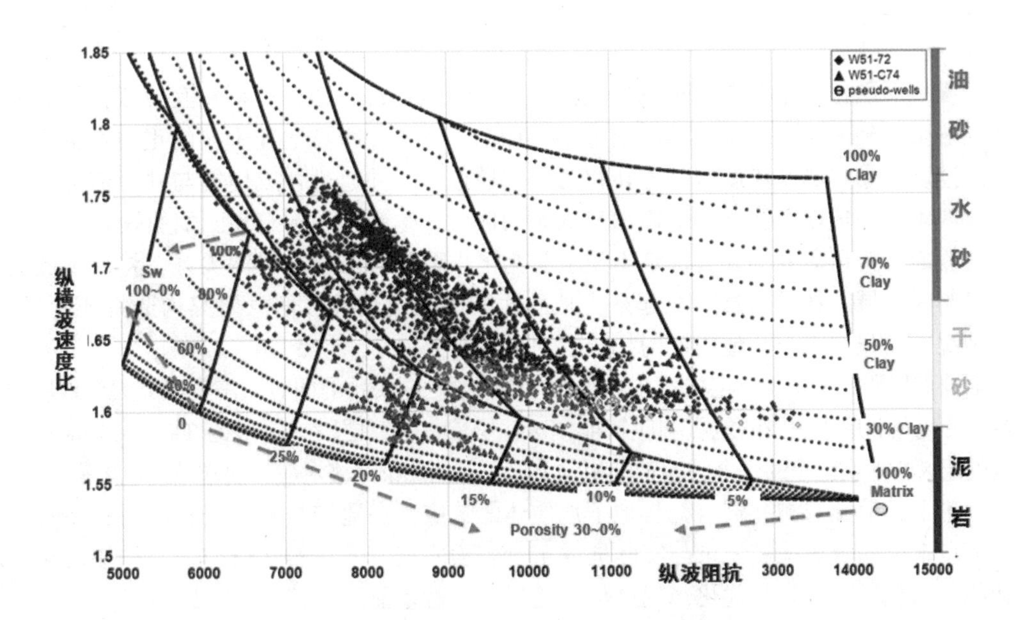

图 3-24　文 51 块沙二下岩石物理解释量图版

模板的纵轴为纵横波速度比，横轴为纵波阻抗；模板右下角一组线簇的交点为 100% 石英骨架点的响应，下方一组线簇的最上方一条为纯含水泥质砂岩线，其反映了黏土含量为 0 情况下，泥质砂岩孔隙度增加后，纵波阻抗和纵横波速度比的变化趋势：孔隙度增加，纵波阻抗减小，纵横波速度比增高。这一组线簇最下方的一条为 100% 饱含气的泥质砂岩线，其反映出饱含气的泥质砂岩孔隙度增加后，纵波阻抗减小，但纵横波速度比减小。两条线之间按照含油饱和度 10% 的递增，有 8 条混合流体泥质砂岩线。泥质砂岩的线簇中，还包括了 6 条垂直方向的等孔隙度变化线，从右到左分别代表了 5%、10%、15%、20%、25%、30% 孔隙度时泥质砂岩弹性响应随饱和度的变化规律。在砂岩线簇的上方两条线之间按照黏土含量 10% 的递增，有 9 条泥质砂岩线，分别代表了砂岩骨架中混合了 20%、30%、40%、50%、60%、70%、80%、90% 和 100% 黏土矿物之后的纯含水趋势线。这些泥质砂线可以用于后续叠前地震反演体解释时定量刻画截止值的趋势和斜率。

通过岩石物理正演，在测井分辨率下，纵波阻抗不能区分泥岩、干砂、水砂和油砂；联合正演的弹性参数纵横波速度比和纵波阻抗，则可很好地区分泥岩、干砂、水砂和油砂。

泥岩的弹性参数范围大致为：纵横波速度比≥1.62；6 500(g/cm^3)·(m/s)≤纵波阻抗≤12 000(g/cm^3)·(m/s)。

干砂的弹性参数范围大致为：纵横波速度比＜1.62；9 500(g/cm^3)·(m/s)≤纵波阻抗≤11 500(g/cm^3)·(m/s)。

水砂的弹性参数范围大致为：纵横波速度比≤1.61；8 500(g/cm^3)·(m/s)≤纵波阻抗≤11 000(g/cm^3)·(m/s)。

油砂的弹性参数范围大致为：纵横波速度比≤1.6；7 500(g/cm^3)·(m/s)≤纵波阻抗≤11 500(g/cm^3)·(m/s)。

（二）层位精细动态标定

地震地质层位标定是储层预测的关键，它将地震资料与钻井资料相互关联，使二者之间建立一个准确的对应关系。其本质上是一种基于测井曲线与地震子波的正演，由测井资料中的速度信息将测井深度域信号转化为时间域信号，并通过合成地震与井旁道地震记录的对比匹配，生成联系测井与地震信息的时间曲线，达到井震标定和匹配的效果。

常规面向构造研究的井震标定本质上是为了求取相对准确的时深关系，将深度域的钻井信息与时间域的地震信息匹配起来，从而达到利用地震波形信息研究构造特征的目的。一般情况下，只要求大套地震反射标志层对应即可。

面向储层研究的精细标定技术在求取更为精确的时深关系的同时，需要研究大套地层内部的韵律变化及储层集中段的地震响应特征，这就要求在研究层段（一般为 300 ~ 500 ms）内合成地震记录与地震记录的每个同相轴的相位、振幅等信息都严格对应，要求精度也更高。

理论上，地震与测井资料都是地下地质体的响应，在地震与测井资料品质较高时，由测井信息求出的合成地震记录与实际地震记录较为匹配。但在实际研究中，往往需要对地震和测井信息进行处理与优化，提高信噪比后，二者才能达到较好的匹配程度。

在分析测井资料和地震资料的基础上，利用声波时差和密度测井曲线制作合成地震记录，对本区的地震地质层位进行标定。标定的步骤如下：

①选择经环境校正和标准化处理后的声波测井曲线，用于合成地震记录的制作。

②确定制作合成记录的主频。首先提取地震资料目的层段的主频。

图 3 – 25 所示为目的层段地震资料的主频，可以看出，纯波地震资料的有效频宽为 7 ~ 60 Hz，主频约为 28 Hz。为了更好地标定储层，选取 30 Hz 的主频制作合成记录与井旁地震道进行对比。

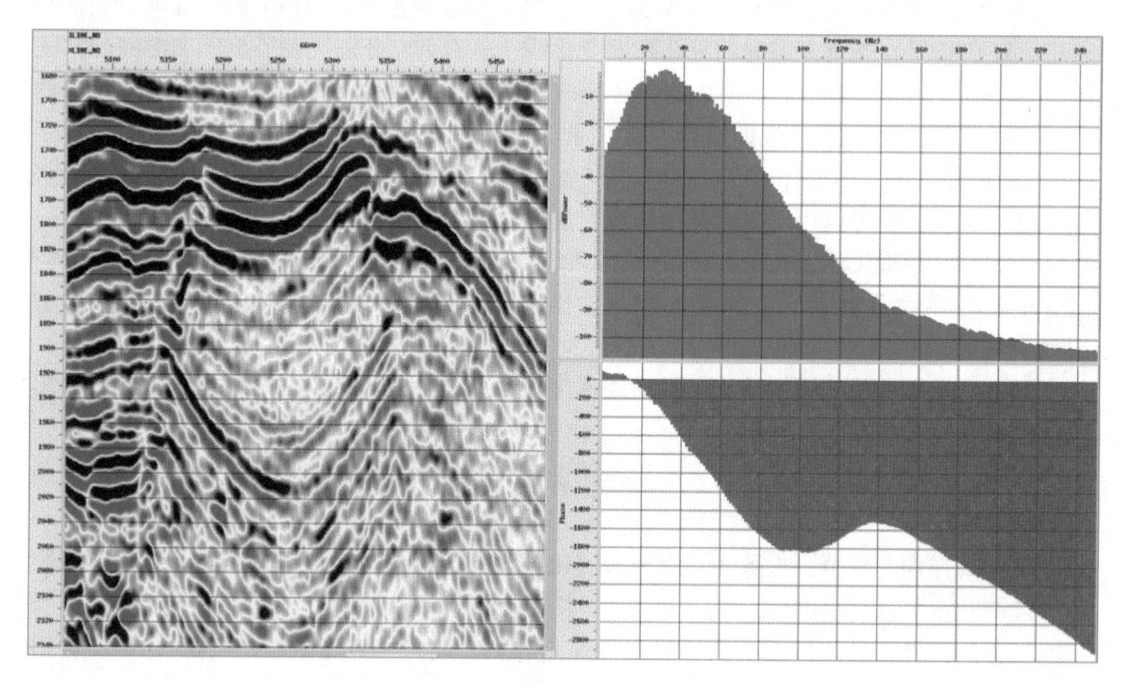

图 3 – 25　研究区地震资料频谱图

③选取合适的子波：井震标定和地震反演中重要的一个环节的子波的提取。

通常情况下，首先通过统计学算法提取井旁道的零相位子波，进行第一轮的标定，之后再利用相位－幅度谱估算方法提取井旁道的确定子波，反复调整正演地震记录实际地震道的匹配关系，最终利用多井求取一个理想的综合子波（图3－26）。

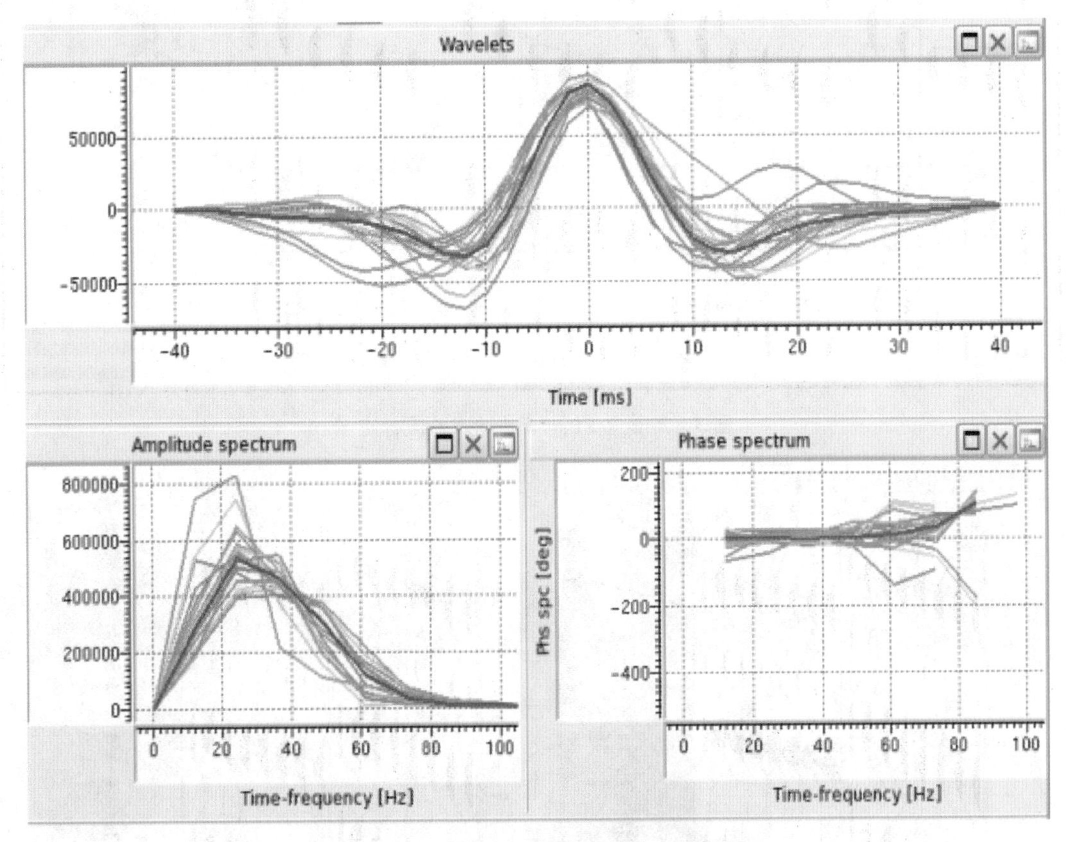

图3－26　多井子波提取与综合子波计算

④文51块精细储层动态标定技术研究。

经过三十多年的开发，地下油水关系复杂，储层的流体与物性均发生了变化，精细储层动态标定技术综合考虑了注水开发对储层流体和物性的影响，应用测井岩石物理的方法正演不同流体和孔隙度情况下储层的声波、密度等弹性特征曲线，拟合流体置换及孔隙变化对合成记录拟合的影响（图3－27），不断进行合成记录与原始地震道匹配，最终达到精细标定储层的目的。

在标定的过程中，要充分利用测井曲线和地质认识，对个别井进行改造，以达到最大限度的对应；同时，对目的层的对应关系进行分析，使相关系数大于0.8。按标定后的时深关系进行时深转换，同时，对各井的时深关系曲线进行交汇对比，以便取得研究区正确的时深转换关系。根据钻井地质分层，利用测井井旁地震子波并参考研究区速度，制作井的合成地震记录。必须保证合成记录与地震数据的最大匹配，使剩余值最小。用多条连井剖面进行检测，直到标志层与井分层吻合好，在此过程中产生时间域的波阻抗曲线，如图3－28所示。

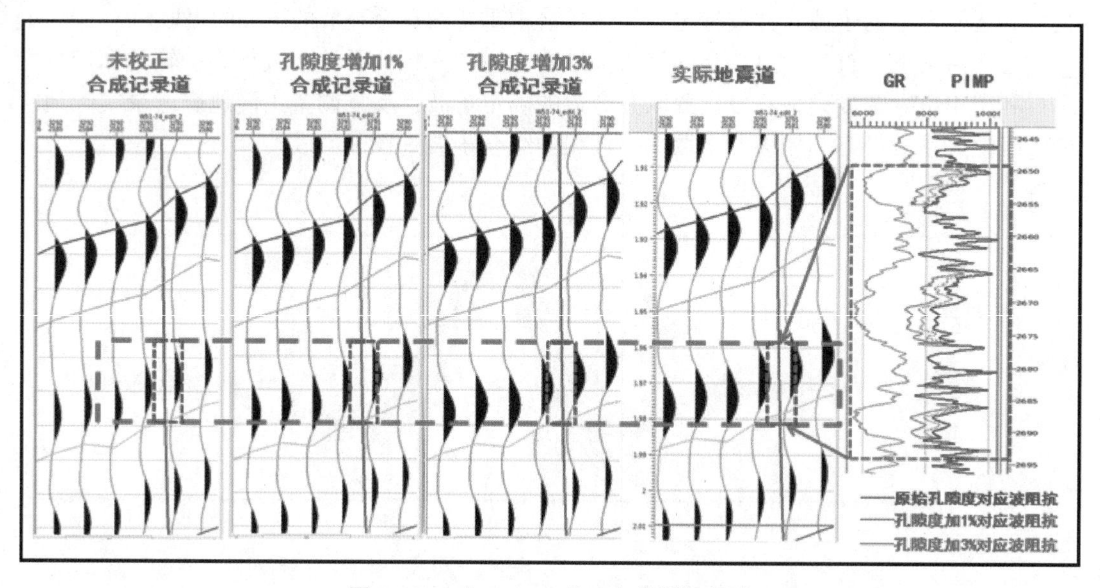

图 3－27　文 51－74 井动态井震标定图

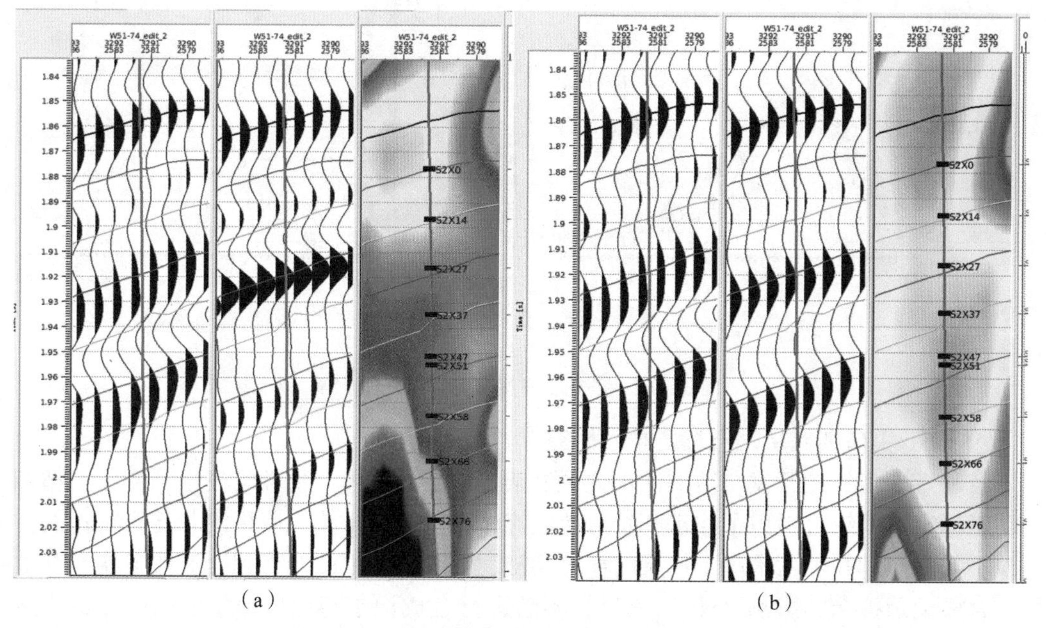

（a）　　　　　　（b）

图 3－28　环境校正前后标定结果对比图

（a）校正前；（b）校正后

在全叠加数据估算子波基础上（图 3－29），对 7 个部分叠加数据体进行子波估算。AVO 子波分析使用的时窗与全叠加数据估算子波使用的时窗一致。从提取的 AVO 子波可以看出，地震资料在目的层段的振幅能量从近道到远道由强变弱，各个叠加数据体的子波幅度、相位关系清晰（图 3－30）。子波分析结果中，地震资料零相位化做得相当好，基本接近零相位，子波主频随着偏移距的增加而降低。

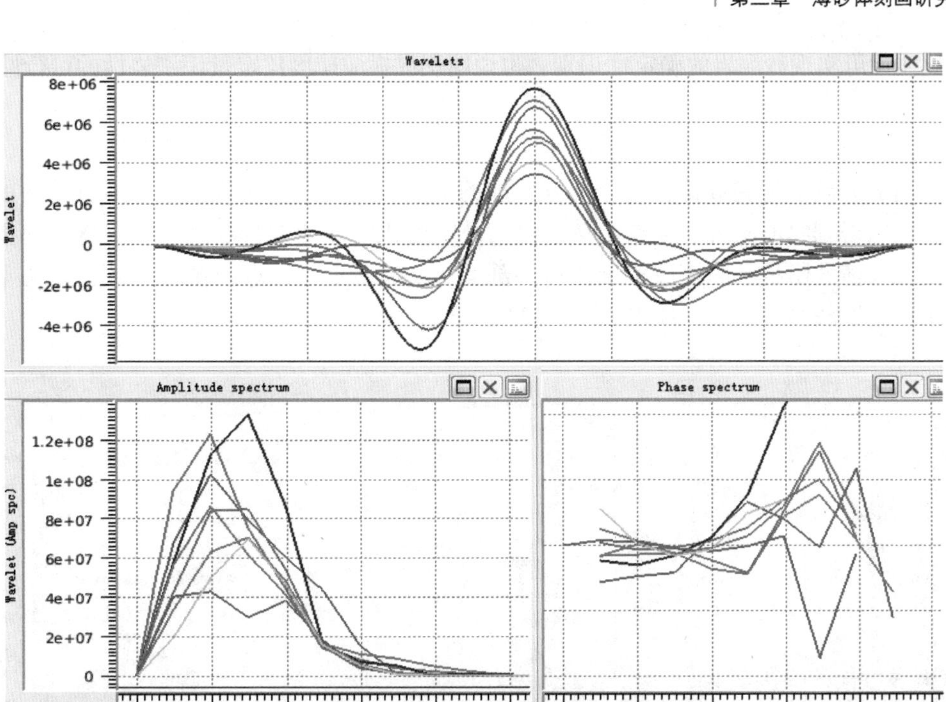

图 3－29　全叠加数据体多井子波提取

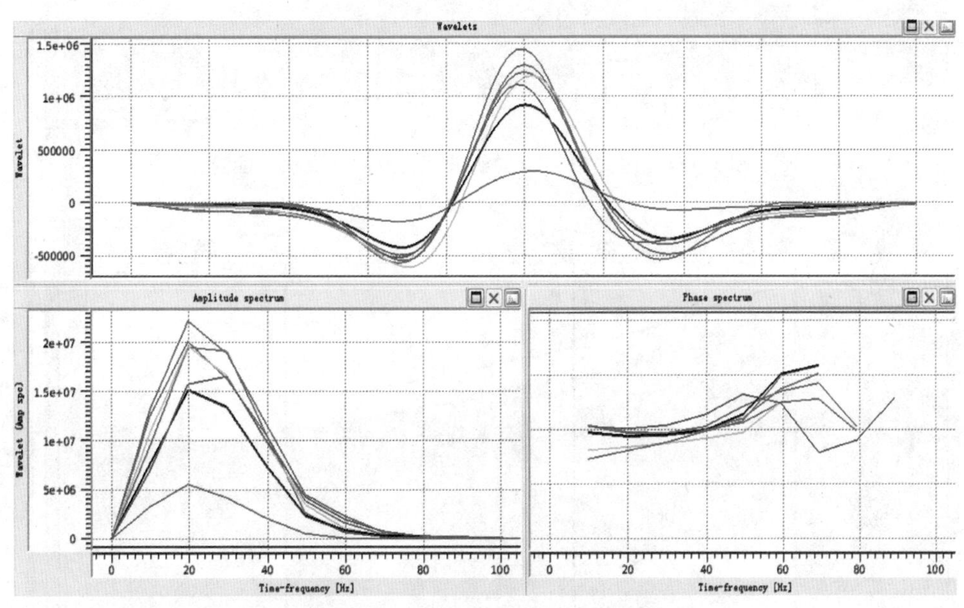

图 3－30　部分叠加数据体的子波估算

（三）地震多参数砂岩刻画

由岩石物理分析可知，本区泥岩对应中高纵横波速度比，砂岩对应中低纵横波速度比。从纵波阻抗和纵横波速度比反演剖面上看，沙二下 4－5 砂组砂岩对应于低阻抗特征，叠后纵波阻抗可实现确定性识别，沙二下 1－3 砂组由于砂泥岩纵波阻抗叠置严重，利用纵横波速度比属性可实现砂泥岩的确定性识别，也说明用纵横波速度比定量识别岩性的可行性。

（四）叠前反演与抽井检验

利用部分叠加地震数据、各个部分叠加的子波及反演低频趋势模型，进行了叠前同步反演，可以得到纵波阻抗、横波阻抗、纵横波速度比等弹性参数数据体。对比反演得到的纵波阻抗、横波阻抗和纵横波速度比过井剖面，反演结果与井点阻抗较一致，说明本次反演结果可信度较高（图 3－31 和图 3－32）。

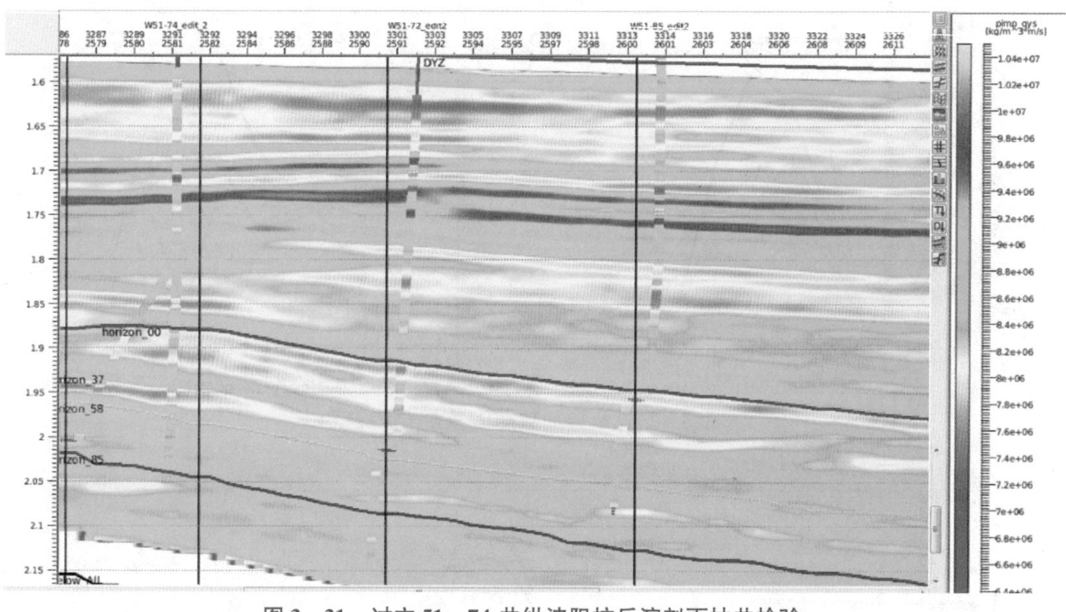

图 3－31　过文 51－74 井纵波阻抗反演剖面抽井检验

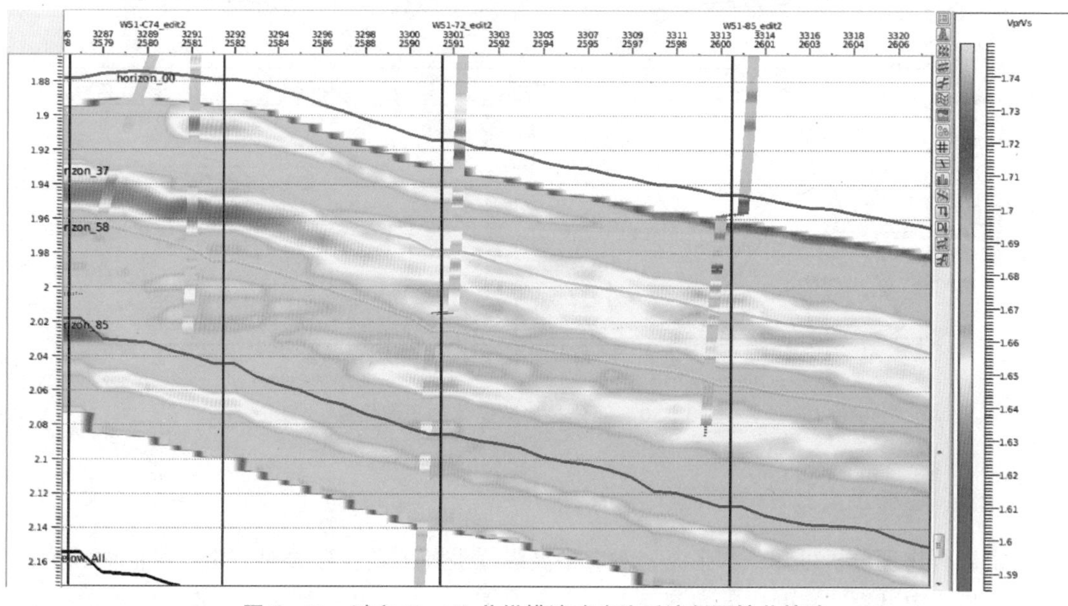

图 3－32　过文 51－74 井纵横波速度比反演剖面抽井检验

三、震控岩相建模

叠前反演可以较好地降低井间储层预测的不确定性问题，但其纵向上的预测精度难以达到开发上对薄储层预测的要求，单纯利用地球物理技术难以实现预测出薄储层。本次研究应用叠前反演预测成果作为趋势约束，开展岩性随机建模，较好地解决了预测精度和确定性矛盾的问题，既实现了薄储层的预测，又降低了薄储层井间预测的不确定性。

（一）地层格架精细建模

建立精细的地层格架模型（图 3－33）是实现模拟出薄储层及隔夹层的前提条件，只有建立起高精度的网格模型，才能将单井上的薄层及隔夹层信息完整地离散化到模型中，保证不丢失储层信息，实现后续薄储层的井间精细模拟。

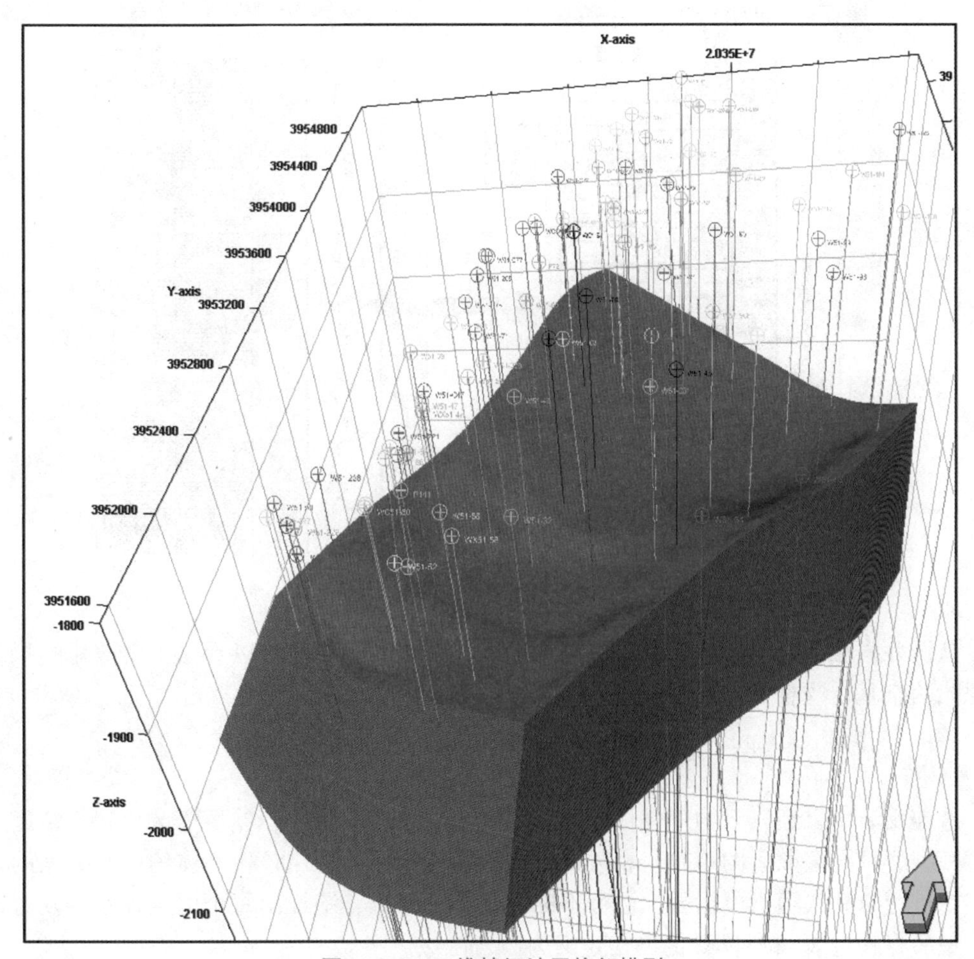

图 3－33　三维精细地层格架模型

本次研究建立的精细地层格架模型，网格数量达到了 1 922 万个，平面网格步长为 10 m×10 m，纵向网格精度达到 0. 6 m，如图 3－34 所示。

（二）岩相数据精细离散化

单井岩相数据的精细离散化是实现薄储层井间精细模拟的基础，应确保在离散化过程中不丢失井上薄储层的信息。在建立精细地层格架基础上，在离散化过程中进一步通过增加砂岩权重的方法，实现将井上薄砂体信息完整离散化到网格中。

通过将本次离散化结果与粗网格下的离散化结果进行对比（图3－35），可以看出，本次离散化过程中较完整地保留了井上薄储层的信息。

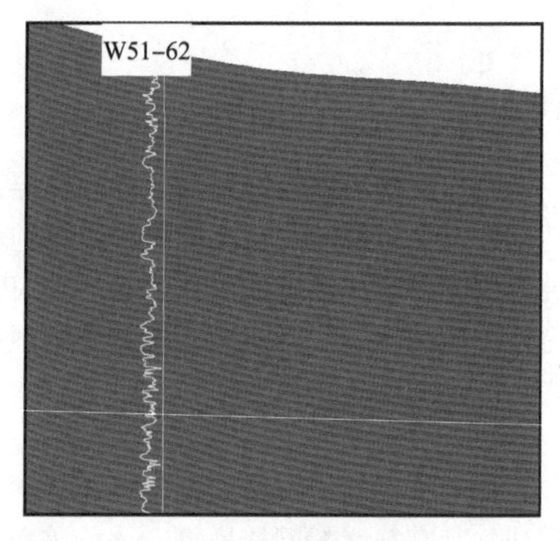

图3－34　精细地层格架剖面

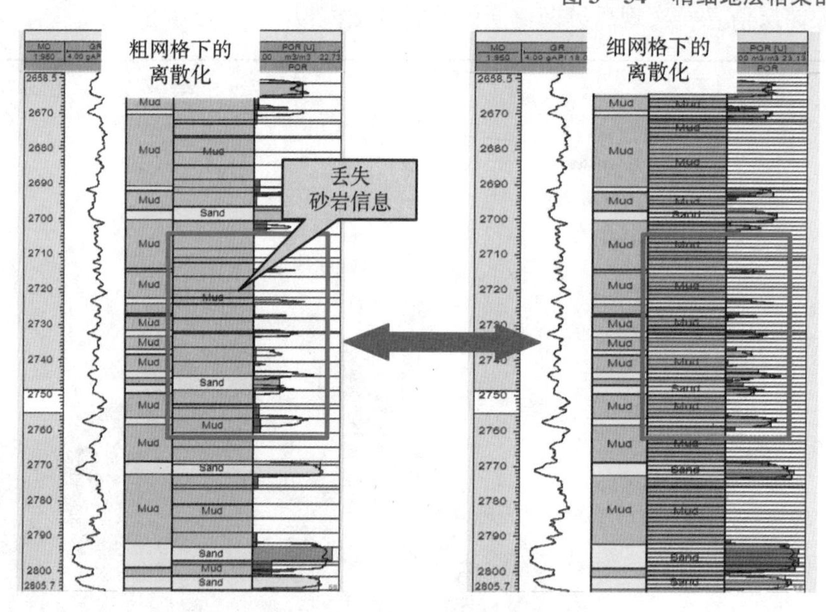

图3－35　离散化结果对比图

从测井岩相信息与离散化结果的对比图（图3－36）中，可以看出，离散化结果与井上原始信息基本吻合。

（三）震控岩相模拟

叠前反演结果经岩石物理模板解释后，生成砂泥岩岩相体，然后离散化到高精度地层格架模型后，与离散后的单井岩相数据生成砂泥岩概率体。用该概率体约束井数据的内插值，在进行100次随机模拟后，进行不确定性统计分析，统计出每个网格处砂岩发育的概率，最后将超过80%概率处的网格定义为砂岩区域。

通过对比叠前反演剖面和震控岩相模拟剖面，可以看出，震控岩相模拟剖面在较好地继承叠前反演成果的井间砂体连通趋势的基础上，精细刻画出了1 m以上薄砂体的井间展布，如图3－37和图3－38所示。

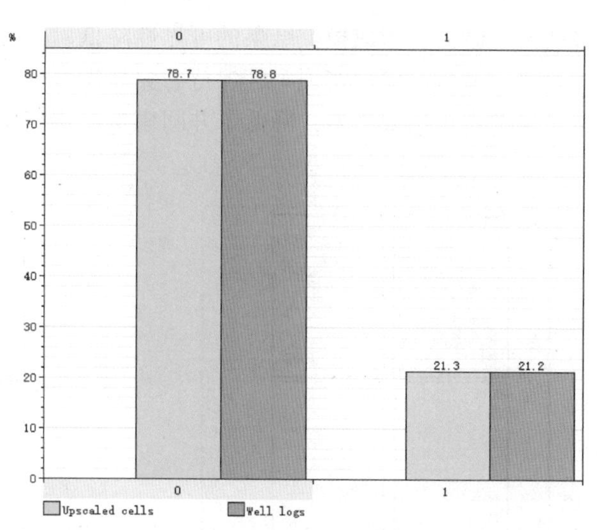

图 3－36　测井岩相信息与离散化结果对比图

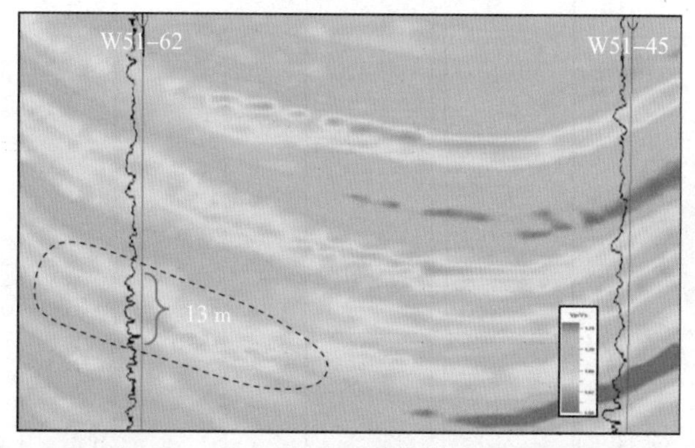

图 3－37　文 51－62—文 51－45 井纵横波速度比叠前反演剖面

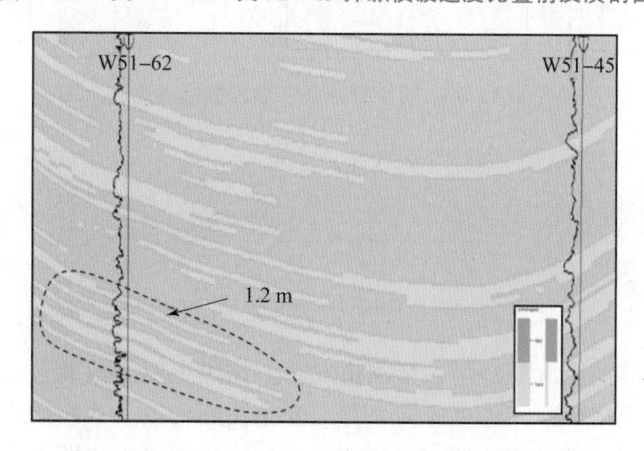

图 3－38　文 51－62—文 51－45 井岩相模拟剖面

（四）模拟结果不确定性分析

通过对比震控岩相模拟和非震控岩相模拟（图 3－39），可以看出非震控岩相模拟的多次实现中，砂岩发育区与叠前反演结果的趋势变化较大，不稳定。叠前反演中，在泥岩发育区，模拟结果中多次出现砂岩，造成模拟结果的可靠性降低。震控岩相模拟则能较好地继承叠前反演成果的趋势，在多次模拟实现中，保持砂泥岩发育的整体趋势，在叠前反演的泥岩区域内，模拟结果中很少出现砂岩，降低了井间模拟的不确定性，提高了井间储层预测的可靠性。

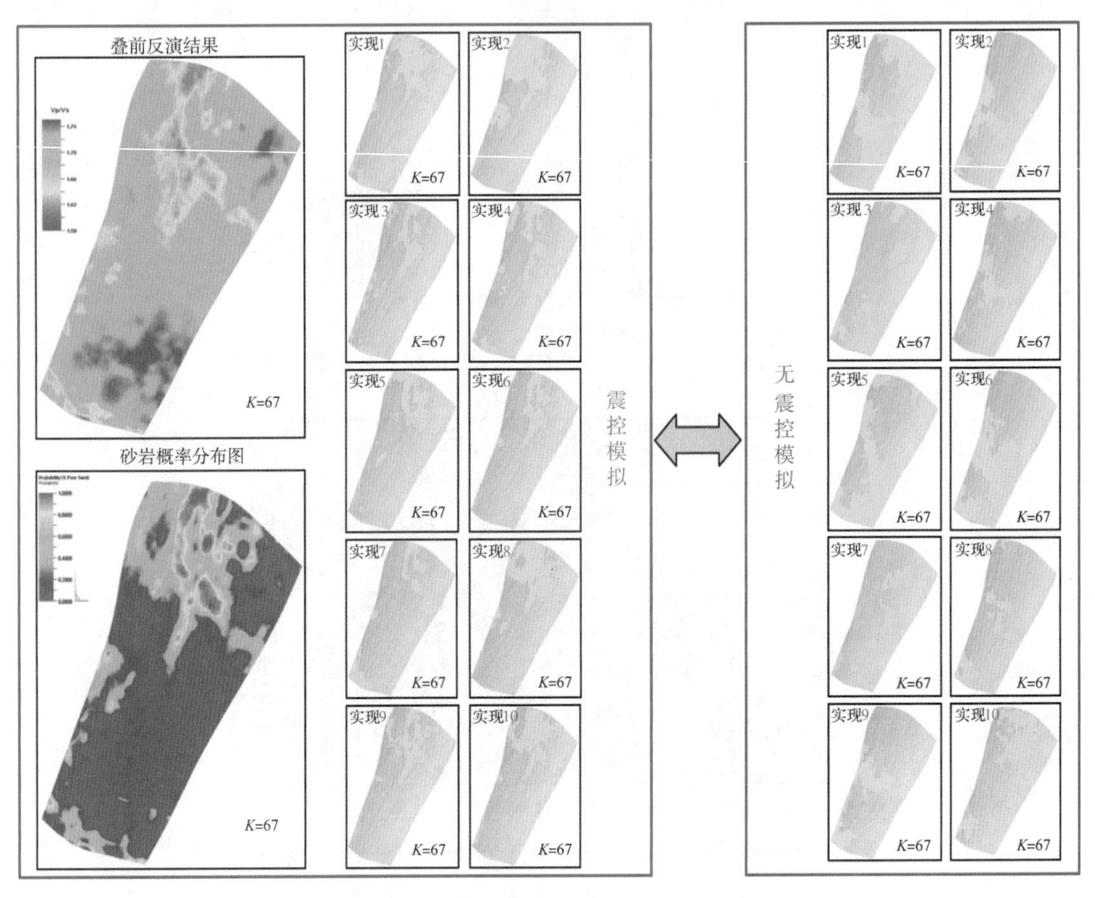

图 3-39　震控模拟和非震控模拟对比图

四、精细沉积微相建模

(一) 岩相约束模拟窄河道变化特征

研究区为三角洲前缘沉积环境，窄河道发育，物源主要为西北及东北方向。采用传统随机模拟算法难以模拟出窄河道多方向发育、变化快的特点。本次研究采用多点地质统计学算法，应用训练图像模拟多物源、窄河道、变化快的特点，如图 3-40 所示。主要做法是应用密井网区的河道研究成果建立训练图像，然后在岩相模型的砂岩区域内，基于井点的沉积微相解释数据，应用训练图像模拟窄河道的变化，在模拟过程中，根据不同的物源方向，调整训练图像中河道的方位和缩放比例，以实现在同一层位中模拟出多物源河道变化的特点。

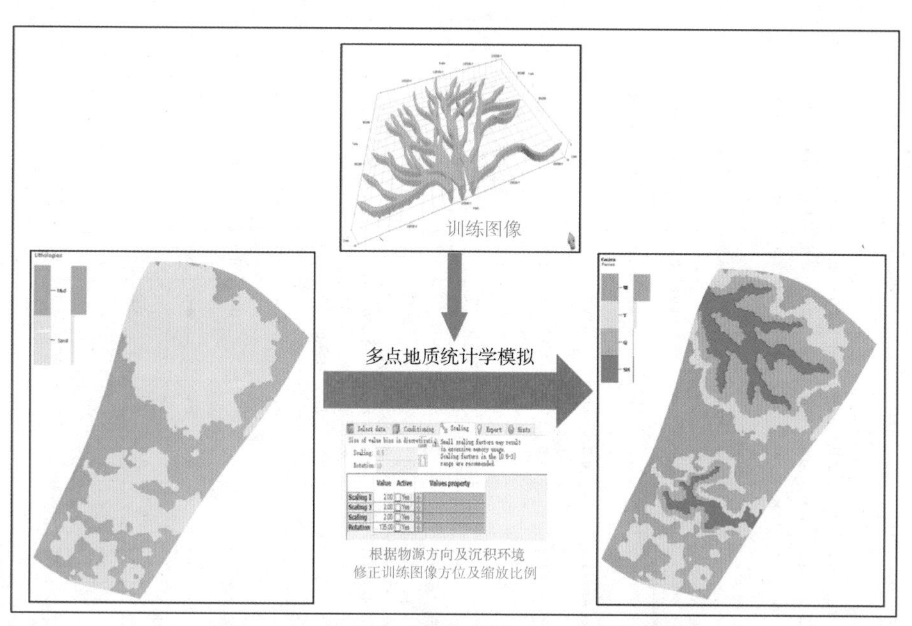

图 3-40 多点地质统计学模拟沉积微相流程图

对比上次研究成果，沉积微相模型纵向上更精细地刻画出单砂体及隔夹层展布，平面上河道刻画更加精细，形态更加符合自然规律，物源方向表现为西北及东北方向，与前期地质认识基本吻合，如图 3-41 所示。

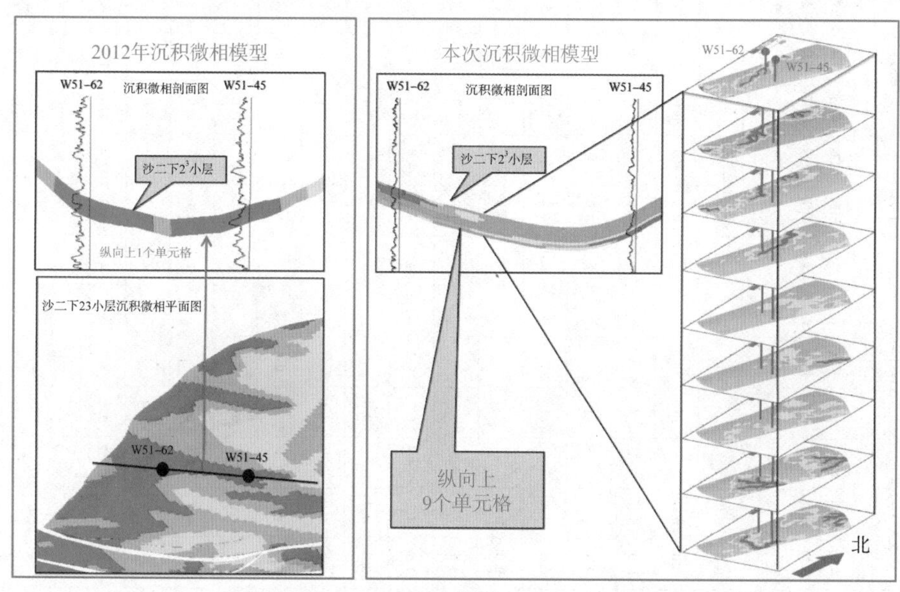

图 3-41 沉积微相模拟结果对比图

（二）模型抽稀井检验

区域内均匀选择 10 口抽稀井进行验证。检验结果显示，砂体钻遇率大于 90% 的井占 90%，砂岩厚度相对误差小于 10% 的井占 80%，模型可靠性较高，如表 3-2 和图 3-42～图 3-44 所示。

表3－2　抽稀井检验统计表

层号	W51－197			XW51－168			XW51－52			W51－221			W51－70			W51－227			W51－C46			W51－169			W51－205			W51－172		
	实钻厚度/m	预测厚度/m	相对误差/m	实钻厚度/m	预测厚度/m	相对误差/m	实钻厚度/m	预测厚度/m	相对误差/m	实钻厚度/m	预测厚度/m	相对误差/m	实钻厚度/m	预测厚度/m	相对误差/m	实钻厚度/m	预测厚度/m	相对误差/m	实钻厚度/m	预测厚度/m	相对误差/m	实钻厚度/m	预测厚度/m	相对误差/m	实钻误差/m	预测误差/m	相对误差/m	实钻误差/m	预测误差/m	相对误差/m
S2X11	0.0	0.0		0.0	0.0		f			0.0	0.0		f			0.0	0.0		0.0			0.0	0.0		0.0	0.0		0.0	0.0	
S2X12	0.0	0.0		0.0	0.0		f			1.1	0.0	-100.0	0.0	0.0		0.0	0.0		0.0			0.0	0.0		0.0	0.0		0.0	0.0	
S2X13	0.0	0.0		0.0	0.0		f			0.0	0.0		0.0	0.0		1.6	1.5	-6.3	0.0	0.7		0.0	0.0		0.0	0.0		0.0	0.0	
S2X14	1.1	1.1	-1.8	0.8	0.8	-2.5	f			3.2	3.0	-6.3	0.0	0.0		3.1	3.0	-3.2	1.4	1.3	-7.1	0.0	0.0		4.2	4.3	2.4	0.0	0.0	
S2X21	1.2	1.1	-8.3	0.0	0.0		f			0.0	0.0		2.0	1.9	-5.0	0.0	0.0		0.0	1.8		4.0	3.7	-7.5	0.0	0.0		3.0	2.8	-6.7
S2X22	0.0	0.0		0.0	0.0		f			0.0	0.0		0.0	0.0		0.0	1.6		0.0			0.0	0.0		0.0	0.8		0.0	0.0	
S2X23	0.0	0.0		3.5	3.6	2.9	f			1.3	1.2	-7.7	0.0	0.0		0.0	0.0		4.1	4.3	4.9	0.0	0.0		0.0	0.0		0.0	0.0	
S2X24	2.6	2.7	3.8	4.5	4.3	-4.4	6.3	6.2	-1.6	4.1	4.3	4.9	6.3	6.4	1.6	5.7	5.6	-1.8	2.1	2.2	4.8	3.9	4.0	2.6	0.0	0.0		3.6	3.7	2.8
S2X25	0.0	0.0		0.0	0.0		0.0			0.7	0.7	-2.9	2.4	2.3	-4.2	2.2	2.1	-4.5	1.5	1.4	-6.7	2.3	2.2	-4.3	0.0	0.0		1.4	1.3	-7.1
S2X26	0.0	0.0		0.0	0.0		4.5	4.3	-4.4	0.0	0.0		1.9	1.8	-5.3	0.0	0.0		0.9	0.0	-100.0	0.8	0.0	-100.0	0.0	0.0		1.0	0.9	-10.0
S2X27	0.0		0.0		1.0	0.0		0.6	0.0		0.0	0.8		0.0	0.0	2.1	1.9	-9.5	f			0.0	0.0		2.8	2.7	-3.6	0.0	0.0	
S2X31	0.0	0.0		0.0	0.0		0.0	0.7		0.0	0.0		0.0	1.0		0.0	1.0		0.0	0.0		f			0.0	0.0		0.0	0.0	-100.0
S2X32	2.7	2.6	-3.7	5.0	4.8	-4.0	0.0			1.1	1.0	-9.1	0.0	1.3		2.6	2.5	-3.8	4.2	4.3	2.4	0.0	1.9		0.0	0.0		2.2	2.1	-4.5
S2X33	1.1	1.1	-1.8	1.6	1.7	6.2	0.0			1.2	1.3	8.3	0.0	0.0		0.7	0.0	-100.0	1.6	1.7	6.2	0.0	0.0		2.8	2.9	3.6	1.4	1.4	2.1
S2X34	0.0	0.0		2.4	2.3	-4.2	2.5	2.7	8.0	4.2	4.3	2.4	1.8	1.7	-5.6	4.1	4.2	2.4	2.9	2.8	-3.4	1.4	1.5	7.1	0.0	0.0		1.6	1.7	4.4
S2X35	0.0	0.0		2.1	1.9	-9.5	0.0			1.9	1.8	-5.3	0.0	0.0		27	2.6	-3.7	3.0	0.0	-100.0		0.0	0.0	1.3	1.2	-7.7	1.3	1.2	7.7
S2X36	0.8	0.0		0.9	0.9	-3.3	1.4	1.3	-7.1	0.0	0.0		0.9	0.0		1.4	1.3	-7.1	0.0			0.0	0.0		0.0	0.0		0.0	0.0	
S2X37	1.1	1.2	9.1	2.4	2.3	-4.2	2.5	2.6	4.0	0.0	0.0		2.2	2.1	-4.5	0.9	0.0	-100.0	1.0	0.9	-10.0	1.6	1.7	6.2	1.5	0.0	-100.0	0.0	2.2	

续表

层号	W51－197			XW51－168			XW51－52			W51－221			W51－70		
	实钻厚度/m	预测厚度/m	相对误差/m	实钻厚度/m	预测厚度/m	相对误差/m	实钻厚度/m	预测厚度/m	相对误差/m	实钻厚度/m	预测厚度/m	相对误差/m	实钻厚度/m	预测厚度/m	相对误差/m
S2X41	1.4	1.3	－7.1	0.0	0.0		0.0			1.5	1.6	6.7	0.0	0.0	
S2X42	1.8	1.6	－11.1	0.0	1.3		0.0			2.8	2.9	3.6	0.0	0.0	
S2X43	2.6	2.8	7.7	0.0	0.0		0.0			3.6	3.5	－2.8	0.0	0.0	
S2X44	0.0	1.2		0.9	0.8	－11.1	4.4	4.3	－2.3	3.9	3.8	－2.6	3.2	3.3	3.1
S2X45	0.0	0.0		3.3	3.2	－3.0	3.0	2.8	－6.7	1.0	1.0	－5.0	0.0	0.0	
S2X46	0.0	0.0		4.3	4.2	－2.3	0.0			2.6	2.5	－3.8	3.5	3.6	2.9
S2X47	0.0	0.0		2.3	2.1	－8.7	2.2	2.1	－4.5	3.0	2.8	－6.7	2.8	2.9	3.6
S2X51	6.0	0.0		1.7	1.9	11.8	1.1	1.0	－9.1	5.0	4.8	－4.0	0.0	0.0	
S2X52	3.0	0.0		6.5	6.6	1.5	5.9	6.2	5.1	0.0	0.0		0.0	0.0	
S2X53	0.7	0.6	14.3	1.3	1.2	－7.7	5.1	4.8	－5.9	5.2	5.1	－1.9	3.6	3.5	－2.8
S2X54	1.5	1.5	0.0	1.9	1.8	－5.3	2.9	2.8	－3.4	4.1	4.0	－2.4	3.8	3.7	－2.6
S2X55	2.0	1.9	－5.0	0.4	0.0	－100.0	2.1	2.3	9.5	0.9	0.0	－100.0	1.2	1.3	8.3
S2X56	4.1	3.8	－7.3	0.0	0.0		0.0			2.4	2.3	－4.2	1.2	1.4	16.7
S2X57	0.0	0.0		1.3	1.2	－7.7	1.0	0.9	－10.0	4.1	4.0	－2.4	3.4	3.2	－5.9
S2X58	2.4	2.3	－4.2	1.8	1.7	－5.6	2.3	2.1	－8.7	2.1	2.2	4.8	2.0	1.9	－5.0
S2X61	1.6	1.7	6.2	2.4	2.5	4.2	6.6	6.5	－1.5	4.4	4.5	2.3	1.7	1.5	－11.8
S2X62	0.0	0.0		1.4	1.5	7.1	0.7	0.0	－100.0	n			4.7	4.6	－2.1
S2X63	0.0	0.8		0.0	0.0		f			n			0.4	0.0	－100.0

层号	W51－227			W51－C46			W51－169			W51－205			W51－172		
	实钻厚度/m	预测厚度/m	相对误差/m	实钻厚度/m	预测厚度/m	相对误差/m	实钻厚度/m	预测厚度/m	相对误差/m	实钻误差/m	预测误差/m	相对误差/m	实钻误差/m	预测误差/m	相对误差/m
S2X41	2.1	2.2	4.8	1.0	0.0	－100.0	0.0	0.0		2.2	2.1	－4.5	0.5	0.5	－6.0
S2X42	1.2	0.0	－100.0	2.0	1.9	－5.0	1.0	0.9	－7.0	2.3	2.4	4.3	0.7	0.7	2.9
S2X43	2.6	2.5	－3.8	1.1	1.2	5.5	1.8	1.9	5.6	2.1	1.9	－9.5	0.0	0.0	
S2X44	3.2	3.3	3.1	n			2.6	2.7	3.8	4.0	3.8	－5.0	4.2	4.3	2.4
S2X45	3.2	3.4	6.2	n			0.7	0.0		0.0	0.0		1.0	0.0	－100.0
S2X46	2.0	1.9	－5.0	n			5.3	5.4	1.3	1.9	1.8	－5.3	0.0	0.0	
S2X47	0.0	0.0		n			2.0	2.1	5.0	0.0	1.3		0.9	0.8	－11.1
S2X51	1.0	1.0	－5.0	n			1.3	1.4	7.7	5.0	4.9	－2.0	1.0	1.0	－5.0
S2X52	2.6	2.7	3.8	n			0.0	0.0		5.2	5.1	－1.9	1.9	2.0	5.3
S2X53	1.9	1.8	－5.3	n			3.6	3.5	－2.8	0.0	0.0		0.8	0.8	－5.0
S2X54	0.8	0.0	－100.0	n			5.4	5.5	1.9	0.0	0.0		0.0	0.0	
S2X55	3.7	3.8	2.7	n			1.6	1.5	－6.3	5.0	5.2	4.0	0.0	0.0	
S2X56	3.8	3.7	－2.6	n			1.0	0.9	－6.0	3.2	3.3	3.1	8.0	0.0	－100.0
S2X57	0.0	0.0		n			1.8	1.9	5.6	0.0	0.0		1.4	1.3	－7.1
S2X58	3.1	2.8	－9.7	n			5.9	6.0	1.7	2.4	2.5	4.2	2.5	2.6	4.0
S2X61	1.9	1.8	－5.3	n			3.8	3.6	－5.3	1.2	1.1	－8.3	1.8	1.9	5.6
S2X62	0.0	0.0		n			3.2	3.1	－3.1	0.8	0.0	－100.0	0.0	0.0	
S2X63	0.0	0.0		n			4.2	4.3	2.4	0.0	0.0		0.0	0.0	

续表

层号	W51－197			XW51－168			XW51－52			W51－221			W51－70			W51－227			W51－C46			W51－169			W51－205			W51－172		
	实钻厚度/m	预测厚度/m	相对误差/m	实钻厚度/m	预测厚度/m	相对误差/m	实钻厚度/m	预测厚度/m	相对误差/m	实钻厚度/m	预测厚度/m	相对误差/m	实钻厚度/m	预测厚度/m	相对误差/m	实钻厚度/m	预测厚度/m	相对误差/m	实钻厚度/m	预测厚度/m	相对误差/m	实钻厚度/m	预测厚度/m	相对误差/m	实钻误差/m	预测误差/m	相对误差/m	实钻误差/m	预测误差/m	相对误差/m
S2X64	2.4	2.3	－4.2	0.0	0.0			f		n			0.0	0.0		5.8	5.7	－1.7	n			0.8	0.9	7.5	3.0	2.9	－3.3	1.0	0.9	－10.0
S2X65	0.0	0.0		2.6	2.4	－7.7	f			n			1.2	1.1	－8.3	0.0	0.0		n			1.0	0.9	－7.0	3.2	3.1	－3.1	0.8	0.8	－2.5
S2X66	0.0	0.0		0.0	0.0		f			n			1.0	0.0	－100.0	0.0	0.0		n			0.0	0.0		1.0	0.0		0.0	0.0	
S2X71	1.3	1.2	－7.7	0.8	0.8	－2.5	f			n			0.0	0.0		0.0	0.0		n			2.6	2.5	－3.8	n			1.2	1.3	8.3
S2X72	3.4	3.6	5.9	1.0	0.9	－10.0	1.1	1.5	9.1	n			n			n			n			0.0	0.0		n			1.6	1.7	3.1
S2X73	0.0	0.0		5.9	5.7	－3.4	3.1	3.0	－3.2	n			n			n			n			0.0	0.0		n			2.5	2.4	－4.0
S2X74	0.0	0.0		0.0	0.0		2.5	2.3	－8.0	n			n			n			n			0.0	0.0		n			1.0	1.0	0.0
S2X75	2.1	2.0	－4.8	1.0	0.0		0.6	0.0	－100.0	n			n			n			n			n			n			1.0	1.0	－5.0
S2X76	3.3	3.2	－3.0	0.6	0.7	8.3	2.1	2.0	－4.8	n			n			n			n			n			n			7.8	7.9	1.3
S2X81	4.5	4.4	－2.2	2.6	2.5	－3.8	1.3	1.2	－7.7	n			n			n			n			n			n			5.0	4.8	－4.0
S2X82	1.8	1.9	5.6	n			2.9	2.7	－6.9	n			n			n			n			n			n			1.0	1.0	0.0
S2X83	0.8	0.0	－100.0	n		0.6	0.7	8.3	n			n			n				n			n			n			3.5	3.4	－2.9
S2X84	0.8	0.9	12.5	n			2.5	2.3	12.5	n			n			n			n			n			n			3.6	3.7	2.8
S2X85	2.4	2.3	－4.2	n			0.6	0.6	－3.3	n			n			n			n			n			n			0.8	0.8	0.0
总厚度/m	43.8	43.0	－3.9	41.4	38.0	－15.2	43.8	43.0	－3.9	65.4	63.3	－3.2	51.2	50.5	－1.4	66.0	62.9	－4.8	26.8	24.5	－8.7	63.6	64.0	0.7	55.1	53.3	－3.3	58.8	49.0	－1.3
钻遇率/%	28.0	26.0	92.9	28.0	27.0	96.4	29.0	28.0	96.6	24.0	22.0	91.7	21.0	19.0	90.5	25.0	22.0	88.0	13.0	12.0	92.3	25.0	24.0	96.0	21.0	20.0	95.2	34.0	31.0	91.2

图3-42 砂体钻遇率分布图

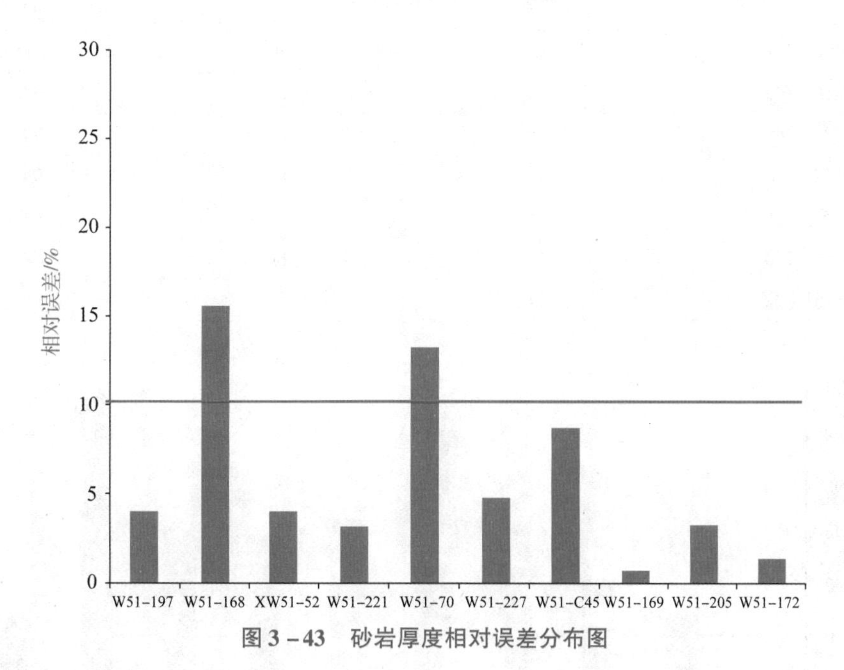

图3-43 砂岩厚度相对误差分布图

(三) 模型动态验证

从区块74个生产井组中随机抽取10个井组进行连通性验证。井组动态分析显示，模型预测的井组砂体连通准确率大于90%的井占90%，模型预测的井间砂体分布可靠性较高，如表3-3和图3-45所示。

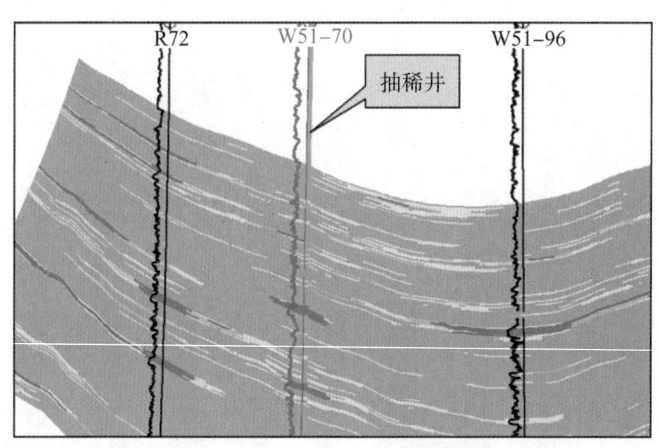

图 3-44 濮 72—文 51-96 抽稀验证剖面

表 3-3 井组连通情况统计表

井组名	预测连通个数	动态验证连通个数	连通准确率/%
P72C	7	6	85.7
W51-62	11	10	90.9
W51-96h	13	12	92.3
W51-221	9	9	100.0
W51-226	14	13	92.9
W51-90	19	18	94.7
W51-79	17	16	94.1
W51-59	18	17	94.4
W51-170	10	10	100.0
XW51-52	11	10	90.9

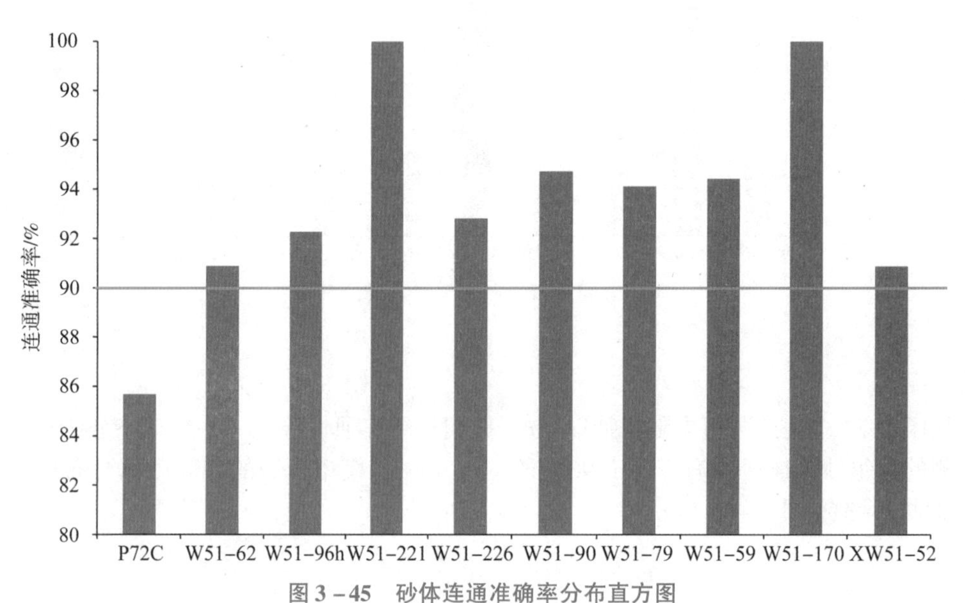

图 3-45 砂体连通准确率分布直方图

五、J函数及时变数模一体化技术，提高相控剩余油定量描述精度

通过天然岩芯微观剩余油研究室内实验，突出相带孔隙及相渗控制作用，建立了一种天然岩芯定量描述高含水期微观剩余油的方法，使用图像处理软件将不同类型剩余油显示为深浅不同颜色（图3－46），精确刻画高含水期薄互层微观剩余油差异化分布规律，量化不同相带平面微观剩余油分布。

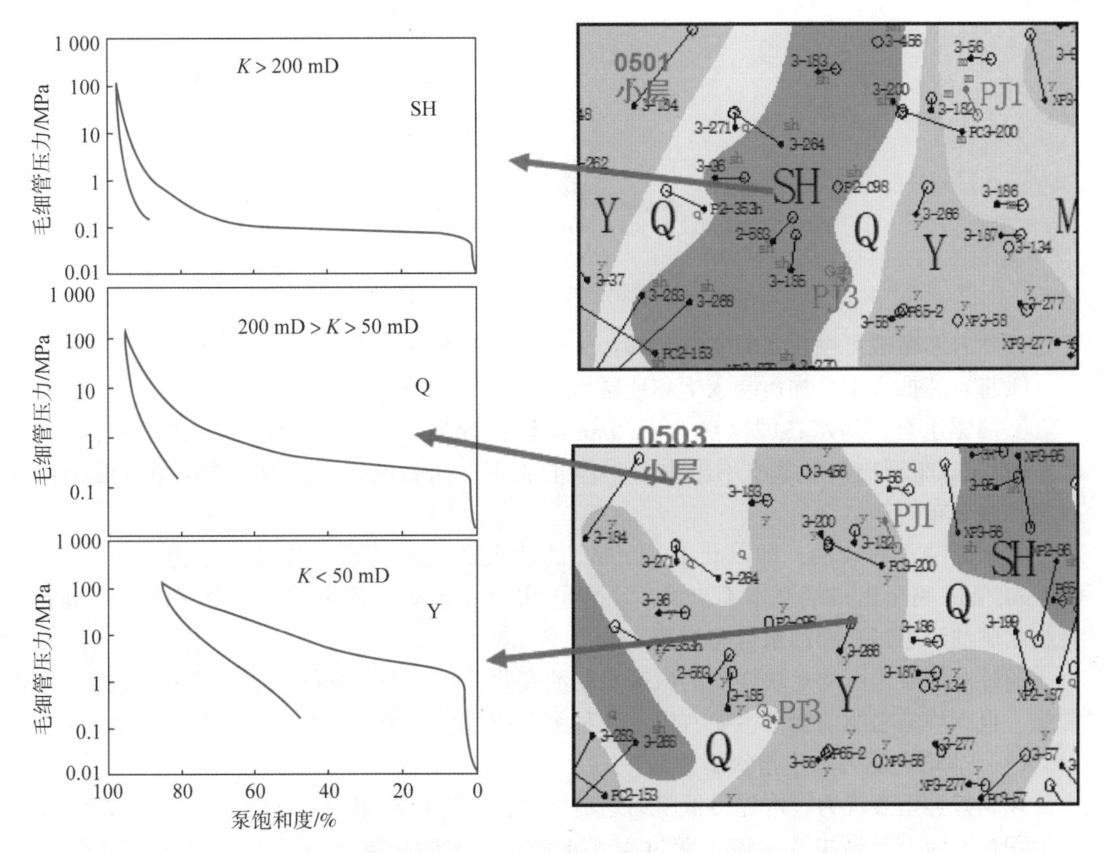

图3－46　濮城沙二下沉积微相与取芯样品压汞图对应关系

（一）不同相带孔喉和相渗特征

1. 孔喉特征

通过研究不同相带与取芯样品压汞图对应关系，孔喉变化有一定的规律性。从河道微相到远砂微相，平均渗透率从236 mD变为16 mD，平均喉道半径从中喉（3.96 μm）变化为细喉（1.65 μm），分选系数从2.31变为3.55，分选性逐渐变差。

2. 相渗特征

通过对不同相带相对渗透率归一化处理，从河道微相到远砂微相，有一定的相渗变化规律（图3－47），两相共渗区减少了17.0个百分点，等渗点向左偏移了8.7个百分点。

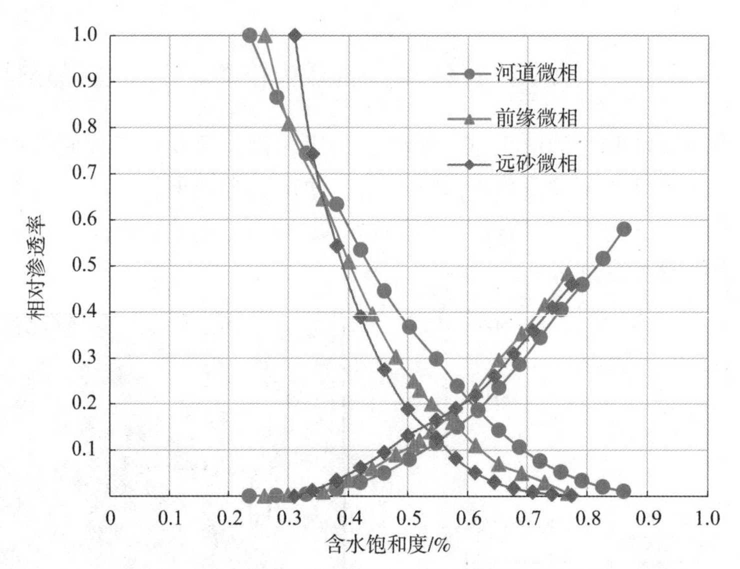

图 3-47　不同相带相对渗透率归一化对比曲线

天然岩芯微观可视化水驱实验步骤：

①将岩芯抽真空后加压装入饱和地层水。

②油驱水至束缚水，即以 0.1 mL/min 的注入速度驱至出口端基本不出水后，改用 0.5 mL/min 驱至出口端基本不出水后，停止油驱。油驱过程中选取一个网格连续摄像，观察油水分布规律。

③水驱油至残余油，即以 0.1 mL/min 的注入速度驱至出口端基本不出油后，改用 0.5 mL/min 驱至出口端基本不出油后，停止水驱。水驱过程中选取一个网格连续摄像，观察水驱油动态过程和油水分布规律。

通过对储层岩石的七块样品的微观水驱油实验，观察到岩样的水驱前缘有非均匀水驱前缘，也有均匀水驱前缘。主要有以下几种水驱油过程（图中蓝色为水，红色是油）。

（1）非均匀驱替——指状驱替型

该驱替类型表现为，水先沿低阻力通道突进，在出口端很快形成突破。水突破后，波及面积在平面上逐渐扩大。该水驱过程无水期短，水驱效率低。整个水驱过程如图 3-48～图 3-51 所示。

（2）非均匀驱替——舌状驱替型

该水驱油过程表现为水驱初期前缘呈舌状分布。随着水驱进行，舌状突进逐渐变宽，相互之间连成一片，没有连片的地方形成了绕流残余油。可以看出，这种类型无水期采收率中等，水驱油前缘推进相对均匀稳定，但该过程可形成较大的绕流残余油块。其整个水驱油过程如图 3-52～图 3-55 所示。

（3）非均匀驱替——网状驱替型

该水驱油过程表现为水驱初期前缘呈网状分布。随着水驱进行，网格逐渐变小，相互之间连成一片，没有连片的地方形成了绕流残余油。可以看出，这种类型无水期采收率相对较高，水驱油前缘推进相对均匀稳定，但该过程可形成较大的绕流残余油块。其整个水驱油过程如图 3-56～图 3-59 所示。

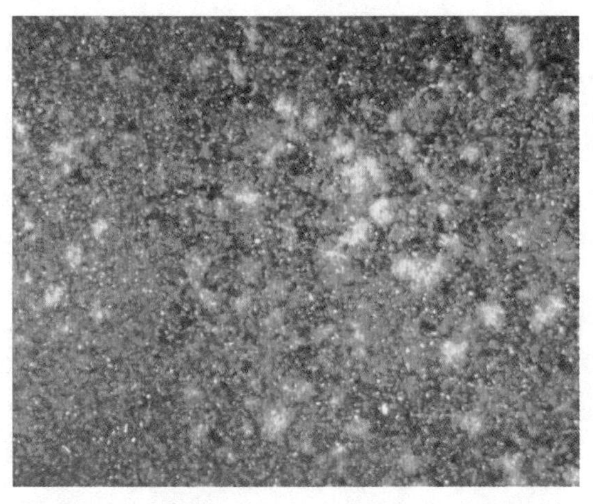

图 3－48 模型原始含油饱和度状态

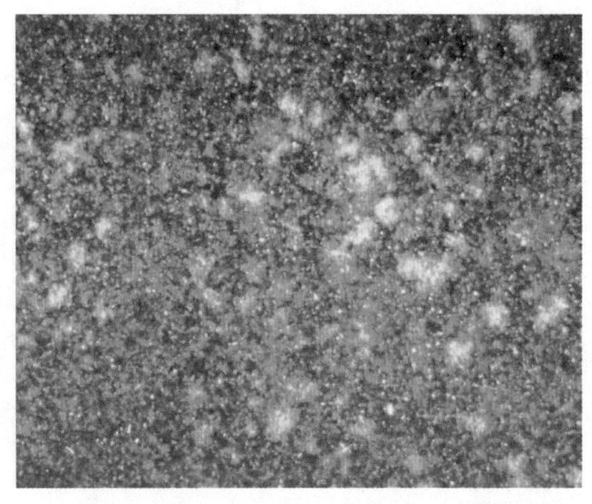

图 3－49 模型（上方与下方）水道突进状态

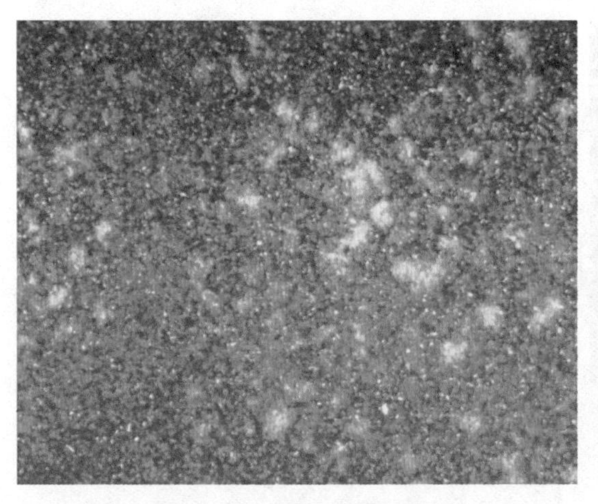

图 3－50 模型残余油状态

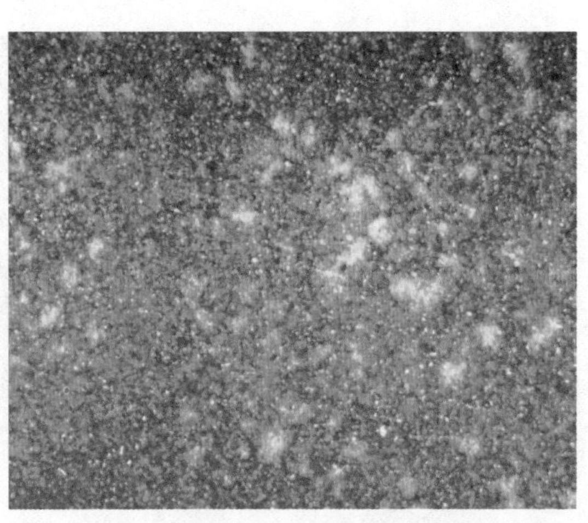

图 3－51 模型加大水驱速度后残余油状态

图 3－52 模型原始含油饱和度状态

图 3－53 水驱初期前缘呈舌状分布状态

图 3 - 54　模型残余油状态

图 3 - 55　模型加大水驱速度后残余油状态

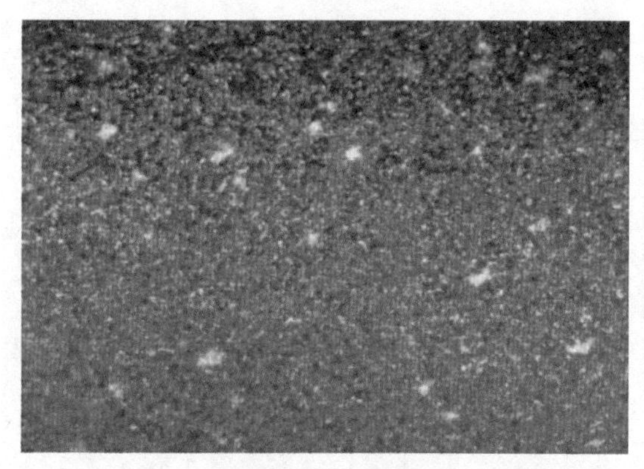

图 3 - 56　模型原始含油饱和度状态

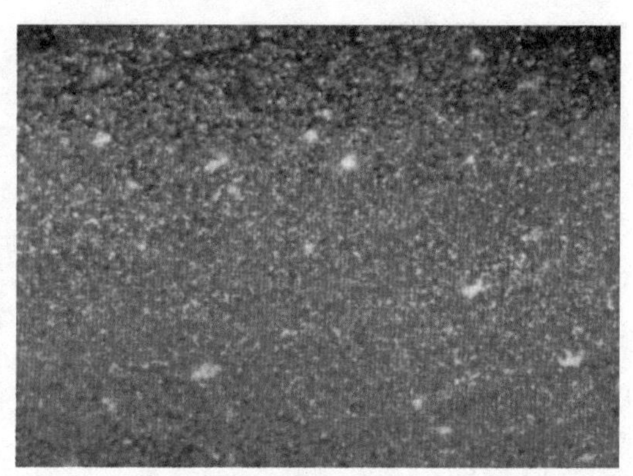

图 3 - 57　模型水驱初期前缘成网状分布状态

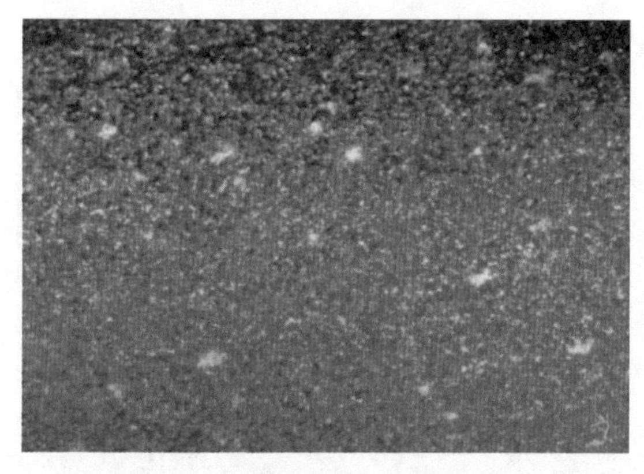

图 3 - 58　模型残余油状态

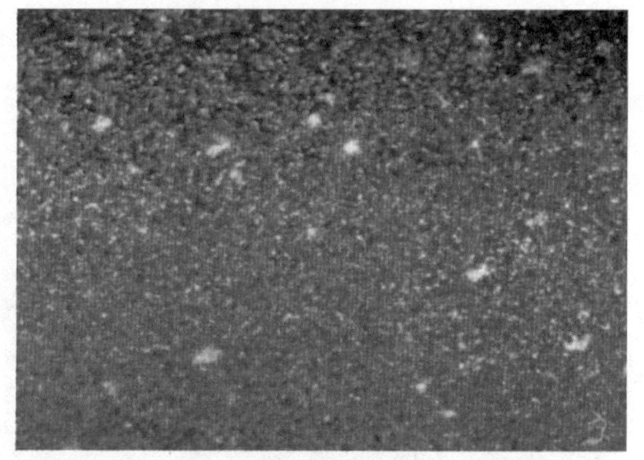

图 3 - 59　模型加大水驱速度后残余油状态

通过实验可知，在 3 种沉积微相中存在 4 种驱替方式。河道以网状突进为主，前缘以舌状突进为主，远砂以指状突进为主。均匀突进驱替在 3 种微相中都比较少。加大水驱速度，微细喉道得以动用，3 种驱替类型的驱油效率均有一定提高。驱油效率提高幅度不同，河道到远砂，分别提高了 3.6%、4.5% 和 5.6%。

岩芯微观可视化水驱实验步骤：采用带有颜色的环氧树脂溶液代替原油直接抽空饱和进入岩芯，然后进行水驱油实验。岩芯固化后，充分干燥，再次抽空饱和另一种颜色环氧溶液代替岩芯中驱替水。实验结束后进行固化，最终形成岩芯铸体薄片，实现水驱后微观剩余油分布规律研究。具体实验步骤如下。

①岩芯的选取与处理：选取工作目的层的天然岩芯，进行清洗和烘干。

②配制与目的层原油黏度相近的环氧树脂溶液并加入红色染色剂；配制与目的层地层水黏度相近的环氧树脂溶液，并加入蓝色染色剂。

③将工作目的层的天然岩芯抽空饱和，利用步骤②配制的红色环氧树脂溶液建立束缚水。

④将步骤③中建立束缚水的天然岩芯水驱至含水98%以上，烘干固化。

⑤采用驱替方法将与目的层地层水黏度相近的蓝色环氧树脂溶液驱替至经步骤④烘干固化后的天然岩芯中后，烘干固化。

⑥将步骤⑤烘干固化后的天然岩芯切片并磨片，得到天然岩芯的铸体薄片。

⑦根据岩芯铸体薄片照片进行图像分析，确定剩余油的形态、分布特征及数量。

所述的与目的层原油黏度及水黏度相近的环氧树脂溶液由环氧树脂溶液、稀释剂和固化剂组成。所述的稀释剂为丙酮或长链酮，固化剂由乙烯基三胺和乙二胺复配而成。选取带有颜色的环氧树脂溶液代替原油，进行驱替实验，明确天然岩芯驱替后微观剩余油赋存状态。

实验结果与分析：利用图像处理软件定量分析微观驱替实验剩余油分布。本软件可将微观剩余油自动分为斑块状、网络状、柱状、孤岛状及条带状几种类型（图3－60和表3－4），并可以定量分析不同类型微观剩余油。

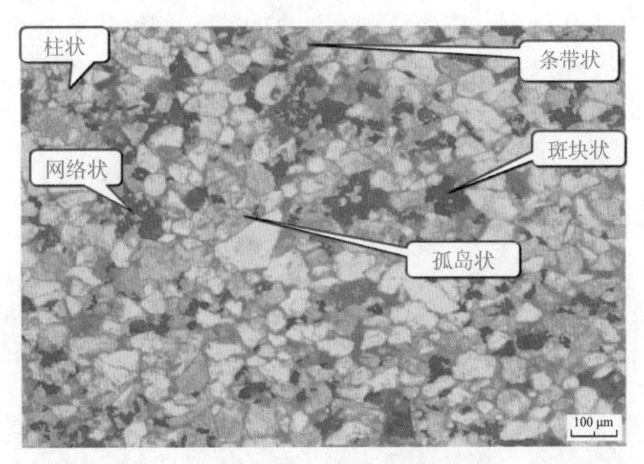

图3－60　天然岩芯水驱后不同类型微观剩余油赋存状态

表3－4　不同类型微观剩余油定量分析数据一览表　　%

网络状	条带状	斑块状	柱状	孤岛状
3.50	11.28	60.70	6.22	18.29

由表3－4以看出，图3－60中的微观剩余油以斑块状为主，其次是孤岛状和条带状。

本次实验针对河道微相、前缘微相、远砂微相的岩芯进行天然岩芯微观可视化实验。

依据河道微相岩芯不同类型微观剩余油分布状态（图 3－61），利用图像处理软件可以得到不同类型微观剩余油所占的比例（图 3－62）。其中图 3－62 所示河道微相岩芯水驱后不同类型微观剩余油所占比例为：斑块状剩余油 36.51%，网络状剩余油 27.96%，条带状剩余油 23.92%，孤岛状剩余油 4.17%，柱状剩余油 7.44%。由此可见，河道微相岩芯水驱后微观剩余油以斑块状为主，其次是网络状和条带状。流出液含水 99.5% 时，$S_{or}=0.202$。

图 3－61　河道微相岩芯水驱后微观剩余油分布状态

图 3－62　相岩芯不同类型微观剩余油分布状态

依据前缘微相天然岩芯水驱后的实验图像（图 3－63），利用图像处理软件可以得到不同类型微观剩余油所占的比例（图 3－64）。其中，图 3－64 中前缘微相岩芯水驱后不同类型微观剩余油所占比例为：斑块状剩余油 27.9%，网络状剩余油 20.5%，条带状剩余油 17.28%，孤岛状剩余油 25.1%，柱状剩余油 9.22%。由此可见，前缘微相岩芯水驱后微观剩余油以斑块状为主，其次是孤岛状和条带状。流出液含水 99.5% 时，$S_{or}=0.31$。

图 3－63　水驱后微观剩余油分布状态

图 3－64　不同类型微观剩余油分布状态

依据远砂微相天然岩芯水驱后的实验图像（图 3－65），利用图像处理软件可以得到不同类型微观剩余油所占的比例（图 3－66）。驱后不同类型微观剩余油所占比例为：斑块状剩余油 23.56%，网络状剩余油 21.11%，条带状剩余油 30.85%，孤岛状剩余油

20.92%，柱状剩余油 3.56%。由此可见，远砂微相岩芯水驱后微观剩余油以条带状为主，其次是斑块状和孤岛状。流出液含水 99.5% 时，$S_{or}=0.37$。

图 3-65 水驱后微观剩余油分布状态

图 3-66 不同类型微观剩余油分布状态

（二）相控数值模拟方法研究

1. 不同相带微观孔喉及渗流特征

不同微相的水驱实验也具有不同的渗流特征。由不同微相采出程度与含水率曲线（图 3-67）可以看出，对于无水期采出程度，河道微相最高，前缘微相次之，远砂微相最低。相同采出程度条件下，河道微相含水率最低，前缘微相次之，远砂微相最高。含水 98% 时，采出程度：河道 48.0%、前缘 45.3%、远砂 36.6%。

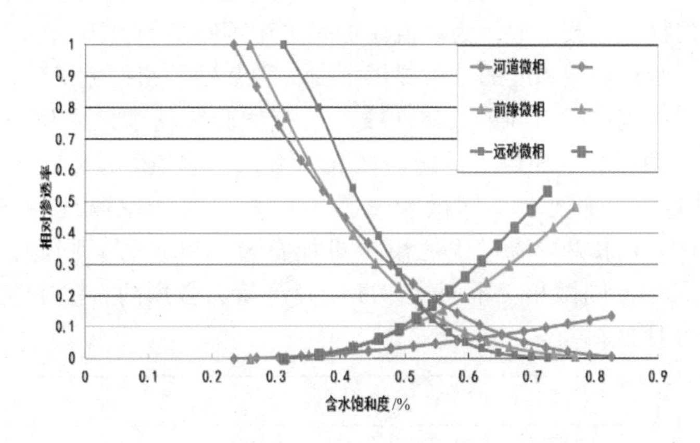

图 3-67 不同微相采出程度与含水率关系曲线

依据孔隙度或渗透率对数与可动油饱和度呈直线关系这一筛选标准对文 51 油藏全区不同相带相对渗透率实验资料进行筛选，对筛选后的若干条相渗曲线进行归一化拟合，得到油藏河道沉积微相归一化相对渗透率曲线（图 3-68）。

由归一化后的相对渗透率曲线可以看出，河道微相等渗点最靠右，远砂微相最左；河道微相残余油饱和度最低，前缘微相次之，远砂微相最大。在相同含水饱和度下，河道微相水相渗透率最低，前缘微相次之，远砂微相最高。

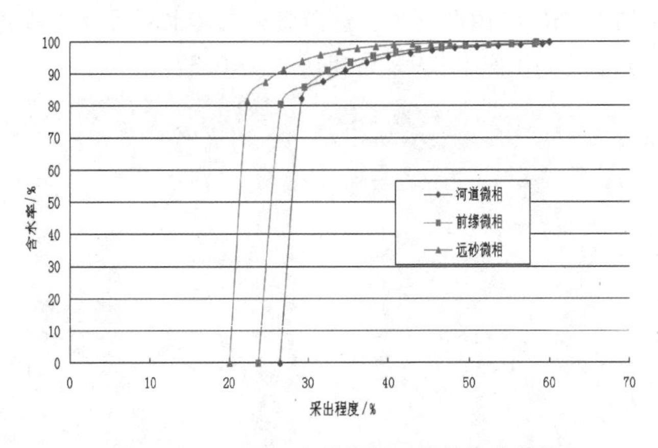

图 3-68　不同沉积微相归一化的相渗曲线

2. 相控数值模拟剩余油研究

当油田进入高含水期时，确定剩余油分布变得复杂。研究剩余油分布的方法已有渗饱曲线法、水驱特征曲线法、物质平衡法和油藏数值模拟法等，其中油藏数值模拟法能够重现开发历史，定量描述油藏剩余油分布。以往的油藏数值模拟没有应用现有的精细油藏描述成果，拟合结果也无法反映不同微相的剩余油分布，因此，为满足现阶段的精细开发调整要求，需要基于精细描述之上的数值模拟。按沉积微相选用相对渗透率曲线，将精细地质研究成果应用到数值模拟中。

（1）相对渗透率曲线的选择

早期的地质模型采用常规单一相渗，无论哪个微相，其初始含油饱和度都是一个值，数模计算误差较大。后来引入相控多相相渗法，通过相控随机建模，为油藏数值模拟提供了更为精细的储层物性参数模型，为数值模拟时采用不同微相，不同相渗曲线及毛管力数据的方法来控制原始含油饱和度的分布提供了前提和基础。相控随机建模下，同一小层能够根据不同的沉积微相选择不同的相渗曲线。结合试验区精细地质研究成果，将研究区域分为水下分流河道微相（SH）、前缘砂微相（Q）、远砂微相（Y）、泥坪（M）几种微相。对照每种类型，平面上不同微相选择不同相对渗透率曲线（图 3-69～图 3-71），使得模型的整个水驱渗流过程的模拟更加符合实际过程。同时，通过对比图 3-72，可以看出，采用不同微相、不同相渗曲线及毛管力数据的方法来控制原始含油饱和度的分布更符合地质规律。

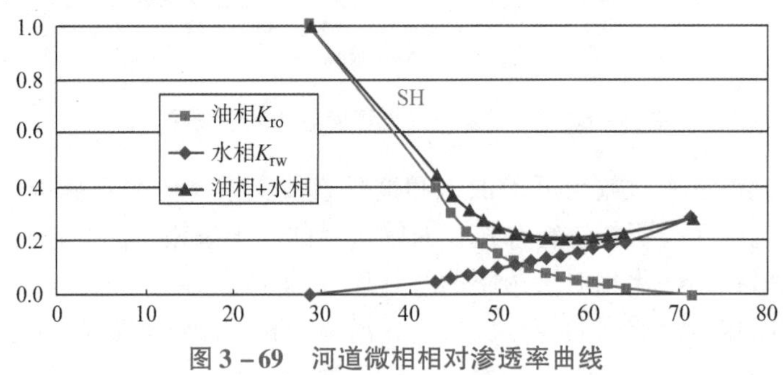

图 3-69　河道微相相对渗透率曲线

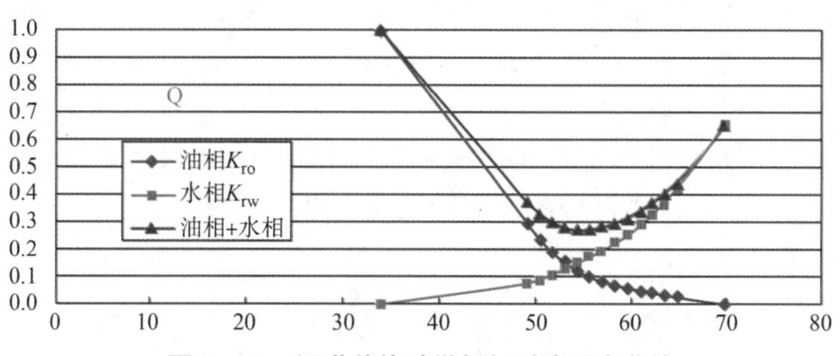

图 3－70　河道前缘砂微相相对渗透率曲线

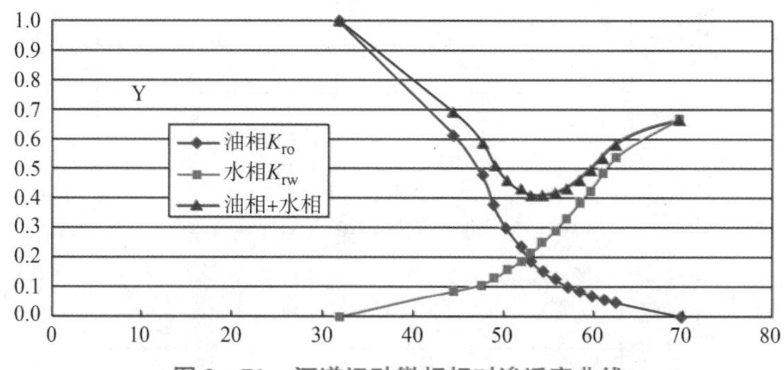

图 3－71　河道远砂微相相对渗透率曲线

考虑到同一相带及过渡带的差异，引入相控 J 函数法，基于差异相带实验数据，建立初始含油饱和度场，模型更加符合实际情况（图 3－72（c））。

$$S_w = A \times P_c^B$$

$$P_c = (R_b - R_{hc}) \times 0.098 \times h$$

式中，S_w 为含水饱和度，%；

A、B 为常数；

R_b 为地层水密度，g/cm^3；

R_{hc} 为原油密度，g/cm^3；

h 为自由水面高度，m。

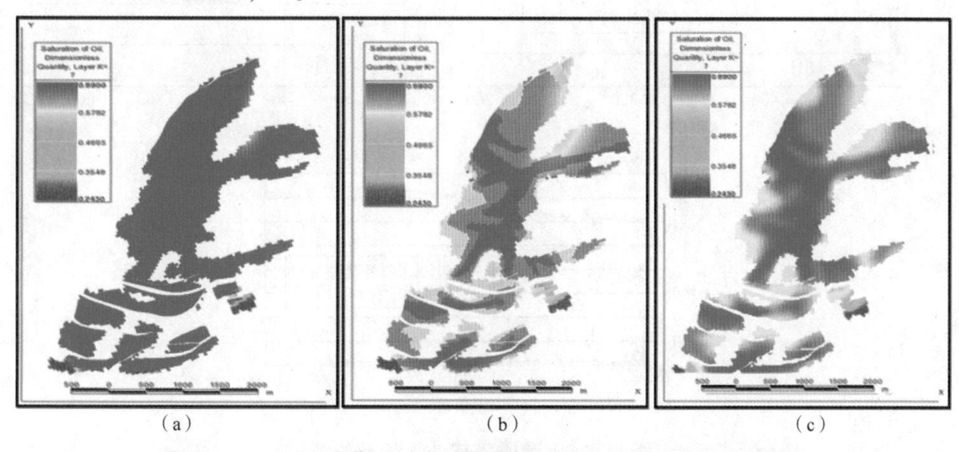

图 3－72　文 51 油藏不同方法数值模拟下初始含油饱和度图变化

（a）单一相渗；（b）相控多相相渗；（c）相控 J 函数法

在相控 J 函数法理论指导下，利用实验数据，通过研究渗透率与束缚水饱和度关系、渗透率与注入体积倍数关系、残余油饱和度下相对渗透率 K_{rw} 与渗透率关系（图 3－73～图 3－75），在不同相带水驱后储层物性差异变化的基础上，进行相渗端点水平及垂向标定（图 3－76），分网格相渗标定含油饱和度，应用时变数模技术提高油藏高含水期剩余油模拟精度。流体流动规律更符合地下实际情况（图 3－77 和图 3－78），高含水期剩余油研究精度提高 30%。

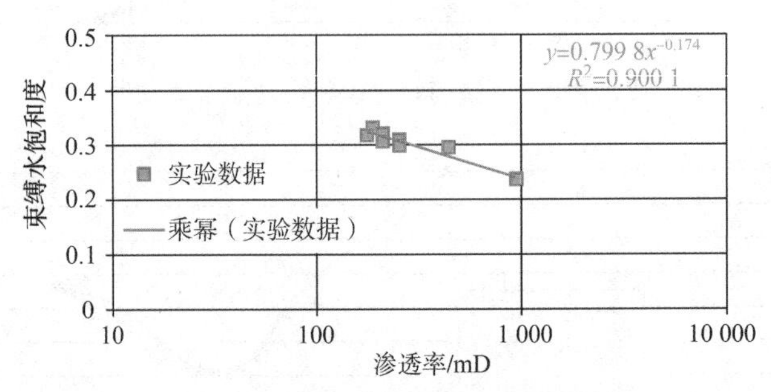

图 3－73　渗透率与束缚水饱和度关系

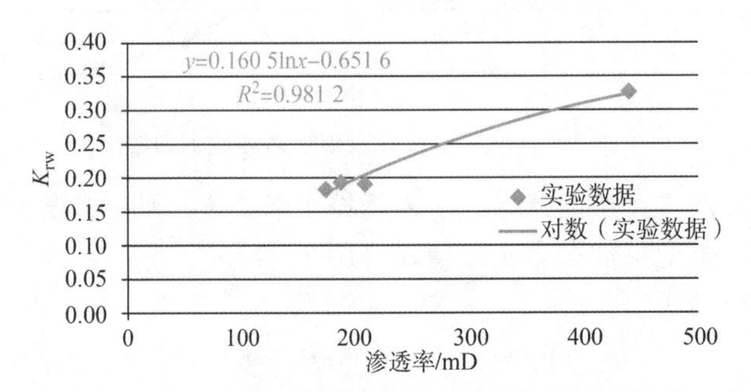

图 3－74　残余油饱和度下相对渗透与渗透率关系

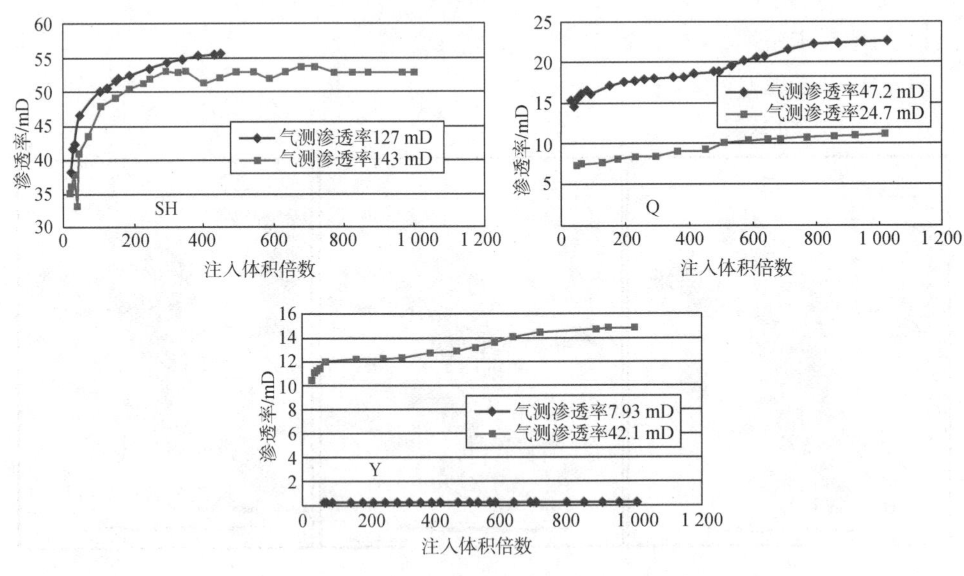

图 3－75　渗透率与注入倍数关系

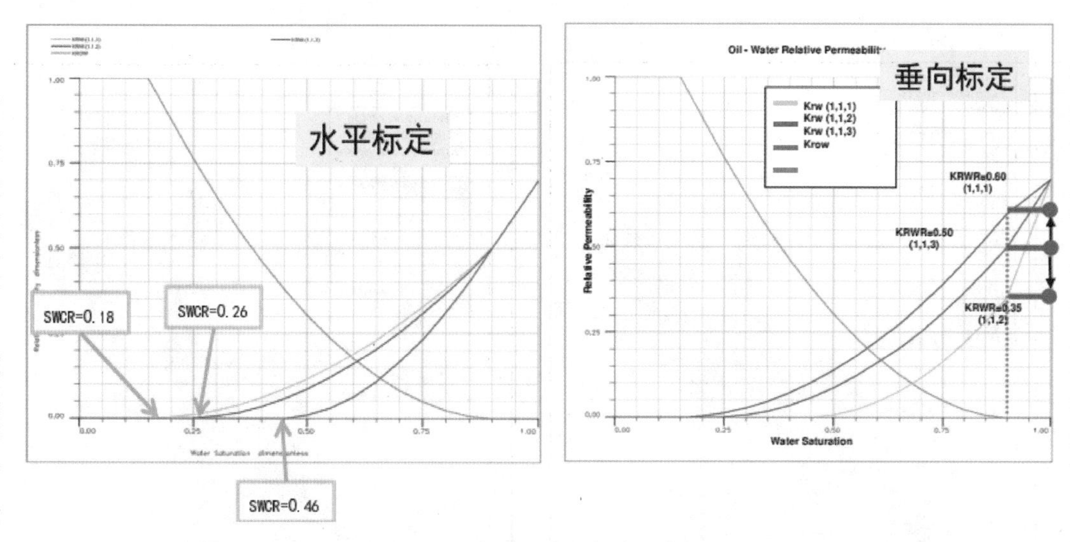

图 3－76　水平及垂向相渗端点标定

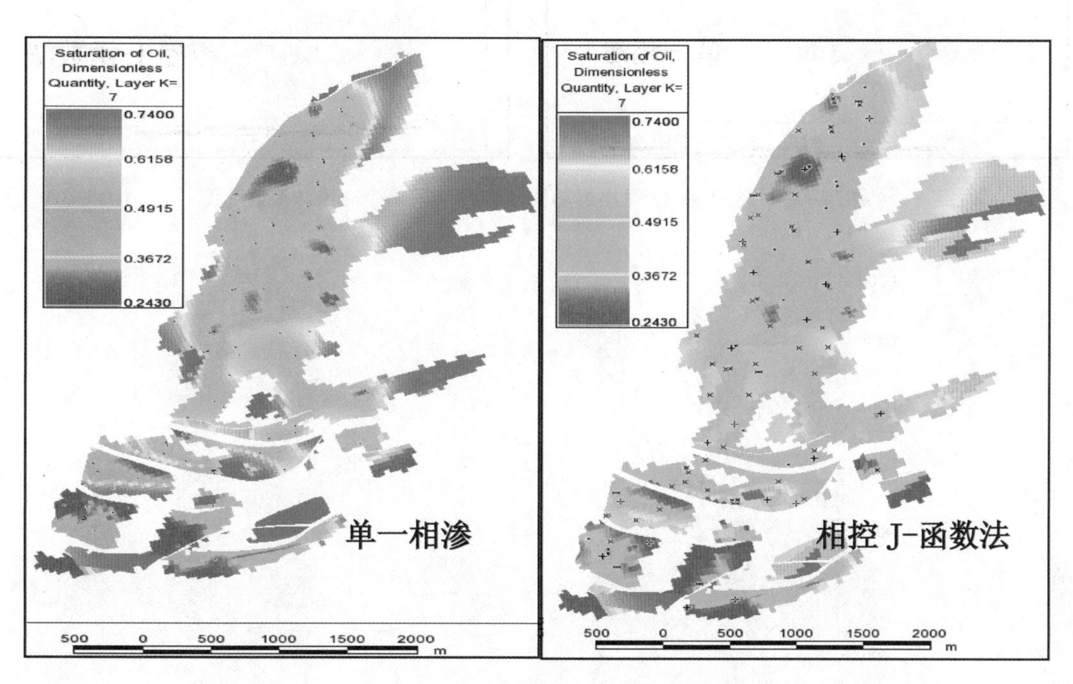

图 3－77　文 51 块 7 号小层不同研究方法下剩余油饱和度对比图

(2) 历史拟合

在进行储量拟合之后，进行历史动态拟合。无论是全油藏还是单井，都得到了较好的拟合，其开发状况与动态分析结果比较一致（图 3－79 和图 3－80）。因此，认为目前油藏地下剩余油的分布是可靠的，由此得到各小层剩余油饱和度等值图和小层开发指标，以及不同相带内的剩余油分布状况（图 3－81），为下一步调整挖潜提供了依据。

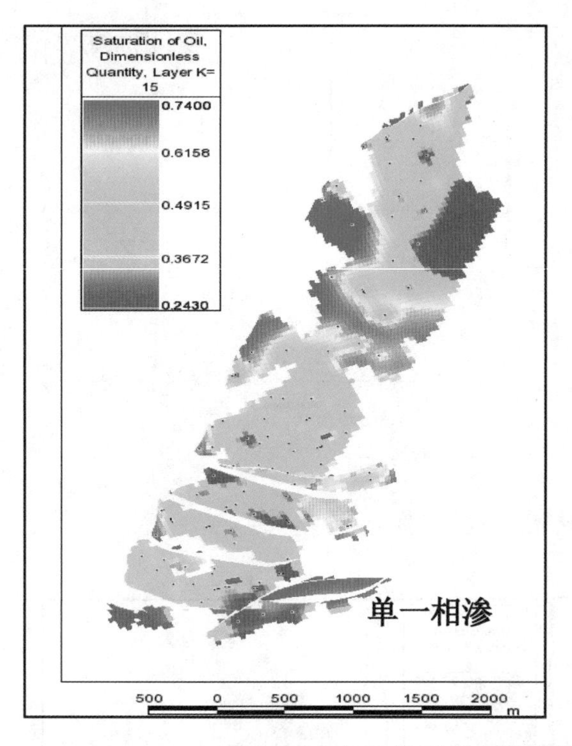

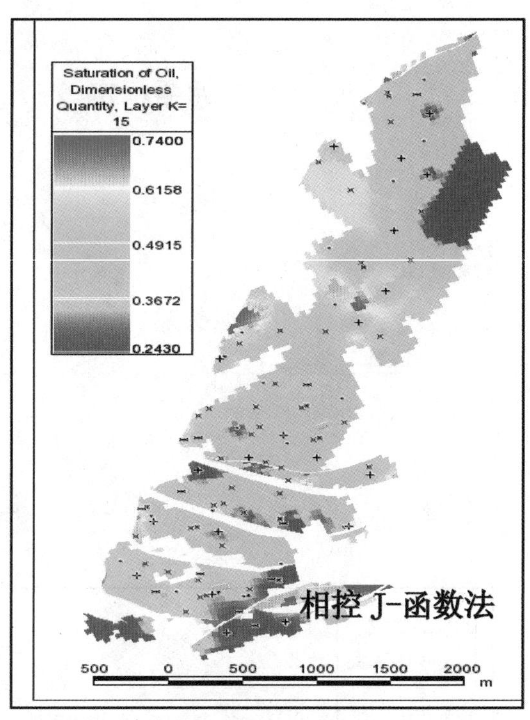

图 3－78　文 51 块 15 号小层不同研究方法下剩余油饱和度对比图

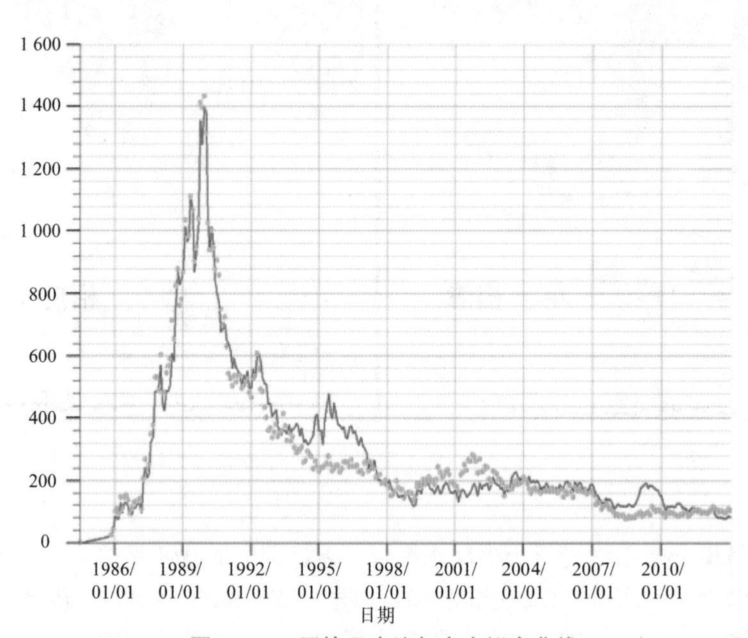

图 3－79　区块日产油与含水拟合曲线

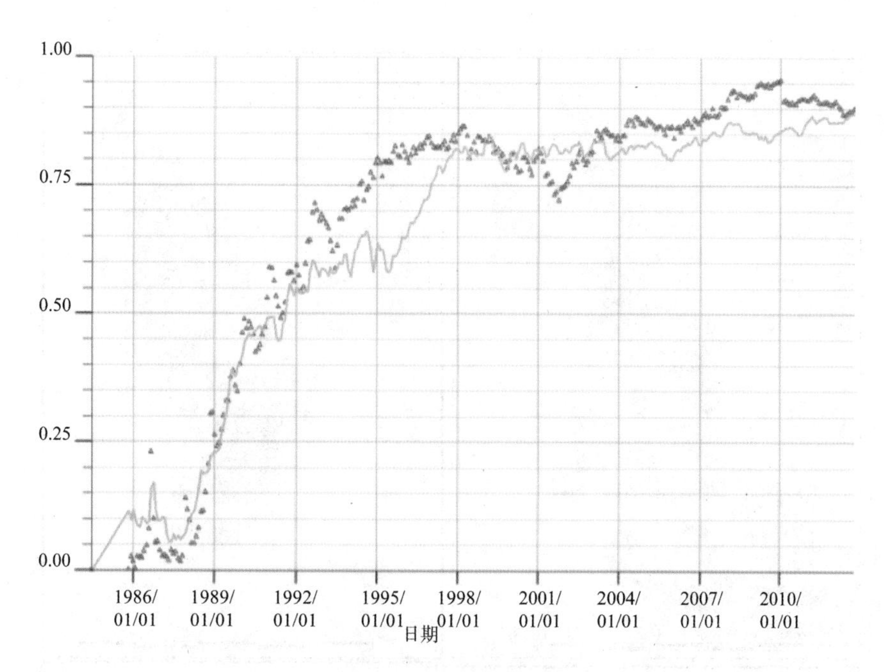

图 3-79　区块日产油与含水拟合曲线（续）

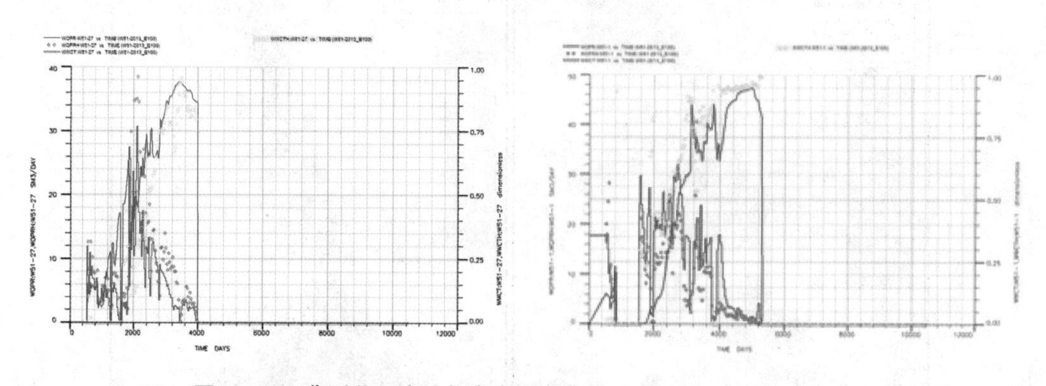

图 3-80　典型井日产油与含水拟合曲线（文 51-27、文 51-1）

（3）历史拟合开发指标

文 51 块沙二下北块数值模拟拟合到 2017 年 6 月底，模拟开发指标（表 3-5）：日产油 81.8 t，综合含水 87.94%，累积产油 301.71×10^4 t，采出程度 36.83%，累积产水 $962.22\times10^4 m^3$，累积注水 1 903.31 $\times10^4 m^3$，地层压力 26.32 MPa。文 51 块 2016 年 6 月开发数据统计综合含水 88.74%，采出程度 36.87%，与拟合结果分别相差 0.8%、0.04%，说明油藏数值模拟结果较好地反映了该油藏的生产历史。

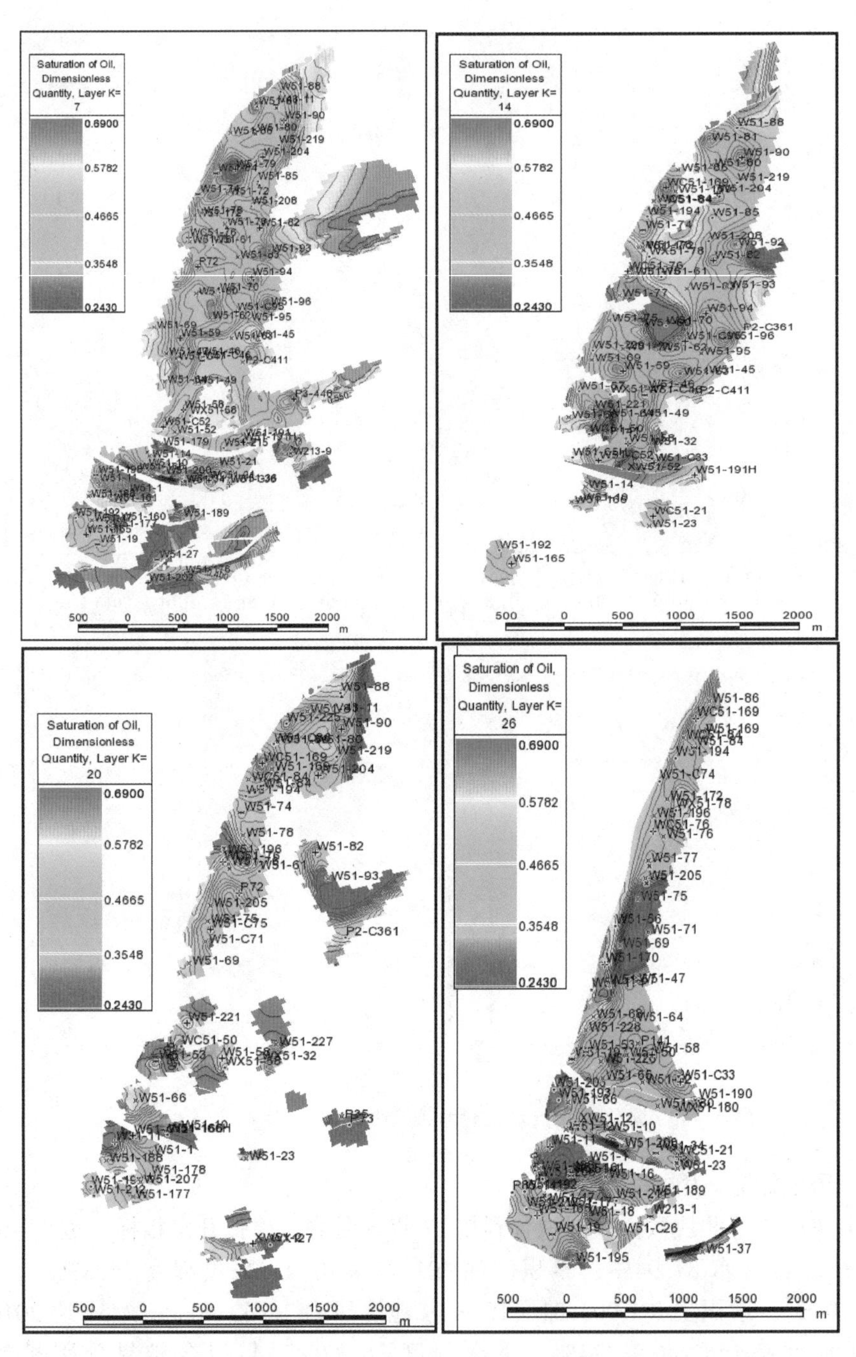

图 3-81 主力小层沙二下 23、33、42、51 剩余油分布图

表3－5　濮城油田文51油藏开发指标表

层位	模拟层号	日产油/(t·d^{-1})	日产水/(m^3·d^{-1})	综合含水/%	累产油/(×10^4t)	采出程度/%	累产水/(×10^4m^3)	日注水/(m^3·d^{-1})	累注水/(×10^4m^3)	拟合储量/(×10^4t)
沙二下11	1									
沙二下12	2	0.4			0.24	28.32	0.01		0.89	0.85
沙二下13	3									0.22
沙二下14	4	8	31.8	74.84	9.67	34.43	16.86	125.13	30.47	28.10
沙二下21	5									0.47
沙二下22	6	0.1	1.3	92.31	0.30	17.71	0.49		7.24	1.70
沙二下23	7	2.9	55.2	94.75	36.52	42.08	121.60	132.74	186.63	86.80
沙二下24	8	3.6	56	93.57	25.88	38.91	101.46	130.35	150.68	66.50
沙二下25	9	0.6	5.3	88.68	4.46	23.37	9.85	12.38	19.88	19.10
沙二下26	10									0.10
沙二下27	11	1.2	5.7	78.95	2.47	34.35	8.30	1.52	14.22	7.20
沙二下31	12				0.11	16.93			2.47	0.65
沙二下32	13	1.1	28.5	96.14	13.00	35.92	78.54	93.85	112.36	36.20
沙二下33	14	7.7	63.8	87.93	21.66	39.31	68.80	157.07	167.56	55.10
沙二下34	15	6.7	30.7	78.18	28.79	39.93	88.47	102.54	157.17	72.10
沙二下35	16	1.4	1.9	36.32	2.31	20.42	0.39	13.47	41.04	11.30
沙二下36	17				0.21	13.55	0.01		1.05	1.55
沙二下37	18				0.27	16.25	0.04		2.32	1.67
沙二下41	19	0.1	2.7	96.30	1.94	31.29	6.18	99.50	33.35	6.20
沙二下42	20	3.4	54.2	93.73	8.40	36.22	15.08	145.12	56.51	23.20
沙二下43	21	3.8	14.7	74.15	5.24	34.72	14.42	87.98	29.07	15.10
沙二下44	22	4.9	58.4	91.61	10.72	38.97	36.01	142.73	97.35	27.50
沙二下45	23	4	17.4	77.01	8.01	33.22	17.61	43.01	52.83	24.10
沙二下46	24	3.9	26.8	85.45	6.46	32.30	28.70	90.59	47.49	20.00
沙二下47	25		10.2		1.83	29.51	9.33	26.94	19.90	6.20
沙二下51	26	8.5	31.4	72.93	37.13	45.12	148.16	98.63	224.93	82.30
沙二下52	27	4.9	23.4	79.06	32.00	44.14	100.50	125.35	173.62	72.50
沙二下53	28	1	7.2	86.11	12.58	37.44	5.01	40.10	65.93	33.60
沙二下54	29	0.1	3	96.67	1.72	27.80	0.67	0.43	4.37	6.20
沙二下55	30	2.8	19	85.16	4.34	33.15	3.15	40.41	20.83	13.10
沙二下56	31	1.4	54.2	97.42	6.77	35.61	20.61	112.32	35.78	19.00

续表

层位	模拟层号	日产油/(t·d⁻¹)	日产水/(m³·d⁻¹)	综合含水/%	累产油/(×10⁴t)	采出程度/%	累产水/(×10⁴m³)	日注水/(m³·d⁻¹)	累注水/(×10⁴m³)	拟合储量/(×10⁴t)
沙二下57	32	1.5	4.3	65.12	1.47	20.74	0.92	5.87	12.66	7.10
沙二下58	33	2.6	30.2	91.39	4.66	32.13	8.43	75.82	25.80	14.50
沙二下61	34	0.9	9.5	90.53	1.68	24.33	3.69	34.32	8.62	6.90
沙二下62	35									0.90
沙二下63	36				0.08	16.01	0.01			0.50
沙二下64	37	1.1	1.3	15.38	1.77	25.64	2.41	5.65	4.72	6.90
沙二下65	38				0.08	8.04	0.21			1.00
沙二下66	39				0.15	8.34	0.01			1.80
沙二下71	40	0.5	0.9	44.44	0.80	22.80	7.54	4.13	9.01	3.50
沙二下72	41	1.3	12	89.17	2.13	25.99	13.53	4.87	17.05	8.20
沙二下73	42		0.3		0.50	11.67	0.12	0.87	1.69	4.30
沙二下74	43	0.2	0.9	77.78	0.57	21.98	2.10		3.34	2.60
沙二下75	44	0.3	0.8	62.50	1.59	22.42	13.28	0.87	26.09	7.10
沙二下76	45	0.8	15.1	94.70	2.37	27.26	7.99	36.71	35.70	8.70
沙二下81	46	0.1	0.2	50.00	0.42	11.73	1.28	1.52	2.71	3.60
沙二下82	47		0.1		0.07	10.05	0.39			0.70
沙二下83	48				0.08	9.89				0.81
沙二下84	49				0.12	15.87				0.76
沙二下85	50				0.11	13.76				0.80

（4）相控剩余油分布

通过相控数值模拟结果（表3-6），从沉积微相出发，分析剩余油的分布规律。可以看出，水下分流河道砂体水驱动用程度较高，剩余油饱和度较低，但含油面积较大，仍存在大量剩余油。水下分流河道侧翼、前缘砂水驱动用程度较低，剩余油饱和度较高。远沙坝原始含油饱和度较低，剩余地质储量较少。

表3-6　不同相带内剩余油统计表

微相	地质储量/(×10⁴t)	剩余地质储量/(×10⁴t)	采出程度/%
SH	473.3	308.6	34.8
Q	265.5	161.5	39.2
Y	80.5	47.4	41.1

六、剩余油分布模式

平面上通过应用井间窄薄河道精细刻画技术，描述出 I、S、Y 形不同窄薄河道展布的分类剩余油的分布模式，明确了剩余油主要为沉积相带变化型、构造控制型、注采不完善型（图 3－82、表 3－7）。

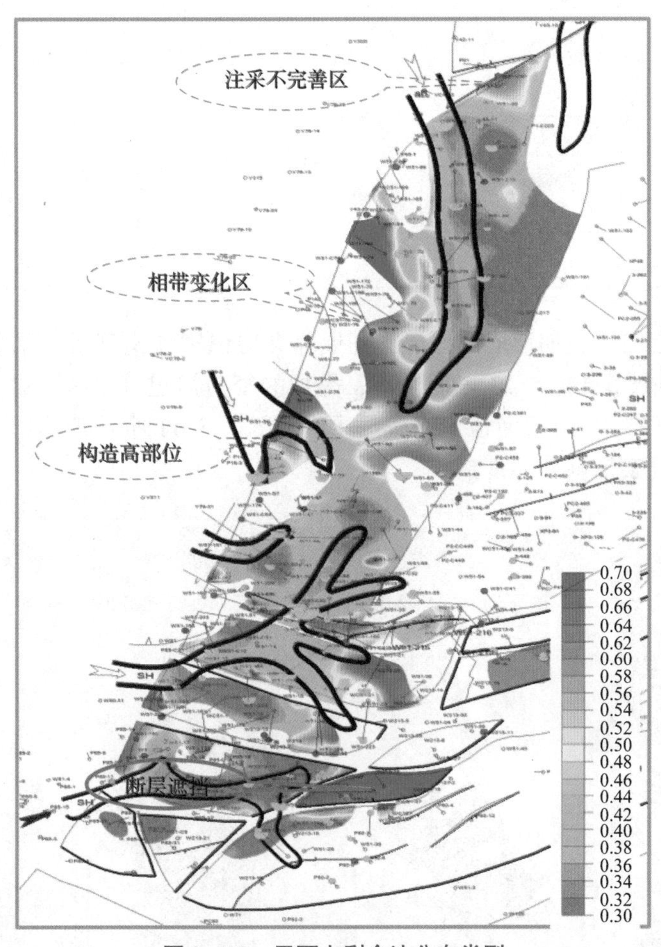

图 3－82　平面上剩余油分布类型

表 3－7　不同河道形态剩余油分布情况统计表

窄薄河道形态	剩余油分布特点		剩余油占比/%	挖潜方式
I 形		河道侧翼边缘	10	调整注采井距，调整注采参数，换向注水

续表

窄薄河道形态	剩余油分布特点		剩余油占比/%	挖潜方式
S形		河道拐弯的外侧	22	调整注采参数，换向注水
Y形		河道的尖灭端，河道侧翼	31	补孔，调整注采参数，换向注水

纵向上对多期河道叠加形成的厚层，开展隔夹层识别和构型研究细分，将沙二下5.1还原为沙二下5.11、5.12、5.13三期切割、叠加的窄薄河道（图3－83）。精细刻画后发现，沙二下5.12 、5.13窄薄河道水淹较严重，沙二下5.11窄薄河道沿文51断层构造高部位及南块局部复杂带剩余油富集。

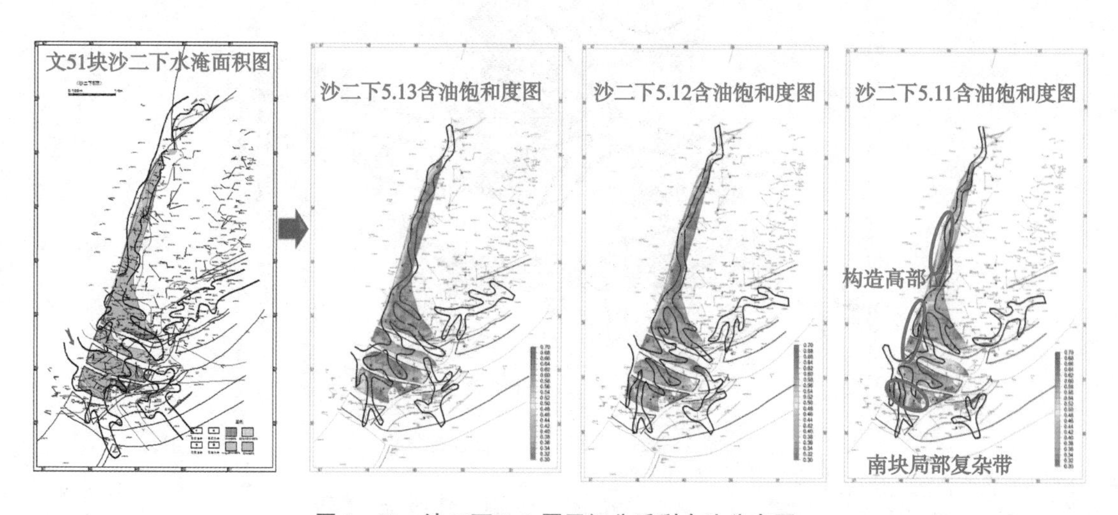

图3－83　沙二下5.1厚层细分后剩余油分布图

纵向上层间动用差异大（图3－84和图3－85），Ⅰ类层采出程度为41.3%，Ⅱ类采出程度为32.9%，Ⅲ类层采出程度为23.3%，层间剩余油富集（图3－86），是下一步主要挖潜方向。

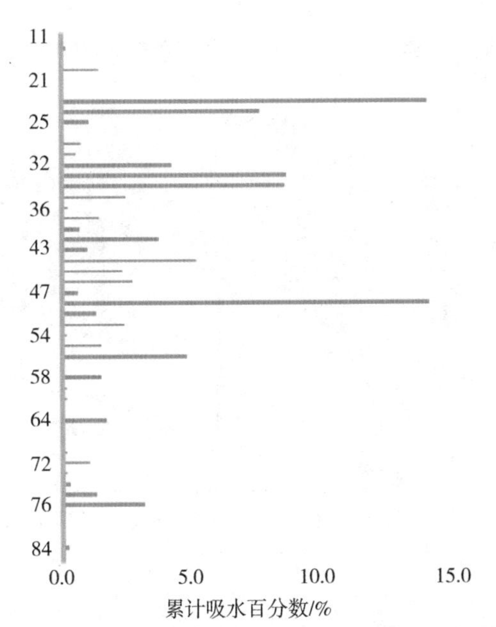

图 3-84 文 51 油藏小层流动单元吸水百分数图

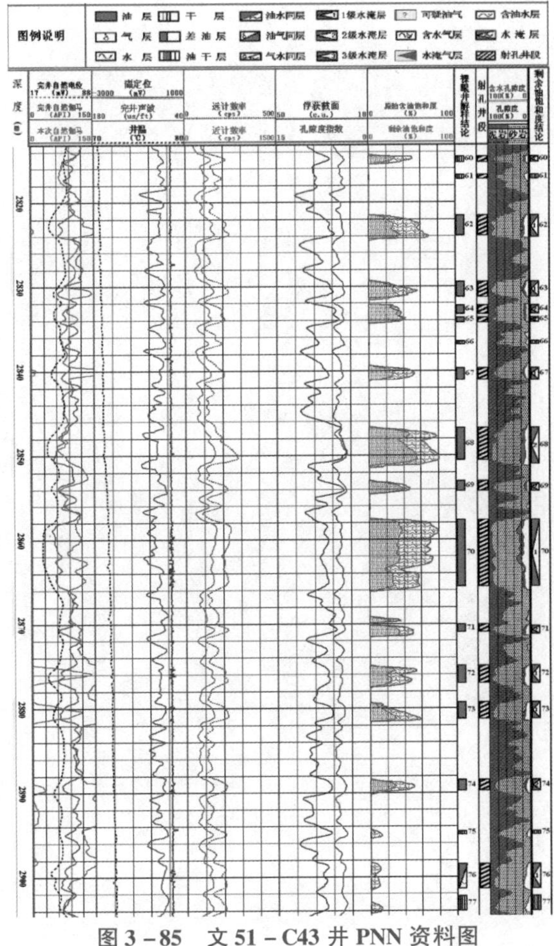

图 3-85 文 51-C43 井 PNN 资料图

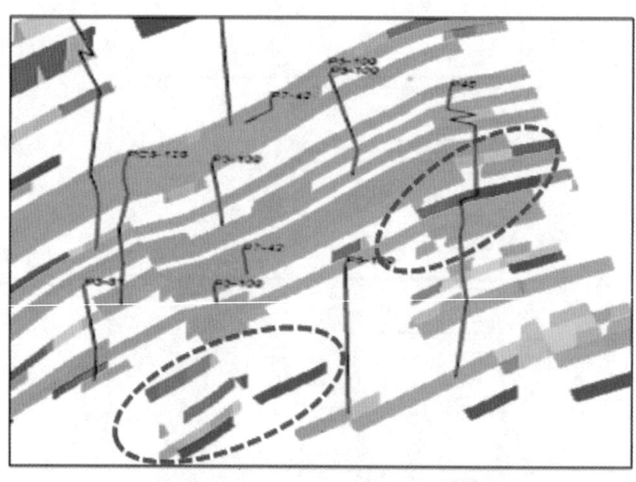

图 3－86　濮 7－42 井区剩余油数值模拟图

第四章 夹层识别结合数值模拟技术

一、精细储层对比

（一）小层的精细划分

小层精细划分、对比是精细油藏描述的基础工作之一，只有正确地划分、对比地层，才能对油藏得出符合实际的认识。濮城油田沙二上 2 +3 油藏由于密井网及新井资料的陆续补充，以及油井生产过程中所遇到的注采对应关系为该块小层精细划分、对比工作提供了大量、可靠的第一手资料，为对其进行进一步综合地质研究奠定了坚实基础。

由于取芯井十分有限，细分层工作主要是利用测井曲线进行的，而测井曲线特征会由于测井系列、时间、地质条件不同而不同，故必须对其进行优选。优选原则如下：

①垂向具有高分辨率，细微对比特征明显。

②不同批次井网曲线特征稳定。

③曲线具有井普通性。

濮城油田沙二上 2 +3 油藏流动单元是按照地层单位由大到小逐级划分的，即首先划分地层层段，其次划分砂层组，最后在砂层组内细分流动单元。

①在一定范围内，上下相邻小层之间具有稳定的非渗透隔层。

②具有较为稳定的典型标志。

③小层对比做到邻井对比，全区闭合。

对全区 400 多口井的测井曲线做了反复对比和划分，共划分出 19 个流动单元，沙二上 2 砂组包括 9 个流动单元，沙二上 3 砂组包括 10 个流动单元（表 4 -1）。

表 4 -1　流动单元与小层之间的对比结果

<table>
<tr><td rowspan="2">2
砂组</td><td>原小层</td><td>1</td><td>2</td><td>3</td><td>4</td><td colspan="2">5</td><td>6</td><td>7</td><td colspan="2">8</td><td colspan="2">9</td></tr>
<tr><td>现小层</td><td>1</td><td>2</td><td>3</td><td>4</td><td>51</td><td>52</td><td>6</td><td>7</td><td colspan="2">8</td><td colspan="2">10</td></tr>
<tr><td rowspan="2">3
砂组</td><td>原小层</td><td>1</td><td>2</td><td>3</td><td>4</td><td colspan="2">5</td><td>6</td><td>7</td><td>8</td><td colspan="2">9</td><td>10</td></tr>
<tr><td>现小层</td><td>1</td><td>2</td><td>3</td><td>4</td><td>51</td><td>52</td><td>6</td><td>7</td><td>8</td><td>91</td><td>92</td><td>12</td></tr>
</table>

识别稳定砂岩沉积间断面，建立单砂体级别小层划分方案。选择全区稳定分布的砂岩沉积间断面，对分布稳定夹层的小层进行细分（图4－1），根据测井相应特征识别。

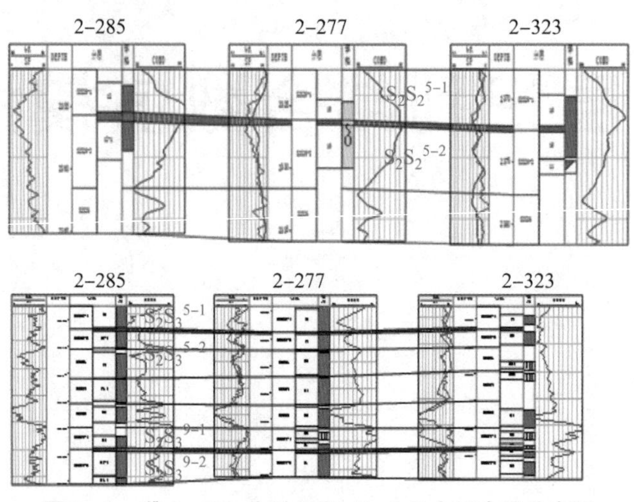

图4－1　濮2－277井组S2S3.5、3.9小层夹层分布图

（二）确定标志层

通过对取芯井岩石特征及近491口开发井的测井资料的反复对比（图4－2），确定了两大标志层：第一个对比标志层是沙二上2砂层组顶部的泥岩段组合标志，在感应曲线上有两个高尖，其特征是前尖前缓后陡、后尖前陡后缓，在全区分布稳定。第二个对比标志层是沙二上3砂层组底部有一个渗透性很好的粉砂岩层，其自然电位曲线形态呈子弹头形状，感应曲线呈峰状，砂层厚度在全区稳定。通过对地层精细对比分析，新增加对比一个辅助标志，在沙二上26与沙二上27之间的一个稳定发育的泥岩段。通过对比，认为濮城油田沙二上2+3砂层组各井之间的对比性好，旋回性明显，标志层稳定，这对正确划分沉积流动单元十分有利。

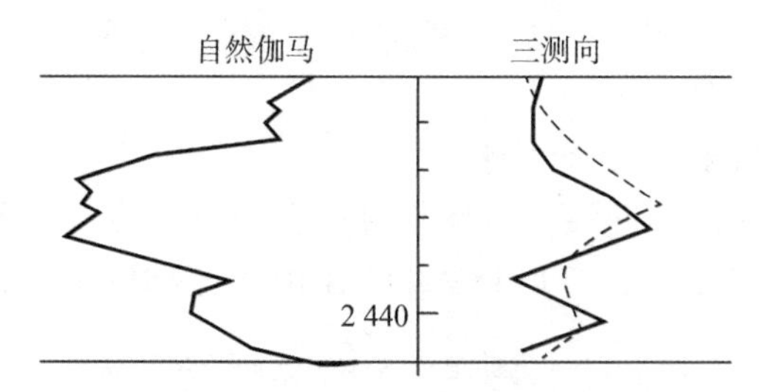

图4－2　濮城沙二上2+3油藏36标志层电性特征

（三）建立骨架剖面

综合考虑储层的沉积特点及油藏范围，选择砂层发育较全、砂层较厚、无断点、资料齐全的井作为骨架剖面划分流动单元。

对已划分流动单元的井点与相邻两侧的井进行流动单元标志层的对比。在对比时除了考虑测井曲线特征，还要考虑砂层厚度变化规律。流动单元标志对比线应与同砂组顶底对比线基本协调。在此基础上，再与周围井的标志层进行对比划分，经过反复对比和合理调整，达到各流动单元在全区的闭合。

编制了沉积时间单元骨架剖面图（图 4 - 3 和图 4 - 4），目的在于明确标志层，规范小层，了解各时间单元在纵横向上砂体的发育展布情况。

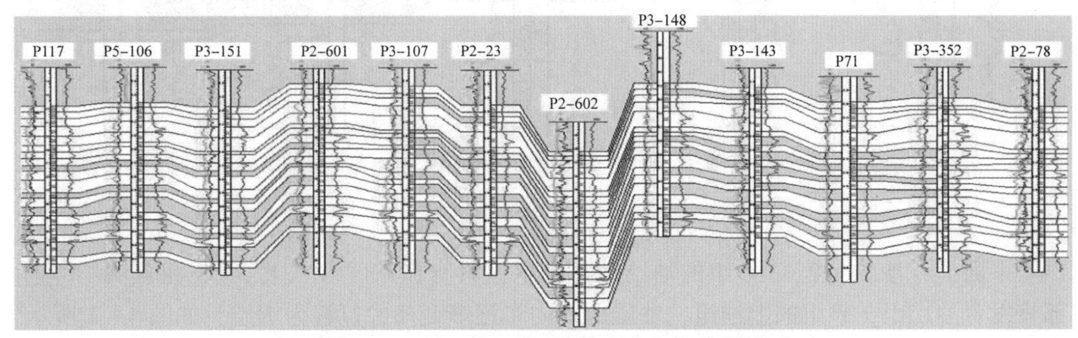

图 4 - 3　沙二上 2 + 3 油藏南北向连井剖面

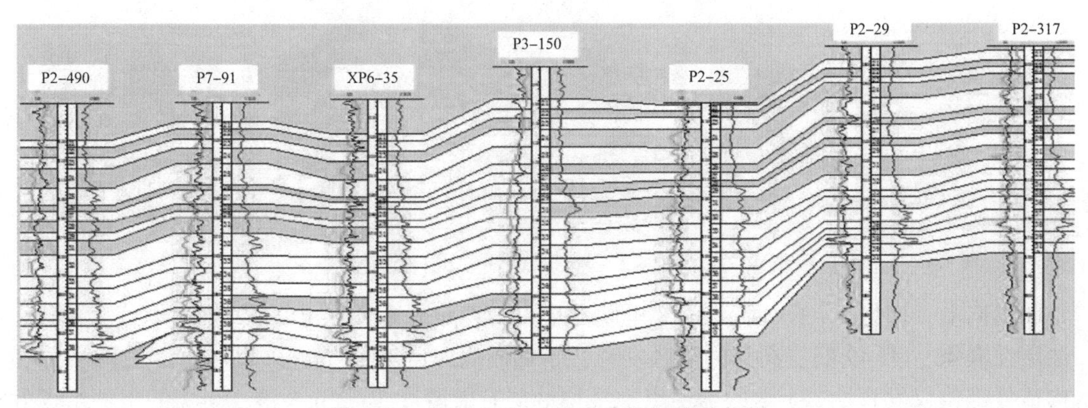

图 4 - 4　沙二上 2 + 3 油藏东西向连井剖面

（四）开展地层精细对比

1. 开展储层精细对比

沙二上 2 + 3 油藏储层沉积特征表现为浅水环境下的快速沉积岩性特征，为辫状河三角洲沉积体系，砂体物源主要来自东北方向。

绘制顺物源方向和垂直于物源方向的砂体连通图（图 4 - 5 和图 4 - 6），进行地层砂体精细对比，顺物源方向，河道砂体连通较好，垂直于物源方向，河道砂体连通不好。

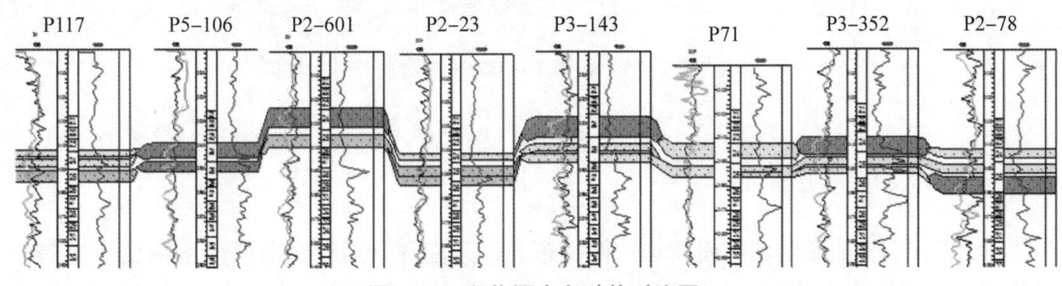

图 4 - 5　顺物源方向砂体对比图

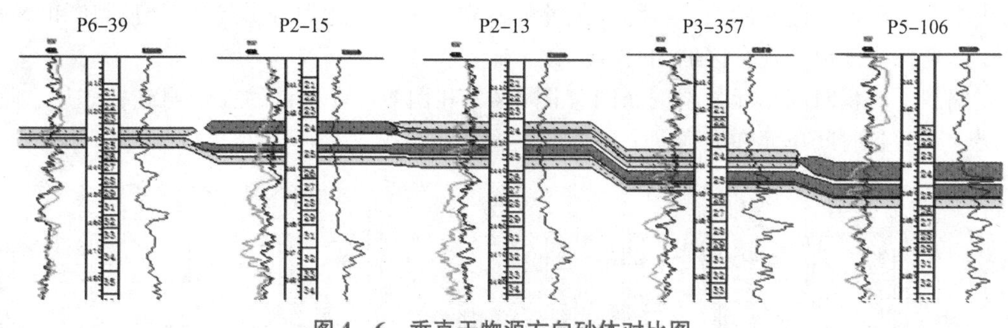

图 4 -6　垂直于物源方向砂体对比图

2. 开展油层精细对比

平面上，沙二上 2、3 砂组的油层发育稳定，只有在东区沙二上 2 +3 油藏濮 13 块东部只发育沙二上 2 砂组的上油组，油层由西向东逐渐变薄并过渡为水层，如图 4 -7 所示。

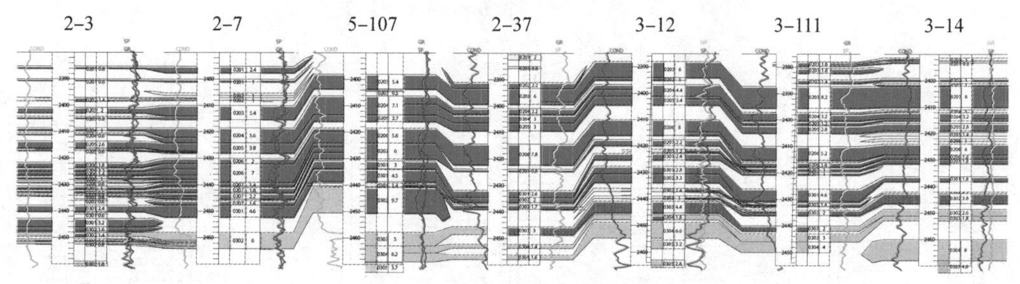

图 4 -7　濮 2 -3—濮 3 -14 井由北向南对比剖面

纵向上，南区 2 +3、西区 2 +3 全区油层发育稳定。东沙二上 2 +3 油藏沙二上 2 砂组油层在濮 46、濮 49 断层高部位全区发育，平均砂岩厚度 17. 3 m，砂岩连通率 92. 4%。在构造低部位仅发育沙二上 2 的上油组，平均油层有效厚度 2 ~3 m。沙二上 3 的上油组仅发育在濮 46、濮 49 断层高部位，多呈土豆状分布；沙二上 3 的下油组全区发育水层。西、南沙二上 2 +3 油藏沙二上 2、3 砂组全区发育。如图 4 -8 所示。

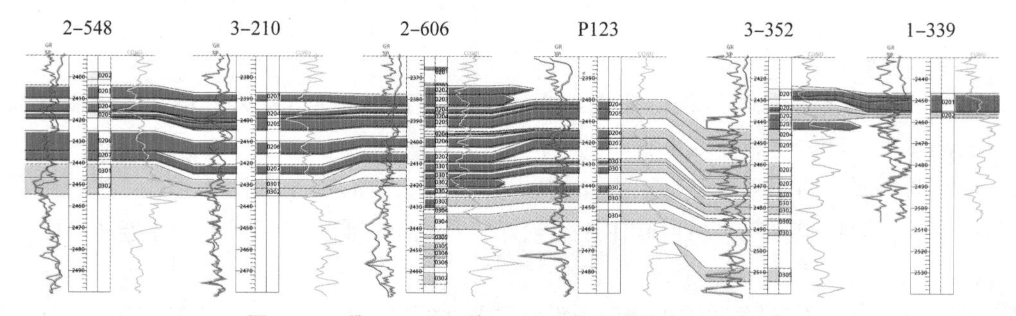

图 4 -8　濮 2 -548—濮 1 -339 井由西向东对比剖面

二、储层非均质研究

沙二上 2 +3 油藏储层平面非均质性由东北、东南部分别存在向西部逐渐变小的趋势，其渗透率在平面上变化快，分布极不均匀，非均质性严重，层间非均质性较强，层内非均质严重。

（一）储层综合评价

储层非均质性是指储层内部的不均一性，也就是储层砂体内部及其之间的差别、相互关系等。储层非均质性决定了油藏内流体的流动特性，进而决定了剩余油的分布，因而评价储层的非均质性成为储层表征的重点和目标之一。依据油田开发实际需要，一般情况下将储层非均质性划分为3类：层间非均质性、层内非均质性、平面非均质性。

由于储层非均质性对注水开发的波及系数影响很大，因此，人们常把储层的渗透性优劣看作是非均质性的集中表现，从而研究渗透率的各向异性，以揭示储层的非均质的特性。通常采用渗透率变异系数、渗透率突进系数和渗透率级差等参数来定量评价储层非均质特征。一般来说，变异系数、突进系数及级差越小，层内非均质性较弱；反之，层内非均质性就强。

1. 渗透率变异系数（V_k）

变异系数表征砂层内渗透率的离散程度，用一定井段的各单砂层渗透率的标准偏差与其平均值的比值来表征。即

$$V_k = \frac{\sqrt{\sum_{i=1}^{n}(K_i - \overline{K})^2/(n-1)}}{\overline{K}}$$

式中，K_i 为一定井段内的渗透率值，$i=1$，2，3，…，n；

N 为一定井段内的渗透率个数；

$\overline{K}$ 为一定井段内所有样品的渗透率平均值。

变异系数反映样品偏离整体平均值的程度。其变化范围为0～1，该值越小，说明非均质性越弱；反之，非均质性越强。

2. 渗透率突进系数（S_k）

突进系数表征储层内高渗段与储层平均物性的差异程度，用最大渗透率（K_{max}）与平均渗透率（$\overline{K}$）的比值来计算。即

$$S_k = K_{max}/\overline{K}$$

突进系数是评价层内非均质性的一个重要参数，其变化范围为 $S_k \geq 1$，数值越小，说明垂向上渗透率变化小；数值越大，说明渗透率在垂向上变化大。

3. 渗透率级差（N_k）

级差是表征储层内渗透率的总体差异程度，用一定井段内最大渗透率（K_{max}）与最小渗透率（K_{min}）的比值来表征。即

$$N_k = K_{max}/K_{min}$$

其是反映渗透率变化幅度的参数，即渗透率绝对值的差异程度。其变化范围为 $N_k \geq 1$。数值越大，非均质性越强；数值越接近于1，储层越趋近于均质。

（二）层间非均质性

储层砂体层间非均质性是指不同砂体（砂层）之间垂向上物性的差异程度，主要包括

层系的旋回性、层间渗透率非均质程度和层间隔层分布、特殊类型层的分布等。研究层间非均质性对划分开发层系、制订开采方案有重要意义。

1. 沉积旋回性

沉积旋回性是指各类沉积环境形成的砂体和隔层在纵向上的分布规律。沉积旋回性的研究实质是对储层单元进行划分，并研究其垂向分布规律。

描述层间砂体和隔层所造成的非均质性常用分层系数和砂岩密度来表示。其中分层系数是指一套层系或油藏剖面内受隔层分隔的砂体的层数，往往以平均单井钻遇的砂体层数表示。分层系数越大，表示层间非均质性越严重。砂岩密度是指砂岩厚度占地层厚度的百分数。

从取芯井砂体发育程度统计数据（表4－2）可以看出，本区分层系数在10～25之间，砂岩密度为53%～73%，反映本区砂岩发育。在各类砂体中，水道的分层系数最大，砂岩密度最高。

表4－2　取芯井砂体发育统计表

项目	微相	井号			
		新濮44井	濮12井	濮检1井	新濮36
微相个数	SH	6	17	21	11
	SHQ	0	3	0	2
	Q	4	3	4	4
分层系数/个		10	23	25	17
砂岩厚度/m	SH	31	55.4	75.8	68.7
	SHQ	0	6.8	0	5.4
	Q	12.9	4.5	6.1	6.5
地层厚度/m		82.6	113	106.7	110.8
砂岩密度/%		53.1	59	76.8	72.7

2. 层间渗透率非均质性参数

在储集层内，由于砂体沉积环境和成岩变化的差异，可能导致砂体渗透率差异较大，这种差异导致层间非均质性。层间渗透率非均质程度常用层间渗透率变异系数、层间渗透率级差、层间突进系数来表征。

图4－9是沙二上2＋3层间渗透率直方图。其渗透率变异系数为0.49，级差是5.4，突进系数是1.6，平均值是154.1，最大是241.2，最小值是44.7。沙二上2＋3油藏的层间非均质性较弱，层间总体上为较均质的储层。

3. 隔层分布特征

隔层是指分隔不同砂体的非渗透层。隔层的作用是将相邻两套油层完全隔开，使油层之间不发生油、气、水窜流，形成两个独立的开发单元。本区隔层多以紫红色泥岩为主，

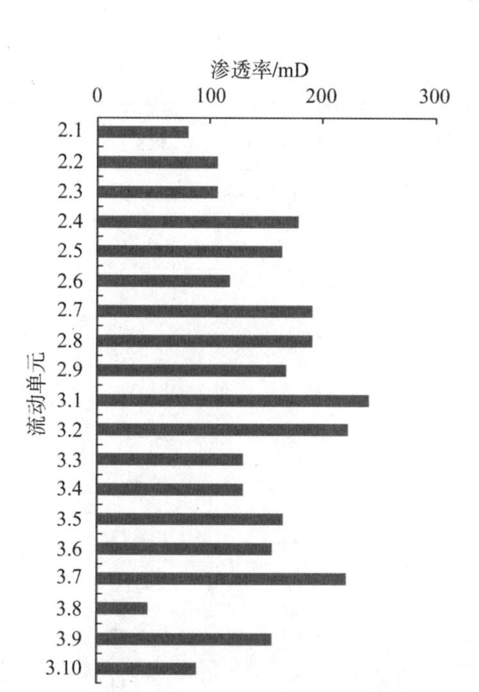

图4－9　沙二上2＋3层间非均质模型

还有少量紫红色（暗紫红色）粉砂质泥岩，隔层平面分布较稳定，隔层多为湖泥或水道高潮期沉积产物。

（三）层内非均质性研究

储层层内非均质性是指一个单砂层规模内部垂向上的储层性质的变化，包括粒度韵律性、层理构造序列、渗透率差异程度及高渗段位置，以及层内不连续薄的非渗透层的分布频率、大小等。

沙二上2砂组层内渗透率级差最大为1 064.25、最小为94.41，非均质系数最大为5.53，最小为4.15，变异系数最大为1.01、最小为0.73；沙二上3砂组层内渗透率级差最大可达1194.13、最小为104.978，非均质系数最大为9.24、最小为2.77，变异系数最大为0.97、最小为0.71（表4－3）。

表4－3　沙二上2＋3油藏各小层层内非均质参数表

层位	渗透率最大值/（$\times10^{-3}\mu m^2$）	渗透率最小值/（$\times10^{-3}\mu m^2$）	渗透率平均值/（$\times10^{-3}\mu m^2$）	渗透率级差	非均质系数	变异系数
21	425.7	0.4	76.98	1 064.25	5.53	1.01
22	690.7	3.6	163.95	191.861	4.21	0.95
23	944.1	10	217.00	94.41	4.35	0.78
24	955.3	10	229.93	95.53	4.15	0.74
25	757.3	1.7	173.25	445.471	4.37	0.77

续表

层位	渗透率最大值 /($\times 10^{-3}\mu m^2$)	渗透率最小值 /($\times 10^{-3}\mu m^2$)	渗透率平均值 /($\times 10^{-3}\mu m^2$)	渗透率级差	非均质系数	变异系数
26	605.8	1.4	138.6	445.4	4.35	0.72
27	78.2	0.2	23.1	391.0	4..21	0.55
28	1 256.1	7.2	272.1	174.45	5.12	0.72
29	1 286.7	7.2	275.6	178.7	5.13	0.73
210	1423.7	7.6	276.25	187.32	5.15	0.72
211	955.3	10	203.90	95.53	4.69	0.74
31	955.3	9.1	280.69	104.978	3.40	0.71
32	955.3	0.8	238.75	1 194.13	4.00	0.89
33	787	1.9	223.89	414.211	3.52	0.73
34	2509	1.5	271.63	1 672.67	9.24	0.97
35	955.3	0.9	215.43	1 061.44	4.43	0.88
36	955.3	2.4	344.65	398.042	2.77	0.75
37	875.6	2.3	380.69	752.5	4.22	0.86
38	875.8	1.8	486.67	768.2	4.27	0.87
39	955.3	2.3	286.72	415.3	3.36	0.76
310	875.8	1.9	496.35	460.0	4.56	0.88

不同的沉积环境，由于沉积方式不同，水动力特征也各有差异，形成不同的垂向韵律特征，其层内非均质性也不相同。本区发育水道微相、水道间微相、席状砂微相、远砂微相的非均质性各有特点。

1. 水道微相

水道微相的粒度分布呈明显的正韵律特征。在剖面上，底部为含泥砾细砂岩或粉细砂岩，发育块状层理或板状交错层理，向上渐变为粉砂岩或泥质粉砂岩、泥岩，具有平行纹理、波状交错层理及水平层理，泥质夹层增多。由于是多期水道砂体垂向叠加形成的叠置水道，其粒度分布呈明显的复合正韵律，渗透率分布大多也呈复合正韵律，最大渗透率多分布在单个水道砂体的中下部，从水道微相层内非均质模型（图 4 – 10）可以看出，其变异系数是 0.79，级差是 100，突进系数是 3.4，水道相储层层内非均质性严重。

2. 水道间微相

水道间微相的粒度分布多以正韵律为主。在剖面上，底部为薄层含砾粗粉砂岩或粉砂岩，向上渐变为泥质粉砂岩或泥岩，砂泥频繁间互，渗透率分布不规律，这可能与其中泥质含量多有关。由水道间微相层内非均质模型（图 4 – 11）可以看出，其变异系数是 0.72，级差是 29，突进系数是 3.1，为非均质性强的储层。

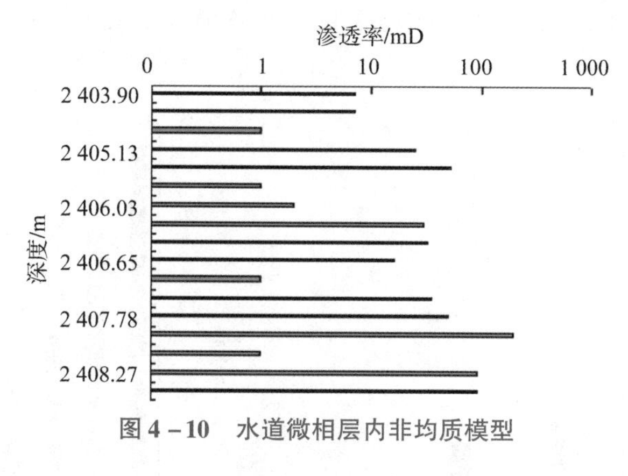

图4－10　水道微相层内非均质模型

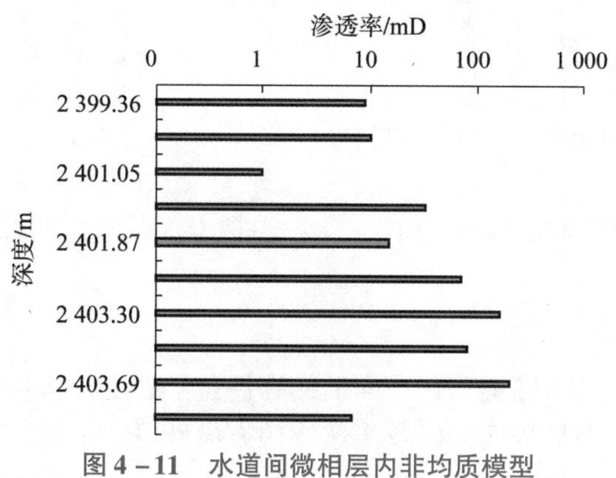

图4－11　水道间微相层内非均质模型

3. 席状砂微相

席状砂微相沉积由薄层的粉砂岩和泥岩呈频繁互层组成，发育波状交错层理和水平纹理，其渗透率分布是大小间列，最高渗透段一般位于粗粉砂岩段。从席状砂微相层内非均质模型（图4－12）可以看出，其变异系数是0.65，级差是63，突进系数是3.1。其层内非均质性中等。

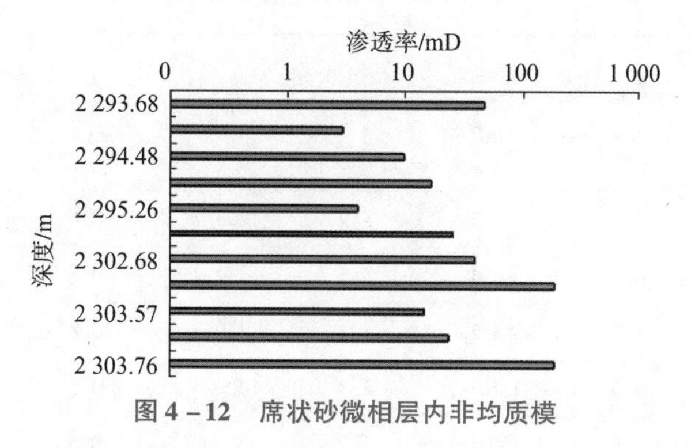

图4－12　席状砂微相层内非均质模

图4－13与图4－14分别是东区沙二上24和31小层的层内渗透率频率分布直方图。沙二上24小层的渗透率变异系数为0.49，级差是682.14，突进系数是5.3，平均值是179.47，最大值是955，最小值是1.4，层内非均质较强。沙二上31小层的渗透率变异系

数为0.49，级差是796.08，突进系数是3.96，平均值是241.2，最大值是955.3，最小值是1.2，层内非均质较强。

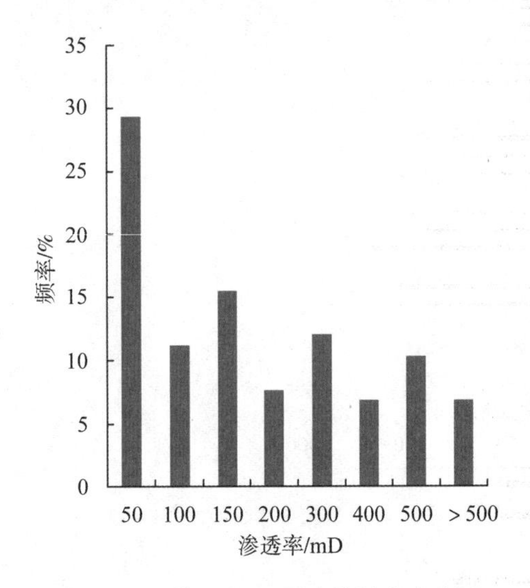

图4-13　沙二上24层内渗透率直方图

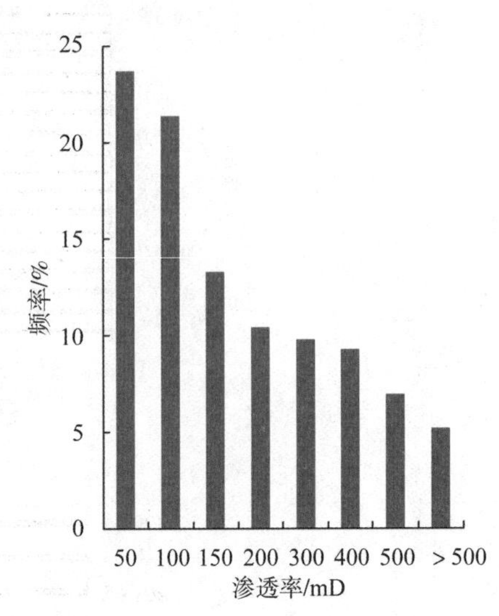

图4-14　东区沙二上31层内渗透率直方图

（四）平面非均质性研究

储层平面非均质性是指储集层在平面上的物性差异程度，包括砂体成因单元的连通程度、平面孔渗变化及其差异程度，以及渗透率的方向性等。平面非均质性直接关系到开发过程中开发井网的部署、注入剂的平面波及系数，以及残余油的平面分布。

对流动单元的砂体钻遇率统计表明，钻遇率最小为36%，最大达到92%，平均为74%。除2砂组的6流动单元及3砂组的10流动单元砂体钻遇率小于43%，其余的流动单元砂体钻遇率基本超过60%，说明本区砂体钻遇率比较高，砂体的连续性较好（表4-4）。

表4-4　砂体钻遇情况统计

流动单元	K_{max} /mD	K_{min} /mD	K_{ave} /mD	K_{tj}	K_{jc}	K_{py}	钻遇井数/口	钻遇井数的百分比/%
21	240.5	1.2	61.3	3.9	203.7	0.6	327	64.62
22	240.5	0.7	68.4	3.5	330.2	0.8	310	61.26
23	389.9	1.2	72.5	5.4	330.2	0.8	331	65.42
24	429.5	5.0	186.0	2.3	85.3	0.5	465	91.90
25	473.1	5.8	173.0	2.7	81.5	0.6	464	91.70
26	321.4	1.2	77.8	4.1	270.1	0.6	221	43.68
27	521.1	3.1	154.0	3.4	167.9	0.7	442	87.35

续表

流动单元	K_{max} /mD	K_{min} /mD	K_{ave} /mD	K_{tj}	K_{jc}	K_{py}	钻遇井数/口	钻遇井数的百分比/%
28	389.9	1.9	103.4	3.8	203.7	0.8	424	83.79
29	389.9	1.9	78.2	5.0	203.7	0.8	424	76.09
31	391.4	5.0	142.3	2.8	77.8	0.6	425	83.99
32	429.5	3.4	137.4	3.1	127.6	0.6	425	83.99
33	321.4	5.0	142.3	2.8	77.8	0.6	425	83.99
32	429.5	3.4	137.4	3.1	127.6	0.6	425	83.99
33	321.4	5.0	98.7	3.3	63.9	0.7	309	61.07
34	429.5	3.1	87.3	4.9	138.4	0.8	309	61.07
35	389.9	0.7	166.1	2.3	535.5	0.8	424	83.79
36	389.9	8.2	117.6	3.3	47.8	0.6	415	82.02
37	389.9	5.0	125.9	3.1	77.5	0.6	416	82.21
38	635.0	0.7	164.8	3.9	872.0	0.7	410	81.03
39	389.9	1.9	154.9	2.5	203.7	0.7	410	81.03
310	240.5	3.1	42.7	5.6	77.5	0.6	180	35.57

依据单井物性解释结果，勾绘了各流动单元的孔渗图。从沙二上2.8流动单元渗透率等值图（图4-15）可看出，渗透率变化范围较大，从5.8×10^{-3} μm^2到473×10^{-3} μm^2。平均渗透率是173×10^{-3} μm^2，级差是81，变异系数是0.65，突进系数是2.7。由东北、东南部分别存在向西部逐渐变小的趋势，其渗透率在平面上变化快，分布极不均匀，非均质性严重。

三、隔夹层的识别技术

（一）建立不同类型夹层定量识别模板

①泥质夹层：纯泥岩，厚度为0.05~1.4 m，GR曲线呈指状回返，回返达到泥岩基线砂泥岩互层（0.01~0.05 m砂泥互层）后，GR曲线呈弧形回返，回返幅度小于1/2。

②钙质夹层：钙质粉砂岩，厚度为0.05~0.19 m，微球测井呈刺刀状尖峰，声波呈弧状回返。

③物性夹层：粉砂岩、细砂岩，厚度为0.2~0.5 m，密度呈指状回返，介于1.9~2.2 m之间，声波呈指状或弧状回返。

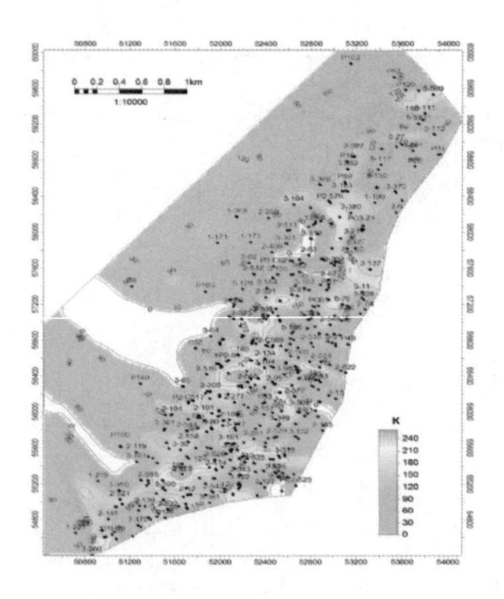

图 4－15　S2S2.6 渗透率等值图

（二）取芯井岩芯描述隔夹层

陆相沉积储层夹层较为发育，夹层的存在严重影响和制约着层内油水运动规律。对于夹层的成因、岩性及分布特征，可以从取芯井岩芯入手进行研究。根据新濮 44、濮 3－227、濮检 1、濮检 3 等取芯井岩芯观察描述，储层夹层主要为非渗透性的泥岩、泥质粉质岩，灰质岩类夹层较少见；颜色主要为紫红色，其次为灰色；厚度 5 mm～1.1 m 不等；产状主要为平行于层面，个别较薄的夹层产状与层面斜交；与上、下砂岩接触关系主要为突变，反映了夹层主要是一次水动力条件发生改变形成的沉积。通过岩芯分析、高精度碳氧比等测井技术的综合运用，重点对储层的夹层进行研究，对其分布特征有了更为精细的描述（图 4－16）。解决了厚油层层内泥质薄夹层识别难度大的问题，形成了油藏精细识别夹层技术。

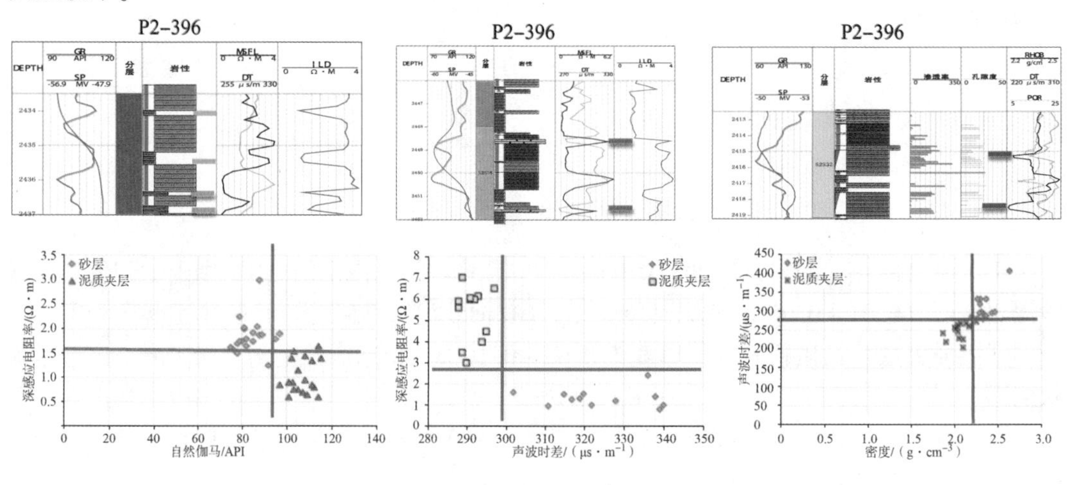

图 4－16　层图版

夹层是指分散在砂层内的相对低渗透层或非渗透层，其厚度较小，一般为几厘米至几十厘米。夹层的存在对流体的渗流影响很大，它影响着流体在砂层（流动单元）规模内垂向和水平方向的流动。夹层的成因有两种：一种为沉积夹层，一种为成岩夹层。一般地，受沉积环境控制的泥质夹层有四种：砂体中的垂向加积泥质夹层、砂体中的侧积（前积）泥质层、层理中的泥质纹层、泥质条带及泥砾岩层。成岩作用夹层由成岩环境决定，一般为强固结带。

对本区厚油层来说，层内低渗透夹层对油藏开发效果的影响意义重大。本次研究对取芯井的夹层做了较详细的分析（表4－5）。

表4－5 井夹层类型统计表

统计内容	夹层类型		
	Ⅰ	Ⅱ	Ⅲ
夹层总厚度（m）/层数	2.313/26	1.46/30	1.173/12
频率（层内夹层个数/小层厚度（m））	1.39	1.6	0.64
密度（层内夹层厚度（m）/小层厚度（m））	0.124	0.078	0.063
所占统计百分数/%	46.8	29.5	23.7

1. 夹层的类型

从岩芯观察的结果可知，本区砂层内部的夹层主要有三类：

①紫红色泥岩，这类夹层厚度为0.01～0.38 m，在电测曲线上反映为自然伽马值高，自然电位曲线明显回返，微电极曲线无幅度差。该类夹层为高潮期形成的浅水湖泥，它在剖面上厚度所占的百分数及密度都大。

②紫红色（暗紫红色）粉砂质泥岩，这类夹层厚度为0.01～0.09 m，在电测曲线上反映为自然伽马值高，自然电位微齿状回返，微电极曲线有极小的幅度差。该类夹层为水道末稍弱水流沉积物或水道间泥坪或高潮期的浅水湖泥坪。

③暗紫红色泥质粉砂岩（少量灰绿、灰黄色泥质粉砂岩），这类夹层厚度为0.008～0.20 m，在电测曲线上反映为自然伽马值相对较高，自然电位小齿状回返，微电极有小幅度差。该类夹层为高潮期形成的浅水砂坪或水道中期较弱水流沉积物。

2. 夹层在纵向上的分布密度和频率

对取芯井流动单元的夹层进行统计，该油藏隔夹层纵向上分布较频繁，层间隔层分布稳定，层内夹层厚度分布不均匀，厚度大的夹层分布稳定，厚度小的夹层分布则较为零散。

（三）高精度测井资料识别隔夹层

泥岩类夹层在测井曲线上具有自然电位靠近泥岩基值、自然伽马高值、微球低值、井眼扩径、声波时差值增大、密度值低等特征，如图4－17所示。统计的厚度在1.1 m内的23个泥质夹层中，19个层（$H \geq 0.2$ m）测井曲线显示泥质特征明显，2个层（$H \leq$

0.2 m）有泥质特征显示，但特征不明显；2 个层（$H \leqslant 0.2$ m）无显示特征。实际资料表明，高分辨率测井资料对夹层的识别能力达到了 0.2 m。

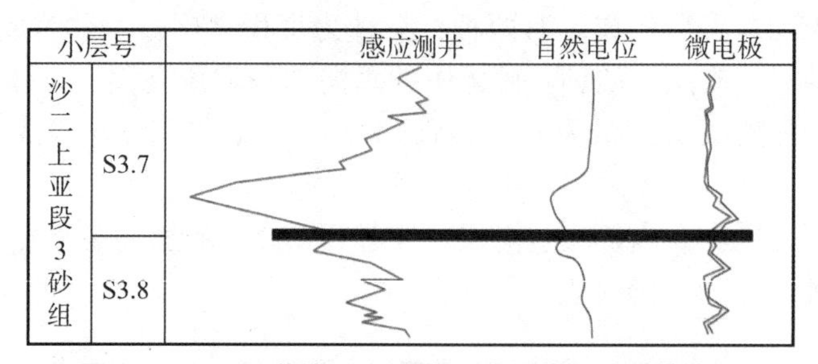

图 4－17　P32 井沙二上亚段 3 砂组砂层连通模式图

高精度碳氧比资料主要用来研究剩余油分布，在识别夹层方面，C/O 曲线与 Si/Ca 曲线（通过 C/O 和 Si/Ca 的反向适当刻度）在非渗透层段重合是夹层的是一个重要特征。

高分辨率静自然电位纵向分辨率可达 0.3 m，是一种能有效帮助薄储层识别的测井新方法，如图 4－18 所示。高分辨率测井技术能够有效识别厚层中的物性较差的夹层、能够有效识别 0.5 m 左右的薄层，并做出详细解释。

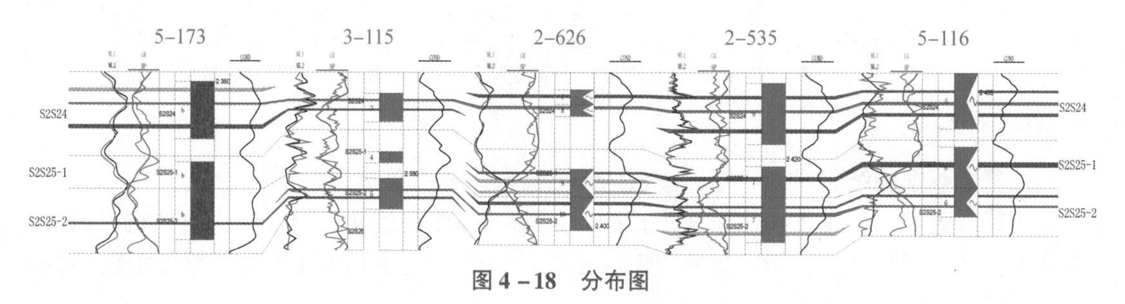

图 4－18　分布图

（四）以井组为单元，平剖结合刻画各级夹层平面、空间展布

以井组为单元绘制夹层平面图、剖面图，完成夹层在剖面、平面上的追踪刻画，统计各级夹层的展布面积（广度）及延展井距。如图 4－19 所示。

在西沙二上 2＋3 油藏，选择了 15 个井组，为了能更清楚、直观地表征出井组中油、水之间的连通关系，绘制了 15 个井组 2＋3 砂组的油、水井之间的夹层分布图，为剩余油的调整挖潜提供合理的依据。如图 4－20 所示。

四、夹层控制剩余油研究

夹层不仅影响流体的垂向渗流，而且影响流体的水平渗流。由于夹层的存在，改变了整个渗流场的分布，使渗流（油水运动）发生变化。夹层的分布状况对油水运动产生很大的影响。分布稳定的夹层，可将油层上下分成两个独立的流动单元；如果夹层分布不稳定，则油层上下具有水动力联系，一般表现为注入水下窜。受夹层控制的厚油层顶部物性较差的部位剩余油富集。

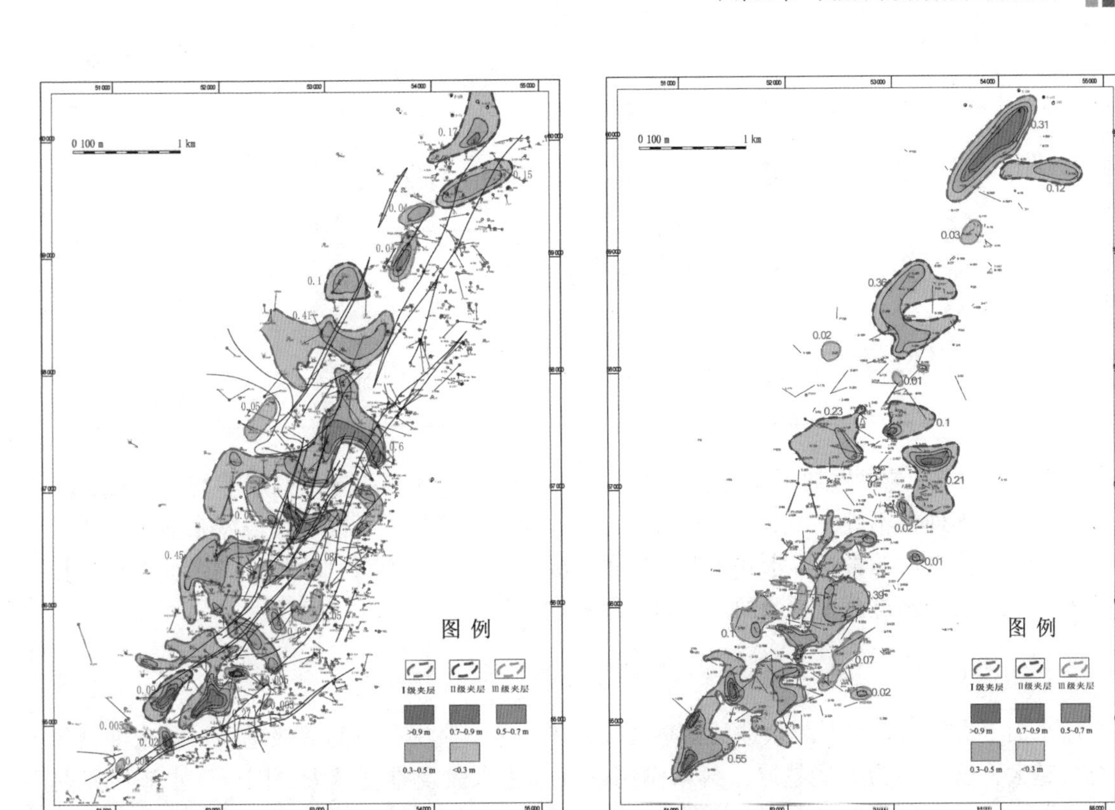

图 4-19　平面分布图

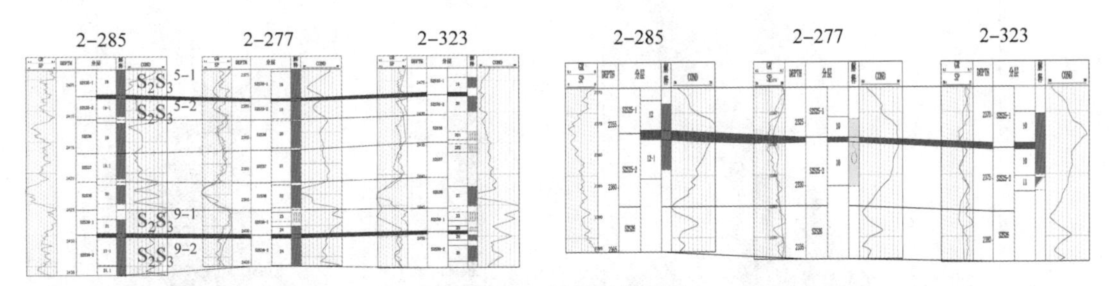

图 4-20　层剖面分布图

沙二上 2+3 油藏夹层较发育，由夹层参数表（表 4-4）可以看出，夹层厚度比该油藏隔层厚度小，平均值分布在 1.85~5.2 m 之间，夹层的钻遇率比隔层的钻遇率要高。其中沙二上 23 钻遇率达到 93.8%。由岩芯资料及多个测井解释资料得出夹层厚度分布图。从夹层分布图来看，在研究区的 14 个小层中，沙二上 23、24、25、26、37 夹层分布相对比较稳定，其他 8 个层位的稳定性稍差（表 4-6）。

表 4-6　西区沙二上 2+3 油藏夹层参数统计表

层位	21	22	23	24	25	26	27	31	32	33	34	35	36	37
最大值/m	14	8.6	8.9	8.2	9.6	7	11.3	13.6	10.4	10.7	7.6	9.8	9.2	12.9

续表

层位	21	22	23	24	25	26	27	31	32	33	34	35	36	37
最小值/m	0.4	0.1	0.3	0.2	0.2	0	0.2	0.1	0.3	0.2	0.2	0.4	0.2	0.2
平均值/m	5.20	2.23	2.66	2.02	4.22	1.85	2.59	2.51	2.66	2.77	2.29	2.66	2.43	4.56
钻遇率/%	52.4	74	93.8	45.7	92.3	85.6	78.4	76	78.4	86.5	83.7	89.4	85.6	89.9

沙二上2+3油藏厚油层发育，层内低渗透夹层发育较多，导致储层非均质较强，平面及垂向上连通性不好，加上油水重力分异的作用，造成层内不同韵律段剩余油富集程度差异较大。受夹层的影响，水井正韵律层顶部吸水较差，水淹级别较低，剩余油富集，稳定的隔夹层对油水过渡带剩余油挖潜起着重要的作用。

（一）夹层对平面剩余油分布的影响

平面上夹层的发育与剩余油的富集区域大体一致，夹层的发育等级越高，剩余油富集规模越大，这是因为夹层越厚，封堵作用越强，注水波及难度越大，因此，水淹级别越轻，剩余油越富集。如图4－21和图4－22所示。

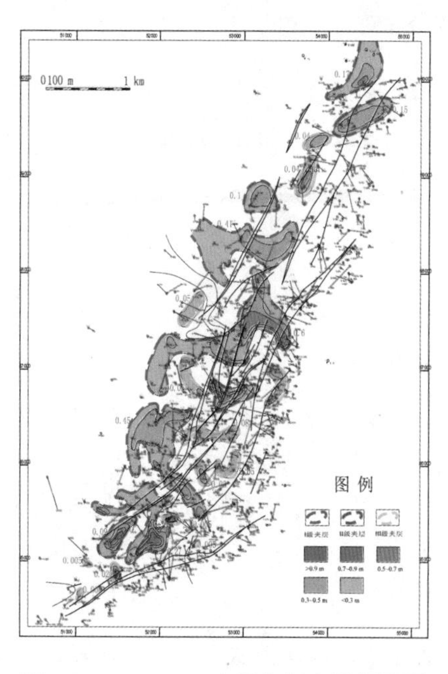

图4－21　S2S2.6小层多级夹层平面图

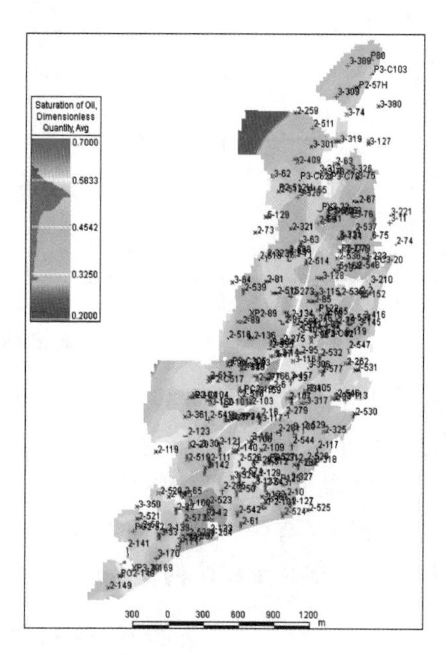

图4－22　S2S2.6小层剩余油饱和度图

（二）夹层对纵向剩余油分布的影响

受韵律性及储层分布影响，夹层在纵向上发育的位置不同，剩余油的分布规律不同。

夹层发育在上部：上部夹层由于其封堵作用较强，在下部形成大量剩余油，对剩余油富集有利。如图 4－23 所示。

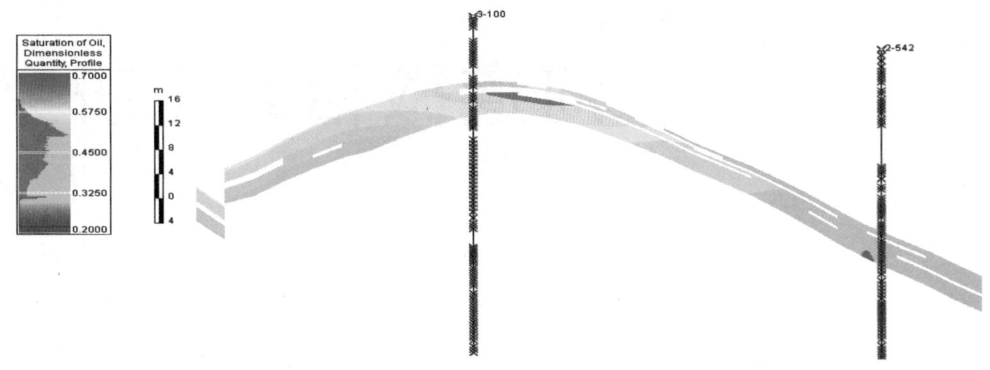

图 4－23　P3－100 井组 31 小层剖面图

夹层发育在中部：中部夹层的封堵能力虽然不差，但由于夹层上下部注入水的冲刷作用而使油驱替得较为均匀，剩余油富集规模较小。如图 4－24 所示。

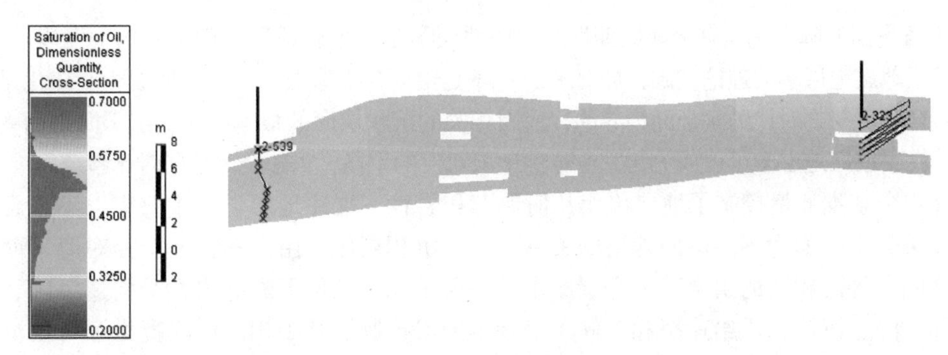

图 4－24　2－539 井组 26 小层剖面图

夹层发育在底部：底部夹层的封堵能力较差，注入水沿着底部突进后，往往突破夹层流向上部，剩余油顶部有富集，但规模小于顶部夹层控制的剩余油。如图 4－25 所示。

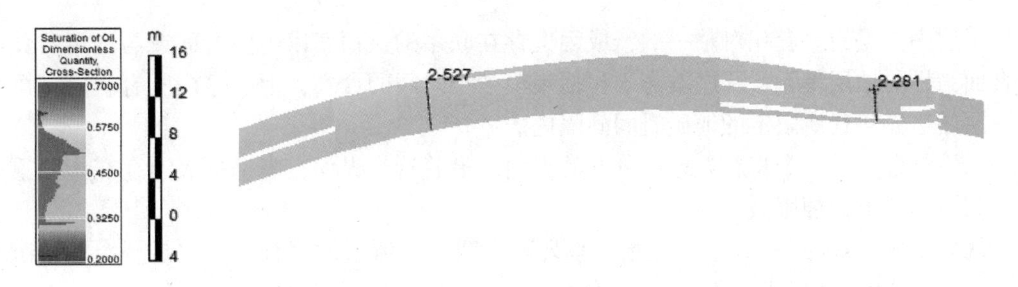

图 4－25　2－281 井组 25 小层剖面图

第五章 河道微相细化研究

一、层序地层学研究

（一）基本理论基础

①海平面升降变化具有全球周期性。层序地层学是在地震地层学理论基础上发展起来的，它继承了地震地层学的理论基础，即海平面升降变化具有全球周期性，海平面相对变化是形成以不整合及可与之对比的整合面为界的，成因相关的沉积层序的根本原因。由于海平面变化具有全球性，层序地层学可以成为建立全球性地层对比的手段，重建全球地层对比系统。

②4 个基本变量控制了地层单元几何形态和岩性。层序地层学注重研究以不整合面及与之相关的整合面为界的旋回地层的关系。一个沉积层序是由沉积在一个相对海平面升降旋回之间各种沉积物的组合。一个层序中，地层单元的几何形态和岩性受构造沉降、全球海平面升降、沉积物供给速率和气候 4 个基本因素控制。其中构造沉降提供了可供沉积物沉积的可容空间，全球海平面变化控制了地层和岩相分布模式，沉积物供给速率控制了沉积物的充填过程和盆地古水深变化，气候控制了沉积物类型及沉积物的沉积数量。

（二）基本概念

①层序：是指一套相对整一的，成因上存在联系的，顶底以不整合面或与之可对比的整合面为界的地层单元。层序本身不包括规模甚至时间的含义，但层序内所有岩层都沉积在以层序边界年代所限定的地质时间间隔内。

②不整合：是一个将新老地层分开的界面。沿着这个界面，有证据表明存在指示重大沉积间断的陆上侵蚀削截。

③体系域（systems tract）：是指一系列同周期沉积体系的集合体。它是一个三维沉积单元，在一个海平面升降旋回中，在旋回的不同阶段发育不同的体系域。

④低位体系域（lowstand systems tract，LST）：是指位置最低、最老的体系域，是在相对海平面下降到最低点并且开始缓慢上升时期形成的。在生长断层背景中，低位体系域由盆底扇、斜坡扇、互层砂泥岩加厚层和滑塌浊积扇组成。

⑤海侵体系域（transgressive systems tract，TST）：是层序中部体系域。它是在全球海平面迅速上升与构造沉降共同产生的海平面相对上升时期形成的，以沉积作用缓慢的低砂

泥比值的一个或多个退积型准层序组为特征，顶部沉积物以沉积慢、分布广、富含有机质、沉积物细为特征。

⑥高位体系域（highstand systems tract，HST）：层序上部体系域，是在海平面由相对上升转变为相对下降时期形成的，此时沉积物供给速率大于可容空间增长的速率，因而形成了向盆内进积的一个或多个准层序。主要沉积体系类型相似于海侵体系域，但河流作用更明显，河道砂发育。高位体系域顶部以层序界面为界。

⑦最大海泛面：是一个层序中最大海侵时形成的界面，它是海侵体系域的顶界面，以由退积准层序组变为进积准层序组为特征，常与凝缩层伴生。

⑧准层序：是一个以海泛面或与之相应的面为界、成因上有联系的层或层组组成的相对整合系列。

⑨准层序组：是指由成因相关的一套准层序构成的、具有特征堆砌样式的一种地层序列。其界面为一个重要的海泛面或与之可对比的面。

（三）层序地层学研究内容与解释方法

层序地层学就是根据地震、钻井、测井和露头资料，结合有关沉积环境、岩相特征，对地层分布形式做出综合解释。钻井、测井资料是盆地内较好的层序地层分析资料，它主要包括系统的岩芯岩屑、各种测井资料、室内分析化验资料等，在对钻测井资料进行层序地层学解释时，应选择地层序列完整、取芯井段长、室内分析资料丰富、测井序列齐全的井作为关键井。具体研究内容与解释方法如下：

①关键井岩性序列、沉积旋回和沉积相研究，建立岩性及其序列与电测曲线的响应关系。

②根据风化壳、底砾岩、古土壤、生物化石的断带和岩性，沉积相的垂向突变及地层产状的不一致性确定层序边界，并进行多井层序边界对比，确定层序年代，建立地层框架。

③识别最大湖泛面，确定体系域类型。最大湖泛面往往由较深水环境下沉积的、质纯色暗、富含有机质和古生物化石、广泛分布的细粒沉积物组成。据此可将湖侵体系域与高位体系域区分开来，然后再根据准层序组的叠置样式和初次湖泛面的低位、湖侵和高位体系域。

④测井资料的解释，以确定准层序组的叠置样式、古水流流向及砂体展布方向。

⑤沉积环境和古气候分析，编制单井和多井层序地层分析图。

⑥建立岩性序列、沉积相类型、层序和体系域与地震反射之间的响应关系。

⑦地震资料的层序地层学分析，根据钻测井层序划分方案对地震进行年代地层标定和地震层序划分，建立钻测井层序与地震层序的一致关系。

二、单井层序地层分析

（一）关键井的确定

关键井确定原则：钻遇地层比较全、断层少，有取芯、录井资料，室内分析资料，测井资料，同时，考虑到关键井在平面上不同开发区分布的均衡性。依据这个原则选择了10口关键井：濮20、新濮44、濮51、新文51－52、文51－18，濮31、濮3－36、濮27、濮75、濮3－227。

（二）关键井层序地层分析

1. 层序地层划分方法

在断陷湖盆的层序地层研究中，常通过钻井资料、测井资料和地震资料，综合考虑构造运动界面、岩性岩相突变及不整合等标志，来识别不同级次的层序边界。

①首先依据地震反射终止关系，识别较大分布面积的地层不整合关系，特别是以构造运动形成的不整合界面为层序界面，建立等时地层格架。

②厚度薄、分布范围较大的古土壤层、根土层或风化壳。

③古生物化石断代或灭绝处。

④地震反射剖面上的上超点向盆地中心的迁移。

⑤地层颜色、岩性、粒度、沉积相、电测曲线的垂向突变及地层产状的不一致。

2. 层序地层划分原则

①所划分的各级层序内部不应存在比层序边界更为重要的沉积间断面。

②所划分的各级层序均为同期沉积物的组合体。

③所划分的层序应在研究范围内统一，不同资料划分的层序边界是一致的，能相互验证。

依据以上方法和原则对关键井进行层序地层划分：

该井沙二下可划分出两个三级层序（SQ1 和 SQ2），层序界面位于沙二下段的第 4 砂组底界。SQ1 仅见高水位体系域（HST），其湖进体系域发育在沙三段；SQ2 由湖进体系域（TST）构成，其 HST 产生于沙二上亚段。共识别出进积、退积和加积准层序组 8 个，它们以较大湖泛面分开，准层序 29 个，第 6 准层序组断失 3 个准层序。单个准层序组的地层厚度为 5 ~ 46 m，平均厚度为 29. 6 m；砂岩厚度为 0 ~ 16. 2 m，平均厚度为5. 05 m；砂岩百分含量为 0 ~ 35%，平均为 17%（表 5 – 1）。

表 5 – 1　文 51 – 18 井砂岩统计

层位	地厚/m	砂厚/m
ES2X1	35	0. 6
ES2X2	31	0
ES2X3	36	4. 4
ES2X4	24	2. 2
ES2X5	46	16. 2
ES2X6	5	0
ES2X7	26	9. 2
ES2X8	34	7. 8

（1）新濮 44 井

该井沙二下可划分出两个三级层序（SQ1 和 SQ2），层序界面位于沙二下段的第 4 砂组底界。SQ1 仅见高水位体系域（HST），其湖进体系域发育在沙三段；SQ2 由湖进体系域（TST）构成，其HST产生于沙二上亚段。共识别出进积、退积和加积准层序组8个，它们以较大湖泛面分开，准层序29个，第8准层序组未钻穿。单个准层序组的地层厚度为35.4～54.4 m，平均厚度为42.3 m；砂岩厚度为0～21.4 m，平均厚度为10.8 m；砂岩百分含量为0～52%，平均为25.6%（表5－2）。

表5－2　新濮44井砂岩统计

层位	地厚/m	砂厚/m
ES2X1	42.4	1.8
ES2X2	37	0
ES2X3	43	9.4
ES2X4	38.8	20
ES2X5	54.4	21.4
ES2X6	35.4	7.4
ES2X7	45.6	16

（2）濮3－227井

该井沙二下可划分出两个三级层序（SQ1和SQ2），层序界面位于沙二下段的第4砂组底界。SQ1仅见高水位体系域（HST），其湖进体系域发育在沙三段；SQ2由湖进体系域（TST）构成，其HST产生于沙二上亚段。共识别出进积、退积和加积准层序组8个，它们以较大湖泛面分开，准层序31个，第8准层序组未穿。单个准层序组的地层厚度为17～42 m，平均厚度为33.3 m；砂岩厚度为0～17.6 m，平均厚度为8.35 m；砂岩百分含量为0～42%，平均为25.1%（表5－3）。

表5－3　濮3－227井砂岩统计

层位	地厚/m	砂厚/m
ES2X1	36.0	4.2
ES2X2	35.0	8.7
ES2X3	35.0	14
ES2X4	28	8.9
ES2X5	42	17.6
ES2X6	37	7.4
ES2X7	36	6
ES2X8	17	0

（3）濮27井

该井沙二下划分出两个三级层序（SQ1和SQ2），层序界面位于沙2段的第4砂组的底界。SQ1仅见高水位体系域（HST），SQ2由湖进体系域（TST）构成，共识别出27个准层序。第4准层序组断失第1～3准层序，第8准层序组未穿，单个准层序的厚度为7.2～42 m，平均厚度为30.5 m；砂岩厚度为1～12.6 m，平均厚度为5.6 m；砂岩百分含量为3%～30%，平均为18.1%（表5－4）。

表5-4　濮27井砂岩统计

层位	地厚/m	砂厚/m
ES2X1	35.6	1
ES2X2	36	4.4
ES2X3	36.2	7
ES2X4	7.2	2
ES2X5	42	12.6
ES2X6	30	2.6
ES2X7	36.2	10.8
ES2X8	21	4

（4）濮3-36井

该井沙二下可划分出两个三级层序（SQ1和SQ2），层序界面位于沙二段的第4砂组底界。SQ1仅见高水位体系域（HST），其湖进体系域发育在沙三段；SQ2由湖进体系域（TST）构成，其HST产生于沙二上亚段。共识别出进积、退积和加积准层序组8个，它们以较大湖泛面分开，准层序29个，第8准层序组未穿。单个准层序组的地层厚度为39.2~52.4 m，平均厚度为43.6 m；砂岩厚度为0~19 m，平均厚度为9.0 m；砂岩百分含量为0~44.2%，平均为20%（表5-5）。

表5-5　濮3-36井砂岩统计

层位	地厚/m	砂厚/m
ES2X1	43.8	0
ES2X2	42	2.8
ES2X3	45.2	10.4
ES2X4	40.6	11.2
ES2X5	52.4	13.2
ES2X6	39.2	6.6
ES2X7	43	19

（5）濮20井

该井沙二下可划分出两个三级层序（SQ1和SQ2），层序界面位于沙二段的第4砂组底界。SQ1仅见高水位体系域（HST），其湖进体系域发育在沙三段；SQ2由湖进体系域（TST）构成，其HST产生于沙二上亚段。共识别出进积、退积和加积准层序组8个，它们以较大湖泛面分开，准层序32个。单个准层序组的地层厚度为28.6~47 m，平均厚度为35.3 m；砂岩厚度为0~18.8 m，平均厚度为7.1 m；砂岩百分含量为0~51%，平均为20%（表5-6）。

表 5 –6　濮 20 井砂岩统计

层位	地厚/m	砂厚/m
ES2X1	36. 6	0. 8
ES2X2	32	2
ES2X3	37. 4	4. 6
ES2X4	32	8. 8
ES2X5	47	15. 4
ES2X6	31. 6	6. 2
ES2X7	37	18. 8
ES2X8	28. 6	0

（6）濮 75 井

该井沙二下可划分出两个三级层序（SQ1 和 SQ2），层序界面位于沙二段的第 4 砂组底界。SQ1 仅见高水位体系域（HST），其湖进体系域发育在沙三段；SQ2 由湖进体系域（TST）构成，其 HST 产生于沙二上亚段。共识别出进积、退积和加积准层序组 6 个，它们以较大湖泛面分开，准层序 24 个，第 7、8 准层序组断失。单个准层序组的地层厚度为 29. 4 ~45 m，平均厚度为 36. 3 m；砂岩厚度为 5. 2 ~ 10. 2 m，平均厚度为 6. 7 m；砂岩百分含量为 15% ~23%，平均为 18. 4%（表 5 –7）。

表 5 –7　濮 75 井砂岩统计

层位	地厚/m	砂厚/m
ES2X1	37. 6	5. 6
ES2X2	36. 6	6. 4
ES2X3	29. 4	5. 2
ES2X4	37	6
ES2X5	45	10. 2
ES2X6	32	6. 8

（7）濮 51 井

该井沙二下可划分出两个三级层序（SQ1 和 SQ2），层序界面位于沙二段的第 4 砂组底界。SQ1 仅见高水位体系域（HST），其湖进体系域发育在沙三段；SQ2 由湖进体系域（TST）构成，其 HST 产生于沙二上亚段。共识别出进积、退积和加积准层序组 8 个，它们以较大湖泛面分开，准层序 30 个，第 2 准层序组断失 1、2 准层序（表 5 –8）。单个准层序组的地层厚度为 17. 6 ~43. 6 m，平均厚度为 34. 2 m；砂岩厚度为 1. 9 ~ 16. 3 m，平均厚度为 7. 1 m；砂岩百分含量为 6% ~40%，平均为 20. 8%。

表5-8　濮51井砂岩统计

层位	地厚/m	砂厚/m
ES2X1	43.6	4.8
ES2X2	17.6	3.6
ES2X3	38.2	6.2
ES2X4	30.6	7.4
ES2X5	41	16.3
ES2X6	33	1.9
ES2X7	37.6	8.4
ES2X8	31.6	8.4

（8）濮31井

该井沙二下可划分出两个三级层序（SQ1和SQ2），层序界面位于沙二段的第4砂组底界。SQ1仅见高水位体系域（HST），其湖进体系域发育在沙三段；SQ2由湖进体系域（TST）构成，其HST产生于沙二上亚段。共识别出进积、退积和加积准层序组8个，它们以较大湖泛面分开，准层序32个。单个准层序组的地层厚度为31～41.2 m，平均厚度为35.7 m；砂岩厚度为0.8～13.6 m，平均厚度为7.1 m；砂岩百分含量为2%～42%，平均为19.9%（表5-9）。

表5-9　濮31井砂岩统计

层位	地厚/m	砂厚/m
ES2X1	37.2	6.8
ES2X2	35	3.4
ES2X3	38	0.8
ES2X4	31	5.8
ES2X5	41.2	9.2
ES2X6	32.2	13.6
ES2X7	36.8	10.6
ES2X8	34.4	6.9

（9）新文51-52井

该井沙二下可划分出两个三级层序（SQ1和SQ2），缺失低水位体系域（LST）。层序界面位于沙2段的第4砂组的底界。共识别出进积、退积和加积准层序组7个，准层序28个，第8准层序组未穿。单个准层序组的地层厚度为31～54 m，平均厚度为42.7 m；砂岩厚度为0～14.9 m，平均厚度为9.05 m；砂岩百分含量为0～38%，平均为21.9%（表5-10）。

表 5－10　新文 51－52 井砂岩统计

层位	地厚/m	砂厚/m
ES2X1	41	0
ES2X2	40	9
ES2X3	37	14.2
ES2X4	44	12.2
ES2X5	54	14.9
ES2X6	31	4

（三）沙二下亚段层序地层划分方案

关键井的高分辨层序地层分析所建立的层序地层划分方案是：层序界面为沙二下亚段第 4 砂组的底界，2 个三级层序（SQ1 和 SQ2），2 个体系域（TST 和 HST），8 个进积、退积和加积型准层序组（编号为 1～8），32 个准层序。

一个完整层序可由低位体系域、湖侵体系域、高位体系域组成，也可由湖侵体系域、高位体系域组成。一般来说，湖平面相对下降越明显且后期湖平面又发生了相对大幅度上升，则易形成低位体系域、湖侵体系域和高位体系域。当湖平面下降幅度较小且后期又发生了较大幅度的相对上升，则易形成湖侵体系域和高位体系域，造成低位体系域缺失。从岩芯观察已证实，本区不发育低位体系域特征的具有典型的二元结构的河流沉积。

最大湖泛面为本区 S2X 上部的泥岩段顶界，地震反射也是一个强振幅、高连续的标志层。岩石类型单一，主要为厚层质纯的暗色泥岩，并常发育水平层理，沉积物中富含较深水环境的介形虫化石。最大湖泛面上覆序列与下伏序列不同，下伏沙二下准层序常呈退积式叠置样式，上覆沙二上准层序多呈进积式叠置样式；电测曲线响应特征明显，自然电位多为低值平直基线，视电阻率呈低幅尖刀状、锯齿状。

三、地震层序地层分析

以关键井为交点过 70 口控制井切全区三维地震剖面 10 条，经研究可以发现，S2X4 底界在南北向及东西向的地震剖面上也是一个特殊的界面，尤其是在南区及文 51 断块区。此界面的上、下波组特征明显不同，此界面的之上由 2～3 个强振幅、高连续的反射同相轴组成，在全区稳定分布，形成地震反射标志层。而此界面的之下地震同相轴振幅明显变弱，它代表了层序界面（SB），与测井、录井及沉积旋回特征一致（图 5－1）。

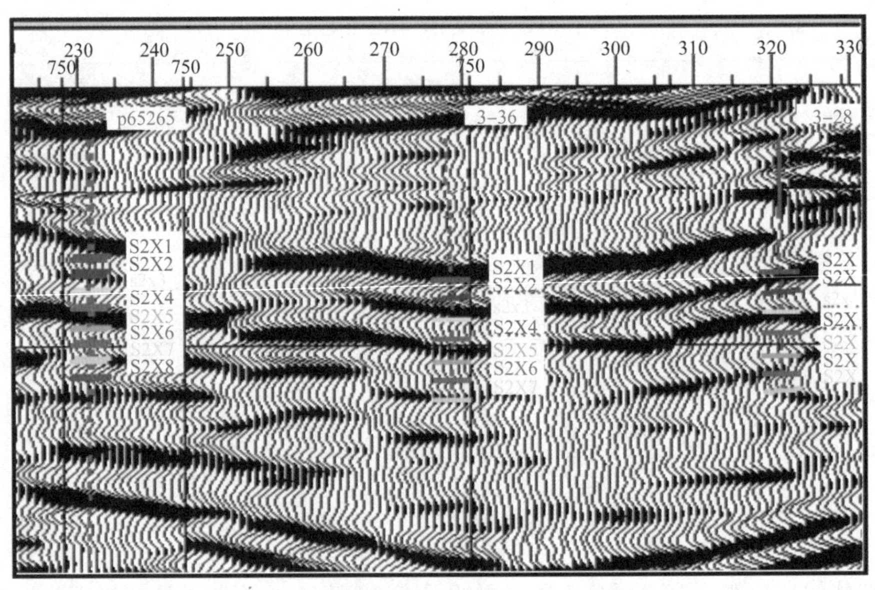

图 5－1　地震反射标志层（S2X4 底界）

四、连井层序地层对比

（一）层序地层的对比原则

①以层序界面（SB）为标志，对比不同层序（SQ1 和 SQ2）及体系域（TST、HST）。

②以最大湖泛面（与本区 S2X 上部的泥岩段顶界吻合）为等时标志面，自上而下进行 1～4 准层序对比到层序界面（SB），或自下而上对比 8～5 准层序组到层序界面。

③以准层序的较大湖泛面为界，自下而上对比准层序。

④以准层序的湖泛面为界，自下而上对比单个砂体。这样的层序对比及砂体模型具有可操作性，进而建立实层序地层等时格架。

（二）层序对比

1. 南北向剖面的层序对比

南北向过濮 6－110—文 51－18 连井南北向剖面的沙二下可划分出两个三级层序（SQ1 和 SQ2），缺失低水位体系域（LST）。层序界面位于沙二段的第 4 砂组的底界。SQ1 的 HST 及 SQ2 的 TST 均可识别出 4 个准层序组，其中的进积、退积和加积型的 8 个准层序组横向上变化稳定，反映了浅水而非斜坡背景的沉积特征；有时准层序组被断层中断而缺失部分或全部（如濮 6－133 第 5 准层序组）。砂体在第 3～5 准层序组中较发育且连通好，北部较南部发育且连通好（图 5－2）。

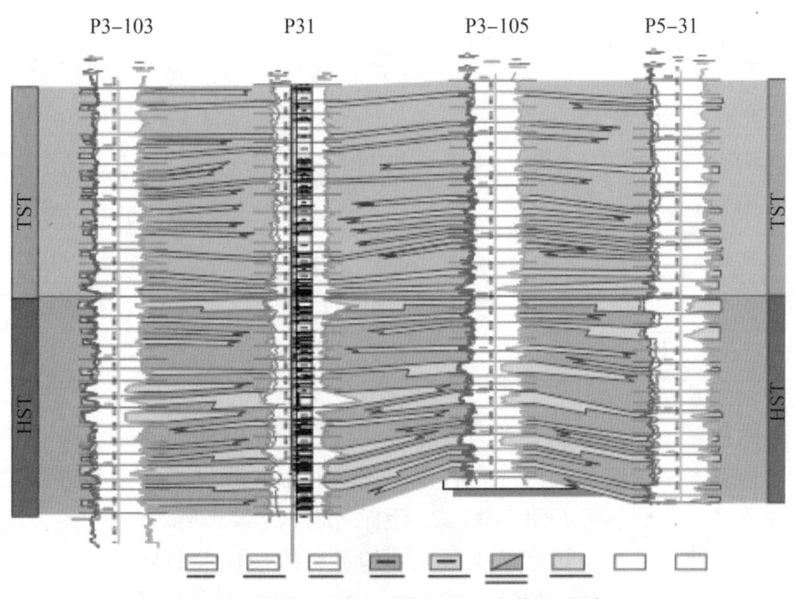

图 5 - 2 濮 3 - 103—濮 5 - 31 连井层序地层

2. 东西向剖面的层序对比

以层序界面（位于 S2X4 的底界）为准，沙二下可划分为两个三级层序（SQ1 和 SQ2），均缺失低水位体系域（LST）。SQ1 及 SQ2 的进积、退积和加积型的 8 个准层序组横向上变化稳定，濮 3 - 374 井第 5 准层序组被断层断失。东西向剖面的砂体的变化较复杂，多数在第 3 ~ 5 准层序组较发育且连通好，第 5 准层序组的砂体为进积型砂，第 3 ~ 4 准层组的砂体为退积型砂。有时，砂体在第 4 ~ 8 准层序组及中部较发育且连通好，单个砂体厚，呈透镜状，第 5 ~ 8 准层序组的砂体为进积型砂，第 1 ~ 4 准层组的砂体不发育。此外，准层序组常被断层破坏或断失。

3. 层序对比分析

经对比分析可以看出，沙二下亚段位于第 8 ~ 5 准层序组的高位体系域是储集砂体最发育、物性最好、油气资源量最多的层段。

根据 51 口井的统计（表 5 - 11），第 8 ~ 5 准层序组的平均砂层厚度依次为 4. 9 m、11. 1 m、5. 8 m、16. 3 m；平均砂岩百分比依次为 14%、27%、17%、35%，从下往上呈递增趋势。第 4 ~ 1 准层序组的平均砂层厚度依次为 10. 1 m、7. 2 m、4. 3 m、2. 7 m；平均砂岩百分比依次为 30%、19%、12%、7%，从下往上呈递减趋势。这一方面说明沙二下 4 砂组底界确实是一个不同体系域的界面；另一方面也说明沙二下 8 ~ 5 砂组砂层发育应属于高位域沉积，而沙二下 4 ~ 1 砂组砂岩不断减少，应属于湖侵域沉积。

表 5 - 11 沙二下段砂组砂岩统计

层位	砂厚/m	砂地比
ES2X1	2. 7	0. 07
ES2X2	4. 3	0. 12

续表

层位	砂厚/m	砂地比
ES2X3	7.2	0.19
ES2X4	10.1	0.30
ES2X5	16.3	0.35
ES2X6	5.8	0.17
ES2X7	11.1	0.27
ES2X8	4.9	0.14

由于高位体系域是在湖平面上升速度变缓、保持静止不动和开始下降时期形成的，此时沉积物的供给速度不断增加，因而可容空间逐渐变小，形成了一系列进积式沉积，在高位体系域发育的早期，可容空间仍旧较大，因而携带陆源碎屑物质的洪水入湖后快速沉积，形成浊积扇。但是，高位体系域中最典型的沉积体系是水退型三角洲，由于湖平面相对下降，可容空间减小，三角洲快速向湖盆中央推进，在其前方可发育三角洲前缘滑塌成因的浊积扇。到了高位体系域发育的后期，可出现河流和冲积扇。可容空间明显减少，从而在盆地缓坡发育河控型三角洲，在断垒带发育沿长轴方向的三角洲，高位体系域代表性的沉积体系是进积型三角洲，以沉积速率快、砂体发育为特征。三角洲前缘砂体受河流湖泊多种改造，细粒沉积物被淘洗干净，从而形成储集物性良好的储集体。

沙二下亚段位于第4~1准层序组的湖侵体系域发育物性较好的储集层，向上泥岩厚度加大，是较好的盖层。其是在湖平面升降速率大于沉积物供给速率或由于盆地基底快速沉降，可容空间不断增大的情况下形成的。在湖平面缓慢上升，可容空间增加的速度略大于沉积物供给速度时，发育滨浅湖滩坝沉积体系和水进型三角洲沉积体系。如果湖平面快速上升，可容空间增加的速度明显大于沉积物供给速度，盆地处于缺氧饥饿状态，此时，可发育洪水型浊积扇，广泛分布较深水暗色泥岩。

随着湖平面的持续上升，缓坡滨浅湖砂或水进式三角洲前缘砂不断受到波浪的淘洗，淘尽黏土级沉积物，形成分选和磨圆均较好的沿岸砂坝储集层，其向盆地方向和上覆的地层是与密集段相关的优质烃源岩和盖层，可形成砂体向陆方向歼灭的或滩坝砂体侧向尖灭的油气藏。

五、等时砂体与小层统层

层序地层的砂体模型具有等时性，依据层序地层剖面对现有小层划分进行检验，发现有个别小层的划分对比存在穿时现象，如 $ES2X4^{1}$、$ES2X4^{6}$、$ES2X5^{3}$、$ES2X6^{1}$，绝大多数小层的划分对比与等时砂体模型吻合（图5-3），这对指导小层统层有一定的帮助。同时，表明基于高分辨层序的等时砂体模型具有实用性及可操作性。

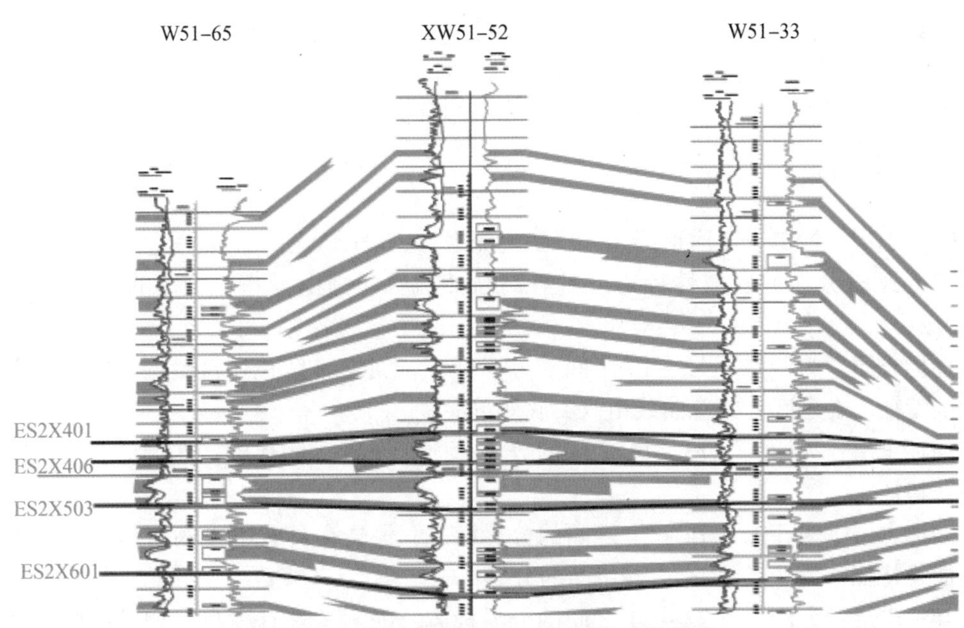

图 5-3　等时砂体模型与小层划分对比关系

六、时间单元划分

时间单元是指同一时间的地层成因层段。为油藏研究需要，本区将成因层段局限到一次性沉积事件，即包含一个砂层在内的时间单元，简称为“小层”。对穿越时间单元的厚砂体，要根据成因层序，结合曲线特征予以劈分。濮城油田沙二下段共分 8 个砂层组，50 个单砂层。为了摸清每个砂层的展布和规模，将沙二下段地层划分出 50 个时间单元。时间单元的顶、底界面均取砂层之间的稳定泥岩段最低电阻处。每个时间单元囊括了一个单砂层，它们是：

沙二下 11 ~ 14　时间单元
沙二下 21 ~ 27　时间单元
沙二下 31 ~ 37　时间单元
沙二下 41 ~ 47　时间单元
沙二下 51 ~ 58　时间单元
沙二下 61 ~ 66　时间单元
沙二下 71 ~ 76　时间单元
沙二下 81 ~ 85　时间单元

时间单元的划分与对比是建立在标准剖面及标志层基础之上的。

七、标准剖面的建立

（一）标志层的建立

在东、西、南及文 51 块四个区内选出 20 口代表井，进行小层的划分对比。经分析，采用原划分方案，即沙二下亚段划分为8个砂组、50个小层，经对比分析，建立小层对比标志25个。其中位于沙二下亚段顶底的为区域性二级标志，有两个：0#、25#；位于砂组之间的为三级标志，有7个；位于小层之间为四级标志，有16个。

（二）标志层特征

0#标志层：沙二下亚段顶部是一段稳定泥岩，一般厚度在10～20 m。它是沙二上亚段与沙二下亚段分界的区域性标志。具有高自然伽马、高电导率、低平直自然电位基线特征。

1#标志层：为沙二下12－13之间的分界标志，泥岩，具有高自然伽马、双尖底低感应曲线特征。在东区，感应曲线由双尖底变单尖底。

2#标志层：为沙二下13－14之间的分界标志，泥岩，具有高自然伽马、单尖底低感应曲线特征。

3#标志层：为沙二下14－21之间的分界标志，泥岩，具有中－高自然伽马、中－低感应曲线特征。为沙二下1、2砂组间的分界标志。

4#标志层：为沙二下23－24之间的分界标志，泥岩，具有高自然伽马、单尖底中等感应曲线特征。

5#标志层：为沙二下25－26之间的分界标志，泥岩，具有高自然伽马、单尖底低感应曲线特征。在东区，感应曲线由单尖底变双尖底。

6#标志层：为沙二下27－31之间的分界标志，泥岩，具有高自然伽马、单尖底低感应曲线特征。在西区，感应曲线由单尖底变双尖底。为沙二下2、3砂组间的分界标志。

7#标志层：为沙二下32－33之间的分界标志，泥岩，具有高自然伽马、单尖底低感应曲线特征。

8#标志层：为沙二下33－34之间的分界标志，泥岩，具有高自然伽马、双尖底低感应曲线特征。在南区及文51块，感应曲线由双尖底变单尖底。

9#标志层：为沙二下36－37之间的分界标志，泥岩，具有高自然伽马、单尖底低感应曲线特征。在南区，感应曲线由单尖底变双尖底。

10#标志层：为沙二下41标志，泥岩或砂岩，具有双峰高感应曲线特征。

11#标志层：为沙二下41－42之间的分界标志，泥岩，具有高自然伽马、单尖底低感应曲线特征。

12#标志层：为沙二下45－46之间的分界标志，泥岩，具有高自然伽马、单尖底低感应曲线特征。

13#标志层：为沙二下47－51之间的分界标志，泥岩，具有高自然伽马、单尖底低感应曲线特征。在西区，感应曲线由单尖底变双尖底。为沙二下4、5砂组间的分界标志。

14#标志层：为沙二下53－54之间的分界标志，泥岩，具有高自然伽马、双尖底低感应曲线特征。在东区及文51块，感应曲线由双尖底变单尖底。

15#标志层：为沙二下56－57之间的分界标志，泥岩，具有高自然伽马、单尖底低感应曲线特征。在西区及文51块，感应曲线由单尖底变双尖底。

16#标志层：为沙二下58－61之间的分界标志，泥岩，具有高自然伽马、单尖底低感应曲线特征。在工区北部，感应曲线由单尖底变双尖底。为沙二下5、6砂组间的分界标志。

17#标志层：为沙二下61－62之间的分界标志，泥岩，具有高自然伽马、单尖底低感应曲线特征。

18#标志层：为沙二下63－64之间的分界标志，泥岩，具有中等自然伽马、单尖底低感应曲线特征。

19#标志层：为沙二下66－71之间的分界标志，泥岩，具有高自然伽马、单尖底低感应曲线特征。在文51断块区，感应曲线由单尖底变双尖底。为沙二下6、7砂组间的分界标志。

20#标志层：为沙二下72－73之间的分界标志，灰质泥岩，具有低自然伽马、小尖底高感应曲线特征。

21#标志层：为沙二下73－74之间的分界标志，灰质泥岩，具有低自然伽马、斜尖底高感应曲线特征。

22#标志层：为沙二下76－81之间的分界标志，灰质泥岩，具有低自然伽马、双尖底高感应曲线特征。为沙二下7、8砂组间分界标志。

23#标志层：为沙二下81－82之间的分界标志，灰质泥岩，具有低自然伽马、单尖底高感应曲线特征。

24#标志层：为沙二下83－84之间的分界标志，泥岩，具有高自然伽马、斜尖底中感应曲线特征。

25#标志层：沙二下亚段底部是一段稳定泥岩，一般厚度在20～30 m，它是沙三段与沙二段分界的区域性标志。具有高自然伽马、高电导率特征，标志层底部多含灰质岩。

八、小层统层

（一）统层骨架剖面的建立

沙二下小层统层主要涉及东区、西区、南区和文51断块区，四个区在沙二下亚段顶底界划分是一致的，沙二下亚段的砂组划分数、小层划分数也都是一样的，但在有些小层的划分位置上存在差异。为了开展沉积微相研究工作，必须将四个区的小层划分建立在统一等时概念上，为此，在东区选择代表井濮6－117、濮7－25、濮5－31、濮3－351，在西区选择代表井濮3－101、濮3－64、濮3－83，在南区选择代表井濮3－338、濮3－284，在文51断块区选择代表井文51－62、文51－93、文51－92、文51－65。通过对这些代表井的对比研究，以四个区可对比的各级标志层为控制，以西区沙二下亚段小层划分方案为基础，作全区小层统层对比骨架剖面4条。

具体方法：

1）把纵剖面上的所有井以沙二下亚段顶界0#标志层拉平，分别描绘其自然电位曲线、自然伽马、感应电导、电阻率等特征曲线，遇断点地层有断失时，空出相应断层落差的距离。

2）连接骨架剖面井间砂层组对比线，再连接等时间单元对比线。

3）从纵剖面开始，沿交会井点向其他横剖面进行对比线的追踪连线，要求各时间单元在全区闭合，并且井间上、下等时对比线要基本协调。

4）把骨架剖面以外的井与相邻骨架剖面上的井进行对比统一，建立等同的地层时间单元概念。

①从骨架剖面上可以看出：

a. 东北方向砂层多、单砂层厚、地层总厚度大。中段单砂层变薄，泥岩隔层加厚，地层总厚度变小。南段砂、泥岩间互，个别时间单元有厚砂层出现。

b. 各时间单元两翼厚、砂层多，西翼更甚于东翼，向轴部砂层变薄，泥岩多，地层厚度变小。

②从纵向剖面上看：

a. 砂层主要在第3、4、5砂层组发育，连片性较好，第7砂层组次之，第1、2砂层组砂层仅发育在本构造东北区。

b. 砂层期次性强，单层厚度不大，一般小于4 m，累加砂层厚度大。在各时间单元内，以前积式砂层层序较多，也见有厚层的水下河道沉积。河道砂体多为复合型，以叠加-切叠型为主，下切式少见，个别厚砂层穿时。

c. 侧向上显示河道砂体向两侧左右推进，迁移频繁。

（二）小层统层

小层统层以标志层和骨架剖面井为控制向全区推开，共完成1 000多口井小层统层对比，约修改整理小层数据15万个。

九、沉积微相基础研究及描述（以文51沙二下油藏为例）

（一）工作流程

在前期研究的基础上，重新对文51油藏的沉积微相进行研究修订，重点对突变单井的微相类型进行分析，具体工作流程如图5-4所示。

（二）岩芯描述及粒度分析

观察文51-18井岩芯表明，本区沉积构造主要发育块状层理、板状交错层理、波状交错层理、平行层理、砂泥波状复合层理。包括8种岩石相类型：含泥砾块状粉砂岩相、块状粉砂岩相、板状交错层理砂岩相、波状交错层理砂岩相、复合层理砂岩相、泥质岩夹层相、紫红色泥岩相、灰绿色泥岩相。

文51断块区沙二段粒度概率曲线显示，沉积物以跳跃次总体和悬浮次总体为主，少见滚动次总体。其中部分跳跃次总体由两个更次一级的总体组成。总体上反映出沉积区水动力已经减弱和沉积物较好的分选性（图5-5）。

文51-18、濮3-227、濮20、濮检1四口井粒度资料所作的CM图显示，区水流能量弱，沉积物粒度细（图5-6）。

通过观察分析，认为文51块沙二下亚段地层为浅水湖泊背景下的三角洲沉积，沉积推进快，具有多种快速堆积的特征；从沉积序列看，砂岩以正粒序正旋回为特征，为湖浸式三角洲。

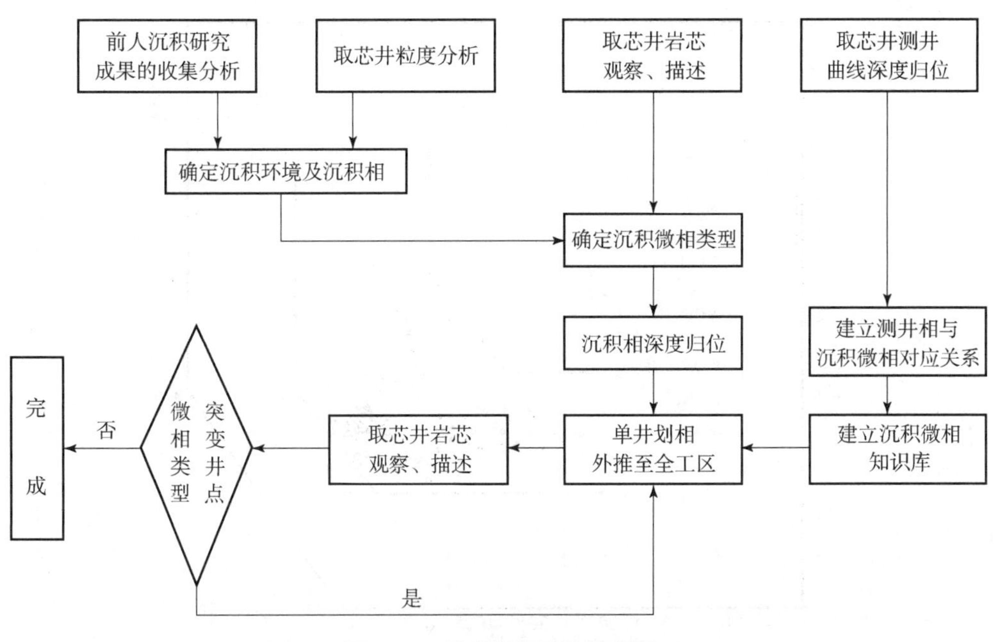

图 5－4　沉积微相研究流程图

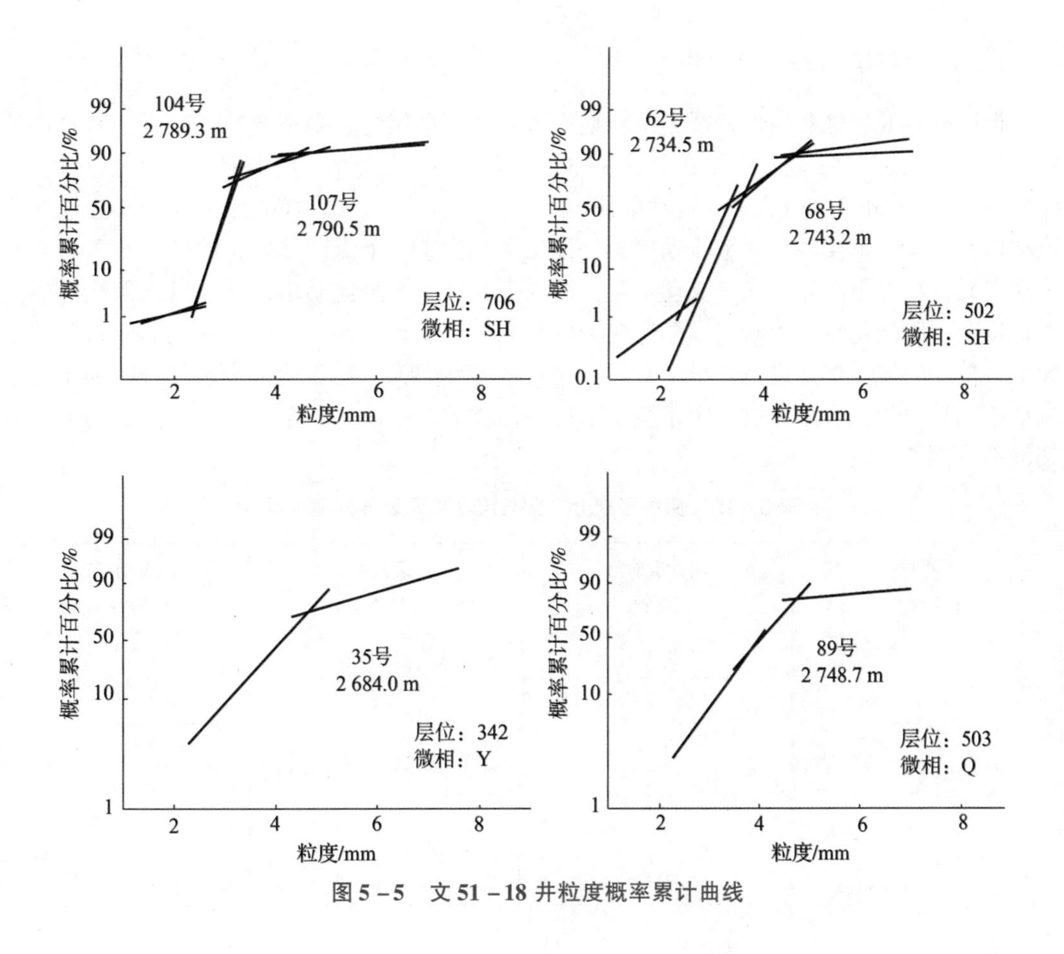

图 5－5　文 51－18 井粒度概率累计曲线

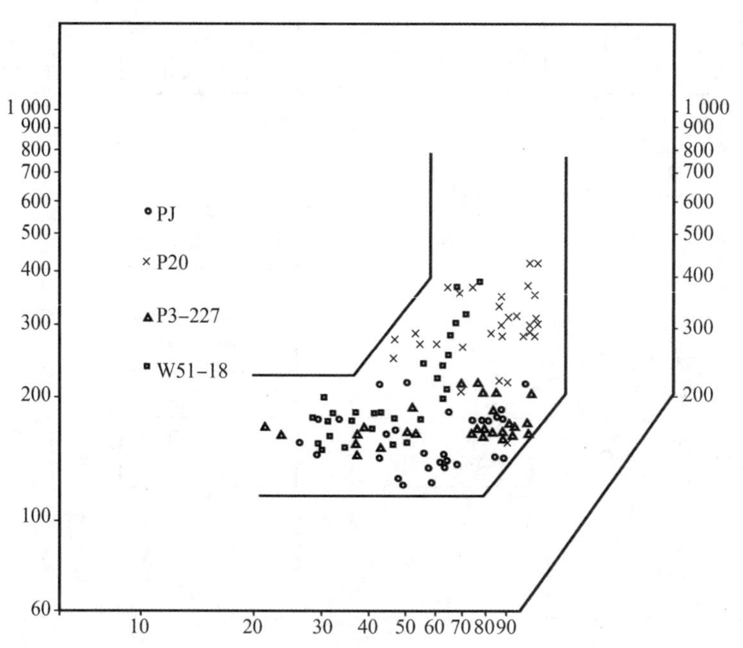

图 5－6　文 51 断块区沙二下 CM 图（借用濮城主体三口取芯井数据）

（三）流动单元对比与划分

根据取芯井岩性和电性特征，结合地震资料，在砂层组界限不变的基础上，以单砂体确定流动单元。文 51 块沙二下由原来的 37 个小层细分为现在的 50 个流动单元（表 5－12）。沙二下 1 砂组划分为 4 个流动单元，沙二下 2 砂组 7 个流动单元，沙二下 3 砂组 7 个流动单元，沙二下 4 砂组 7 个流动单元，沙二下 5 砂组 8 个流动单元，沙二下 6 砂组 6 个流动单元，沙二下 7 砂组 6 个流动单元，沙二下 8 砂组 5 个流动单元。通过选取全区砂层发育较全、砂层稳定、无断层或断层较少的井划分出流动单元，构成骨架剖面。对骨架剖面上各单井的流动单元进行外推、对比、闭合，逐井类推，最后达到全区闭合。为了便于流动单元对比划分，划分过程中不至于窜层，建立了多条南北、东西向相互交叉的对比骨架剖面（图 5－7）。

表 5－12　原小层划分方案与流动单元划分方案对照

原小层（37 个）	现流动单元（50 个）	原小层（37 个）	现流动单元（50 个）
1.1	1.1	5.1	5.1
	1.2		5.2
1.2	1.3		5.3
1.3	1.4	5.2	5.4
2.1	2.1	5.3	5.4
	2.2	5.4	5.6

续表

原小层（37个）	现流动单元（50个）	原小层（37个）	现流动单元（50个）
2.2	2.3	5.5	5.7
	2.4	5.6	5.8
2.3	2.5	6.1	6.1
	2.6	6.2	6.2
	2.7	6.3	6.3
3.1	3.1	6.4	6.4
	3.2	6.5	6.5
	3.3		6.6
3.2	3.4	7.1	7.1
3.3	3.5	7.2	7.2
3.4	3.6	7.3	7.3
	3.7	7.4	7.4
4.1	4.1	7.5	7.5
	4.2	7.6	7.6
	4.3	8.1	8.1
4.2	4.4	8.2	8.2
4.3	4.5	8.3	8.3
4.4	4.6	8.4	8.4
4.5	4.7	8.5	8.5

（四）单井沉积微相划分

对本区及濮城主体5口取芯井各流动单元沉积微相进行深度归位，形成综合柱状图及沉积微相－测井相图版，总结分析各类微相的特征，建立了沉积微相与测井相对应关系库。总体上，文51断块区发育有水下分支流河道微相（SH）、前缘砂微相（Q）、远砂微相（Y）和泥坪微相（M）（表5－13）。

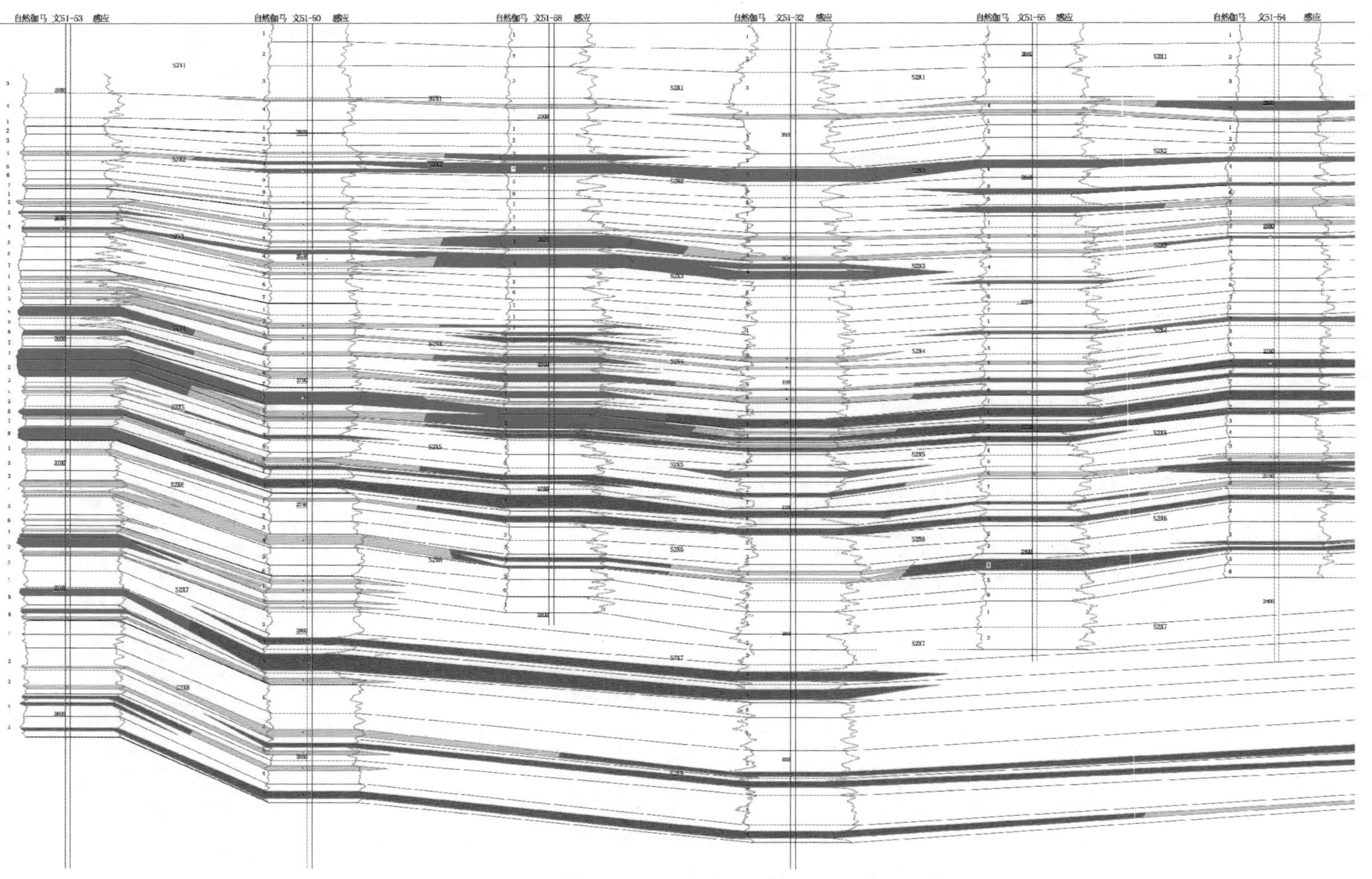

图5－7　濮城油田文51断块区沙二下东西向流动单元对比图

表 5－13 文 51 断块区沙二下不同类型沉积微相特征

相形	砂岩厚度/m	岩性	粒度中值/mm	泥质含量/%	孔隙度/%	渗透率/($\times10^{-5}$ μm)	自然电位形态	微电极	声波时差/(μs·m^{-1})
水道(SH)	>2.5	上：泥质粉砂岩 中：粉砂岩 下含泥砾粗粉砂岩	>0.09	<10	>15 >20 >20	>150 >200 >200	箱状 钟形	大幅度差	240～300
前缘砂(Q)	1.5～3.0	粉砂岩	0.07～0.1	<20	15～20	50～200	指状	较大幅度差	240～270
远砂(Y)	0～1.9	泥质粉砂岩 粉砂质泥岩	<0.08	>15	<15	10～50	小尖指状	小幅度差	220～250
湖泥坪(M)	0	泥岩					平直	无幅度	

第六章

高耗水层带识别发育及控油研究

对于非均质性较强并且经过长期注水开发的油藏，其地层内可能会形成高渗条带，水井形成高渗条带，对应油井形成高耗水层带，从而造成注入水沿着这些通道窜进形成水窜，含水急剧上升，产油急剧下降，油水井间无效循环加剧。为了有针对性地改善开发效果，首先需要确定地层中是否存在高渗条带，分析和认识这些高渗条带，有利于指导下一步开发。为此，必须对水窜的影响因素进行研究，确定优势渗流通道的影响因素。

■ 一、高耗水带影响因素分析

高渗条带是指储层中渗透率相对较高、流体优先渗流通过的部分。从成因上讲，高耗水带可以分为两种类型：一类是由于沉积环境、成岩作用的影响，储层胶结作用较弱，储层本身固有的高渗条带；另一类是由于长期注水、注聚开发对储层的影响，一是黏土矿物被冲刷、运移，如图 6 – 1 所示。二是岩石骨架溶蚀、碎裂，导致大孔喉被改造，孔渗变大，高耗水层带发育，小孔喉被充填堵塞，储层微观非均质进一步加剧。这两类高渗条带通常是相互关联的，而不是独立存在的。一般来说，高渗条带的形成受两方面因素的影响，即地质静态因素和开发动态因素。地质静态因素是内因，开发动态因素是外因。

(a)

(b)

图 6 – 1　储层微观特征变化规律（储层黏土矿物）

(a) 濮 14 井，2 393. 38 m（1979 年 8 月）；(b) 濮 2 – 396 井，2 426 m（2013 年 11 月）

（一）地质因素

高渗条带的形成必须具备一些有利的地质条件，包括地层非均质性、沉积韵律、渗透率大小、孔隙度大小、地层胶结程度、油层厚度、隔夹层分布、原油黏度及储层岩性等。

地层本身的非均质性导致在注水开发过程中注入水优先沿着高渗透层位或者部位流动。这种长期的不均衡流动导致高渗透部位的水洗程度明显比低渗透部位的水洗程度高，并且这种差异随着注入体积倍数的增加而逐步扩大。注入水就沿着这些低阻部位逐渐形成优势流动。当非均质性和注入体积倍数达到一定程度后，在这种优势流动的部位就会形成优势渗流通道。地层非均质性越强，越容易形成优势渗流通道。

在正韵律或者复合韵律油藏中，注入水主要沿着高渗层流动，对高渗层的冲刷作用强，导致出砂并最终形成优势渗流通道。

水驱油藏内注入水往往绕过低渗带而取道阻力较小的高渗透部位，因此，越是高渗的条带，冲刷越严重，也越容易形成优势渗流通道。

孔隙度和渗透率的影响机理是相同的。一般来说，孔隙度越大，水流阻力相应越小，越容易形成优势渗流通道。

由于油水密度的差异，油层厚度越大，隔夹层分布越不稳定，就越可能形成层间窜流，越可能形成优势渗流通道。

地层胶结程度越高，砂粒移动所需压差越大，出砂所需要的驱替速度越大，越难形成优势渗流通道。

流体黏度对出砂也是一个非常重要的影响因素。砂粒在孔道中的运移方式主要依靠高黏度的原油以摩擦和携带作用来实现。同时，高黏度原油也会阻止砂粒在运移过程中的沉降，使砂粒比较均匀地分布在原油中。总之，黏度越大，越易出砂，结果是越有利于形成优势渗流通道。

砂岩油藏是大孔道形成的必要条件之一。对于胶结程度较弱的稠油油藏，大量出砂造成油藏储层内出现蚯蚓洞，从而形成优势渗流通道。

（二）开发因素

在长期注水开发过程中，注入水不仅驱替油层中的油气，而且由于注入水性质与地层水性质的差异，还会对储层岩石造成物理冲刷和化学溶蚀，以及与地层流体发生反应，结果导致储层的物性、层内及层间非均质性及储层微观孔隙结构都发生不同程度的改变，从而影响剩余油的分布。这种在油藏开发过程中产生的破坏岩石胶结物的作用称为退胶结作用。由于退胶结作用的存在，储层沉积物中某些粒级沉积物因注水而丢失，使原有相对较小的孔隙溶蚀（或冲蚀）成较大的孔隙，而原有较大的孔隙可能会因此成为更大的孔隙，造成岩石渗透率的提高，从而形成优势渗流通道。

影响高渗条带形成的主要开发因素是注采强度。注采强度越大，作用在岩石颗粒上的压力梯度越大，砂粒越容易脱落，出砂量就越大，越容易形成优势渗流通道，压力下降也越快。实际地层如果长期处于高强度的注采速率作用下，很容易形成优势渗流通道。

二、高耗水带识别及发育特征

濮城油田沙二上 2 +3 油藏非均质性较强，注入水窜流严重。采用高渗条带存在性识别方法和参数计算方法对部分典型井组进行了识别，利用示踪剂测试结果与识别结果进行对照，分析井组高耗水带的存在。为下一步油藏的分层开采及调剖堵水等剩余油挖潜措施的方案优化及实施工艺提供有力的技术支持。

（一）动静结合刻画高耗水带发育区域

河道相（SH）渗透率较高，最易形成高渗条带。河口坝（B）、席状砂（Y）、河道侧翼（Q）等劣势相带，即使渗透率相对较低，变异系数和突进系数较小，也易形成优势通道。河道（SH）—河口坝（B）—河道侧翼（Q）—席状砂（Y），优势通道的产生逐渐从易到难。见表 6－1。

表 6－1　平面非均质性统计表

沉积微相	渗透率/mD			变异系数	突进系数	极差
	max	min	ave			
河道砂（SH）	4 949.64	0.02	102.57	0.74	48.26	716.22
河道侧翼（Q）	1 656.35	0.01	62.09	0.88	26.68	628.55
河口坝（B）	466.01	0.07	93.12	0.95	5.00	314.14
席状砂（Y）	1 015.62	0.01	27.51	0.85	36.92	396.62

以 XP2－89 井组为例，XP2－89 与 2－134 在 2.8 小层为河道相，注采连通性较好，油井注水见效较快；油压下降，水井吸水急速上升，油井爆性水淹，产油量，形成高耗水带。如图 6－2～图 6－4 所示。

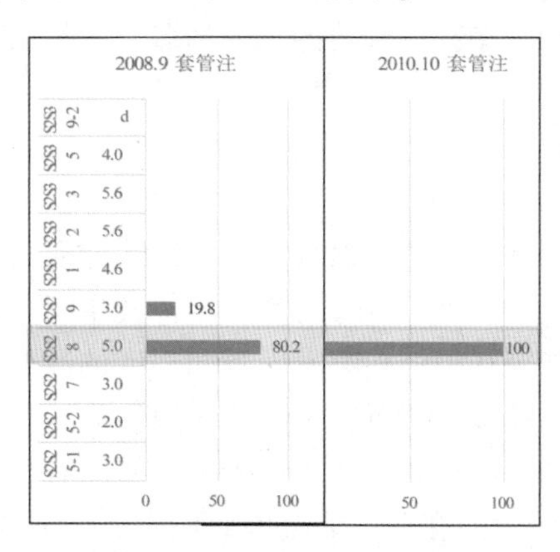

图 6－2　XP2－89 吸水剖面图

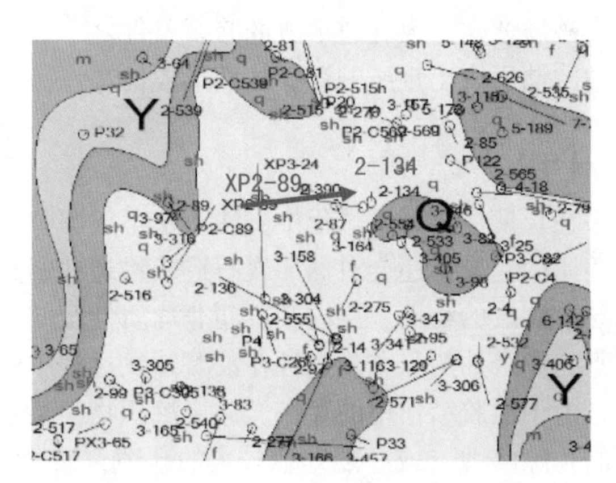

图 6－3　沙二上 2.8 小层沉积微相分区图

（二）示踪剂分析优势渗流通道发育

利用 XP2－89 在 2002 年进行的示踪剂监测资料可以对上述综合判断的可靠性进行检验，如图 6－5 所示。XP2－89 注入示踪剂后，周边对应油井均有明显的示踪剂产出，说明该井与周围油井连通性较好。其中 2－134 的示踪剂最早获得突破，时间为 57 天，其次为 2－87，突破时间为 68 天。如图 6－6 和表 6－2 所示。

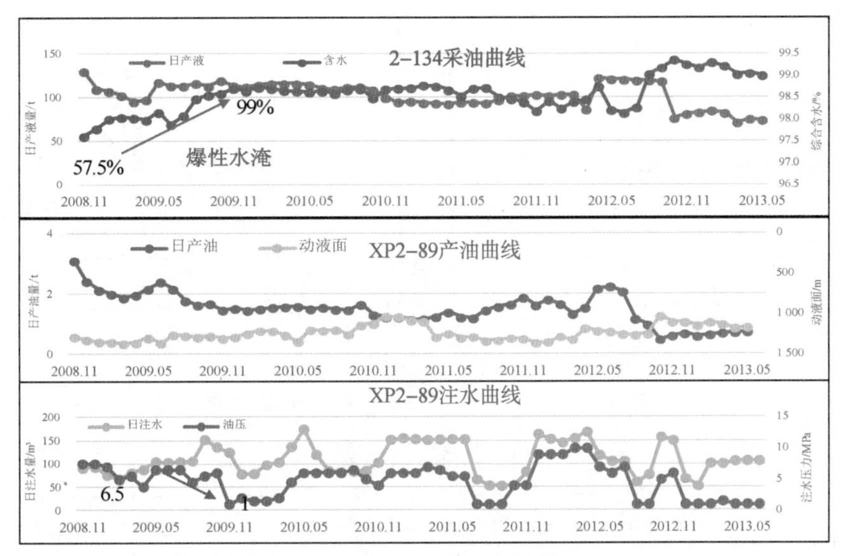

图6-4　XP2-89井组注采曲线

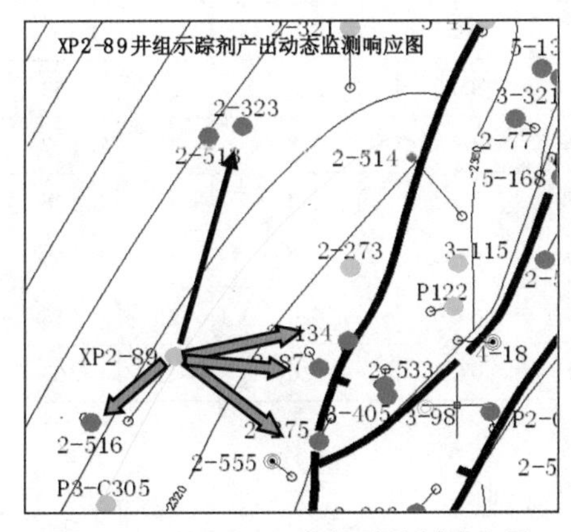

图6-5　XP2-89井组示踪剂响应图

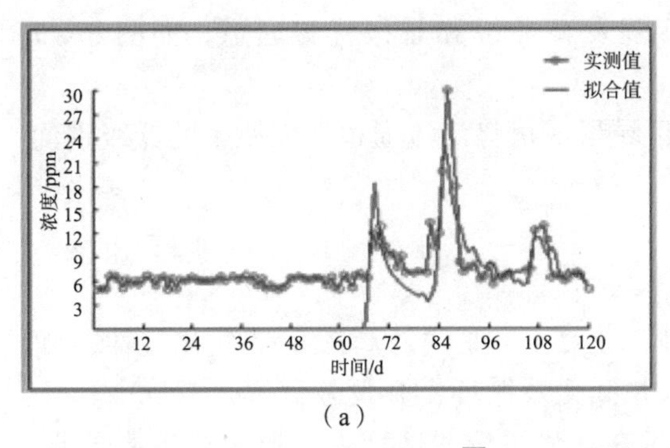

(a)

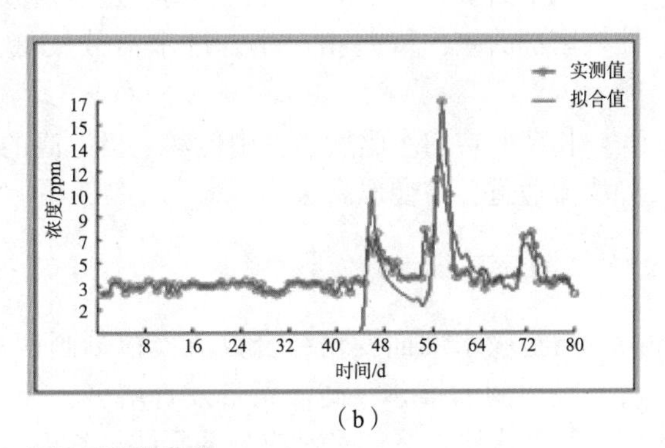

(b)

图6-6　XP2-89井组示踪剂曲线

(a) 2-87井示踪剂浓度产生拟合曲线；(b) 2-134井示踪剂浓度产生拟合曲线

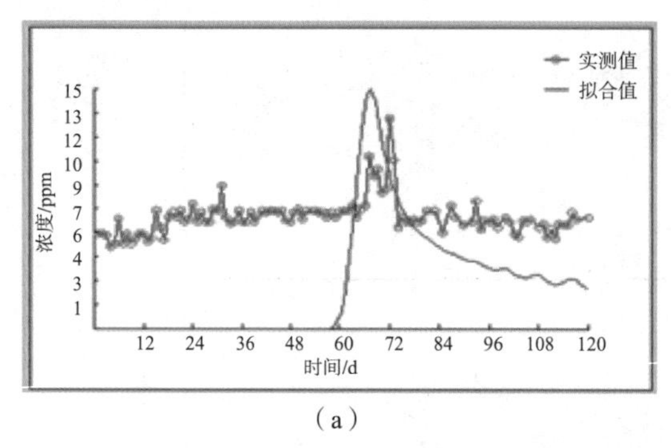

(a)

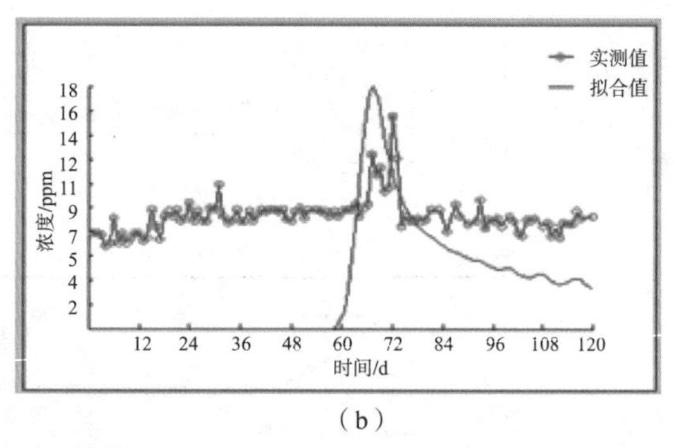

(b)

图 6-6 XP2-89 井组示踪剂曲线（续）

(c) 2-275 井示踪剂浓度产生拟合曲线；(d) 2-516 井示踪剂浓度产生拟合曲线

表 6-2 XP2-89 井组示踪剂分析结果

注水井	对应滚井	井距/m	示踪剂峰值时间/d	示踪剂突破时间/d	水线推进速度/(m·d^{-1})	浓度峰值/D	厚度/m	对应平均渗透率/mD	孔隙半径/μm	备注
XP 2-89	2-87	300	70	68.5	4.4	15	0.164	388.8	3.943	优势通道
			86	85.6	3.6	30	0.253	311.1	3.528	
			109	108.2	2.8	12	0.097	246.2	3.138	
	2-134	344	57	57.2	6.3	17	0.526	718.1	5.359	优势通道
			70	69.9	5.2	12	0.459	545.2	4.665	
	2-275	3.40	88	84.9	4.0	25	0.538	295.3	3.436	优势通道
	2-516	2.40	72	67.3	3.6	13	0.363	183.6	2.710	优势通道

(三) 高耗水带动态矢量刻画

从平面上看，南部采出程度高，过水倍数大，Ⅰ级优势通道比较发育；中部、北部物性较南部的差，级差相对小，过水倍数较低，多发育Ⅱ级和Ⅲ级优势通道。如图 6-7 所示。

长期非均匀水驱后，在中低渗、极差高的区域形成优势渗流通道，而原生的低级别优势渗流通道会演变成高级。

(四) 高耗水带发育特征

通过吸水剖面变化结合数值模拟刻画西沙二上 2+3 油藏的高渗条带变化规律。随着开发时间的推移，高渗条带发育增多，油水井低无效循环，开发效益低。

高耗水层带受注采对应关系影响。高渗条带在注采主流线区域更易形成高耗水层带，高渗条带方向注采主流线方向夹角大于 45°后，不会形成高耗水层带；高渗条带距注采主流线偏移越远，越不易形成高耗水层带。

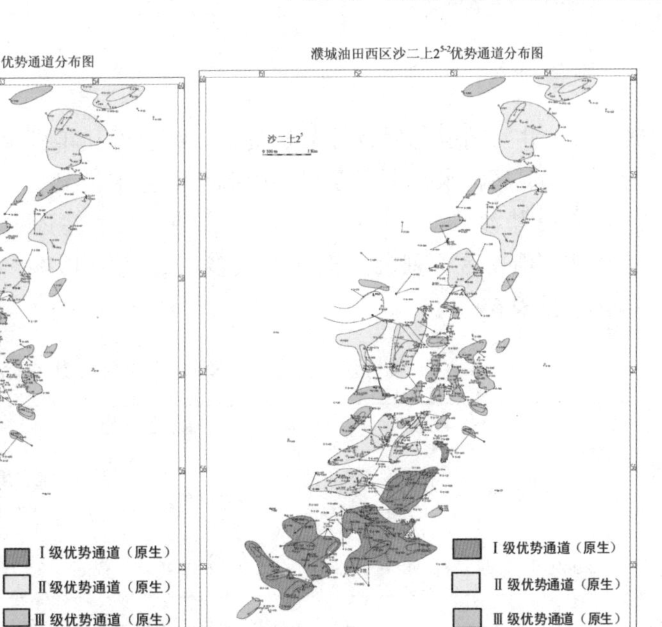

图 6－7　S2S2 优势通道分布图

三、高耗水带对剩余油分布影响分析

濮城油田沙二上 2＋3 油藏经过强注强采，固定流线开发，形成高级优势渗流通道，油水井间形成高耗水区，无效循环开发，注水主流线侧翼剩余油富集；沙二上 2＋3 大厚层发育，为砂泥岩互层，层内局部有较稳定的泥质夹层，由于注入水沿高渗带推进及剩余油重新分异作用，厚油层内仍有大量的剩余油分布。

沙二上 2＋3 油藏储层具有严重的层内非均质性，决定了高含水期仍然存在大量的剩余油，利用相渗曲线及分流量曲线方程计算出沙二上 2＋3 油藏平均水驱有效率为 56%，而在目前注采井网比较完善和合理的条件下，实际生产曲线回归出的水驱采收率只有 32.3%，油藏最终的水驱波及系数只有 57.7%。由于储层平面连通率高、钻遇新井（2000 年以来累计有 80 口比较均匀的钻遇）水淹普遍很高，因此，油层层内动用非常不充分（图 6－8）。

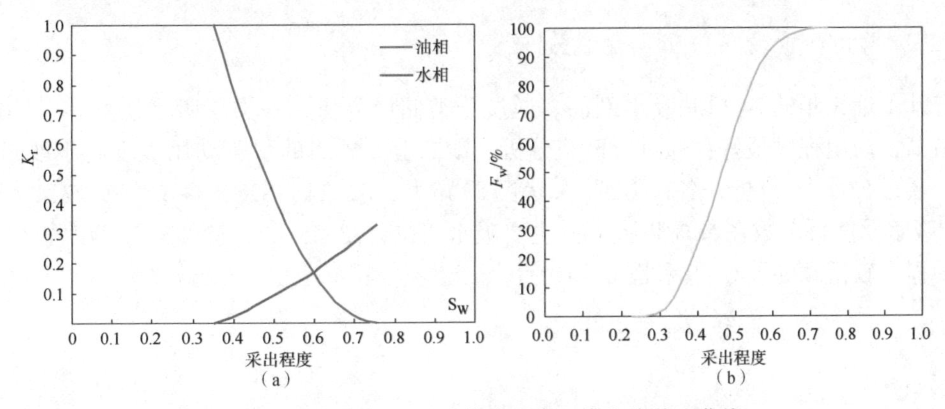

图 6－8　沙二上 2＋3 油藏渗透率、饱和度关系曲线

（a）濮城油田南区沙二上 2＋3 油藏相渗透率曲线；（b）濮城油田沙二上 2＋3 油藏含水与含水饱和度关系曲线

（一）剩余油饱和度测井分析剩余油分布

根据濮检1井密闭取芯后物性分析资料，结合近几年剩余油监测资料，特别是饱和度测井，进一步认识高含水开发后期厚层内剩余油分布状况。通过近期10口井的测试资料，重点研究了濮12块沙二上2.6 m厚层内剩余油分布。在近水井区，剩余油饱和度一般低于30%；在注水滞留区，剩余油饱和度大多为37%～40%；在构造高部位，剩余油饱和度大于40%，见表6－3。

表6－3　濮城沙二上2+3濮12块剩余油饱和度测井统计表

井号	S2S2－602				S2S2－603				S2S2－604			
	井段/m		厚度/m	饱和度/%	井段/m		厚度/m	饱和度/%	井段/m		厚度/m	饱和度/%
P65－9	2 340.6	2 345.4	4.3	28.0	2 346	2 349.8	3.6	35.0	2 352.8	2 355	2.1	40.50
P2－623	2 400	2 402	1.8	42.0	2 402.4	2 405	2.5	33.0	2 407.2	2 409.8	2.4	45.20
XP2－187	2 368.8	2 373.2	4.4	39.0	2 373.2	2 377.5	4.3	35.0	2 381.9	2 378.1	3.8	32.00
P3－53	2 384.2	2 387.8	3.6	40.0	2 387.9	2 389.7	1.8	27.0	2 389.7	2 390.8	1.1	38.00
P2－173	2 416.6	2 420.0	3.1	45.2	2 422.0	2 424.3	0.0	38.0	2 426.0	2 427.0	0.0	20.20
P12	2 360.4	2 363.8	3.1	48.2	2 364.2	2 367.2	2.9	35.0	2 368.2	2 370.3	2.0	30.20
P7－113	2 384.3	2 388.9	4.1	56.0	2 389.8	2 394.3	4.3	45.1	2 395.1	2 399.4	4.0	42.80
XP2－26	2 383.3	2 386.7	3.1	21.0	2 390.0	2 393.0	2.9	21.0	2 394.0	2 397.0	2.8	21.00
PC2－295	2 367.4	2 370.8	3.1	50.2	2 371.6	2 373.2	1.5	45.2	2 373.8	2 376.6	2.6	37.20
P3－188	2 394.4	2 397.4	2.7	38.0	2 399	2 400	1.0	45.2	2 401.2	2 406.6	5.1	41.20
平均值			3.3	40.8			2.5	36.0			2.6	34.8

（二）吸水剖面资料分析剩余油分布

统计了近5年的24口井吸水剖面。通过分类储层分析，一类层吸水层数多、厚度百分数最高，动用程度最好；通过分砂组分析，沙二上2砂组的水驱动用程度高于沙二上3砂组；通过分小层分析，各小层吸水状况差异大，S2S24、S2S25－1、S2S27、S2S28、S2S31吸水厚度百分数在50%以上，是主要吸水层位；S2S35－2、S2S35－1吸水较少，水驱动用程度较低。如图6－9和图6－10所示。

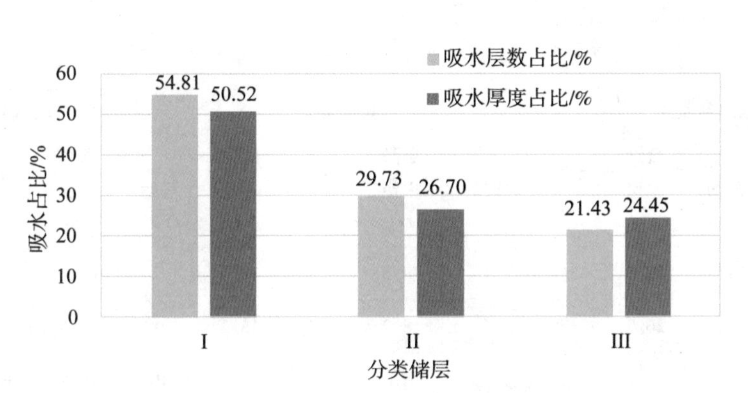

图 6-9　沙二上 2+3 分类储层吸水状况图

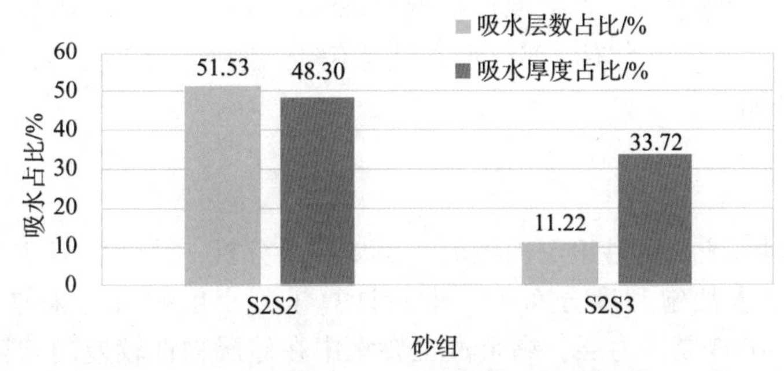

图 6-10　沙二上 2+3 分砂组吸水图

吸水强度主要集中在 0~5 m^3/mD 之间，其吸水层厚度和层数占总吸水层的 49% 以上；中强吸水层所占比例虽然不高，但吸水量占总吸水量的 84.1%。分析认为，存在部分小层水窜。见表 6-4。

表 6-4　沙二上 2+3 吸水强度统计表

吸水强度 /($m^3 \cdot mD^{-1}$)	吸水层数		吸水厚度		吸水量	
	吸水层数	吸水层数占比/%	吸水厚度/m	吸水厚度占比/%	吸水层吸水量/m^3	吸水量占比/%
<5	78	49.68	206.3	46.99	530.15	15.89
5~15	57	36.31	182.4	41.55	1 591	47.68
>15	22	14.01	50.3	11.46	1 216	36.44

(三) 新钻井井资料分析剩余油分布

通过近几年钻遇本区的新井电测饱和度解释资料（表 6-5），反映出该区大面积水淹，但厚油层内水淹程度存在一定差异。统计显示，S2S2-602 小层目前平均含油饱和度为 41.6%，沙二上 S2S2-603 小层目前平均含油饱和度为 34.2%，沙二上 S2S2-604 小层目前平均含油饱和度为 29.7%，说明正韵律厚油层顶部水淹程度较低，低部水淹程度较高，层内仍存在一定剩余油。

表 6－5　2007—2018 年新井饱和度解释统计表

测吸水剖面井				不吸水层				吸水层			
层位	层数	合计厚度/m	日注水/m^3	层数	层数占比/%	厚度/m	厚度占比/%	层数	层数占比/%	厚度/m	厚度占比/%
S2S0－602	11	19.3	251	6	54.5	7.5	38.9	5	45.5	11.8	61.1
S2S0－603	11	26.9	376	2	18.2	3.6	13.4	9	81.8	23.3	86.6
S2S0－604	11	37.2	627	1	9.1	1.1	3.0	10	90.9	36.1	97.0

如新濮 2－187 井沙二上 2.6 m 厚层虽然解释为一级水淹层，但厚油层内部由于对应水井吸水部位不同，造成层内不同部位水淹程度不同，弱吸水段及夹层遮挡的部位是弱水淹层，有一定剩余油。

（四）通过数值模拟，建立层内剩余油模型

濮 12 块通过沙二上 2.6 砂组层内细分，历史注采分析，结合后期钻井及剩余油测试资料，绘制了剩余含油饱和度分布图，重新计算了分小层剩余可采储量。分析认为，S2S2－602、S2S2－603 是潜力层，剩余油主要集中在储层物性较差的韵律段，其地质储量为 69.4×10^4t，剩余可采储量为 4.5×10^4t。

通过数值模拟分析可知：S2S2－602 小层剩余油主要分布在北部濮 14 断层的高部位、2－24—7－113 井区、濮 12 断层的 PC2－295 井区、中间水井滞留区的 2－171—2－173 井区、南部文 17 断层附近的 2－375 井区；S2S2－603 小层剩余油主要分布在濮 12 断层的 2－623 井区、南部文 17 断层附近的 3－188—2－237 井区；S2S2－604 小层中部水淹程度最高，剩余油零散分布在断层附近及井损区。如图 6－11 所示。

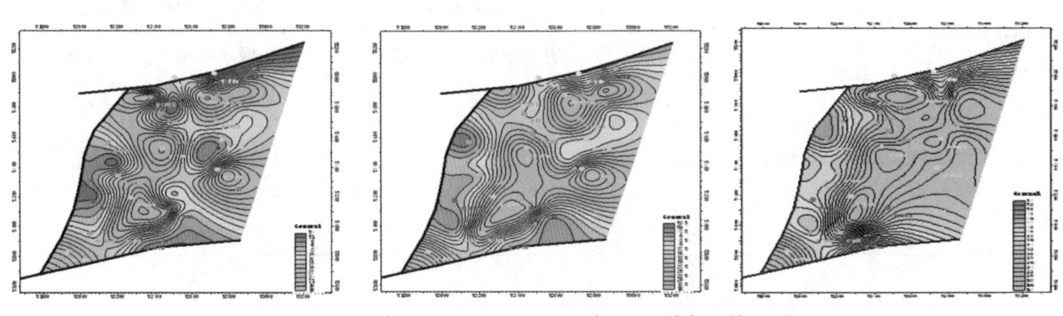

图 6－11　南沙二上 2.6 小层层内细后剩余油饱和图

（五）高渗条带对平面剩余油的分布

当油藏中形成高渗条带后，开发动态将发生明显的变化，如吸水指数、产液指数猛增，吸水剖面差异变大，油井井底压力逐渐接近水井井底压力，含水率剧增，存水率下降等。因此，可以通过开发动态的变化来判别是否形成了优势渗流通道。

1. 优势通道对平面剩余油分布的影响

平面上后生高渗条带的形成和主流线具有正相关性，其方向与主流线方向一致。随着开发的深入，受隔夹层影响，高渗条带会沿着主流线方向延伸。随着开发时间的推移，油水井间形成高耗水层带，开发效率低。由于沙二上 2 +3 油藏夹层发育，物性较好区域更易形成指形突进现象，注水波及面积变窄。注采强度较大区域，由于强注强采，易形成高渗条带。夹层控制发育较差的区域、平面上注采较差的区域，优势通道两侧剩余油越富集。平面上井网转换、换角度注水是挖潜这部分剩余油的关键。

2. 优势通道对纵向剩余油分布的影响

对于正韵律和复合正韵律小层底部，油层物性较好，吸水强度大，易形成优势通道。优势通道形成后，对于小层内部，底部水淹严重，顶部剩余油富集 S2S2 -8、S2S3 -1 小层；对于小层，优势通道的形成加剧了层间矛盾，好层吸水更多，差层难以水驱动，水驱动用较差的小层 S2S2 -7，剩余油富集。如图 6 -12 所示。

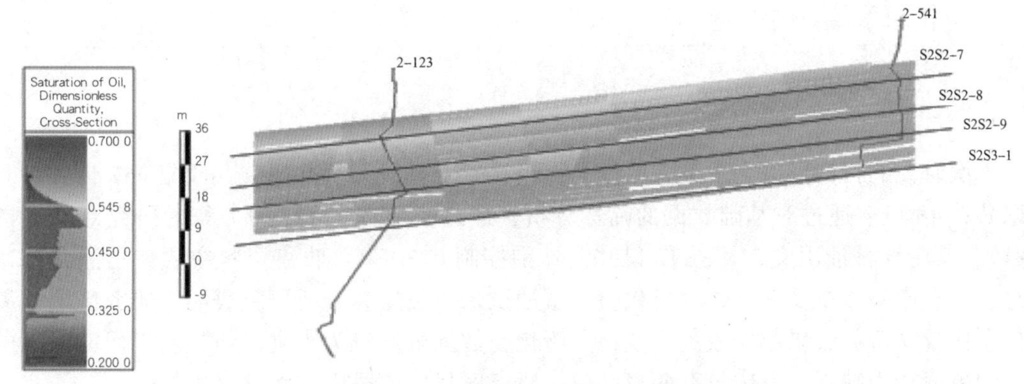

图 6 -12 濮 2 -541 井组剖面图

第七章 测井处理、解释与储层静态建模研究

■ 一、测井研究概述

(一) 测井研究任务

本次研究的目标层段为下第三系沙河街组沙二下亚段。测井研究共收集 457 口井，其中取芯井 48 口。通过对基础数据的筛选分析，最终研究选定 427 口井作为研究对象（图 7－1）。其中濮城油田文 51 块 397 口井，外围控制井 30 口。收集资料主要包括测井基础信息、前人成果数据及部分井分析化验、试油试采等数据。分析研究表明：研究区测井基础信息比较完善；成果数据收集不全；分析化验数据虽然较为丰富，但是属于研究区目的层段的数据较为缺乏，其中只有两口井位于研究区目的层段内。详见表 7－1。

基于上述收集的测井资料，需要完成的测井研究任务包括：

①基于地震约束的测井数据标准化处理研究。

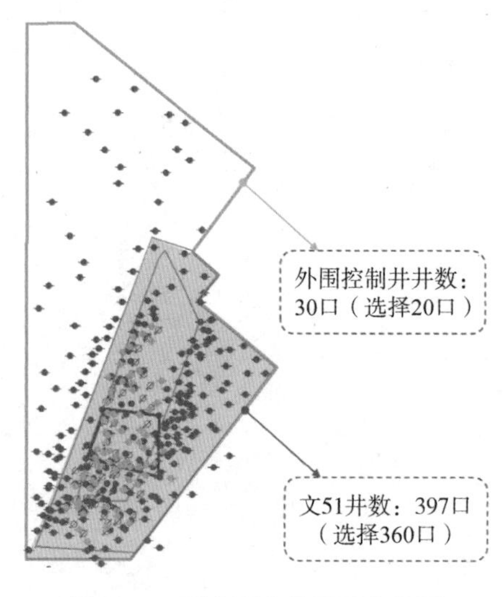

图 7－1　研究区井位平面分布图

表 7－1　测井资料数据库统计表

收集资料		文 51				备注	评价
		原定解释井	动态补充井	外围控制井	研究合计收集		
井基础信息	井数量	292	82	62	457		完善
	井坐标	292	83	62	457		
	井斜	292	82	61	455		
	测井曲线	292	82	61	455		
	分层数据	232	68	9	309		
成果数据	沉积相	232	68	9	309		前人解释结果不全
	油水层解释结论	232	68		300		
	成果曲线	31	64		95		
	断点数据	185	56	9	250		
分析化验	粒度分析	7 口（54 个样品）					资料比较多，属于研究区目地层的数据较少
	薄片分析					有	
	压贡分析					有	
	扫描电镜					有	
	孔隙度测试	5 口（366 个样品）					
	渗透率测试	5 口（366 个样品）					
	饱和度测试	5 口（366 个样品）					
	相渗测试					有	

②单井储层物性、含油气性和地质沉积特征综合解释研究（包括 QC 和前人成果的继承）。

③基于井震联合的连井剖面、多井平面上薄储层、储层物性和含油气性及地质沉积特征对比、综合解释研究。

④基于对文 51 块开展储层构造和沉积相对等时对比格架约束 + 测井信息的三维储层静态地质建模研究。

（二）测井技术理念与主要技术

测井处理、解释和建模的技术理念是：充分挖掘测井垂向分辨率的优势，求取垂向储层沉积旋回、物性和流体的解释结果，同时，充分利用多井空间统计方法和地震空间信息来弥补测井空间信息不足，达到最终认识储层和储层静态建模结果。

本项目测井解释方面采用的主要技术系列有井震联合测井分层解释与对比技术（标准层法、旋回法、等厚法、拉平法、邻井法、等高程法、测井相法等）、井震联合沉积相解释技术、岩芯约束测井物性与流体解释技术等；相应的 QC 技术有井震空间联井线标定 QC、井震沉积相 QC。

储层静态建模主要技术系列有井震联合储层构造格架建模技术、井震联合储层沉积格架建模技术、测井粗化技术、储层静态建模参数求取技术和储层静态建模插值技术；相应的 QC 技术有井震空间闭合误差 QC、测井粗化精度 QC 和井震储层建模结果 QC 等技术。

（三）测井完成工作量

本次测井研究在研究内容、范围和探索深度、工作量上比合同要求有一定程度的拓展，具体完成工作量详见表 7－2。

表 7－2　测井资料完成工作量统计一览表

工作量及成果测井分析项	分析内容及数量（范围）	提交成果
测井资料及地质、成果资料系统收集、梳理、分析	测井基础资料：457 口井；取芯资料与岩芯分析数据：48 口井	
测井资料系统整理→编辑→异常值剔除→拼接→格式或单位转换→数据检查→数据分析	457 口预处理井	重新整理后测井数据
测井曲线校正	367 口校正井	校正后的 GR、DT 测井曲线数据
测井数据标准化处理	407 口井的 GR 测井曲线标准化处理	标准化后的测井数据
沙二下地层层位补充解释、调整与对比研究	45 口井的补充解释，171 口井的层位调整，6 条骨干连井剖面的砂组级地层对比	补充解释与调整后的层位数据，砂组级地层对比成果图件
单井多期旋回、沉积（微）相的识别、划分及骨干连井剖面储层特征对比解释	360 口单井地质特征解释；6 条连井对比分析剖面	单井地质综合解释及多井对比成果图件
单井储层划分、物性与含油气性测井解释与储层初步评价	393 口井单井储层物性和含油气性解释（POR－PERM－SW－Vsh）	1—测井解释模型（计算公式） 2—单井物性及含油气性解释成果数据（识别标准）
基于多井的储层地质成果的平面成图与储层特征综合评价	8 套主力砂层沉积相、砂体厚度、物性展布	8 套主力砂层沉积相、砂体厚度、物性展布图 32 幅
井震联合构建主要地层单元构造层等时对比格架和三维储层静态地质建模研究	POR/PERM/NTG 模型一套	Petrel 数据体一套
测井研究报告	研究区	文字报告及插图、表

二、测井数据处理

油气田进入开发中、晚期阶段，井网密度很高，测井数据的利用率也高，研究中对原始测井曲线的质量有更高的要求。因此，需要采取预处理、标准化处理等手段。

（一）测井数据预处理

1. 测井资料整理

由于本次的测井数据是分时间段收集到的，为了便于数据管理，需要进行分类整理，建立相应数据库。图 7－2 所示为建立的测井数据库流程图，将收集到的测井数据、前人的研究成果及区域地质背景等相关资料按照加载的数据类型、分析的前后时间关系等分门别类地划分为 6 种类型的数据库，分别为井头基础信息库，包括井位坐标、井别、完钻井深、完钻日期等信息；井斜数据库，包括测深、井斜角、方位角等信息；测井曲线数据库，包括常规测井曲线数据、特殊测井系列曲线数据；岩芯、测试数据库，包括井壁取芯、井筒取芯、录井、试油、分析化验数据等信息；测井前人解释成果库，包括储层物性解释成果曲线、储层含油气性解释成果表、储层地质解释成果等信息；区域地质认识库，包括前人对研究区的地质研究成果及相关成果报告等信息。

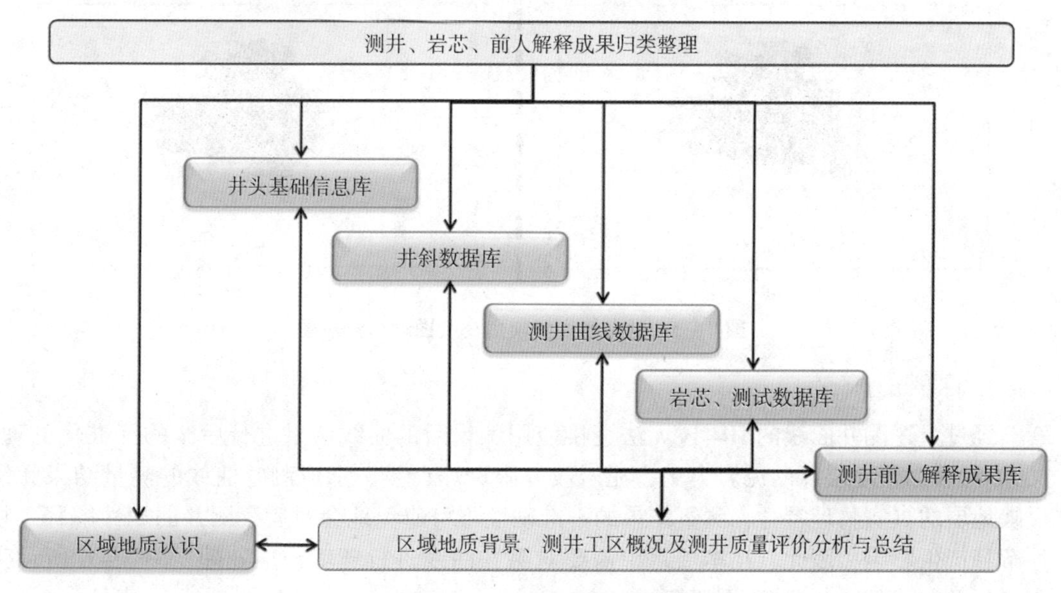

图 7－2　测井数据库整理流程

2. 测井曲线编辑

本次收集的井数量较多，资料采集时间、采集仪器不同，造成曲线名称、单位不统一，同一口井分多次测井。此外，测井数据经过多次的软件导入/导出，造成测井数据存在错误值、异常值等问题。因此，在应用这些测井数据之前，采用交会图、直方图、平面图、曲线回放等质控分析手段，进行测井曲线异常值剔除、单位统一及曲线拼接等处理工作，处理对象为井径、钻头直径、声波时差、自然伽马曲线、密度曲线。图 7－3 所示为异常值剔除前后交会图对比分析图。通过对原始曲线的交会质控分析，发现曲线存在着零值、无效值、非理论值，剔除异常值后，曲线值的分布范围在有效区间内。图 7 – 4 所示为声波曲线单位统一前后值域分布范围对比图。以声波曲线为例，利用目的层段原始声波曲线最小值绘制平面图，发现最小取值的分布范围主要有两个，通过绘制整条曲线的直方图，发现有两个峰值，将单位统一以后，无论是平面图还是直方图，数据的分布规律都比较统一。图 7 – 5（a）所示为曲线拼接处理前后对比图。通过曲线回放，使曲线重合段的数据尽量重合，然后进行拼接处理，经过曲线拼接的井有 41 口，井位分布情况如图 7 – 5（b）所示。

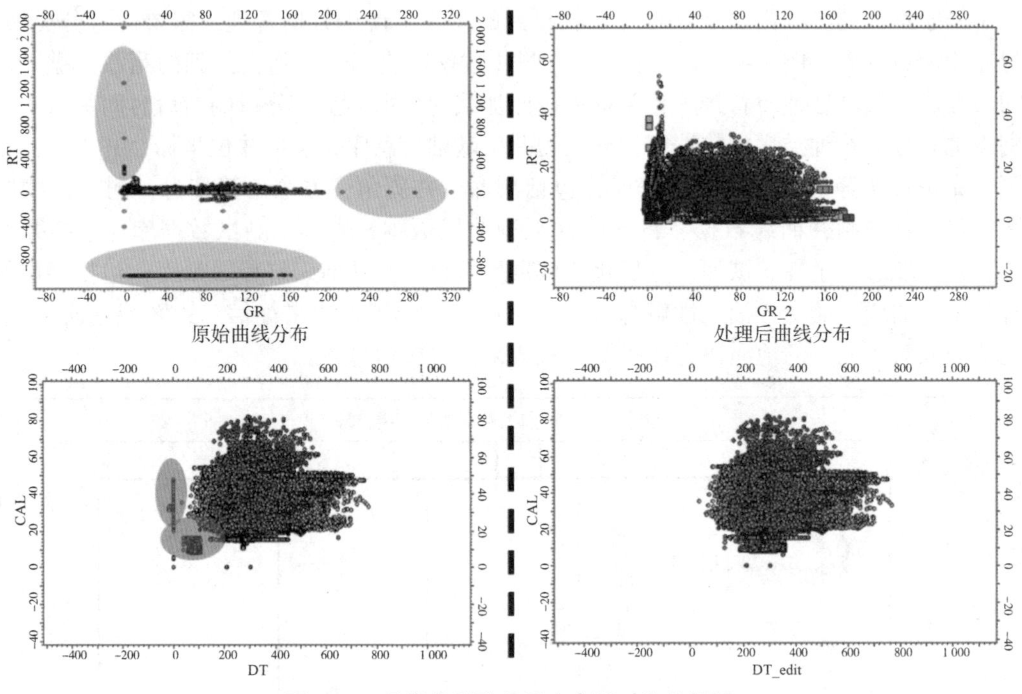

图 7 – 3　异常值剔除前后交会图对比分析图

3. 环境校正

经过上述测井曲线的编辑还无法直接使用编辑后的曲线结果进行后续的标准化处理，文 51 区沙二下地层以砂泥岩为主，泥岩段井眼垮塌严重，造成测井曲线的测量结果无法反映地层的真实物理特性，测量结果的不准确性不可避免地会对后续测井的岩性解释、物性解释产生影响，因此，在本项目中需要对测井曲线进行环境校正处理。图 7 – 6 所示为声波时差曲线的 Atlas 校正图版。

图 7 – 7（a）所示为文 51 – 18 井曲线校正前后的对比显示图。可以看到，在目的层段，井眼扩径情况很明显。在自然伽马曲线、声波曲线道，黑线表示原始测井曲线，蓝线表示校正后的测井曲线，校正前井眼扩径造成伽马曲线值偏低、声波时差值变大，校正后曲线的校正值得到恢复。图 7 – 7（b）所示为校正井的平面分布图，本次研究针对研究区的 367 口井（黄点）进行了校正处理，其中有 39 口井（红点）扩径现象比较严重。利用校正后的曲线进行岩性识别和划分，储层物性参数及含油气解释的可靠性、有效性和合理性得到了明显的改善与提高。

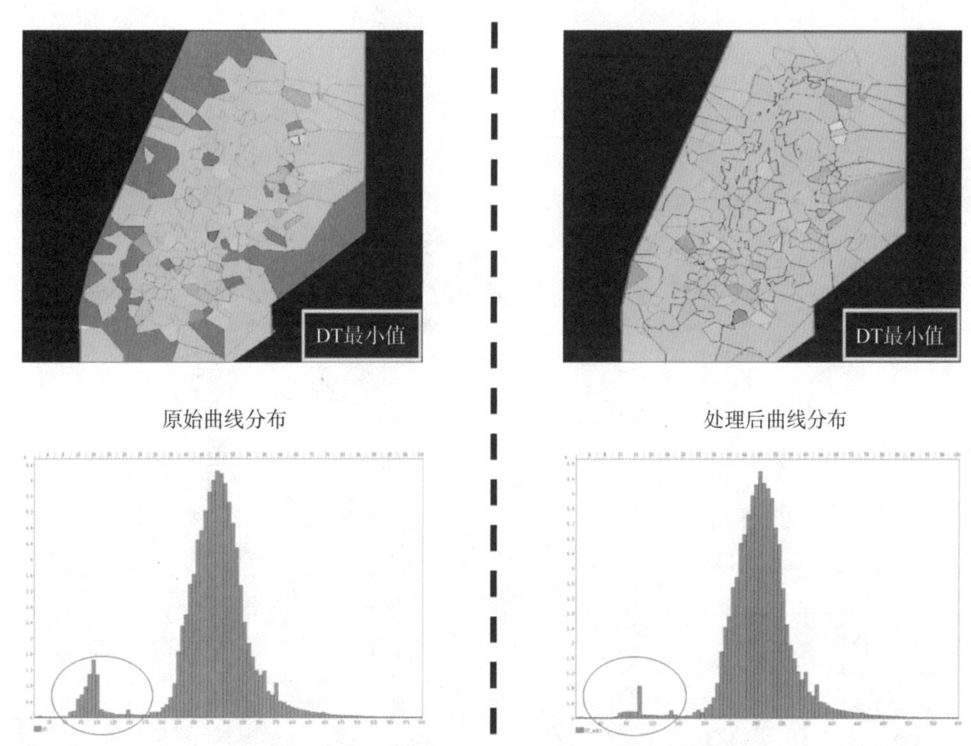

图 7-4 声波曲线单位统一前后值域分布范围对比图

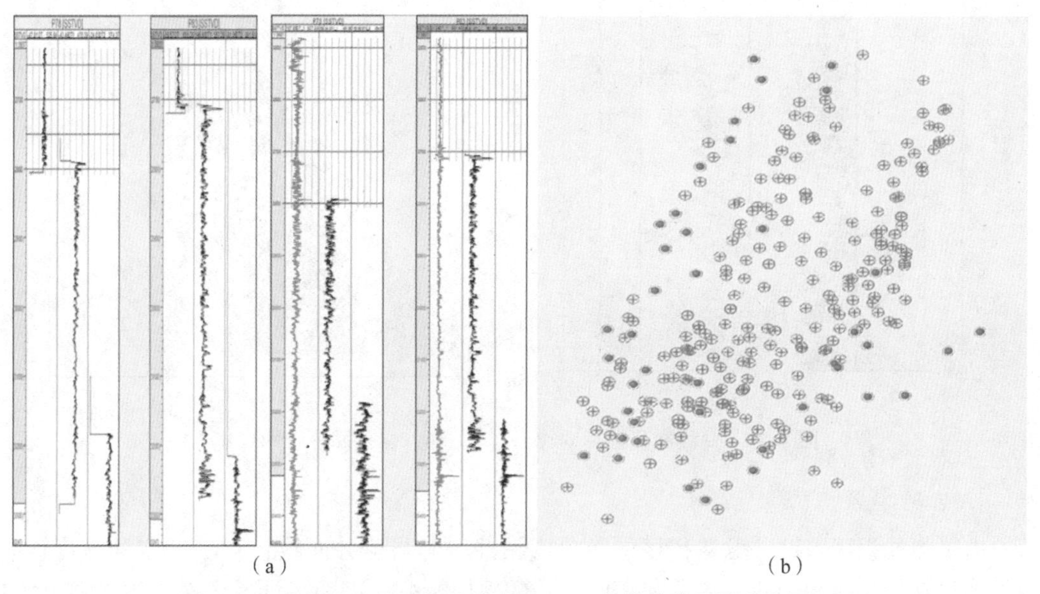

图 7-5 曲线拼接处理前后对比图（a）和拼接井平面分布图（b）

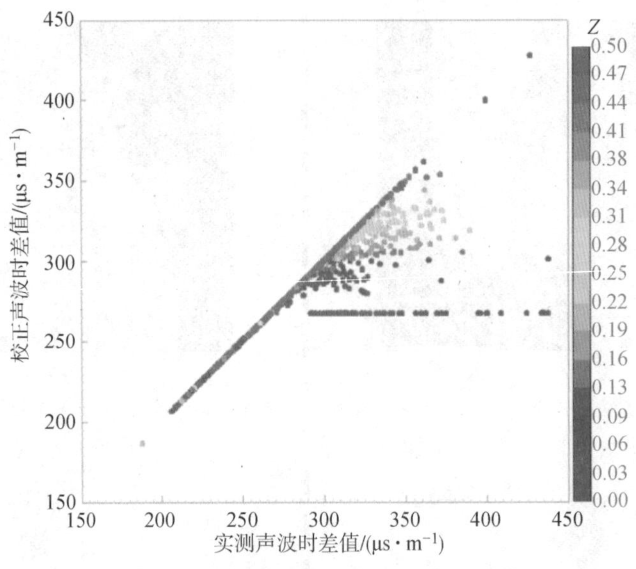

图 7－6　声波时差曲线的 Atlas 校正图版

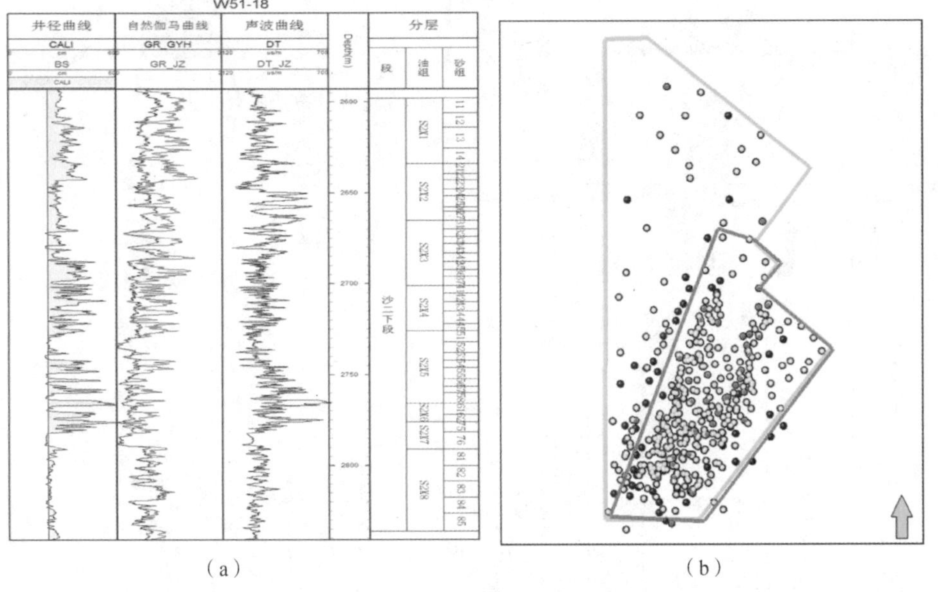

（a）　　（b）

图 7－7　曲线校正前后对比图（a）和井位平面分布图（b）

4. 岩芯数据归位

由于测井程序与钻井取芯程序的差异，钻井取芯与测井曲线也存在一定的深度误差。为了确保测井曲线和岩芯资料反映相同位置的地层特征，正确表征井下某地层的测井响应深度与该地层岩芯深度的一致性，提高利用测井信息对岩芯进行岩石物理研究和地质建模的可靠性研究，必须进行岩芯归位。由图 7－8 可以看出，黄色数据点为明显的岩芯深度异常数据，将这些数据点进行归位以后，岩芯数据与测井信息之间的一致性得到了明显提高。

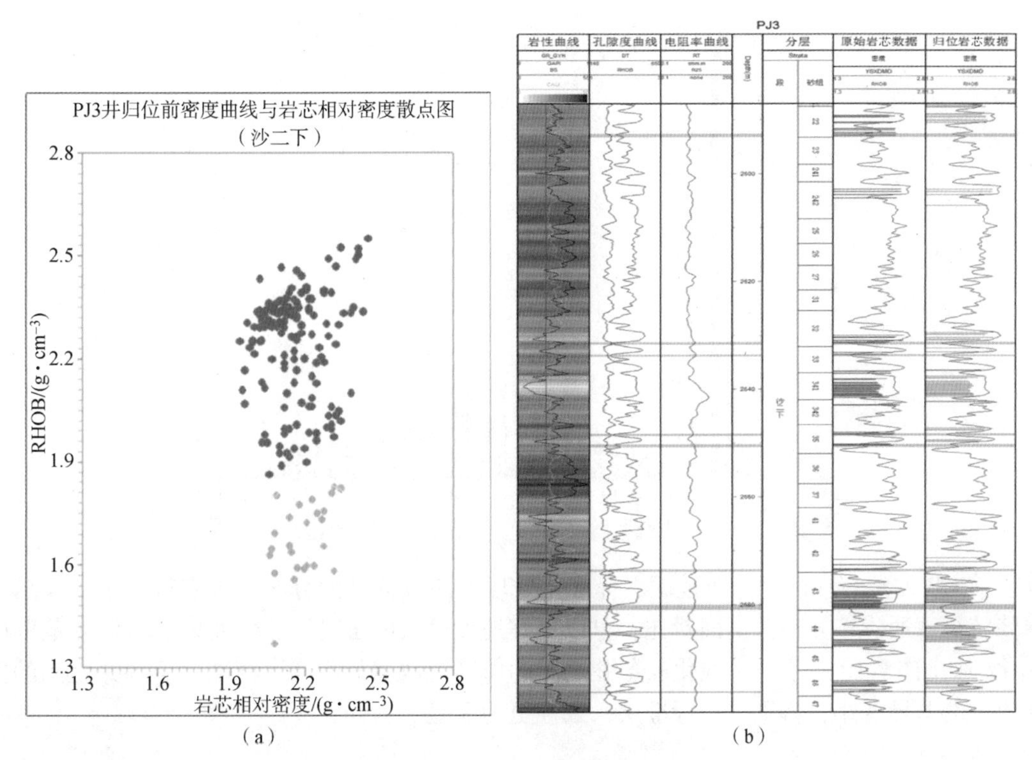

图 7－8　岩芯归位成果图

（二）测井数据标准化处理

测井数据标准化处理是储层和油藏精细描述中的一项重要的基础工作，目的是统一多井的测井刻度单位，提高测井分析数据质量，并建立多井测量数据的储层综合评价平台。本次研究主要是对 GR 曲线进行标准化处理，方法是利用目的层段的纯砂岩、纯泥岩值对单井进行归一化处理。图 7－9 所示为 GR 曲线标准化处理前后直方图统计对比图。标准

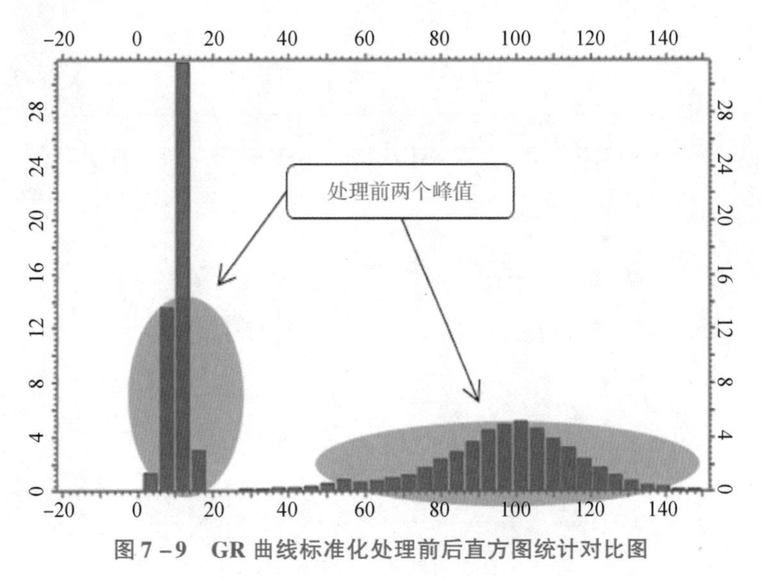

图 7－9　GR 曲线标准化处理前后直方图统计对比图

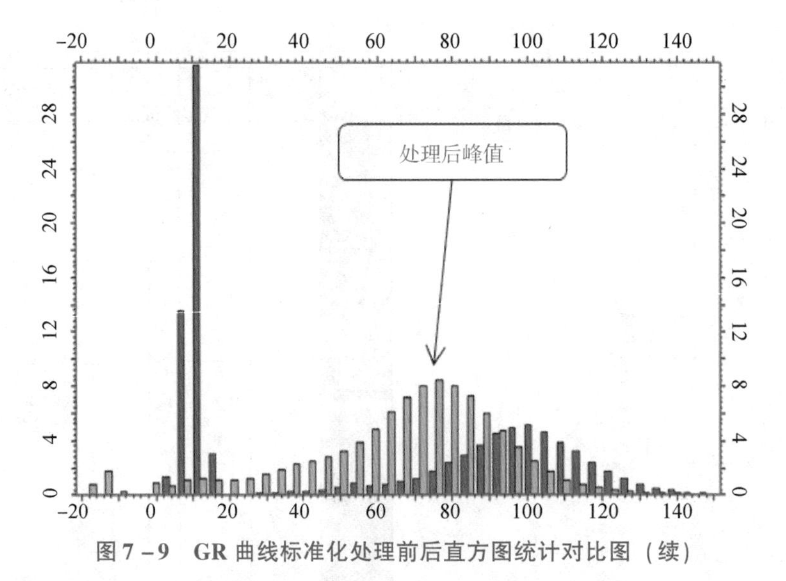

图 7－9　GR 曲线标准化处理前后直方图统计对比图（续）

处理前 GR 曲线存在两个分布范围，标准化处理后曲线值域的分布范围变得集中，显示为单峰特征。通过多井连井剖面对比，可以更好地发现 GR 曲线标准化处理前后值域范围的变化，如图 7－10 所示。标准化前各井之间的曲线值域明显不同，标准化后各井之间的曲线值域的差异变小，特别是非标准层一致性更为明显。

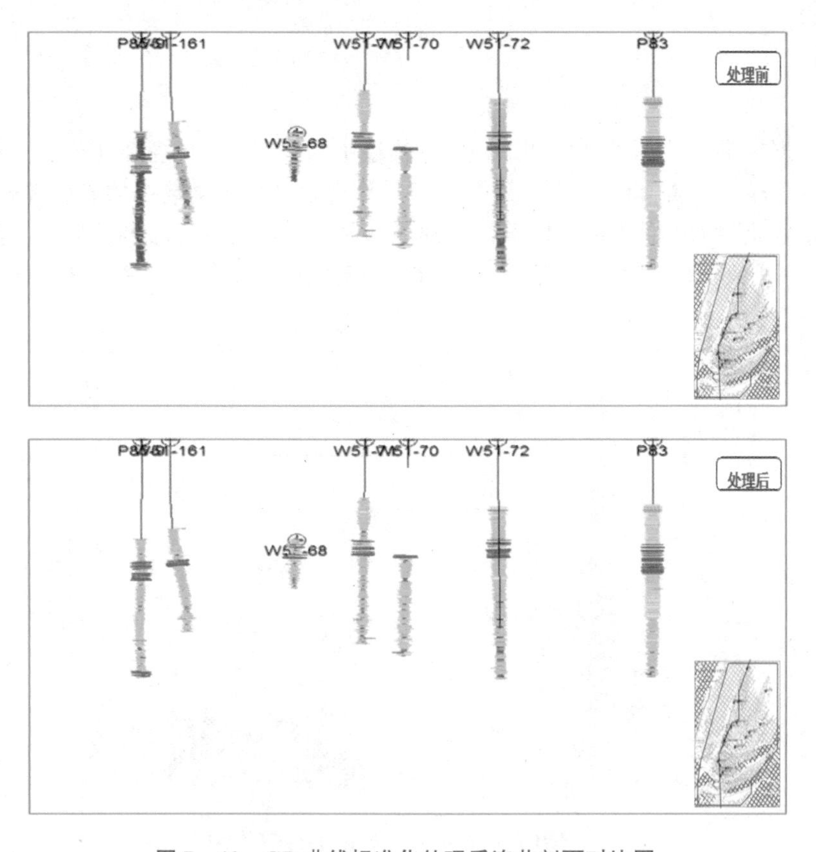

图 7－10　GR 曲线标准化处理后连井剖面对比图

三、井震联合测井资料综合研究

（一）井震联合测井分层解释与QC

文51断块区地层系统自下而上依次划分为古近系的沙河街组和东营组，以及新近系的馆陶组、明化镇组和平原组。古近系的东营组与新近系的馆陶组呈不整合接触。本次研究的主要目的层段是古近系沙河街组沙二下亚段（表7－3）。

表7－3 濮城油田文51区地层划分总表

<table>
<tr><th colspan="6">地层时代</th><th rowspan="2">厚度/m</th><th rowspan="2">含油情况</th></tr>
<tr><th>界</th><th>系</th><th>组</th><th>段</th><th>砂组</th><th>小层数</th></tr>
<tr><td rowspan="19">新生界</td><td rowspan="3">新近系</td><td>平原组</td><td></td><td></td><td></td><td>230～320</td><td></td></tr>
<tr><td>明化镇组</td><td></td><td></td><td></td><td>890～1 060</td><td></td></tr>
<tr><td>馆陶组</td><td></td><td></td><td></td><td>210～260</td><td></td></tr>
<tr><td rowspan="16">古近系</td><td>东营组</td><td></td><td></td><td></td><td>600～750</td><td></td></tr>
<tr><td rowspan="15">沙河街组</td><td>沙一</td><td></td><td></td><td>300～400</td><td></td></tr>
<tr><td>沙二上</td><td></td><td></td><td>280～350</td><td></td></tr>
<tr><td rowspan="8">沙二下</td><td>Ⅰ</td><td>4</td><td rowspan="8">320～440</td><td></td></tr>
<tr><td>Ⅱ</td><td>7</td><td>主要含油段</td></tr>
<tr><td>Ⅲ</td><td>7</td><td>主要含油段</td></tr>
<tr><td>Ⅳ</td><td>7</td><td>主要含油段</td></tr>
<tr><td>Ⅴ</td><td>8</td><td>主要含油段</td></tr>
<tr><td>Ⅵ</td><td>6</td><td></td></tr>
<tr><td>Ⅶ</td><td>6</td><td>主要含油段</td></tr>
<tr><td>Ⅷ</td><td>5</td><td></td></tr>
<tr><td>沙三上</td><td></td><td></td><td>350～450</td><td></td></tr>
<tr><td>沙三中</td><td></td><td></td><td>500～750</td><td></td></tr>
<tr><td>沙三下</td><td></td><td></td><td>300～550</td><td></td></tr>
<tr><td>沙四上</td><td></td><td></td><td>250～500</td><td></td></tr>
<tr><td>沙四下</td><td></td><td></td><td>0～400</td><td></td></tr>
</table>

正确、合理、精准的测井地层划分与对比是二次测井解释和储层研究的最重要基础工作。针对该区断块发育、陆相地层横向变化剧烈，各研究单位的小单元地层划分标准不统一，完备性和完整性也参差不齐，地震资料的运用程度相对较低，目前的目的层段沙二下亚段流动单元的划分精度和准度仍然存在一些问题，利用已有的岩芯、取芯资料，在前人划分的基础上，采用垂向测井相综合特征比对分析方法，参照反映地层岩性变化敏感的GR曲线、反映储层孔隙结构特征的DT及反映储层含油性响应特征的

COND 曲线，并应用井震联合统层技术，重点开展研究区的地层划分与调整工作，基本思路（图 7－11）是：

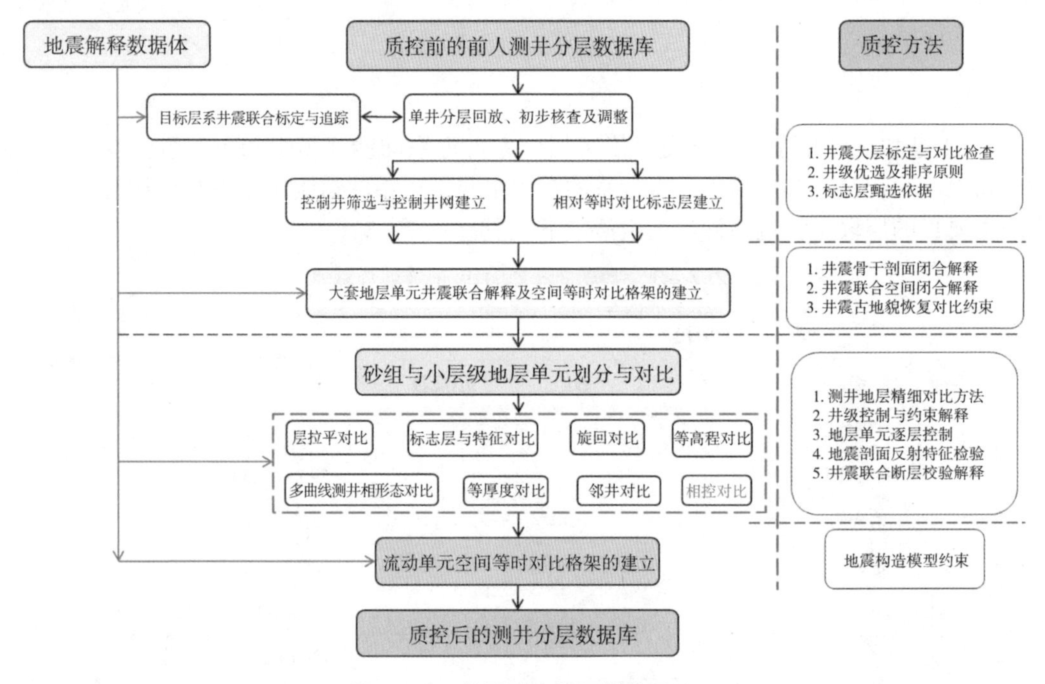

图 7－11　井震联合统层技术思路

①从井类型角度来讲，首先对文 51 区沙二下地层发育相对完整、测井系列相对较全、已有流动单元划分的重点控制井进行小层对比与核查，并构建出全区由控制井组成的平面井网，然后利用重点控制井→一般控制井→非控制井→普通井分级控制的思想对地层单元进行对比和核查。

②从地层单元划分尺度的角度来讲，首先进行目的层段、砂组级别大层井震联合统层（图 7－12～图 7－15），建立大套地层单元的等时格架（图 7－16），然后在段、砂组级别大层的控制下，采用多种测井对比技术进行砂组内部小层的井震联合统层，最后全区闭合，形成合理的小层格架。

③从点→线→面层层递进的角度来讲，首先对地层发育相对完整、测井系列相对较全、已有流动单元划分的重点控制井进行地层单元的对比与核查，然后通过多条连井非控制线（必须包含任意方向的已校正过的控制井、沙二下保存较为完整的非控制井）对非重点控制井进行地层单元的对比与核查，最后全区闭合，形成段、砂组及砂组内部小层的空间等时格架。

在进行小层对比之前，首先要确定具有区域广泛沉积意义的、层位稳定、延续时间较短、易甄别的标志层，如膏盐层、灰岩（夹层）、凝缩层（泥岩）、煤层、油层、火山岩等。标志层的主要特征是岩相变化小，测井曲线响应特征明显。本区重点选取 14 套相对稳定的湖侵泥岩作为等时对比的标志层，分别是 85、82、76、66、53、47、42、36、31、27、24、13、11、0，如图 7－17 所示。

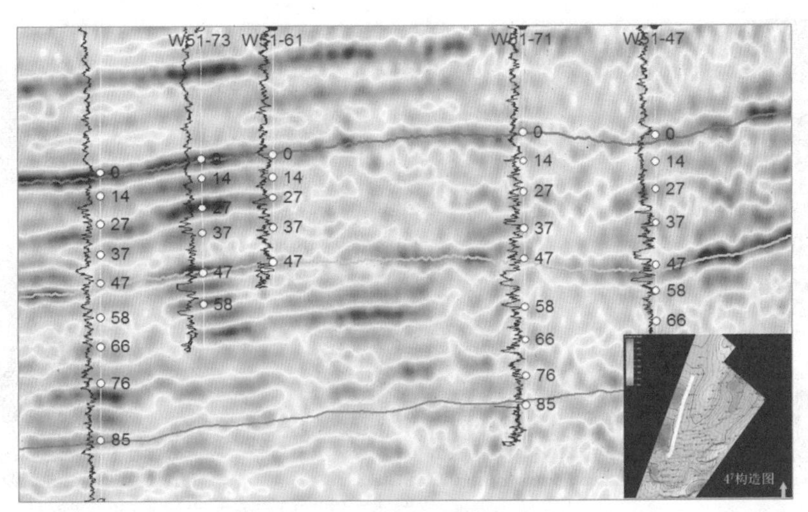

图 7－12　井震联合统层技术思路

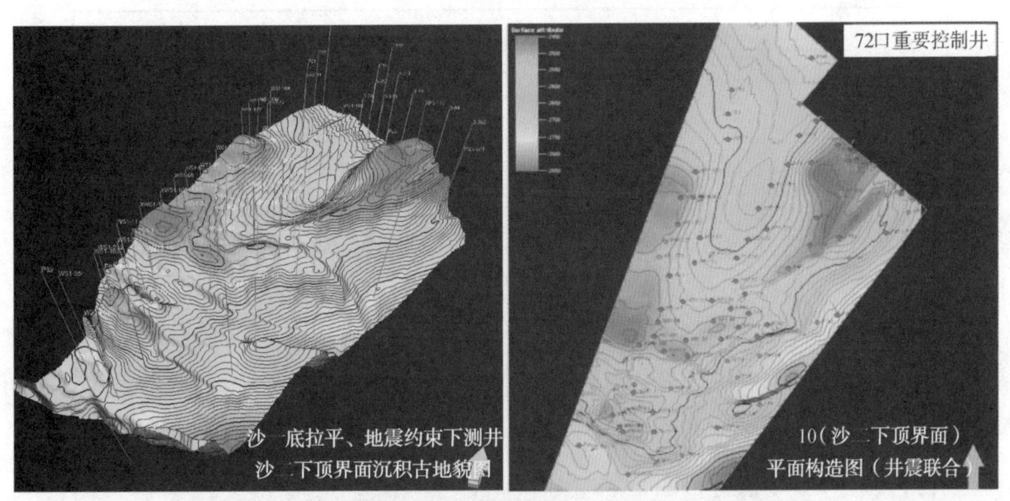

图 7－13　井震联合恢复的沙二下顶界面原始古地貌

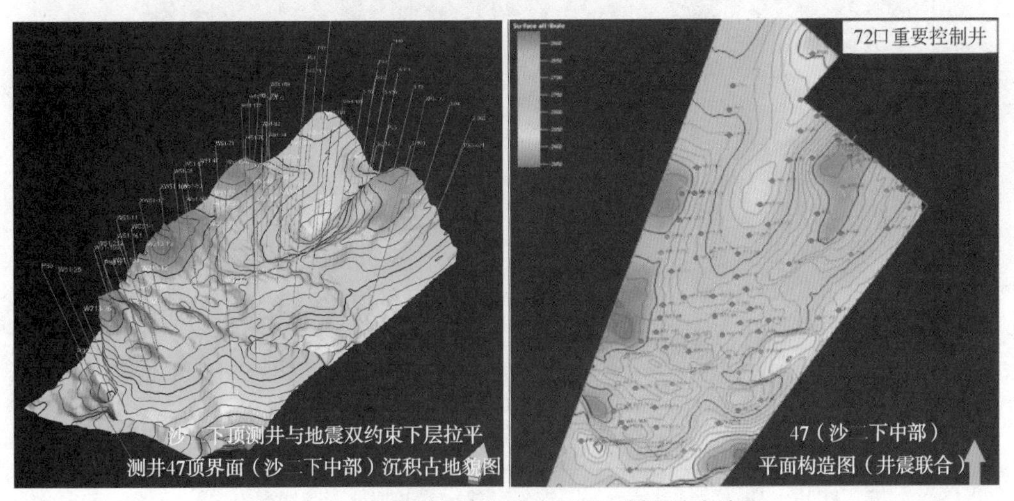

图 7－14　井震联合恢复的沙二下中部原始古地貌

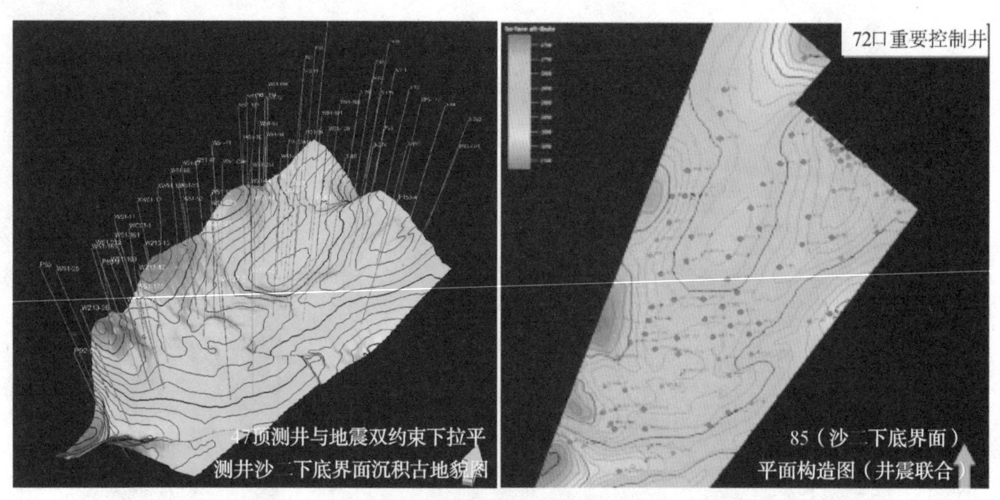

图 7－15　井震联合恢复的沙二下底界面原始古地貌

图 7－16　井震联合统层的砂组级地层单元顶或底等时格架建立

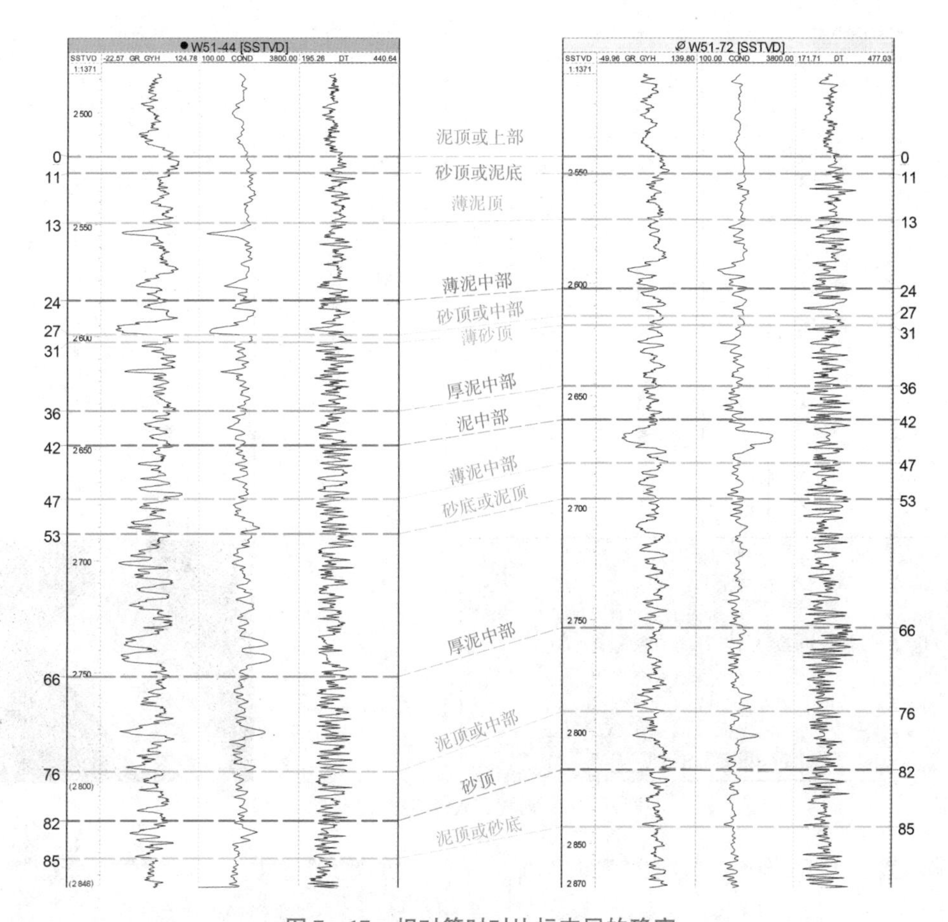

图 7－17　相对等时对比标志层的确定

确定本区的相对等时对比标志层后，可以利用各种地层对比技术进行砂组内部小层级地层单元的对比工作。地层对比方法很多，包括多曲线测井形态对比、等高程对比、等厚度对比等多种方法，下面对本次研究重点采用的对比方法做详细的阐述。

（1）多曲线测井形态对比方法

多井间的测井相形态（测井单元组合）及测井单元的顶、底接触关系及垂向多期叠置砂体结构类型（单一河道型、叠合分流河道型），尤其是多条曲线（GR、DT 及 COND）上相似岩性（组合序列）统一测井响应的、特征很突出的（包络线）极值点位置及边界具有很好的匹配统一的特征，如图 7－18 所示。

（2）等高程对比方法

将三角洲前缘环境中较厚的顶面淤泥层（标志层）作为相对的基本等时面（包括中、大规模的湖侵泥岩层），高程十分接近，其顶面与标志层的距离也大体相当。选择标准控制井的某一标准层作为高程对比基准，分井逐个统计编号砂岩组内的主要砂层顶面与该标准层的距离，分别将与标准层距离大体相近的砂层划为同一套等沉积时间单元。当砂体内部有稳定夹层时，可劈分为两个等时间沉积单元，单个（较厚、干净）砂体为一个等时间沉积单元，多层韵律组合（下粗上细结构的叠合砂层）为复合等时间沉积单元，如图 7－19 所示。

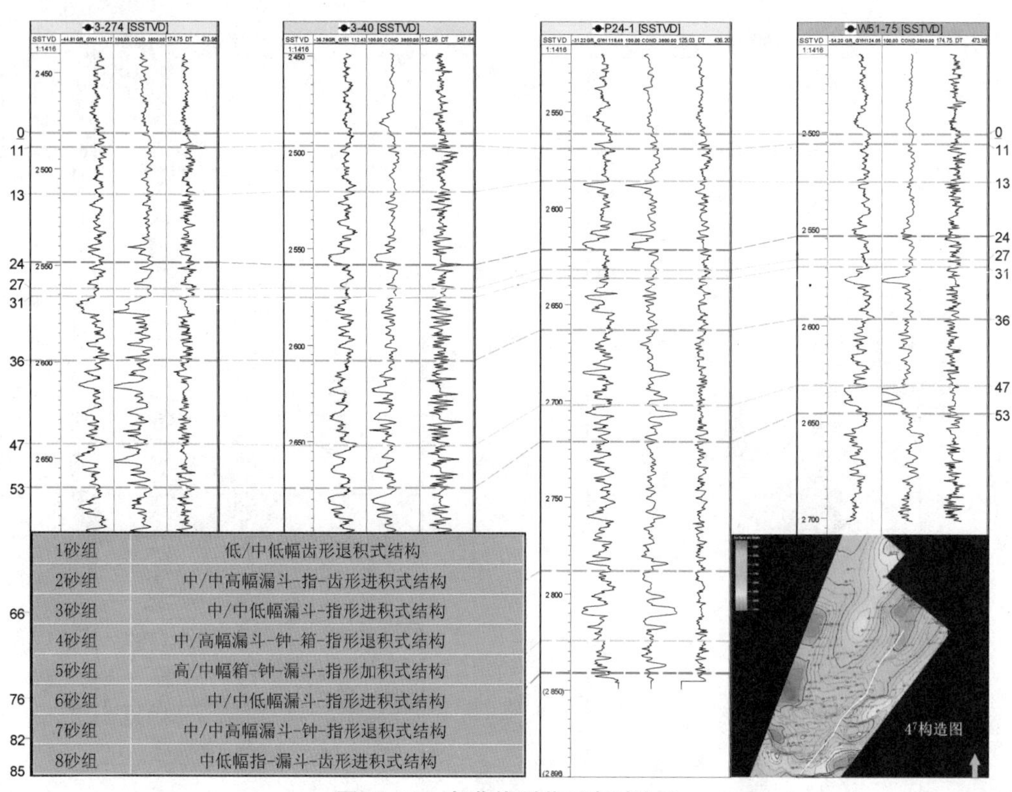

1砂组	低/中低幅齿形退积式结构
2砂组	中/中高幅漏斗-指-齿形进积式结构
3砂组	中/中低幅漏斗-指形进积式结构
4砂组	中/高幅漏斗-钟-箱-指形退积式结构
5砂组	高/中幅箱-钟-漏斗-指形加积式结构
6砂组	中/中低幅漏斗-指形进积式结构
7砂组	中/中高幅漏斗-钟-指形退积式结构
8砂组	中低幅指-漏斗-齿形进积式结构

图 7－18　多曲线测井形态对比图

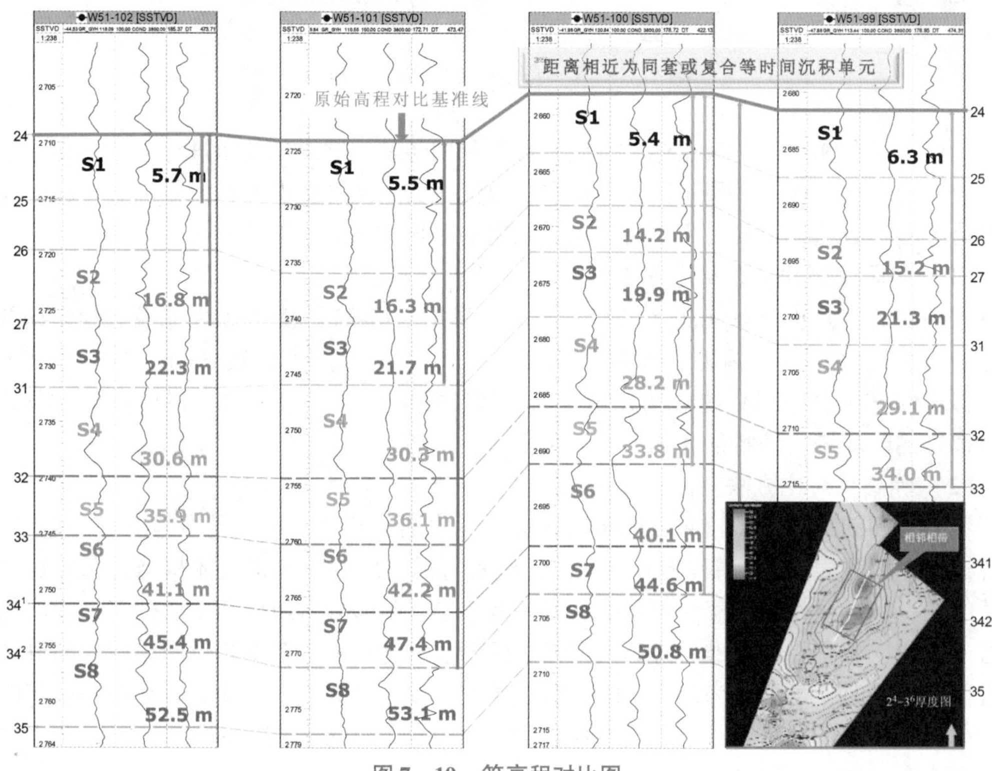

图 7－19　等高程对比图

（3）等厚度对比方法

等厚度对比方法适用于相似的构造带（凹陷型盆地）或河道物源补给较充分、稳定的沉积带，这些沉积部位顶、底边界清楚，测井响应一致性好，特征突出，如图 7－20 所示。此方法多用于局部区带的多井间小层或砂组级单元对比与沉积合理性的核查。

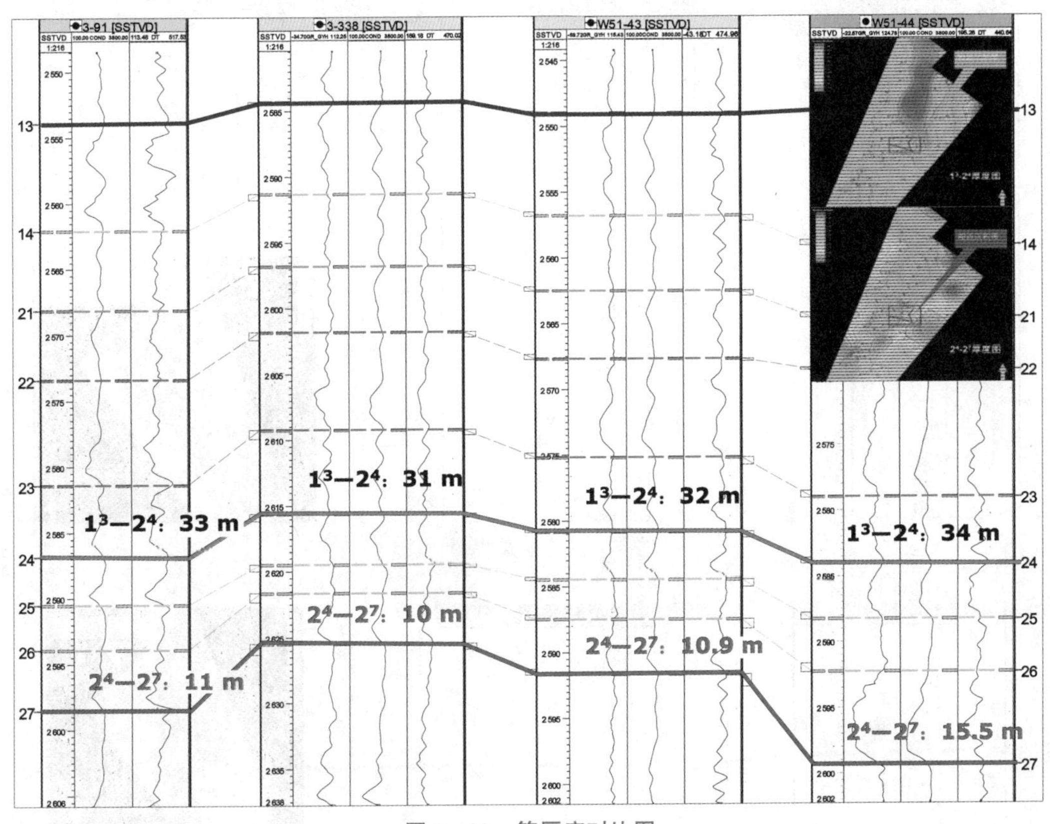

图 7－20　等厚度对比图

（4）层拉平对比方法

这是相对古地貌的一种恢复方法，研究沉积体系、沉积相与沉积作用。选择一个或几个相对等时面进行构造层拉平，复原前期沉积古地貌、古地形，了解当时的沉积中心与沉降中心，利用某一沉积单元堆积厚度的平面（顺古流向和垂直古流向）变化趋势（配合亚段或砂组沉积单元厚度图、时间域或深度域）进行多井层位解释合理性的控制，如图 7－21 所示。

（5）邻井对比方法

此方法多用于处在相同或相近沉积相带和古地貌位置的多井间小层或砂组级单元的对比。这些井的平面特征和测井相组合具有一定的相似性、继承性、连续性、可追踪性。一般利用完整井中具有相对等时意义的重点标准层，通过插值获得古地貌恢复的某个层位平面图、砂组或单元厚度图。其中，任意两个相邻重点控制井的高程趋势面可以帮助它们之间的一般控制井或非控制井进行相应层位的识别、对比及断层解释。当两邻井的厚度差超过 5% 时，考虑微相、沉积作用变化或断层问题。如图 7－22 所示。

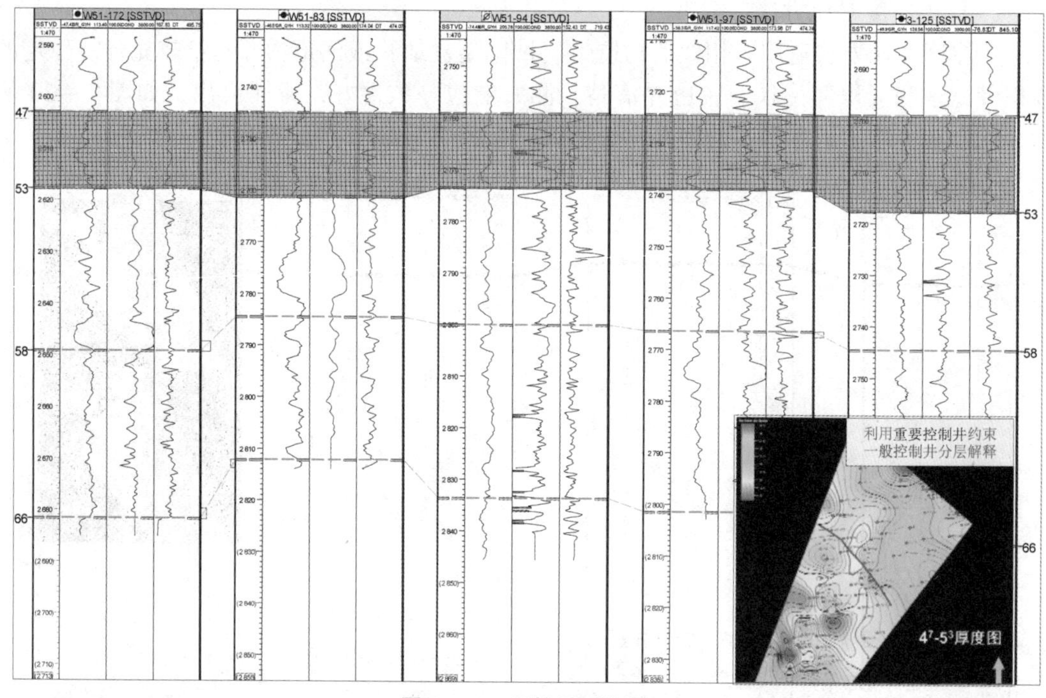

图 7－21　层拉平对比图

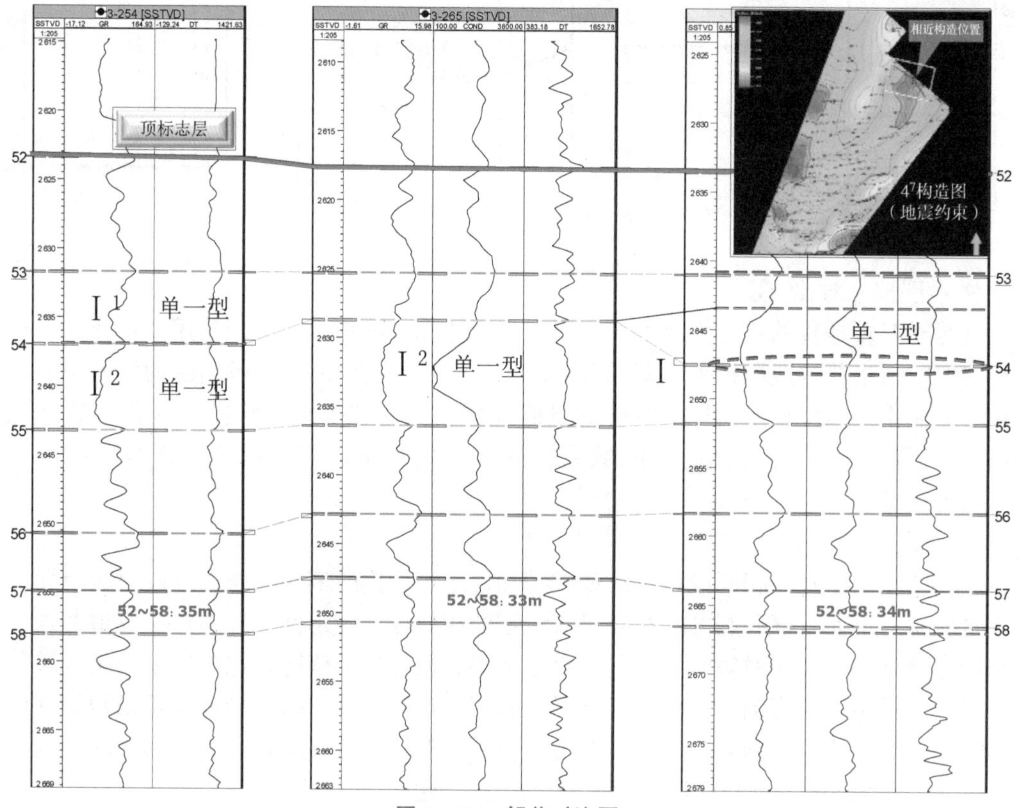

图 7－22　邻井对比图

（6）标准层与旋回对比方法

具有区域广泛沉积意义的、层位稳定、延续时间较短、易甄别的区域标准层，边界较清楚，多曲线边界一致性良好；中期、中短期及部分短期旋回及升降转换界面（湖水进退的沉积作用面、相序面），在全区具有相对的广布性、等时性、稳定性、统一性及可追踪性。可选择地层保存最全、测井曲线较完整的井作为关键井进行标志层的标定与旋回分析，控制其他井的小层单元或砂组级单元的对比。如图 7－23 所示。

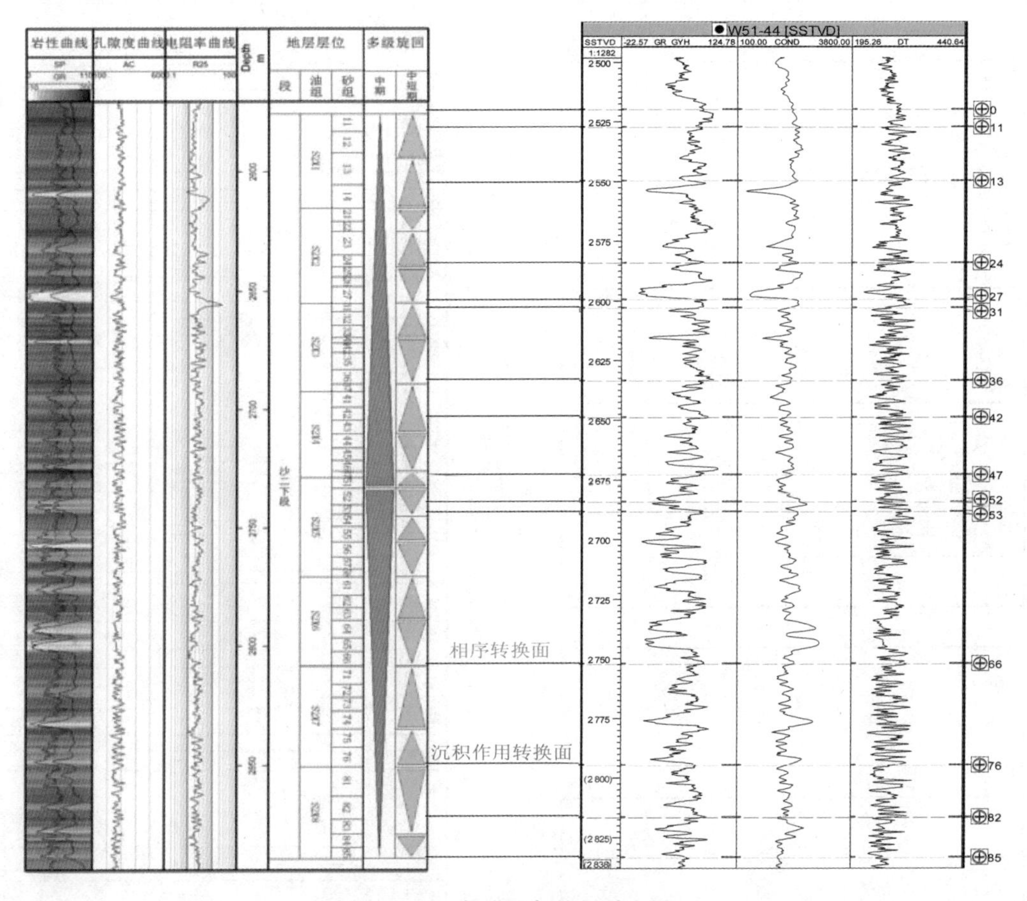

图 7－23　标准层与旋回对比图

结合上述多种对比方法，本次研究重点开展了以下两个方面的地层划分与调整工作：对地层单元划分较粗的井进行细分；对部分井地层层位进行适度微调。如图 7－24～图 7－26 所示。

从图 7－24～图 7－26 的新、老层位划分对比结果来看，本次地层划分方案与前人的研究总体上具有良好的一致性，但部分储层划分更完整、更精细。此外，在地震等时构造格架的约束下，本次研究对局部小层的井震有矛盾的地方进行了微调。图 7－27为调整前后分层方案对比图，仅从单井地层划分角度很难确定哪种方案更加合理，但通过图 7－28 过井地震剖面的综合对比发现，利用新的层位调整结果做层位标定时，效果更好。

本次研究完成了区内 216 口单井沙二下亚段内部含油层段的重新解释、调整与连井对比工作。其中，沙二下亚段进一步划分为 S2X1、S2X2、S2X3、S2X4、S2X5、S2X6、S2X7、S2X8 共 8 个砂组，对应 9 个分层界面。详情见表 7－4。最终，通过井震联合手段，完成了 45 口井部分层位的补充，补充分层总数为 1 245 层；171 口井部分层位的调整，调整幅度大于 1 m 的分层数累计 1 155 层，调整幅度 1～30 m，主要介于 2～9 m，总体调整幅度不是很大。

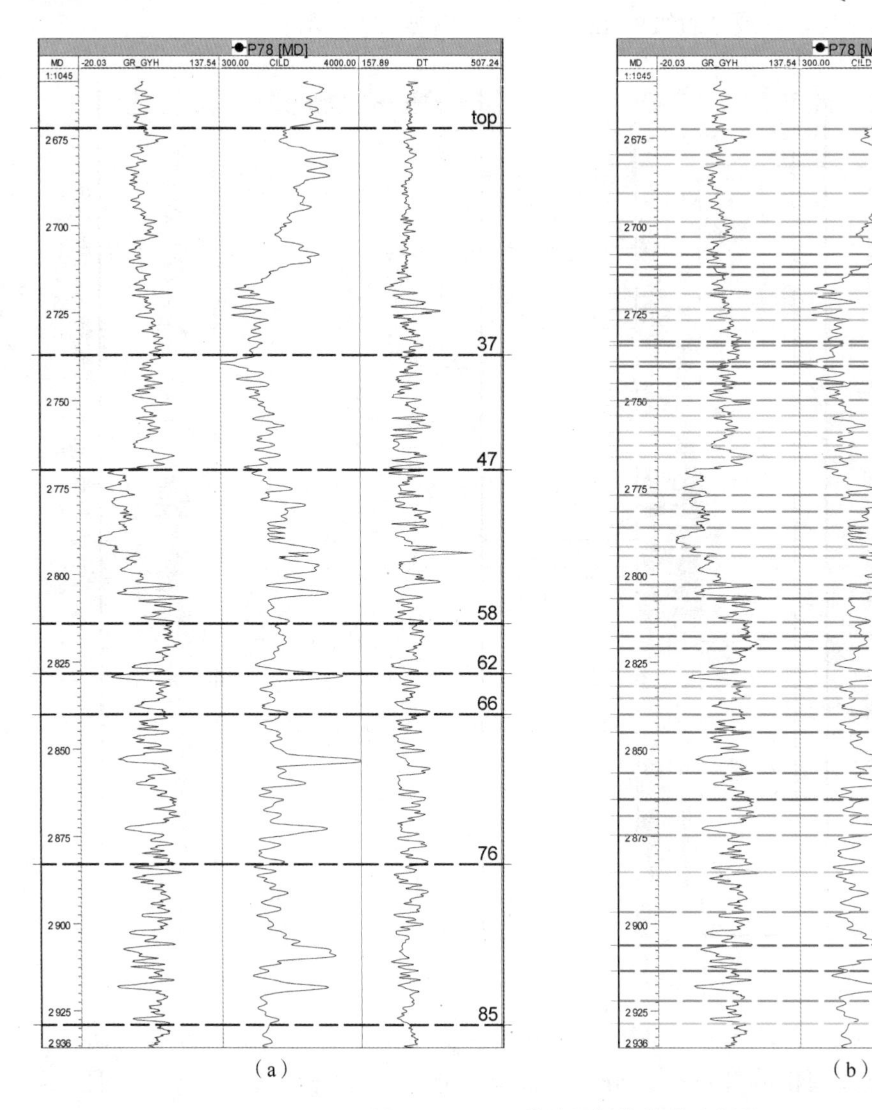

图 7－24　P78 井地层划分前后对比图

（a）前人解释成果；（b）本次研究解释微调结果

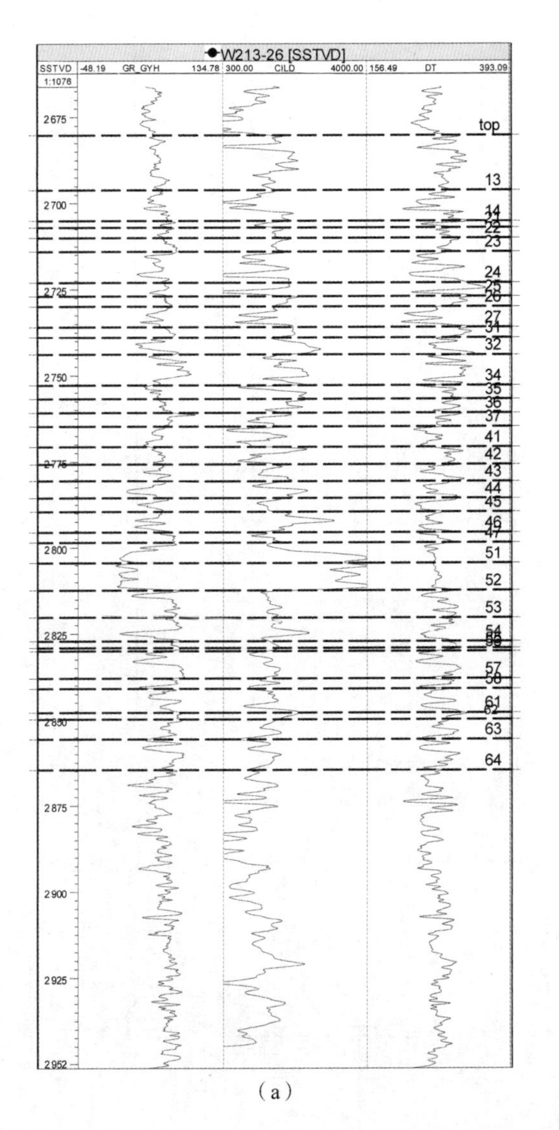

(a)

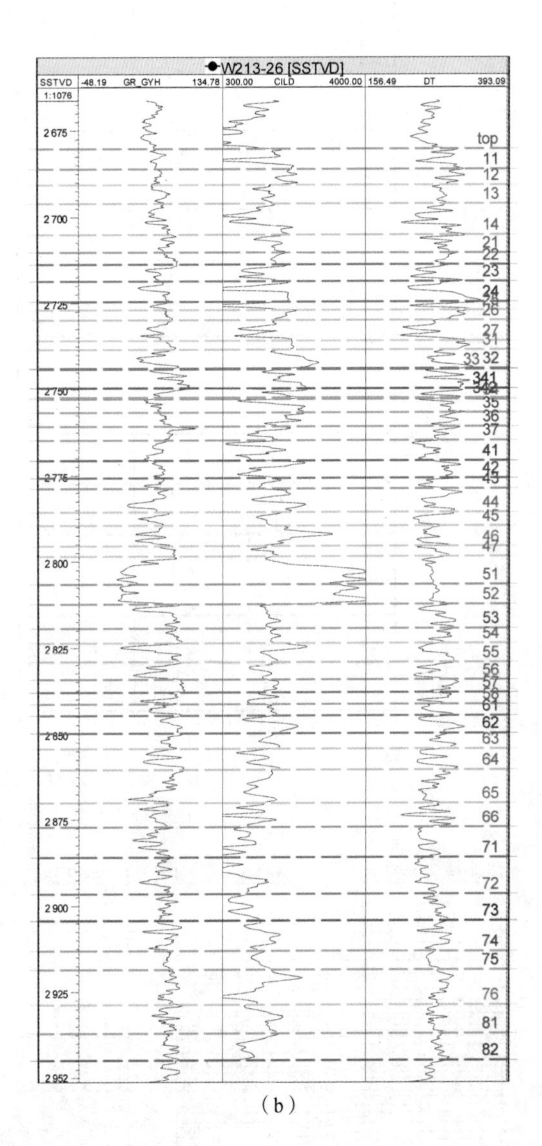

(b)

图 7－25　W213－26 井地层划分前后对比图

(a) 前人解释成果；(b) 本次研究解释微调结果

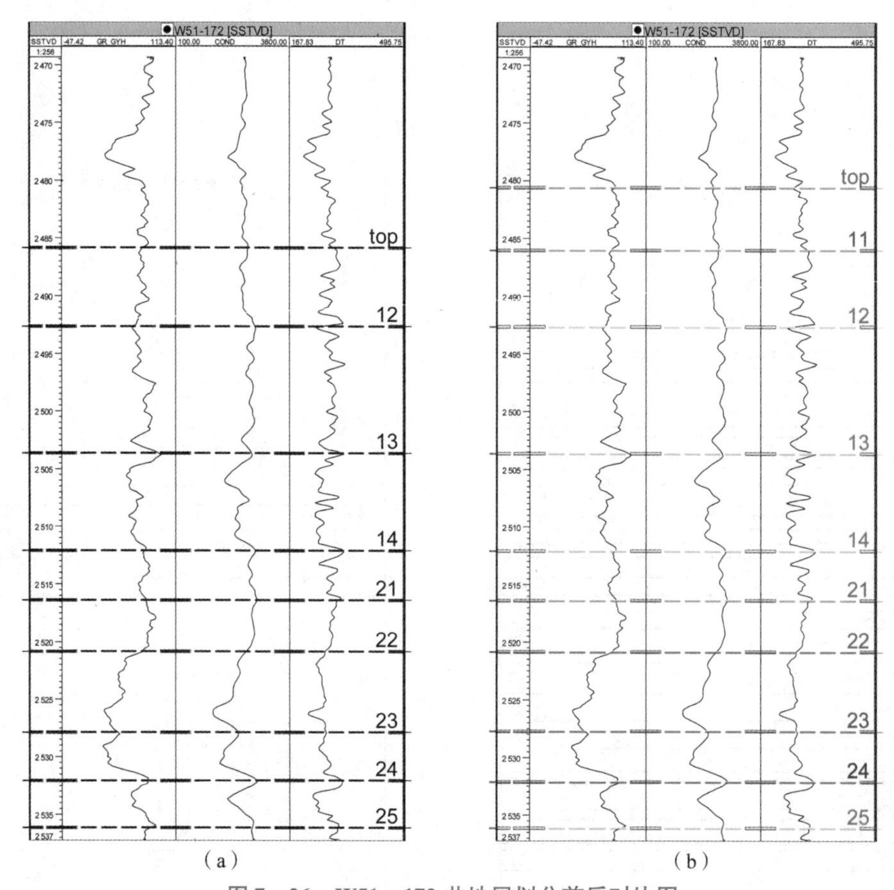

图 7－26　W51－172 井地层划分前后对比图

（a）前人解释成果；（b）本次研究解释微调结果

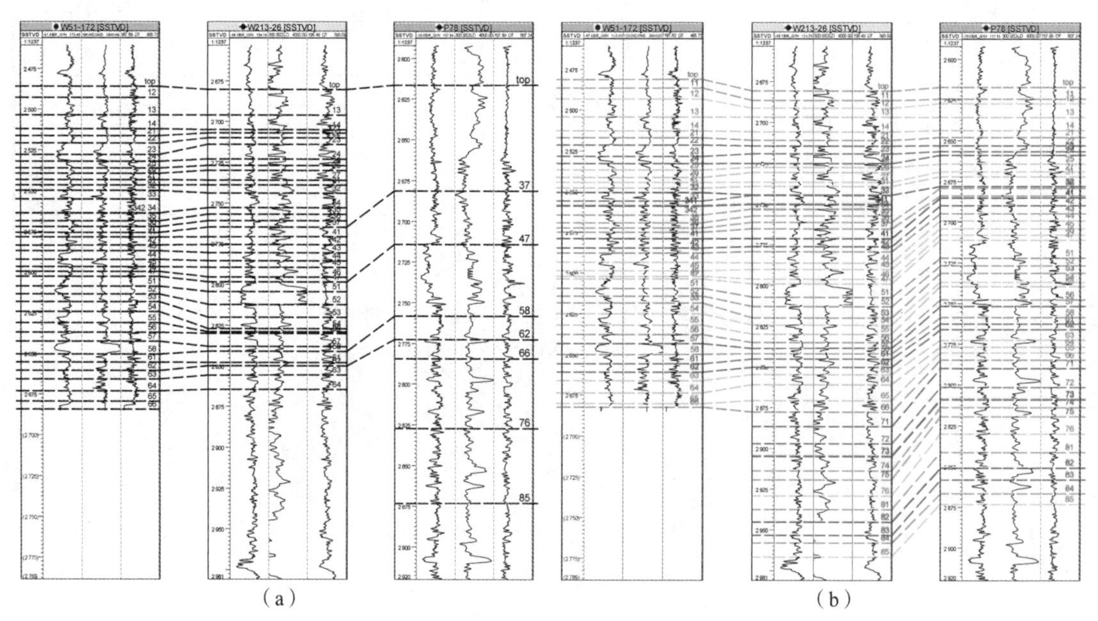

图 7－27　过井线新、老地层划分方案对比

（a）调整前；（b）调整后

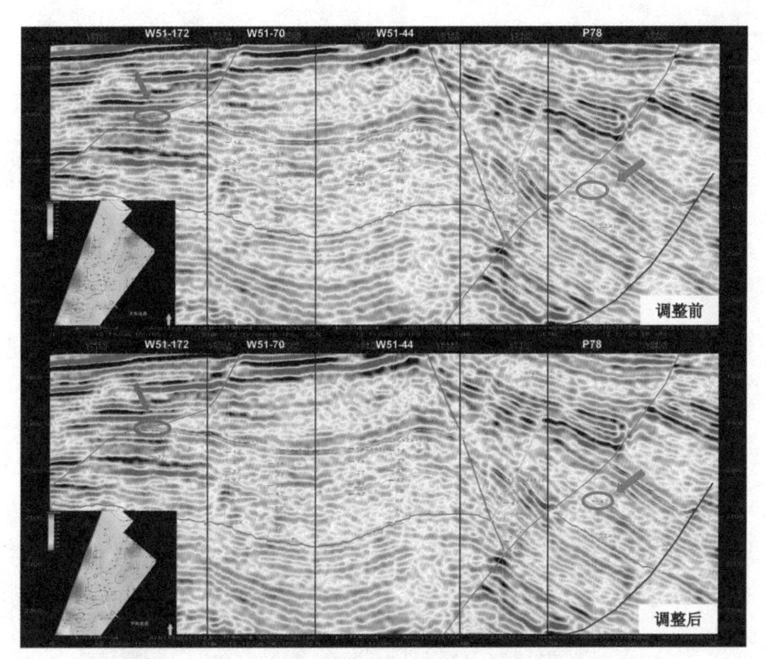

图 7－28　地质分层调整前后连井地震剖面上层位标定对比

表 7－4　文 51 区目的层段小层划分简表

地质层位	砂组	小层	砂组	小层	砂组	小层
沙二下	S2X1	11	S2X3	36	S2X6	61
		12		37		62
		13	S2X4	41		63
		14		42		64
	S2X2	21		43		65
		22		44		66
		23		45	S2X7	71
		24		46		72
		25		47		73
		26	S2X5	51		74
		27		52		75
	S2X3	31		53		76
		32		54	S2X8	81
		33		55		82
		341		56		83
		342		57		84
		35		58		85

在全区单井层位重新解释的基础上，结合地震空间构造趋势面的约束，建立了沙二下段砂组内部小层级地层单元的全区统一的等时地层对比格架（图7－29），为后续开展井震联合沉积相解释及储层合理评价奠定了坚实的基础。

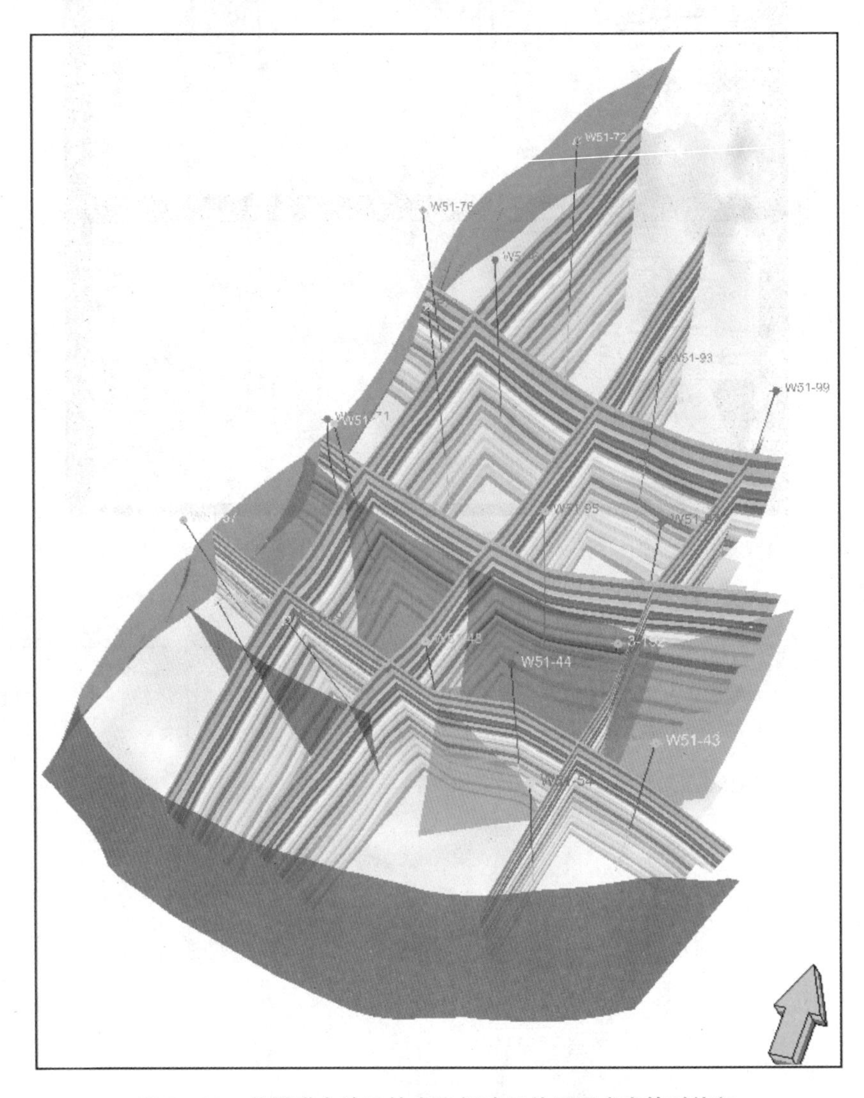

图7－29　井震联合统层的小层级地层单元顶或底等时格架

研究过程中，根据研究区构造特征，选取了6条横贯全区的骨架剖面（图7－30），以便进行全区1～5砂组的地层对比，从而在地层发育协调的基础上对地层层序发育的厚薄、物源的方向、离物源的远近进行分析，同时，还可以对断层、不整合等特殊的地质现象进行研究。现以剖面L1和剖面L4为例进行说明。

图7－31是研究区的一条近南西走向剖面。从横向上来看，由于文51断块区被濮24断层分割成南北两个断块，北块构造较简单，南块构造复杂，研究区北部地层比南部地层略厚；从纵向上来看，各砂组厚度不均，厚度范围为35～50 m，5砂组地层比其他砂组地层略厚，此时基准面处于下降的晚期，因此三角洲最发育。此外，从剖面上的测井曲线幅

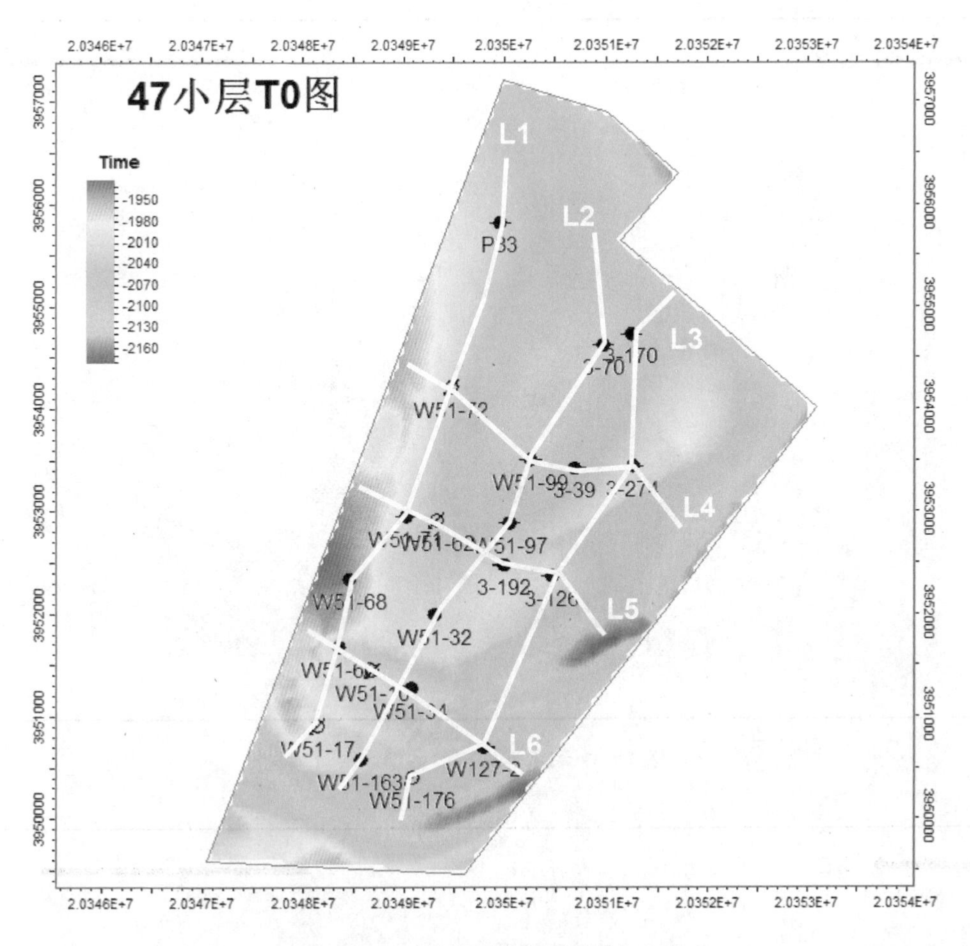

图 7－30　过井剖面线平面位置分布图

度来看，L1 剖面走向上的地层砂体发育规模比较大，说明此剖面走向上的井离物源较近，物源供应比较充分。

图 7－32 是研究区的一条近南东走向剖面。同样地，从纵向上来看，S2X5 到 S2X1 是一个水进的过程，5 砂组地层比其他砂组地层略厚。从横向上来看，L4 剖面上两端的井（W51－72、3－274）砂层组厚度比剖面中部的井（W51－99、3－39）砂层组厚度大，可能是由于文 51 断块区总体呈 NNE 向的向斜构造，地势低的部位地层沉积厚度大。

（二）井震联合沉积旋回分析

研究区目的层沙二下亚段成岩于浅水背景下的湖泊三角洲沉积环境。本次研究利用钻井取芯分析结果，采用多学科（构造学、经典层序地层学、高分辨率层序地层学、地震地层学、岩石地层学、沉积学、测井学）联合、宏观/微观结合的手段，从地层基准面升降旋回、测井敏感属性韵律性（测井单元接触关系）的角度，着重通过井上各级次旋回的分界面（沉积作用转换面、相序转换面等）的测井响应特征的甄别，并与地震剖面上层序边界的标定、比对，将沙二下亚段划分出 2 个旋回级次，即 2 个中期基准面旋回，以及 12 个中短期基准面旋回（图 7－33）。以中短期基准面旋回描述分析为例，从测井曲线上看，

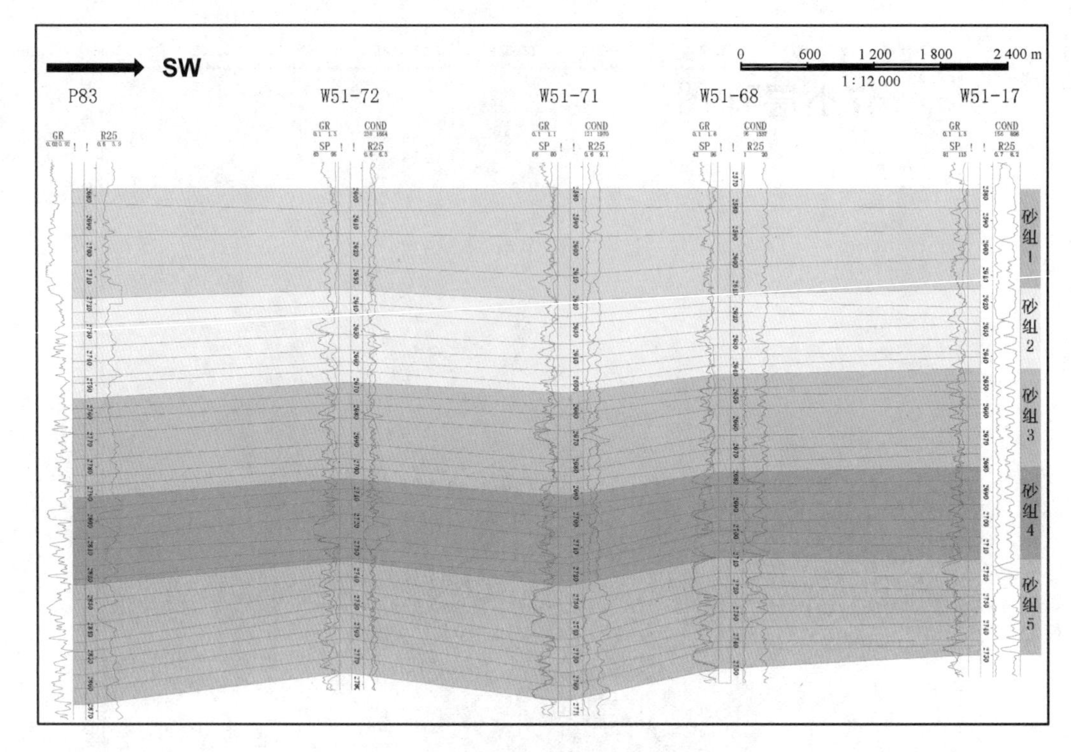

图 7－31　L1 连井剖面砂组地层对比

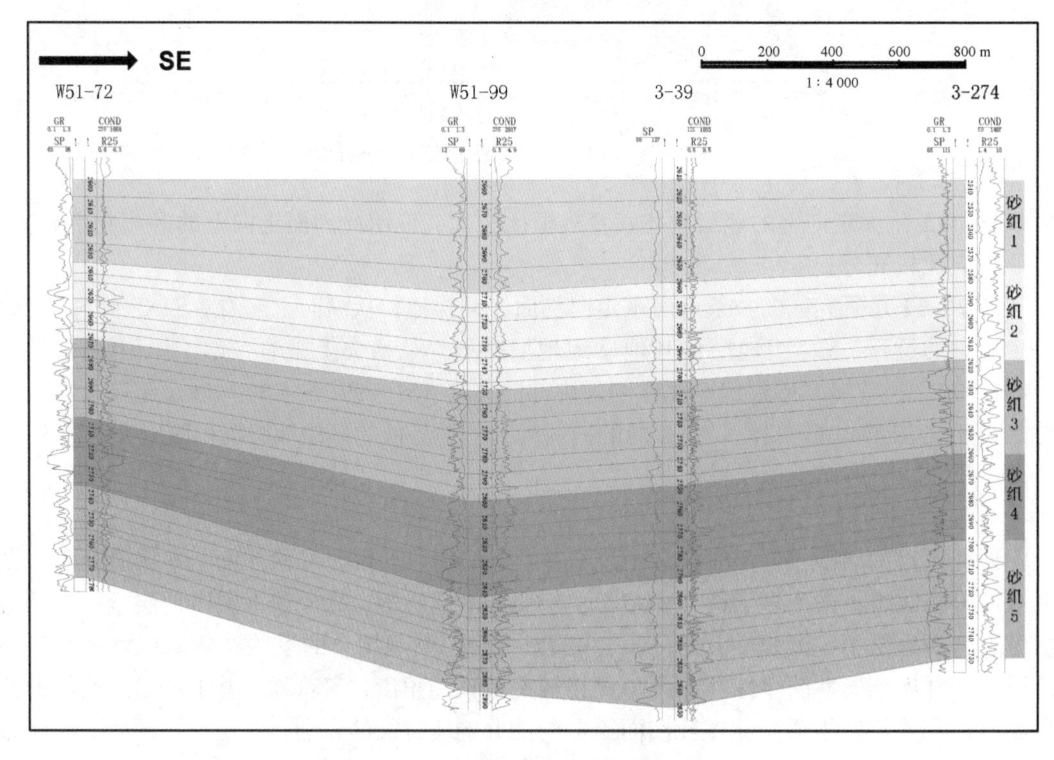

图 7－32　L4 连井剖面砂组地层对比

12 个清晰和完整的中短期地层基准面上升 - 下降的相序转换面基本对应于测井曲线垂向上岩性或电性宏观极小值或极大值的转换点位置，也等价于具有等时意义的湖泛面沉积。中期旋回的测井曲线旋回也有类似的响应特征，只是级次上有差别。

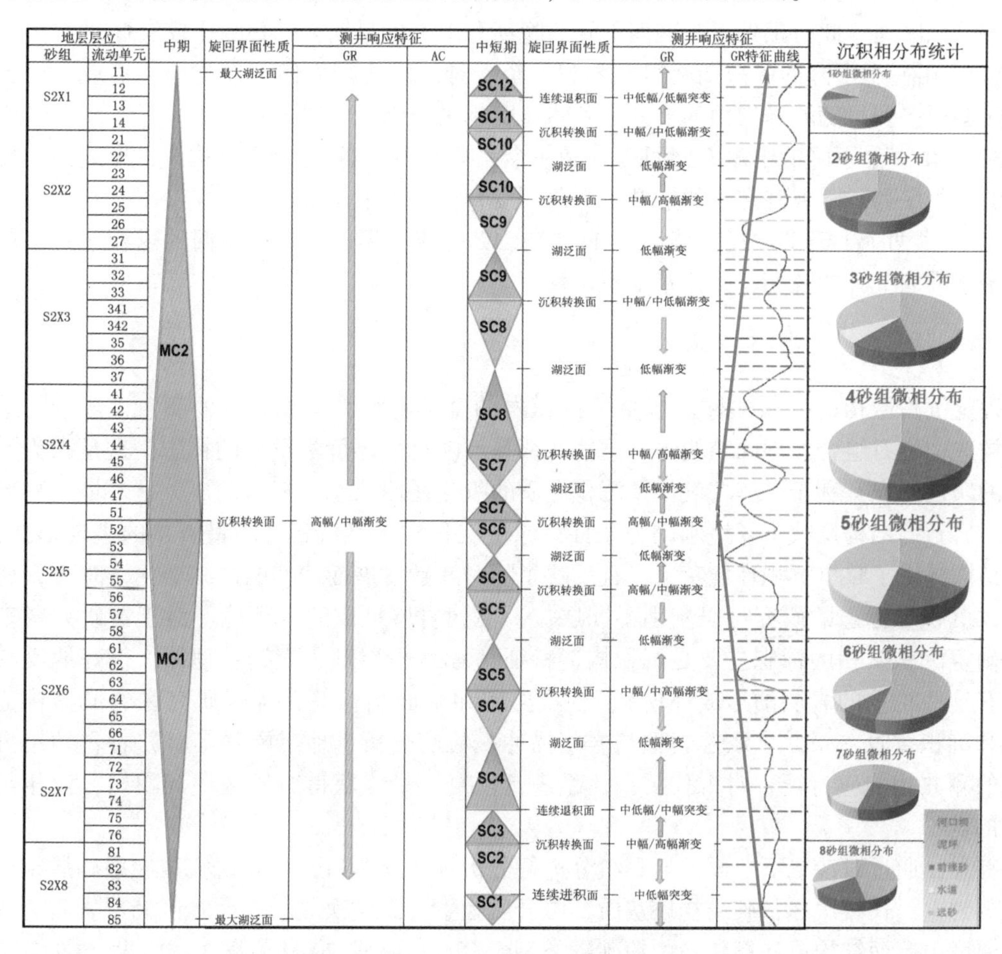

图 7－33　文 51 区块基准面升降旋回划分

沙二下亚段由一个下降的中期旋回 MC1 和一个上升的中期旋回 MC2 构成，整体上是一个水退 - 水进的过程。水退始于沙二下 8 砂组（即 S2X8），此时基准面处于下降早期，砂体基本不发育；随着基准面的下降，砂体逐渐发育；基准面在 S2X4、S2X5 时下降到最晚期，此时三角洲最发育，水道砂体也十分发育；此后持续水进，砂体粒度越来越细，到 S2X1 时，基准面处于上升晚期，三角洲发育逐渐萎缩。

S2X8 由两个下降的中短期旋回 SC1 和 SC2 构成，形成一个反旋回的进积序列。此时处于基准面下降的早期，砂体不太发育。

S2X7 由两个上升的中短期旋回 SC3 和 SC4 构成，形成一个正旋回的退积序列。随着基准面的下降，砂体逐渐发育。

S2X6 由一个下降的中短期旋回 SC4 和一个上升的中短期旋回 SC5 构成。随着基准面的下降，砂体逐渐发育。

S2X5 由一个下降的中短期旋回 SC5 和一个完整的中短期旋回 SC6 构成，形成一个反旋回的进积序列。此时正处于基准面下降的晚期，三角洲最发育，水道砂体也十分发育。

S2X4 由一个完整的中短期旋回 SC7 和一个上升的中短期旋回 SC8 构成，形成一个正旋回的退积序列。此时正处于基准面下降的晚期和上升的早期，三角洲比较发育。

S2X3 由一个下降的中短期旋回 SC8 和一个上升的中短期旋回 SC9 构成，形成一个正旋回的退积序列。随着基准面的上升，砂体粒度越来越细。

S2X2 由一个下降的中短期旋回 SC9 和一个完整的中短期旋回 SC10 构成，形成一个反旋回的进积序列。随着基准面的上升，三角洲发育逐渐萎缩。

S2X1 由两个上升的中短期旋回 SC11 和 SC12 构成，形成一个正旋回的退积序列。此时处于基准面上升的晚期，砂体基本不发育。

（三）井震联合储层沉积相分析与 QC

确定沉积微相的沉积学标志包括了沉积岩的全部特征，诸如岩石的颜色、成分、结构、构造、岩石组合、剖面结构等。这些特征是反映沉积环境最重要的标志，这是因为对岩石的颜色研究有利于了解古气候及沉积介质的氧化还原状态，岩石的成分是环境的物质表现，岩石的结构反映了环境水动力条件，原生沉积构造是沉积环境最直接的表现形式，剖面结构提供了整个沉积环境特征，且反映了随时间的发展而演变的二维变化。总之，通过上述沉积学标志的研究可以判别不同层位、不同岩层形成的古环境。对于本研究区来说，确定沉积微相的标志主要是沉积构造特征（如水平层理、交错层理等，很好地反映了具有这些构造的岩层的形成环境）、岩石类型和剖面结构等，综合研究区的成盆构造演化和沉积背景、录井、取芯岩性与岩相描述、粒度分析、地震资料等，并着重利用沉积相的测井相响应特征，对古代沉积体系进行恢复，最终获得对该区块沉积相、亚相与微相的认识。

首先，通过对沙二下亚段的岩石组分进行分析（表 7－5），可知研究区储层碎屑组分以石英为主，长石次之；胶结物以灰质、白云质为主，泥质次之，表明本区储层岩石为成分成熟度中等而结构成熟度较高的粉砂岩类型。其次，从濮 20 井、濮 3－27 井、文 51－18 井、濮检 1 井四口井粒度资料所作的粒径－频率分布图和 $C-M$ 图来看（图 7－34），本区水流能量弱，沉积物粒度细。再次，通过岩芯观测（图 7－35），可见水平层理、板状交错层理、波状交错层理等多种沉积构造，反映沉积时水动力条件较弱，表明本区为滨岸浅水沉积环境。最后，研究区地震剖面上可见似叠瓦状和透镜状结构的反射特征（图 7－36），前者是前积作用的结果，通常发育于凹陷湖盆三角洲中；后者往往是三角洲前积作用或继承性主河道的表现。

表 7－5　文 51 区 W51－18 井薄片资料统计表

层位	块数	碎屑含量/%			胶结物含量/%				胶结类型/块				
		石英	长石	岩块	泥质	灰质	白云质	其他	接触	接孔	孔隙	孔基	基底
沙二下	33	72	17	12	3.5	4.4	3.6	4.7	4	6	23	0	0

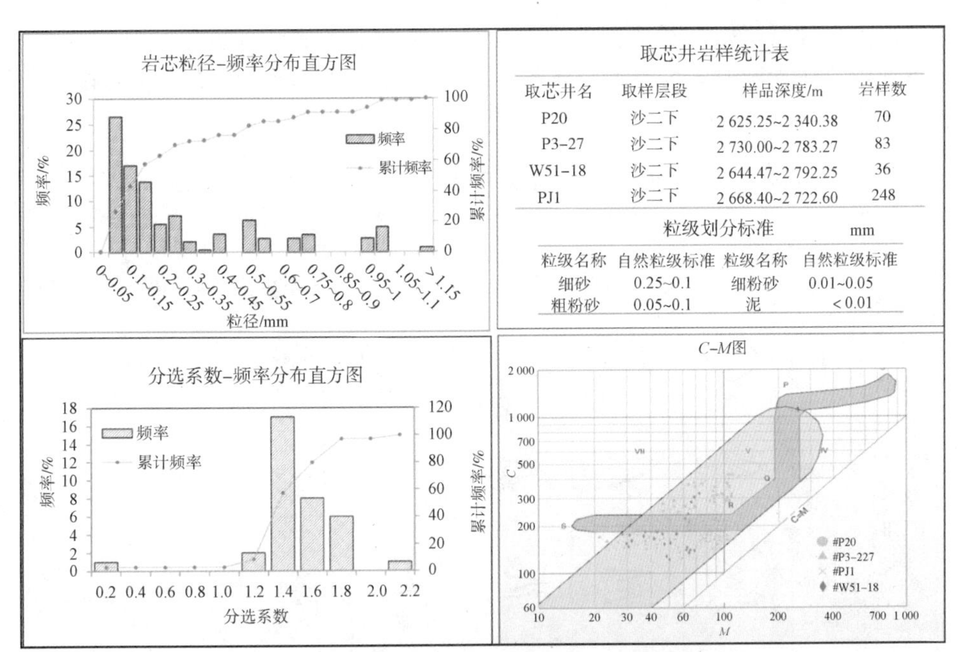

取芯井岩样统计表

取芯井名	取样层段	样品深度/m	岩样数
P20	沙二下	2 625.25~2 340.38	70
P3-27	沙二下	2 730.00~2 783.27	83
W51-18	沙二下	2 644.47~2 792.25	36
PJ1	沙二下	2 668.40~2 722.60	248

粒级划分标准　mm

粒级名称	自然粒级标准	粒级名称	自然粒级标准
细砂	0.25~0.1	细粉砂	0.01~0.05
粗粉砂	0.05~0.1	泥	<0.01

图 7-34　文 51 区取芯井岩芯粒度资料分析

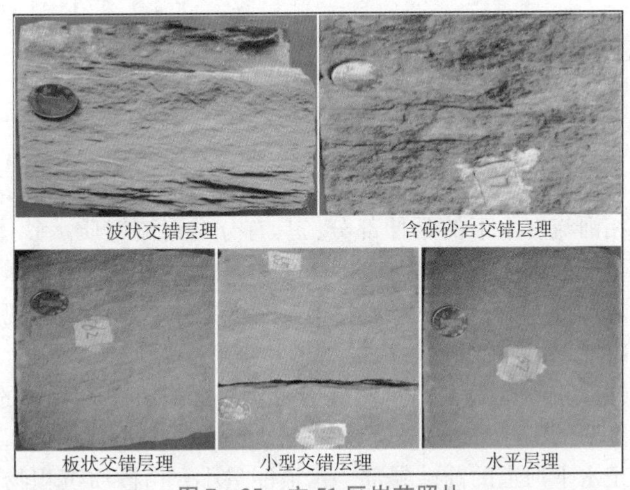

图 7-35　文 51 区岩芯照片

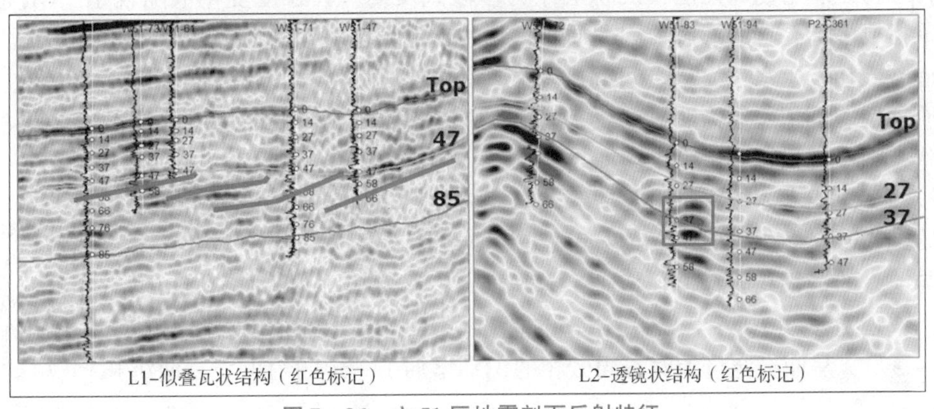

图 7-36　文 51 区地震剖面反射特征

通过以上多种沉积相判断依据的综合分析，结合前人的区域沉积学研究，认为文51区沙二下亚段总体为湖泊三角洲沉积体系，发育水道、河口坝、前缘砂、远砂、浅湖泥5种微相，见表7-6。

表7-6　湖泊三角洲沉积体系中典型沉积微相测井响应特征

相	亚相	微相	GR曲线特征			
			曲线形态	厚度/m	幅值/API	形态
陆相组	浅水三角洲	水道		    ≥3.5	10~40	高幅，钟形/漏斗形/箱形
		河口坝		   3~5	30~55	中幅，漏斗形
		前缘砂		   1.5~3.5	30~65	中幅，单指或多指叠置
		远砂		 1.5~3	45~75	中低幅，小型漏斗-钟形
	滨浅湖	泥			 55~90	低幅，平直形

水道微相是陆相河流在水下的延伸部分，具有分支河流性质。砂体岩性以粉砂为主，底部常见泥砾砂岩。厚层砂体为多期河道砂体叠加而成，叠加形式多样，反映了河道易变的不稳定特点。在岩性剖面上，水下分流河道具有多韵律，总体上呈现出正旋回或顶部突变的均匀块状，GR曲线一般为幅度较大的钟形和箱形。

河口坝微相岩性以粉砂岩为主，偶夹薄层泥岩。沉积层序为明显的反韵律。GR曲线幅度较大，为顶部突变的漏斗形。

前缘砂微相位于水下河道的前端翼部，水流能量小，由砂质沉积物散开沉积而成。沉积物为细粉砂岩与泥岩互层，沉积层序为多段式反韵律，粒度变化范围较小。GR曲线一般为单指或多指叠置的形态，因泥质含量增加，曲线常被齿化。

远砂微相位于水下河道之间，接受漫岸沉积物质。砂体以泥质粉砂岩为主，砂层薄，含泥质夹层。沉积层序为明显的反韵律，泥质含量高。GR曲线一般为幅度较小的漏斗状或齿状，悬浮沉积物含量大。

浅湖泥微相水体较深，主要为深灰色泥岩，偶尔也夹少许被洪水期水流所波及而沉积的泥质细粉砂岩。GR曲线呈低幅度微齿状或线状。

与前人的沉积相解释模式相比，本次研究不仅从定性上增加了河口坝微相的测井相识别标准，还对多井中各类微相对应的标准化GR曲线幅值频率分布范围进行了统计（图7-37），从而在定量上对不同微相的识别增加了一定的约束力，使沉积相解释的准确度更高。

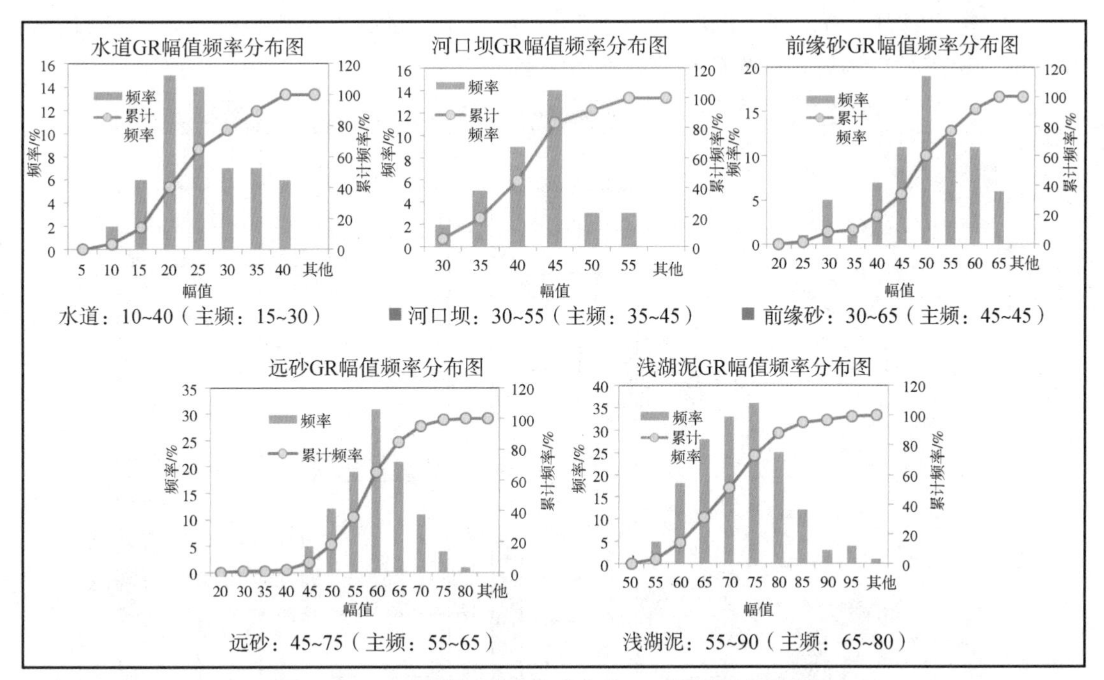

图 7－37　不同微相对应敏感曲线 GR 幅值频率分布图

根据上述分析得出的沉积相解释模式，对研究区无沉积微相解释结果的井进行了沉积微相的划分。由于沉积微相的解释结果受人为因素的影响很大，本次研究从沉积旋回响应、连井沉积相对比、多井沉积相平面分布等地质合理性上对单井（包括甲方已解释的井和本次研究补充解释的井）沉积相划分成果进行了全面的检验与修正，尽量减少沉积相解释的多解性，为后续三维静态储层沉积相建模及剩余油气预测打下良好的基础。

通过对多井同期的沉积相解释结果进行统计发现，从宏观上讲，沉积相与沉积旋回的解释结果是有一定的对应关系的。基准面在 S2X8 时处于水退早期，此时砂体基本不发育；随着基准面的下降，砂体逐渐发育；基准面在 S2X4、S2X5 时下降到最晚期，此时三角洲最发育，水道砂体也十分发育；此后持续水进，到 S2X1 时，基准面处于上升晚期，三角洲发育萎缩。而从沉积微相的分布统计结果来看，S2X4 和 S2X5 时期的水道砂体分布最多，浅湖泥的含量最少；从 S2X5 到 S2X8 时期浅湖泥的含量逐渐增多，砂体逐渐减少；同样地，从 S2X4 到 S2X1 时期，三角洲发育也逐渐萎缩，这也恰好说明沉积相解释的结果具有一定的合理性。

从理论上讲，顺着物源方向的连井剖面上，河道砂体发育的规模、厚度、变化模式都是稳定的；垂直于物源方向的连井剖面中，上述特点刚好相反。L1 和 L2 分别是顺着物源方向和垂直于物源方向拉的两条连井剖面，51 流动单元附近发育的砂体刚好与上述描述大致相符，只是 L1 剖面中 W51－81 井的 53 小层按照沉积相识别模式解释为前缘砂微相，通过与邻井对比发现，此流动单元应修正为水道微相。

图 7－38 是平面沉积相带合理性分布质控图。结合三角洲沉积相模式图和 13 小层的沉积相分布图可以发现，W51－227 井在 13 小层解释为远砂坝微相，但是其周围的井却是泥质沉积，在三角洲沉积的背景下，出现这种情况显得比较突兀，不太符合平面相序的分布规律，因此，W51－227 井在 13 小层的沉积微相解释可能存在问题。通过对过 W51－

227 井的连井剖面分析发现，流动单元的划分对沉积微相的解释结果也有一定的影响，对该井的分层进行微调后，沉积微相的解释结果趋于合理。

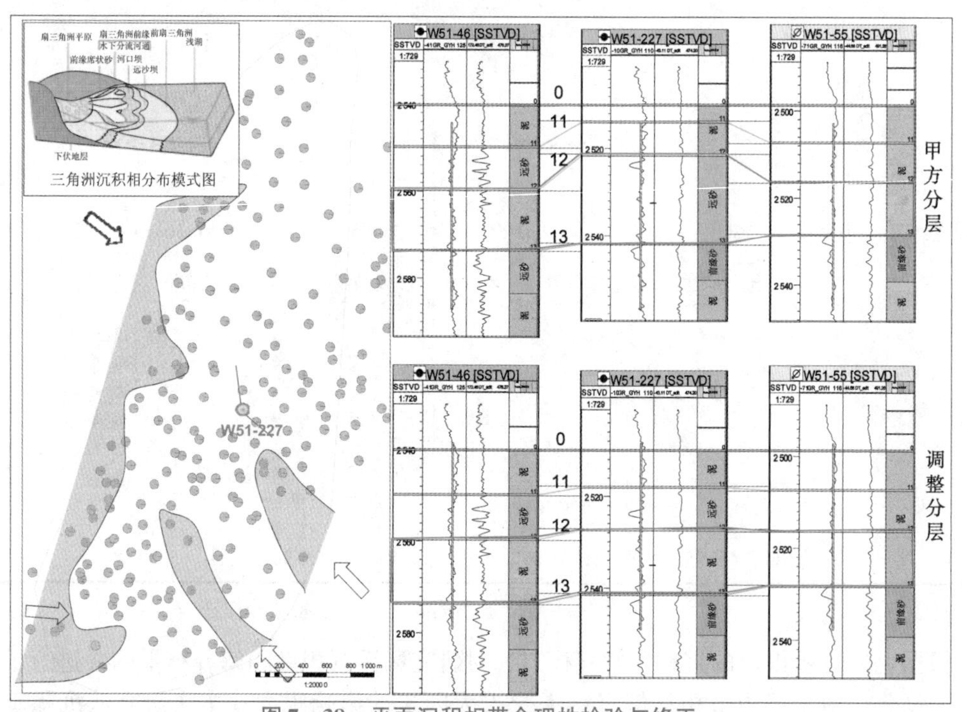

图 7－38　平面沉积相带合理性检验与修正

在对全区的单井沉积相解释成果进行检验和修正后，选取了 W51－74 和 W51－32 这两口代表性单井进行沉积相的分析（图 7－39 和图 7－40），从而了解不同区带沉积相纵向发育及其变化。研究区沙二下亚段属第一次水退到第二次水进的过渡时期沉积，水退始于沙三段沉积末期，在沙二下 4、5 砂层组达到顶峰，之后持续水进，一直到沙一段沉积时期。该时期湖泊三角洲沉积体系比较发育，并构成了沙二下亚段地层记录的主体，来自工区 NNE 方向的河流携带物质供给一直比较丰富、稳定，其间也可能存在着来自 NW 方向的物源。从两口井 W51－74 和 W51－32 的纵向上来看，在 4、5 砂层组河道砂体十分发育，此时基准面处于下降的晚期，三角洲最发育；在基准面下降的早期（6、7、8 砂组）和上升的晚期（1、2、3 砂组），三角洲不太发育，砂体也主要以前缘砂和远砂为主。尽管沙二下亚段地层堆砌总厚度有所差异，但水下分流河道砂体是该时期各区带上最发育的主力储层，其中，水下分流河道、远砂最为发育，并且分布广泛，前缘砂次之，河口坝发育较差。总之，各沉积相及砂岩储层发育厚度和程度差异，主要受控于沉积古构造－古地理背景、物源供给丰度、三角洲朵叶体的发育规模、沉积相类型、沉积区距离物源远近及后期保存能力。

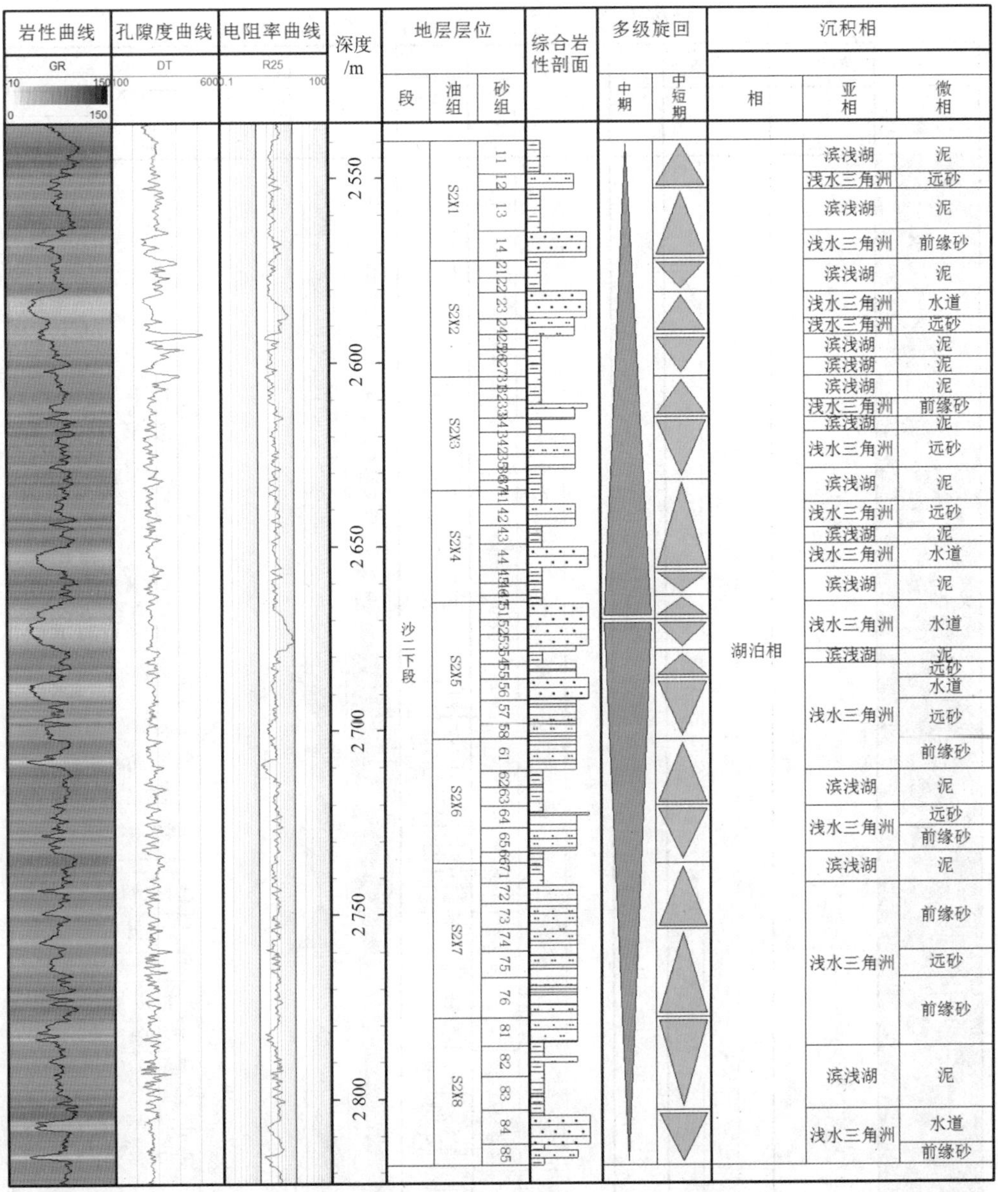

岩性曲线	孔隙度曲线	电阻率曲线	深度/m	地层层位			综合岩性剖面	多级旋回		沉积相		
GR	DT	R25		段	油组	砂组		中期	中短期	相	亚相	微相

GR 10～150, 0～150；DT 100～600；R25 0.1～100

深度：2 550　2 600　2 650　2 700　2 750　2 800

段：沙二下段；油组：S2X1　S2X2　S2X3　S2X4　S2X5　S2X6　S2X7　S2X8

砂组：11　12　13　14　21　22　23　24　…　42　43　44　…　51　52　53　54　55　56　57　58　61　62　63　64　65　66　71　72　73　74　75　76　81　82　83　84　85

相	亚相	微相
湖泊相	滨浅湖	泥
	浅水三角洲	远砂
	滨浅湖	泥
	浅水三角洲	前缘砂
	滨浅湖	泥
	浅水三角洲	水道
	浅水三角洲	远砂
	滨浅湖	泥
	滨浅湖	泥
	滨浅湖	泥
	浅水三角洲	前缘砂
	滨浅湖	泥
	浅水三角洲	远砂
	滨浅湖	泥
	浅水三角洲	远砂
	滨浅湖	泥
	浅水三角洲	水道
	滨浅湖	泥
	浅水三角洲	水道
	滨浅湖	泥
	浅水三角洲	远砂
		水道
		远砂
		前缘砂
	滨浅湖	泥
	浅水三角洲	远砂
		前缘砂
	滨浅湖	泥
	浅水三角洲	前缘砂
		远砂
		前缘砂
	滨浅湖	泥
	浅水三角洲	水道
		前缘砂

图 7－39　W51－74 井地质综合解释柱状图

为了研究各种沉积相带在空间上的展布特征、剖面上的沉积体系组合特征，以及更好地研究沉积微相在纵向上的发育演变情况，在单井相分析的基础上，选取有代表性的数条剖面进行剖面上的沉积相对比分析，形成能够覆盖整个研究地区的剖面网络，通过单井进而对不同剖面方向上的沉积微相展布特点进行研究。本次连井砂体对比充分利用地震、地质、测井信息来指导井间砂体的对比，主要考虑以下几个对比原则：

①利用研究区沉积特征相似的露头、现代沉积环境及通过其他信息获取的定量地质知识库。该区水流能力不强，而湖浪对砂体（尤其是主河道外围的砂体）的改造作用较强，因此，主河道外围的砂体被改造成前缘砂围绕在河道周围。

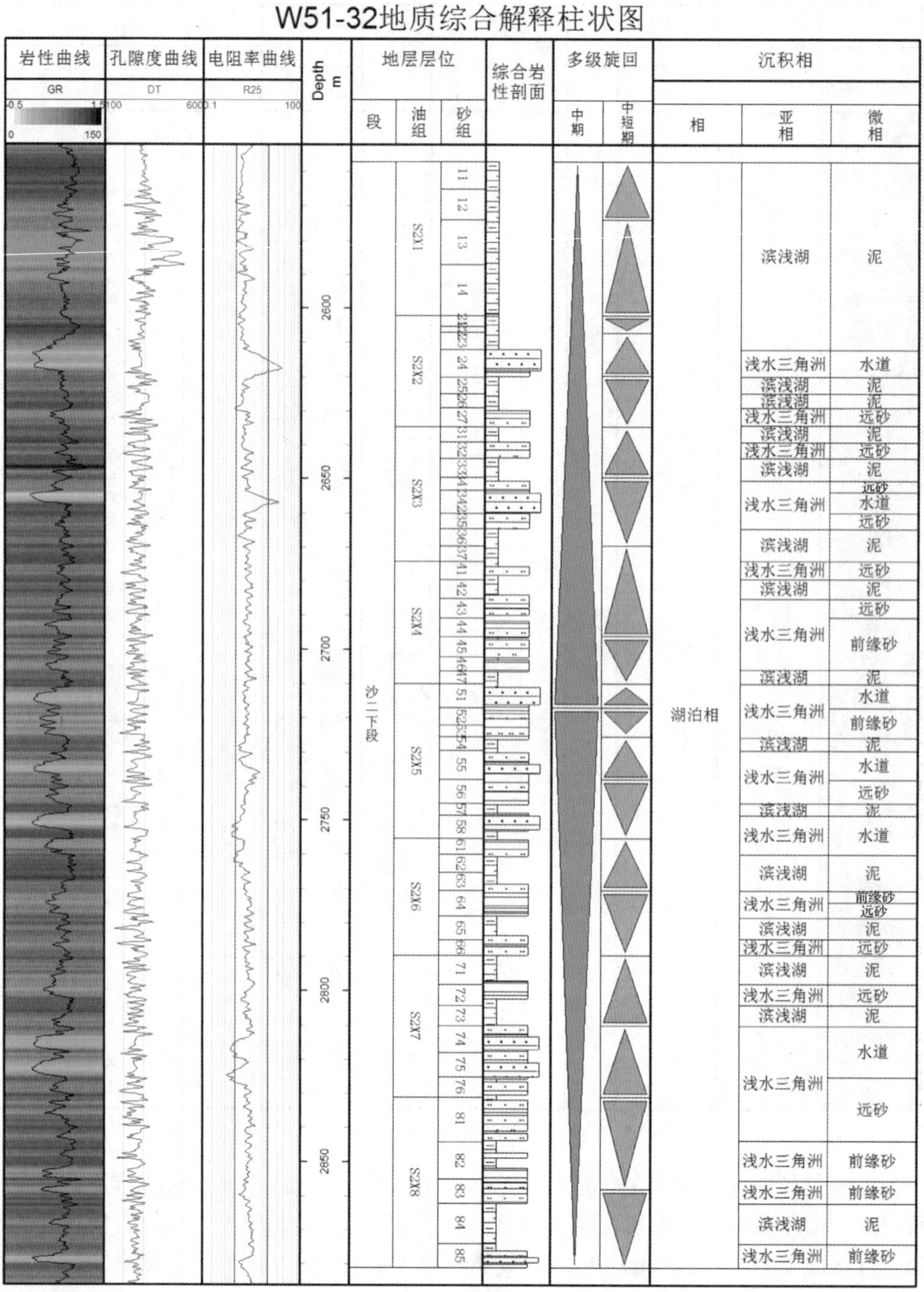

W51-32地质综合解释柱状图

岩性曲线 | 孔隙度曲线 | 电阻率曲线 | Depth m | 地层层位 | 综合岩性剖面 | 多级旋回 | 沉积相
GR 0.5 1.5 0 150 | DT 100 600 | R25 0.1 100
段 | 油组 | 砂组
中期 | 中短期
相 | 亚相 | 微相
2600
2650
2700
2750
2800
2850
沙二下段
S2X1
S2X2
S2X3
S2X4
S2X5
S2X6
S2X7
S2X8
11 12 13 14 21 22 23 24 25 26 27 31 32 33 34 35 36 37 41 42 43 44 45 46 47 51 52 53 54 55 56 57 58 61 62 63 64 65 66 71 72 73 74 75 76 81 82 83 84 85
湖泊相
滨浅湖 泥
浅水三角洲 水道
滨浅湖 泥
滨浅湖 泥
浅水三角洲 远砂
滨浅湖 泥
浅水三角洲 远砂
滨浅湖 泥
浅水三角洲 远砂 水道 远砂
滨浅湖 泥
浅水三角洲 远砂
滨浅湖 泥
浅水三角洲 远砂 前缘砂
滨浅湖 泥
浅水三角洲 水道 前缘砂
滨浅湖 泥
浅水三角洲 水道 远砂
滨浅湖 泥
浅水三角洲 水道
滨浅湖 泥
浅水三角洲 前缘砂 远砂
滨浅湖 泥
浅水三角洲 远砂
滨浅湖 泥
浅水三角洲 远砂
滨浅湖 泥
浅水三角洲 水道 远砂
浅水三角洲 前缘砂
浅水三角洲 前缘砂
滨浅湖 泥
浅水三角洲 前缘砂

图 7－40　W51－32 井地质综合解释柱状图

②确定连井线方向与沉积线方向、平面沉积相带分布的位置关系。如当连井线垂直，或大角度斜交分流河道（砂坪长轴方向）或古物源流向时，井间连通性变差或不连续；当连井线近似顺物源方向或小角度斜交河道延伸方向时，井间连通性良好。同时，结合连井线在沉积微相图上的边界位置，确定井间是否连通。

③利用地震信息（敏感地震属性平面切片和连井地震剖面属性横向连续性及变化）解释井间砂体或沉积微相及流体的连通关系。从研究区相位属性切片上看，井区东北部主河道发育，推测物源来自 NE 或 NNE 方向，利用地震储层沉积特征（水道微相分布和水道平面延伸趋势）来提供井间砂体或沉积微相及流体的连通信息。

④密切结合邻井间的测井相形态类比与变化趋势、储层物性特征和能间接反映储层沉积微相平面分布的砂体厚度图（预测横向展布宽度），进行连井砂体剖面形态的勾绘和砂岩储层、储层沉积相等连通性的对比、分析。

基于单井沙二下亚段地层划分、沉积旋回、沉积相和储层物性、含（油）气解释，考虑沉积相横向相变及垂向上的叠置关系，选择了研究区的 6 个剖面（其中南西向剖面 3 个、南东向剖面 3 个）进行了连井沉积相分析和对比工作（图 7－41）。现以剖面 L1 为例进行说明，如图 7－42 所示。

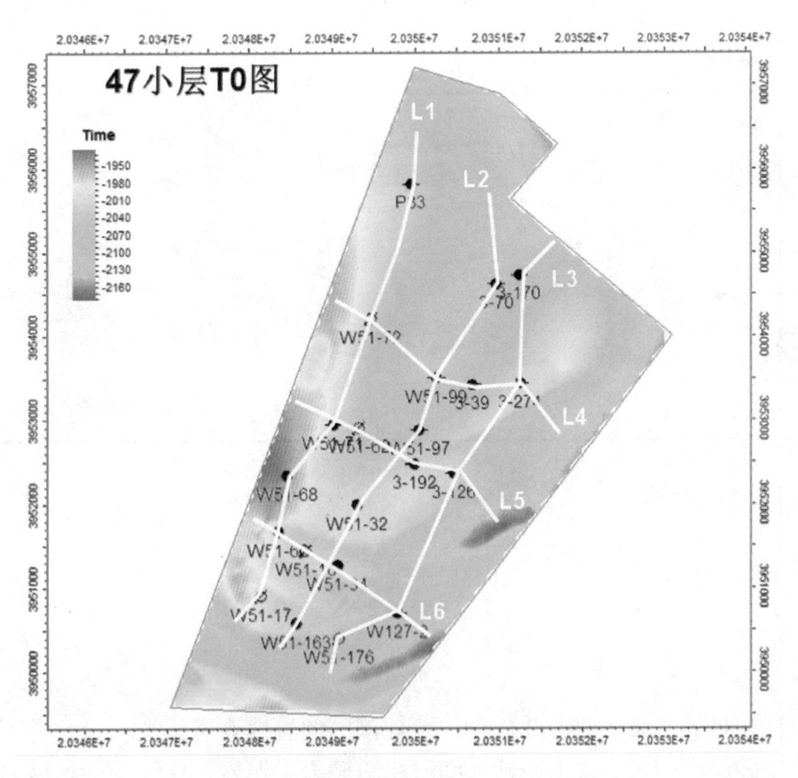

图 7－41　过井剖面线平面位置分布图

从靠近工区西部边缘的 NE－SW 向微相连井对比剖面图上看，纵向上 5 砂组砂体最为发育，以水道微相为主，规模较大，横向分布稳定连续性好，具有较好的连通性；4 砂组砂体发育次之，水道和前缘砂共同构成了主要砂体微相，前缘砂分布在水道之间，二者呈叠置对接形式，由于相变造成砂体的连通性可能变差；2、3 砂组砂体发育最差，以泥质沉积为主，夹杂小规模的水道和较薄的前缘砂及远砂，砂体分布不稳定，连续性较差，此外，由于远砂物性较差，从而造成砂体的侧向连通性远不如 4、5 砂组。这些特征体现了 5 砂组至 2 砂组为一个总体水进的过程，与单井相的分析结果相吻合。横向上从 NE 至 SW，不同砂组沉积时期甚至一个砂组内部不同流动单元沉积时期，砂体的发育位置和趋势都不一致，一定程度上反映了不同的物源沉积区及方向；顺着剖面方向，5砂组至2砂组水道砂体总体表现为NE部不发育→NE偏中部发育→中部相对不发育→中偏SW部发育→SW部不发育，说明NE偏中部和中偏SW部为来自NW、NNW方向的物源汇入区。

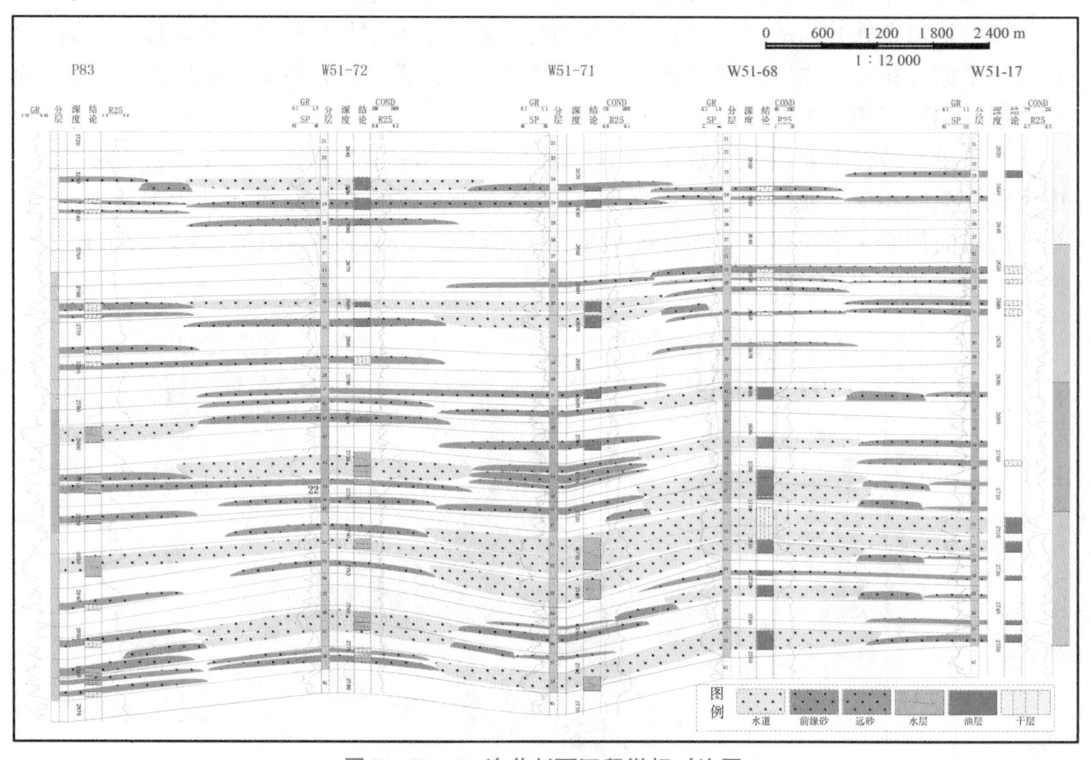

图7-42 L1连井剖面沉积微相对比图

四、测井二次储层物性、含油性解释与QC

（一）岩性解释模型建立

统计研究区目的层段的取芯井数据，发现该区的岩性普遍偏细。岩性类型包括含泥粉砂岩、含泥细砂质粉砂岩、含细粉砂泥细砂粗粉砂岩、泥岩、含泥细砂粉砂岩、粗粉砂质细砂岩、含泥细砂细粉砂粗粉砂岩等。通过分析岩性与电性之间的关系（图7-43），得知该区岩性与自然伽马曲线的相关性较好，应该利用标准化后的自然伽马曲线进行岩性解释。同时，由于本区岩性较细，不易进行岩性解释，在岩性划分时进行了粗划。

根据自然伽马曲线建立的岩性识别图版，将本区的岩性划分为四类：泥岩、细粉砂岩、粗粉砂岩、细砂岩，其相对伽马值范围见表7-7。

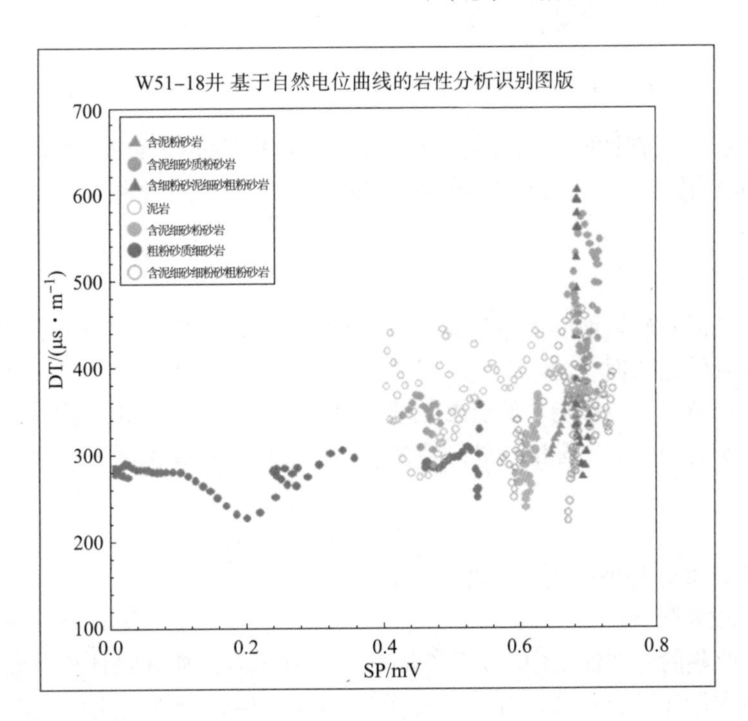

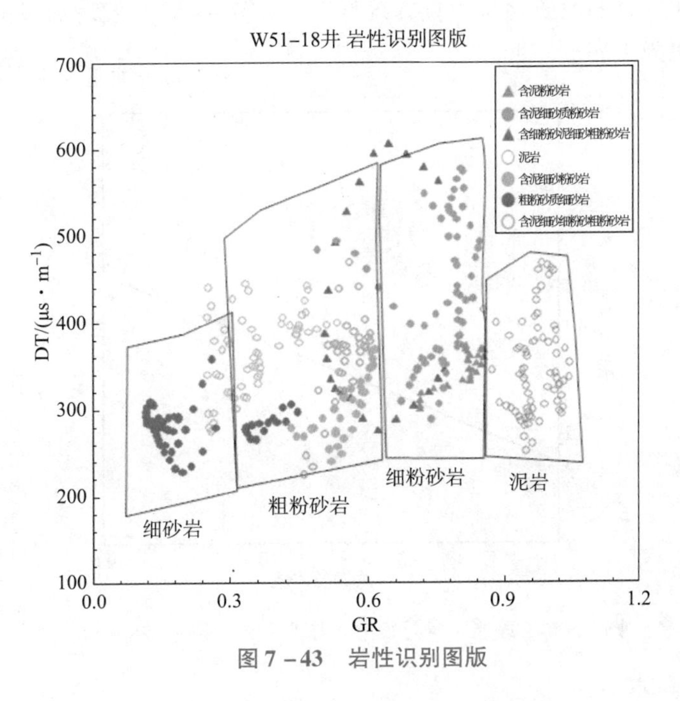

图 7-43　岩性识别图版

表 7-7　研究区岩性解释标准划分表

岩性	相对伽马值范围	岩性	相对伽马值范围
泥岩	GR > 0. 85	粗粉砂岩	0. 3 < GR ≤ 0. 5
细粉砂岩	0. 5 < GR ≤ 0. 85	细砂岩	GR ≤ 0. 3

（二）物性和含油气性测井解释模型建立

本次研究在前人物性解释研究的基础上，利用归位后的岩芯数据作为质控措施，提供了泥质含量、孔隙度、渗透率、含水饱和度的计算公式及相应的自相关质控分析结果。

1. 泥质含量解释模型

泥质含量是泥质砂岩地层参数计算与评价的重要基础参数，它不仅反映地层的岩性，而且与储层的有效孔隙度、含水饱和度、束缚水饱和度、渗透率等参数密切相关，因此，泥质含量的确定精度直接影响着储层参数的计算精度。文 51 区 GR 曲线对岩性较为敏感。因此，在本次研究中，采用标准化处理后的自然伽马曲线计算该区泥质含量。泥质含量模型如下：

$$\lg V_{sh} = 1.6277\Delta GR + 0.25 \quad (7-1)$$

式中，ΔGR 为标准化处理后的自然伽马比值；

V_{sh}为泥质含量，%。

由于本次收集的岩芯数据中无泥质含量数据，在拟合泥质含量计算方面，本次研究继承了前人泥质含量计算公式的拟合图版（图 7－44），通过分别绘制河道微相井段收集到的泥质含量与本次计算的泥质含量的直方统计图（图 7－45），发现后者的数据分布更为合理，计算结果更为可靠。

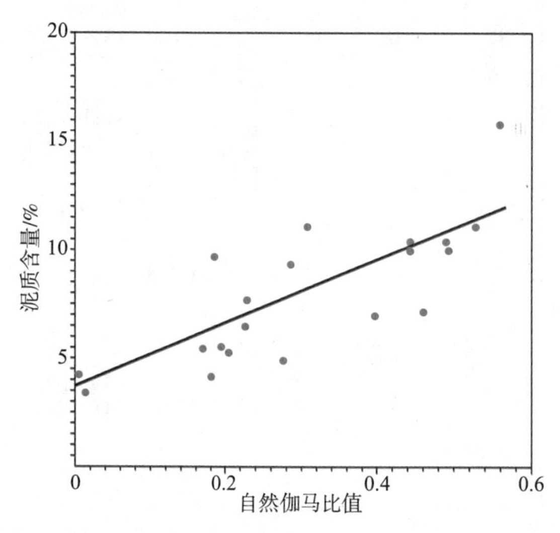

图 7－44　泥质含量与自然伽马比值交会图（沙二下）

2. 孔隙度解释模型

孔隙度是定量描述储层物性的重要参数，它主要通过声波时差、密度和中子孔隙度测井资料来反映。本次收集到的有中子曲线的井只有 3 口，有密度曲线的井也较少，通过分别绘制取芯井岩芯孔隙度与密度、声波时差曲线交会图（图 7－46），分析可知，岩芯孔隙度与声波时差相关性较好，因此本区采用声波曲线来计算孔隙度。由于孔隙度还受泥质的影响（图 7－47（a）），需对孔隙度做泥质校正。孔隙度计算公式为：

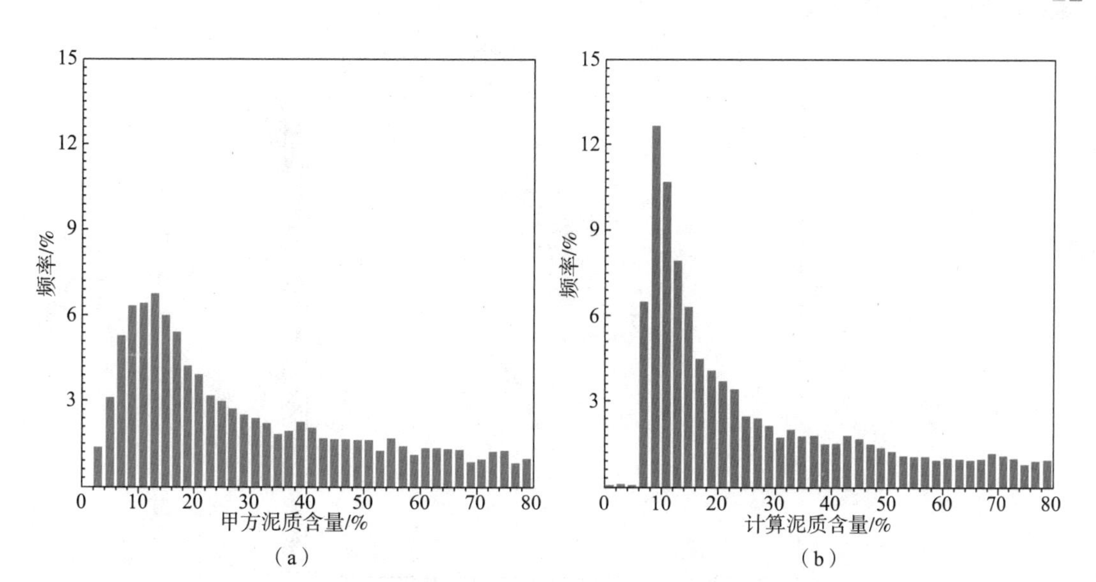

图 7－45　河道井段泥质含量统计分布直方图

(a) 非取芯井河道微相甲方泥质含量统计频率直方图（沙二下）；
(b) 非取芯井河道微相计算泥质含量频率直方图（沙二下）

$$\phi = 0.1442DT - 0.1881V_{sh} - 16.86 \quad (7-2)$$

式中，DT 为声波时差值，μs/m。

ϕ 为孔隙度，%。

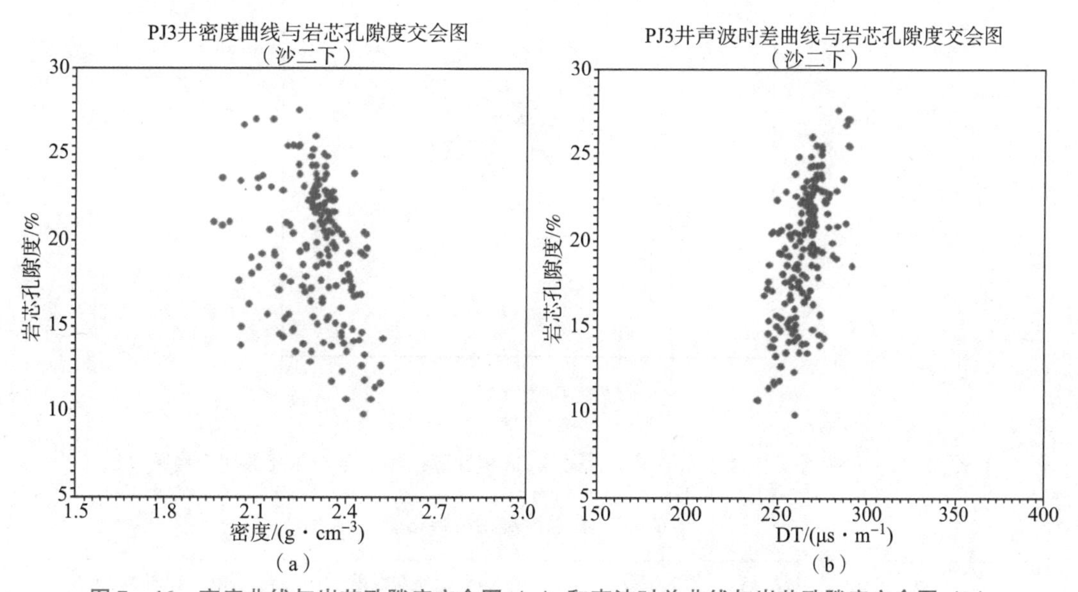

图 7－46　密度曲线与岩芯孔隙度交会图（a）和声波时差曲线与岩芯孔隙度交会图（b）

通过孔隙度的自相关交会图（图 7－47（b））及自相关数据表（表 7－8）可以看出，计算孔隙度与岩芯孔隙度的相关性很好，两者的绝对误差和相对误差也在合理误差范围内，说明本次使用的孔隙度计算公式是可靠的。

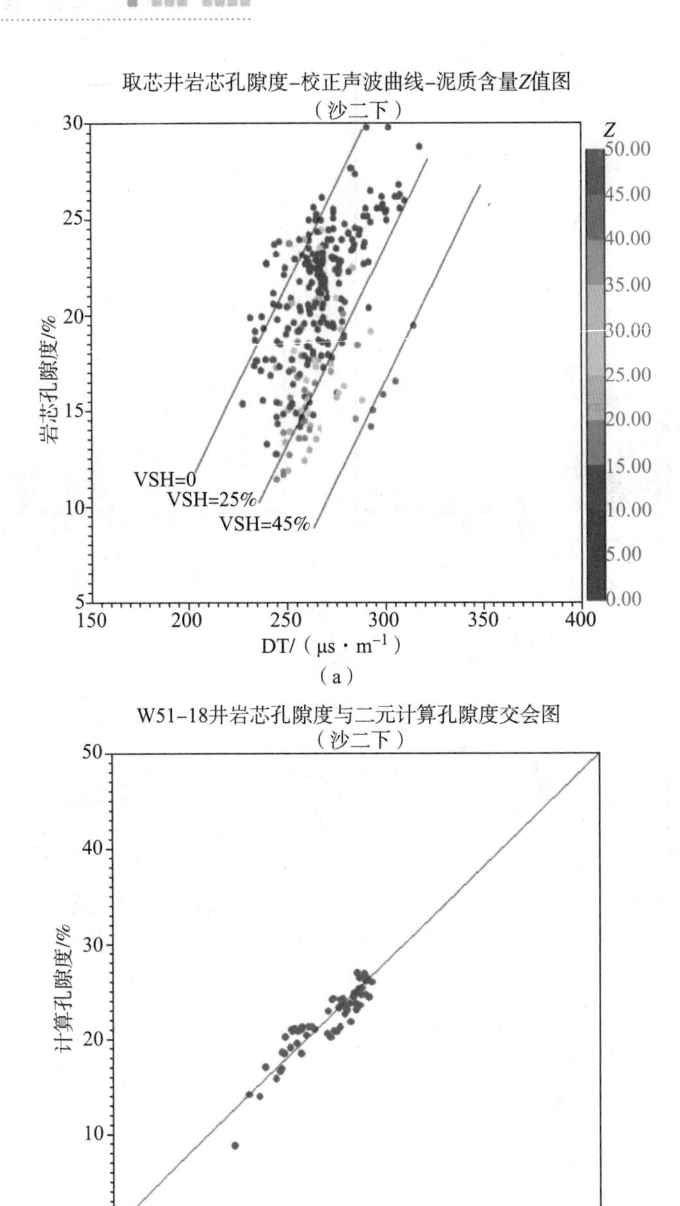

图 7－47　声波时差与岩芯孔隙度交会图（a）和计算孔隙度与岩芯孔隙度交会图（b）

表 7－8　孔隙度自相关数据表

点数	相关系数	绝对误差	相对误差/%
64	0. 758 2	1. 164	5. 597

本次收集到的甲方孔隙度计算公式为：

$$\phi = 0.1444DT - 0.1883V_{sh} - 16.88 \tag{7-3}$$

利用理论声波时差、泥质含量数据对式（7－2）和式（7－3）做误差分析，发现在泥质含量相同的情况下，声波时差越大，两者绝对误差越大；在声波时差相同的情况下，泥质含量越少，两者绝对误差越大（表7-9）。在声波时差取500 μs/m，无泥质含量的情况下，两者误差仅为0.08。鉴于以上分析，本次孔隙度计算模型最终采用式（7-3）。

表7-9 式（7-2）和式（7-3）误差分析数据表

声波时差/(μs·m^{-1})	泥质含量/%	式（7-2）孔隙度/%	式（7-3）孔隙度/%	绝对误差
200	10	10.099	10.117	0.018
200	20	8.218	8.234	0.016
200	30	6.337	6.351	0.014
200	40	4.456	4.468	0.012
200	50	2.575	2.585	0.010
200	60	0.694	0.702	0.008
220	10	12.983	13.005	0.022
220	20	11.102	11.122	0.020
220	30	9.221	9.239	0.018
220	40	7.340	7.356	0.016
220	50	5.459	5.473	0.014
220	60	3.578	3.590	0.012
240	10	15.867	15.893	0.026
240	20	13.986	14.010	0.024
240	30	12.105	12.127	0.022
240	40	10.224	10.244	0.020
240	50	8.343	8.361	0.018
240	60	6.462	6.478	0.016

3. 渗透率解释模型

渗透率是储层分析中的一个重要参数，它的大小反映流体在储层中的流动能力。岩石渗透性是决定油气藏能否形成和形成后油气井产量高低的重要因素。通过物性与电性相关性分析认为，本区储层渗透率与各种测井数据相关性都较差，但与孔隙度相关性较好。渗透率模型采用岩芯分析孔隙度与渗透率直接交会拟合公式，因此，渗透率参数是在孔隙度求解基础上得到的（图7-48），具体计算公式为：

$$\lg K = 0.2135\phi - 2.8688 \qquad (7-4)$$

式中，K 为渗透率，mD。

图7-48（b）是计算渗透率与岩芯渗透率的交会图。可以看出，两者的相关性是比较好的。从表7-10的误差统计结果看，两者也是比较接近的，说明上述渗透率计算模型是可靠的。

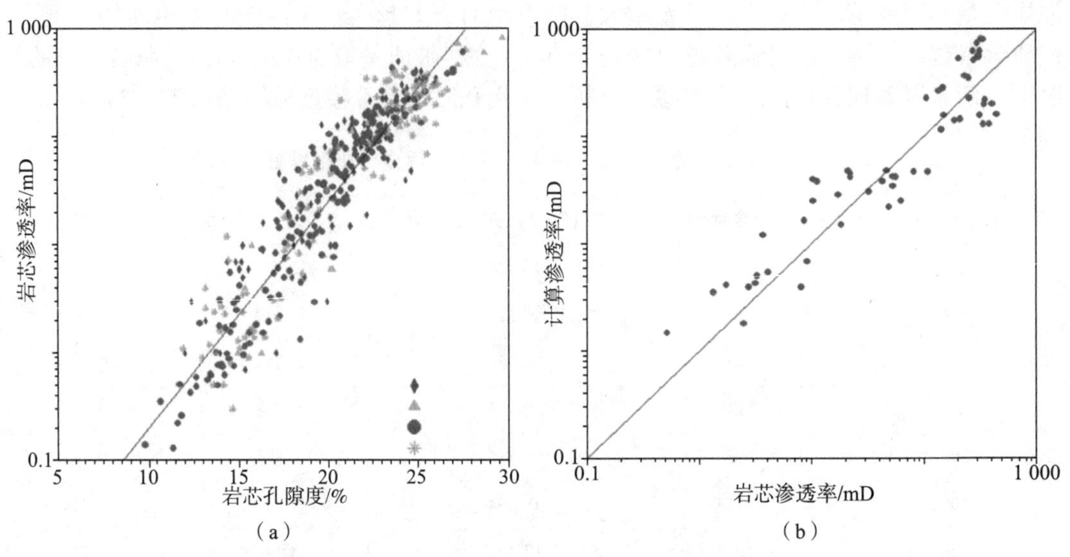

图 7-48 岩芯孔隙度与岩芯渗透率交会图（a）和岩芯渗透率与计算渗透率交会图（b）

表 7-10 渗透率自相关数据表

点数	相关系数	绝对误差/mD	相对误差/%
52	0.682 7	10.77	12.02

本次收集到的甲方渗透率计算公式为：

$$\lg K = 0.2134\phi - 2.8668 \tag{7-5}$$

利用理论孔隙度数据对式（7-4）和式（7-5）做误差分析，发现随着孔隙度的增大，绝对误差的总体趋势是变大的，但相对误差的范围均在0.5以内，说明两个公式的计算结果是基本一致的，见表7-11。鉴于以上分析，本次渗透率计算模型最终采用式（7-5）。

表 7-11 渗透率计算公式与甲方渗透率计算公式误差分析数据表

理论孔隙度/%	式（7-4）渗透率/mD	式（7-5）渗透率/mD	绝对误差/mD
0	0.001 4	0.001 4	0.000 0
5	0.015 8	0.015 9	0.000 1
10	0.184 6	0.185 0	0.000 4
15	2.156 3	2.158 7	0.002 4
20	25.188 4	25.188 4	0.000 0
25	294.238 8	293.900 3	0.338 5
30	3 437.162 0	3 429.256 7	7.905 3

4. 含油饱和度解释模型

通过取芯井岩芯含水饱和度、孔隙度及电阻率测井响应绘制交会图（图7-49（a)),

发现三者的变化规律与阿尔奇公式的认识一致，因此，本次研究采用传统的阿尔奇公式来计算饱和度，公式为：

$$S_w = \sqrt[n]{\frac{abR_w}{R_t \phi^m}} \tag{7-6}$$

$$S_o = 1 - S_w \tag{7-7}$$

式中，a、b、m、n 为岩电参数；

R_t 为电阻率，Ω·m；

S_w 为含水饱和度，%；

S_o 为含油饱和度，%。

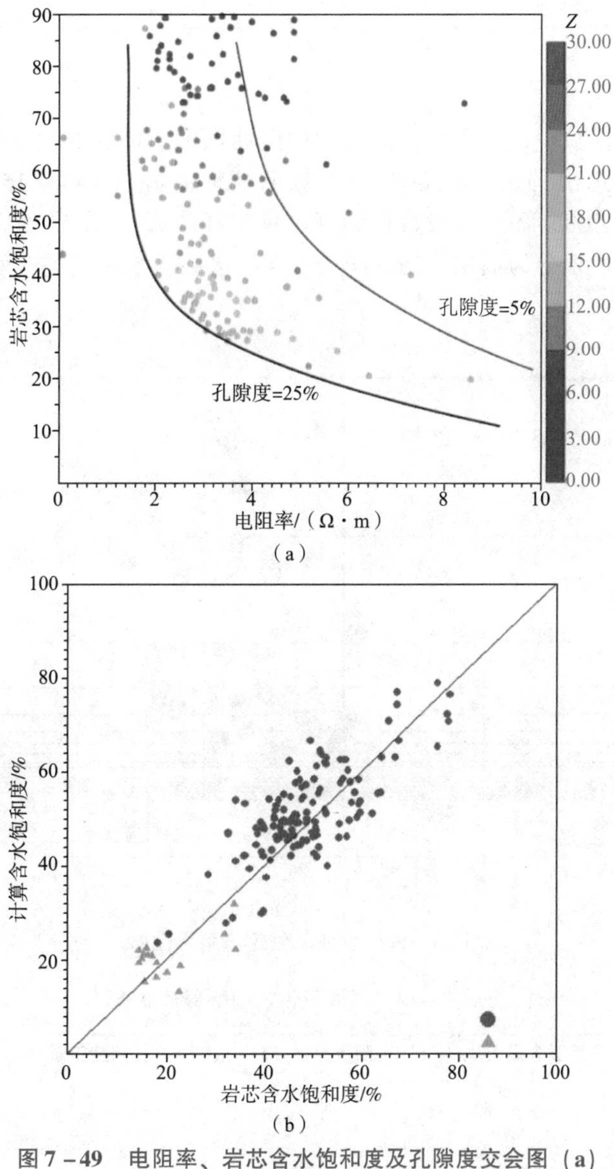

图 7-49　电阻率、岩芯含水饱和度及孔隙度交会图（a）和岩芯含水饱和度与计算含水饱和度交会图（b）

岩电参数数值来自前人的试验结果（表 7－12）。从图 7－49（b）可以看出，计算的含水饱和度与岩芯含水饱和度基本一致，两者的绝对误差和相对误差（表 7－13）都在合理误差范围，从而验证了饱和度模型的准确性。

表 7－12　a、m、b、n 试验结果数据表

区块	a	m	b	n	备注
文 51 块	0.976	1.734	1.011	1.918	借用濮城主块

表 7－13　饱和度自相关数据

点数	相关系数	绝对误差/%	相对误差/%
107	0.750 4	4.484	9.191

5. 含油气性解释模型

本次收集的数据缺少试油资料，无法利用试油数据绘制文 51 区的含油气性定量解释图版，而是利用筛选出的解释结论较为可靠的非取芯井（V43－15、P2－C361、P2－C411、P2－C449、PC85－9）井段数据绘制定量解释图版（图 7－50）。本区根据物性解释结果，将含油气性划分为油层、油水同层、含油水层、水层四类有效储层，其相应的物性划分标准见表 7－14。

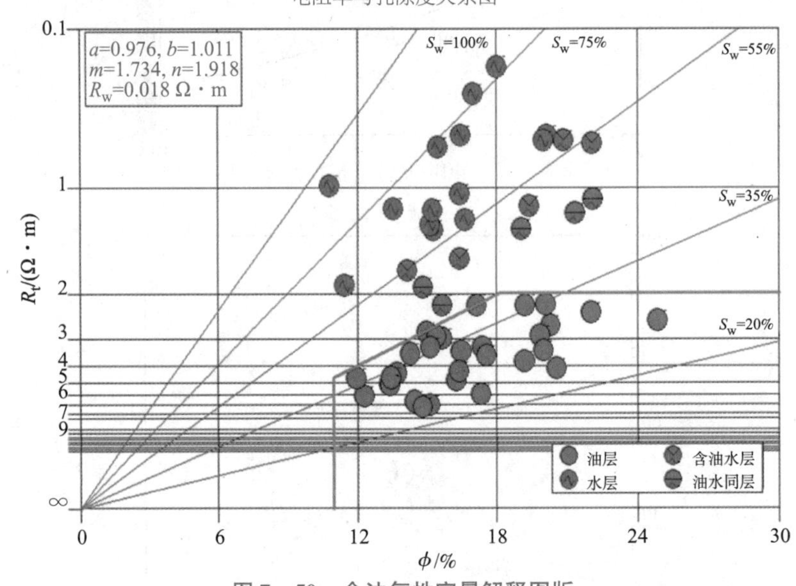

图 7－50　含油气性定量解释图版

表 7－14　含油气性定量解释标准表

解释结论	泥质含量上限/%	电阻率界限/(Ω · m)	孔隙度下限/%	饱和度界限/%
油层	<40	>2	>8	<40
油水同层	<40	>1	>8	40 ~ 53
含油水层	<40	>0.8	>8	53 ~ 65
水层	<40	<2	>8	>65

（三）单井物性与含油气性测井解释

利用测井解释模型，对研究区收集到的井进行了质控及补充解释，其中经过校正的井有 367 口，平面分布情况如图 7－51 所示。从中筛选了 10 口井的单井解释成果图进行展示，包括曲线校正、岩性解释、物性解释及含油气性解释（表 7－15），其中的 P2－C361 单井物性解释成果图如图 7－52 所示，红色曲线为校正后的自然伽马曲线、声波曲线。从解释的成果上来看，4、5 砂组的储层物性与含油性最好，2、3 砂组次之，其余 4 个砂组物性与含油性最差。通过对各个流动单元的砂体厚度、平均孔隙度、平均渗透率、平均含油饱和度及优势层（单个砂体厚度大于 2 m，平均孔隙度大于 10%）个数的统计（表 7－14），将流动单元划分为三类：

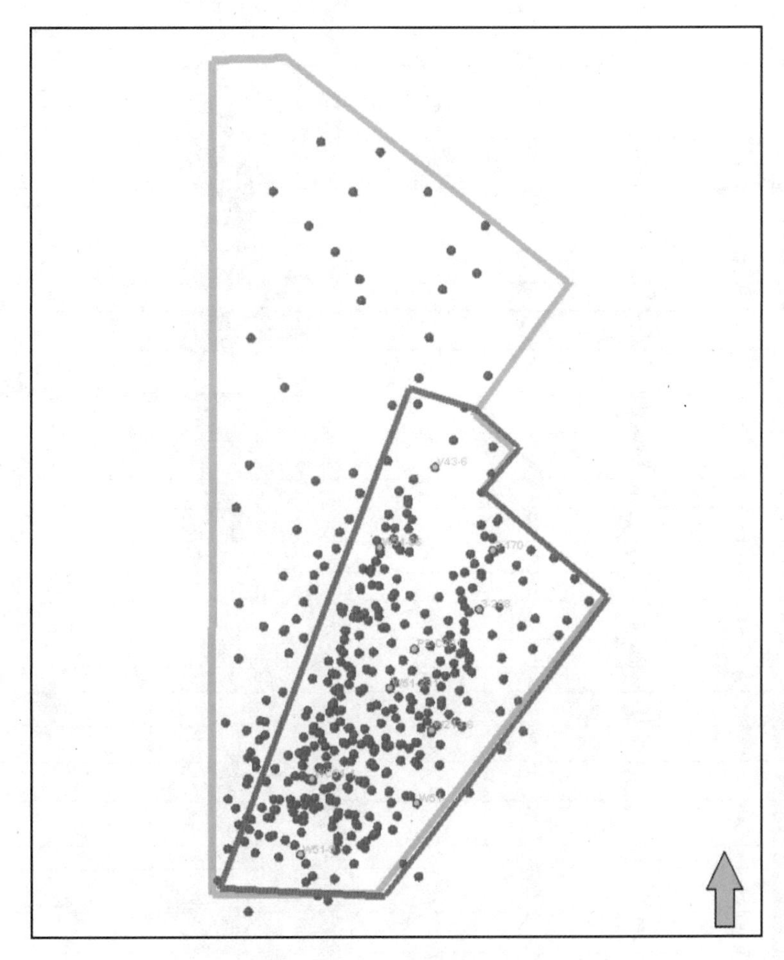

图 7－51　校正井平面分布图

一类流动单元 8 个：23、24、33、34、42、44、51、52，砂体厚度 1.44～3.88 m，平均孔隙度 17.52%～20.5%，平均渗透率 100.5～333.79 mD，平均含油饱和度 39.69%～50.05%，优势层个数在 15 个以上。

二类流动单元 12 个：沙二下 14、25、32、35、41、43、45、46、53、55、56、58，

砂体厚度 0.68 ~ 2.5 m，平均孔隙度 16.08% ~ 18.96%，平均渗透率 49.57 ~ 183.88 mD，平均含油饱和度 37.06% ~ 41.73%，优势层个数在 9 个以上。

其余流动单元均为三类流动单元。

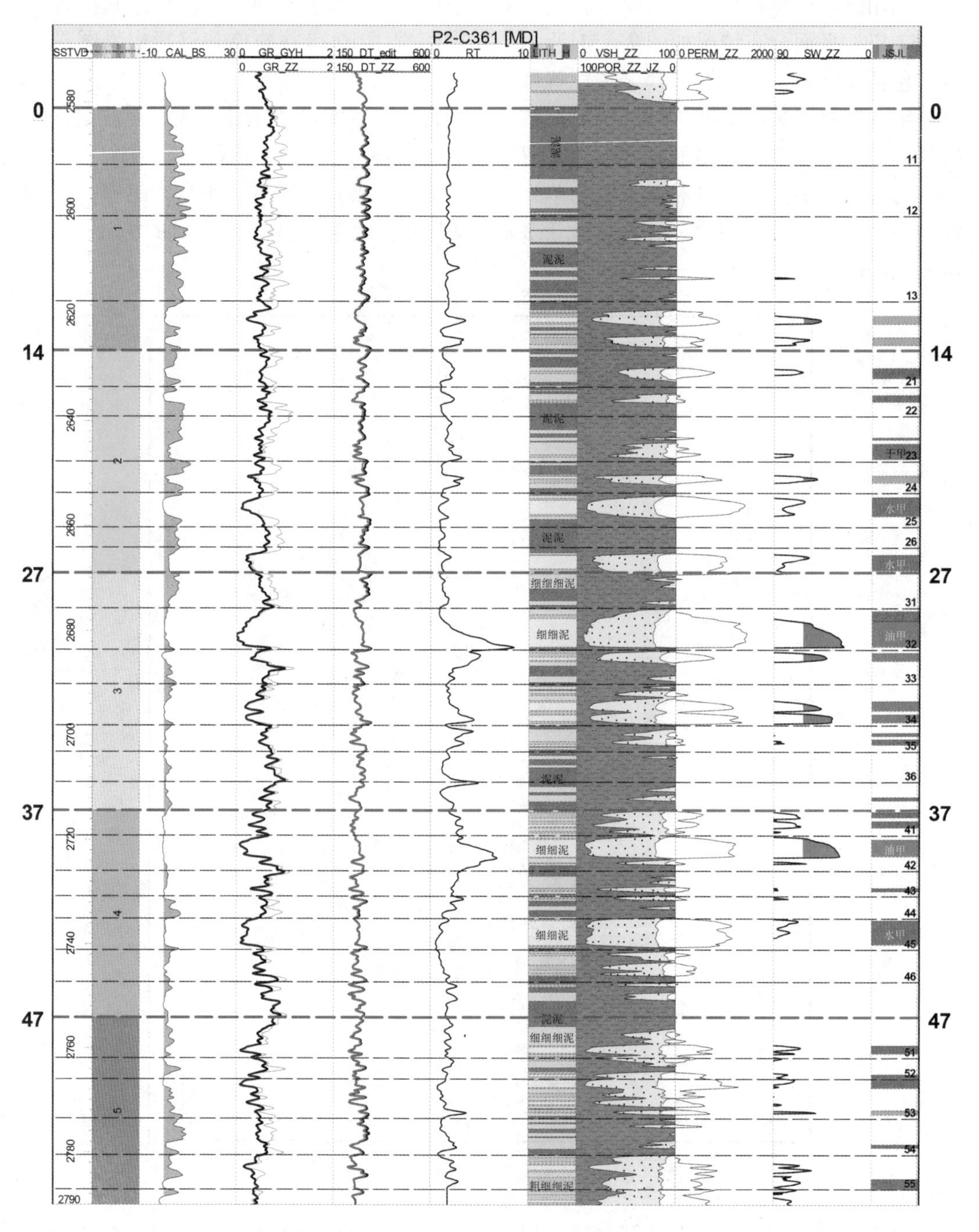

图 7 – 52　P2 – C361 单井物性解释成果图

表 7－15　流动单元储层物性统计表

流动单元	砂体厚度/m	平均孔隙度/%	平均渗透率/mD	平均含油饱和度/%	优势层个数/个
沙二下 11	0. 79	17. 75	69. 97	47. 10	4
沙二下 12	0. 38	16. 55	170. 98	29. 94	2
沙二下 13	0. 40	18. 91	206. 16	36. 52	5
沙二下 14	1. 17	16. 85	137. 02	38. 45	6
沙二下 21	0. 24	18. 11	373. 57	42. 97	3
沙二下 22	0. 18	15. 74	174. 53	30. 31	1
沙二下 23	1. 73	17. 94	117. 66	45. 47	18
沙二下 24	2. 04	18. 95	330. 79	50. 05	36
沙二下 25	0. 68	17. 34	171. 63	39. 67	11
沙二下 26	0. 13	18. 33	86. 58	41. 22	2
沙二下 27	0. 52	16. 24	98. 23	33. 54	6
沙二下 31	0. 27	18. 58	194. 66	38. 38	2
沙二下 32	1. 46	17. 24	120. 32	40. 17	24
沙二下 33	1. 44	18. 07	109. 14	49. 21	26
沙二下 34	2. 08	17. 80	100. 50	46. 56	18
沙二下 35	0. 74	16. 40	105. 55	41. 45	14
沙二下 36	0. 20	17. 06	203. 47	37. 32	4
沙二下 37	0. 36	15. 38	170. 43	32. 24	3
沙二下 41	1. 25	16. 08	93. 40	42. 40	9
沙二下 42	1. 70	17. 52	116. 87	46. 40	37
沙二下 43	1. 27	16. 87	87. 94	42. 36	16
沙二下 44	1. 95	17. 85	110. 75	39. 69	15
沙二下 45	1. 46	17. 18	49. 57	38. 07	15
沙二下 46	1. 72	17. 72	51. 73	41. 04	25
沙二下 47	0. 60	16. 32	32. 99	35. 46	5
沙二下 51	3. 88	20. 07	166. 59	48. 06	53
沙二下 52	3. 35	20. 50	186. 59	46. 49	64
沙二下 53	2. 13	18. 96	183. 88	40. 04	29

续表

流动单元	砂体厚度/m	平均孔隙度/%	平均渗透率/mD	平均含油饱和度/%	优势层个数/个
沙二下 54	0.88	16.23	122.81	33.50	8
沙二下 55	2.17	18.49	87.17	41.73	23
沙二下 56	2.50	18.66	100.42	40.04	15
沙二下 57	1.41	17.47	67.26	34.25	8
沙二下 58	2.23	18.48	101.14	37.06	9
沙二下 61	1.61	17.49	87.03	34.62	6
沙二下 62	0.54	17.45	141.58	33.18	4
沙二下 63	0.87	16.08	93.92	36.03	7
沙二下 64	2.59	17.82	72.10	38.95	10
沙二下 65	1.23	16.38	84.33	33.32	4
沙二下 66	0.82	16.35	176.76	35.42	6
沙二下 71	1.64	16.32	111.53	36.61	4
沙二下 72	2.55	18.35	97.63	42.96	9
沙二下 73	1.34	17.05	117.38	37.62	6
沙二下 74	1.20	16.72	123.42	37.45	6
沙二下 75	2.35	17.91	91.94	41.69	11
沙二下 76	2.99	18.39	120.05	40.91	9
沙二下 81	2.45	18.28	138.55	40.55	8
沙二下 82	1.11	15.95	142.12	34.91	4
沙二下 83	1.36	16.82	147.27	35.66	2
沙二下 84	1.29	16.80	129.70	37.13	1
沙二下 85	1.60	16.49	17.13	40.15	4

本次的物性解释工作，由于在预处理阶段对曲线进行了校正，校正的结果会引起物性解释结果的差异，特别是在部分储层的识别上，差异会比较明显。表 7－16 为误差统计表，利用二次解释的结果与甲方提供的物性结果进行平均误差统计，发现二者的平均误差整体上并不大。从图 7－53 可以看出，泥质含量的绝对误差主要集中在 20% 以内，峰值位于 5% 左右；孔隙度的绝对误差主要集中在 4% 以内，峰值位于 0.5% 左右；渗透率的绝对误差主要集中在 1 mD 以内，峰值位于 0.5 mD 左右；含油饱和度的绝对误差主要集中在 30% 以内，峰值基本为 0。从误差统计的结果来看，本次物性解释的结果中，一部分与甲方提供的结果基本一致，但还有一部分储层的识别与解释存在差异。

表 7－16　储层物性绝对误差统计数据表

项目名称	解释成果曲线	甲方提供曲线数量	二次解释曲线数量	最大绝对误差		最小绝对误差		绝对误差平均值/%
				层位	差值/%	层位	差值/%	
濮城油田文 51 块沙二下 3.5 D 及非可重复性时移地震开发研究	SH	93	409	36	8.5	44	0.01	3.07
	POR	109	409	52	4.26	37	1.05	2.70
	PERM	105	409	52	19.75	22	0.26	3.86
	SO	72	392	22	4.65	53	0.016	1.67

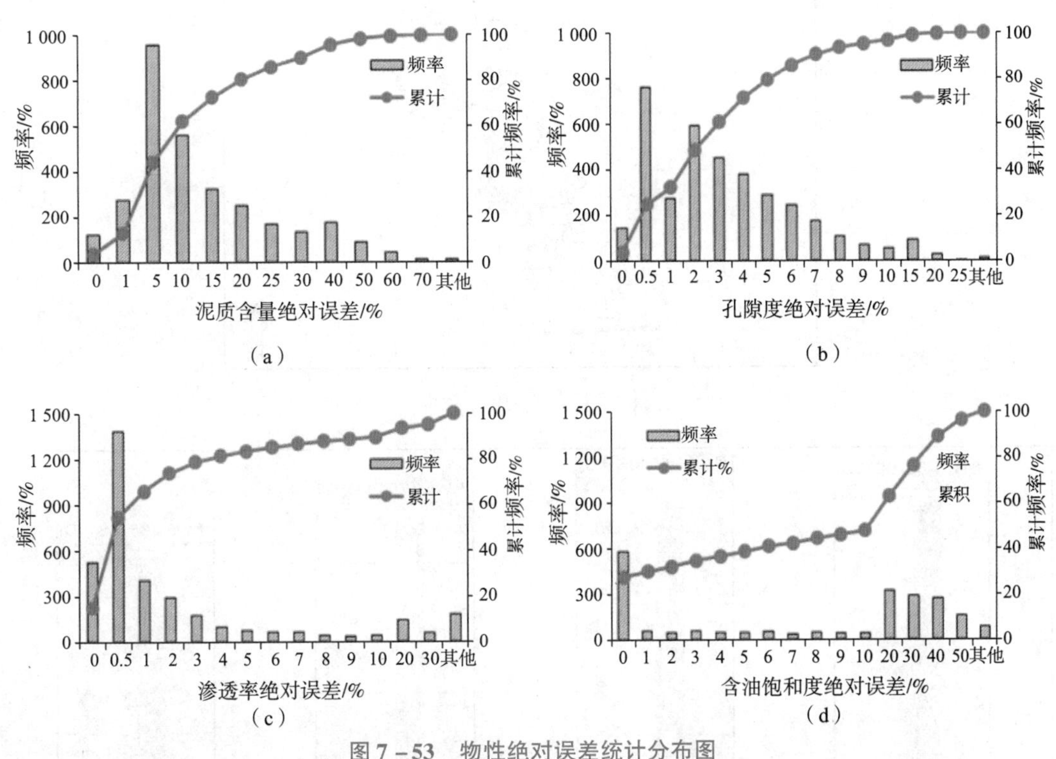

图 7－53　物性绝对误差统计分布图

(a) 93 口井泥质含量绝对误差统计分布；(b) 109 口井孔隙度绝对误差统计分布；
(c) 105 口井渗透率绝对误差统计分布；(d) 72 口井含油饱和度绝对误差统计分布

在研究区内绘制连井图，并结合本区的产油、产水开发数据，根据单井的各流动单元的动态开发数与其物性好坏是否一致，以及邻井的砂体的形态、厚度、分布等是否一致或相似，可以检测二次解释结果的可靠性，同时，也能加深对本区的储层分布情况的认识，有利于本区储层沉积解释工作的进行，如图 7－54～图 7－56 所示。以 L1 连井线为例，单井图最右边的为产油量（红色）、产水量（绿色）数据，数据的长短代表产量的高低；中间蓝色表示孔隙度、红色表示孔隙度中的含油率。文 51－63 井的 32、33 流动单元累计产油量、产水量最高，23 流动单元的产量较低，比较其对应的孔隙度与含油率，可以看出，32、33 流动单元的要好于 23 流动单元的，说明本次解释的结果与开发数据是比较吻合的，在一定程度上也说明本次解释的结果是比较可靠的。通常认为在无大的沉积变动情况下，

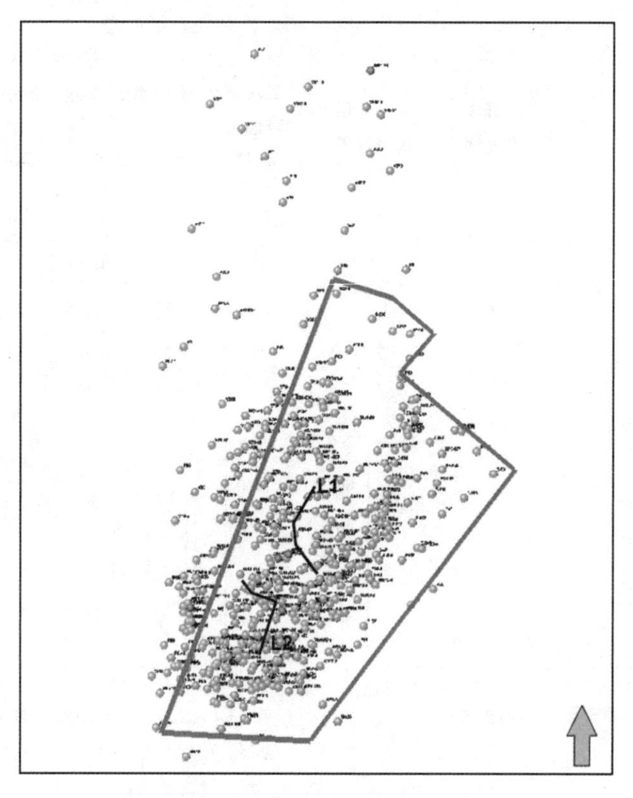

图7-54　L1与L2连井线平面分布图

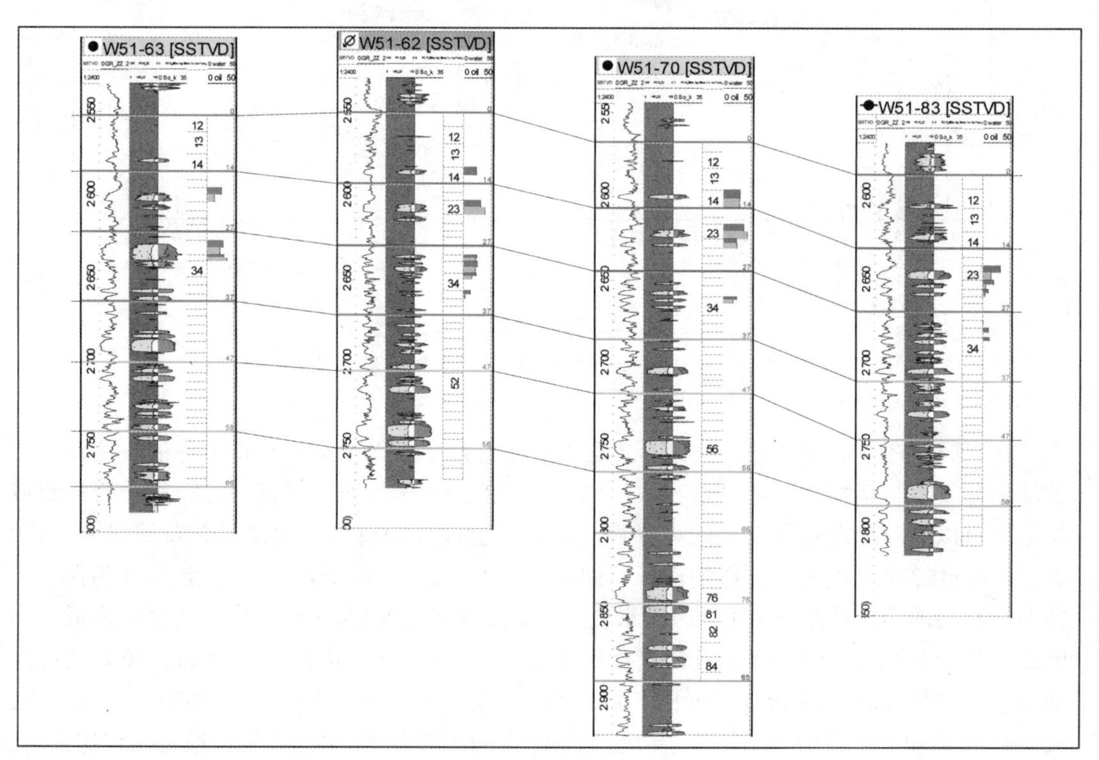

图7-55　L1连井线剖面图

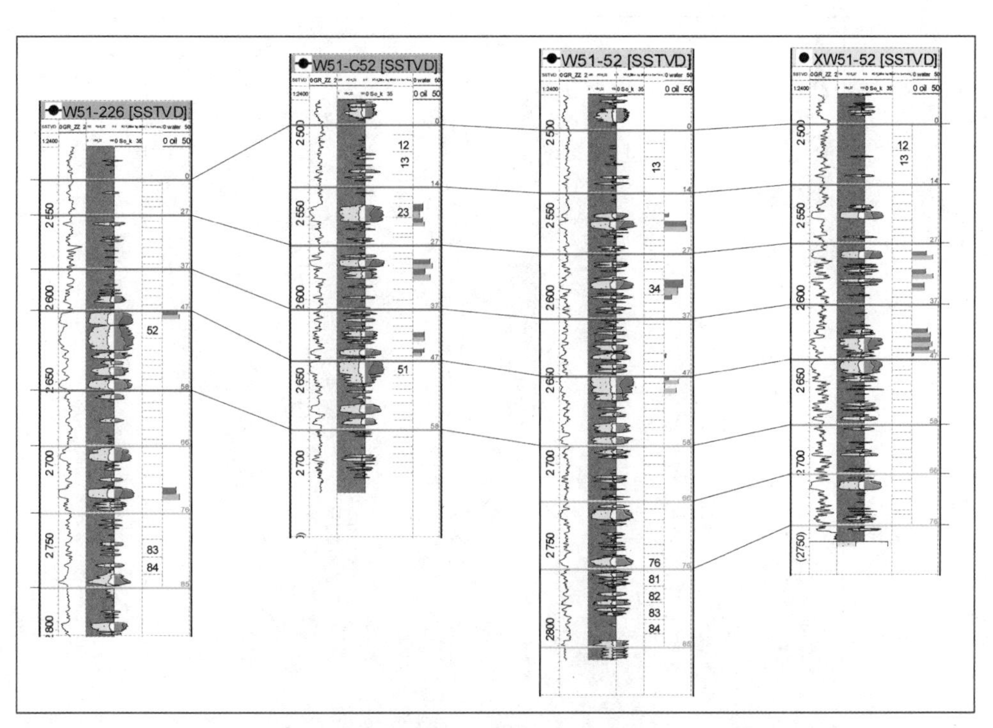

图 7－56 L2 连井线剖面图

邻井的砂体、物性应该基本一致。从 L1 连井图上 56 流动单元可以看出，W51－62、W51－70、W51－83 解释的砂体形态、物性基本一致，而 W51－63 砂体形态明显发生变化，说明两者的沉积特征发生了变化，这点在前人提供的沉积微相平面图上得到了证实，也说明本次解释的结果是可靠的。在对其余井的解释结果进行质控分析时，可以用上述方法进行检验。

（四）井震联合储层特征平面综合分析

储层平面综合特征主要包括储层厚度、沉积微相、孔隙度、渗透率、含油饱和度等。本次研究的主要思路：首先通过储层砂体厚度平面分布图（图 7－57），分析储层砂体的平面分布特征，根据单井沉积相解释及连井沉积相剖面分析成果（图 7－58），结合本区的古物源古沉积背景，在地质概念模式和沉积相绘制原则的指导下，同时，充分利用地震振幅属性切片（图 7－59），对各类沉积微相进行合理的平面分布组合，从而实现地质合理的沉积微相平面成图（图 7－60）。其次，在上一步沉积微相的控制下，参考本区的地震信息，选择合适的成图方法，进行相控下的储层砂体厚度、孔隙度、渗透率、含油饱和度平面成图。在绘制渗透率平面图时，应该充分考虑本区较好的孔渗相关性，利用孔隙度的平面分布趋势约束成图。最后，应用储层的沉积相、砂体厚度、孔渗饱属性平面分布图，对储层的平面综合特征加以解释和分析。本次储层的平面综合特征研究侧重于研究区的一类储层，主要为沙二下的 23、24、33、34、42、44、51、52 八个主力小层。以 23、24 小层为例进行储层平面综合特征描述（图 7－61 和图 7－62），由于篇幅所限，其他六个小层不做详细描述。

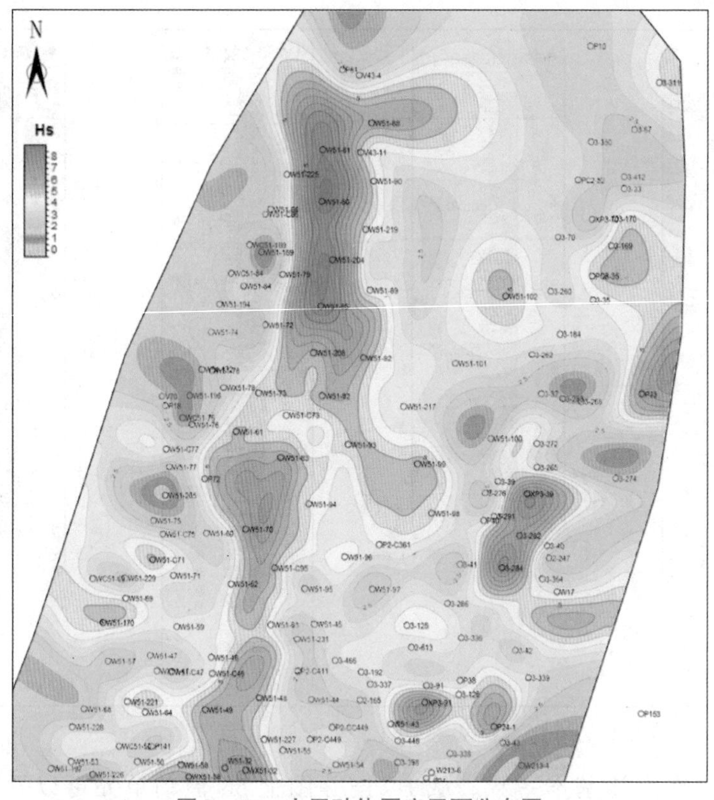

图 7－57　小层砂体厚度平面分布图

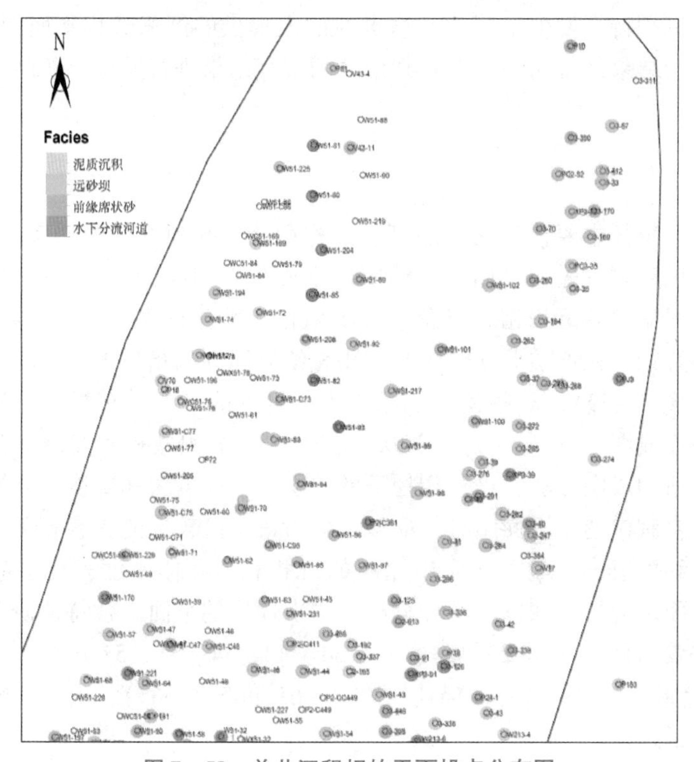

图 7－58　单井沉积相的平面投点分布图

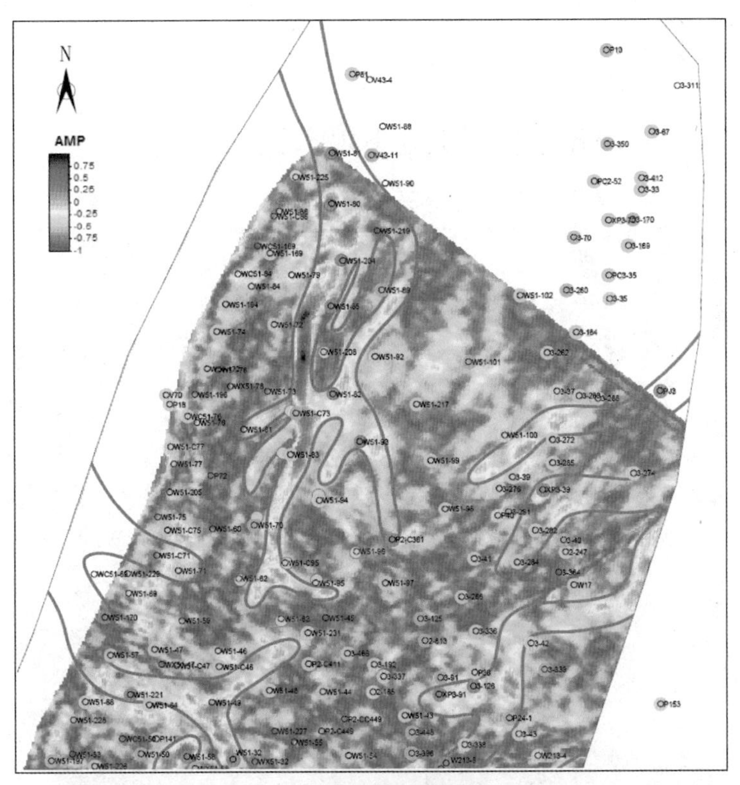

图 7－59　地震振幅属性切片

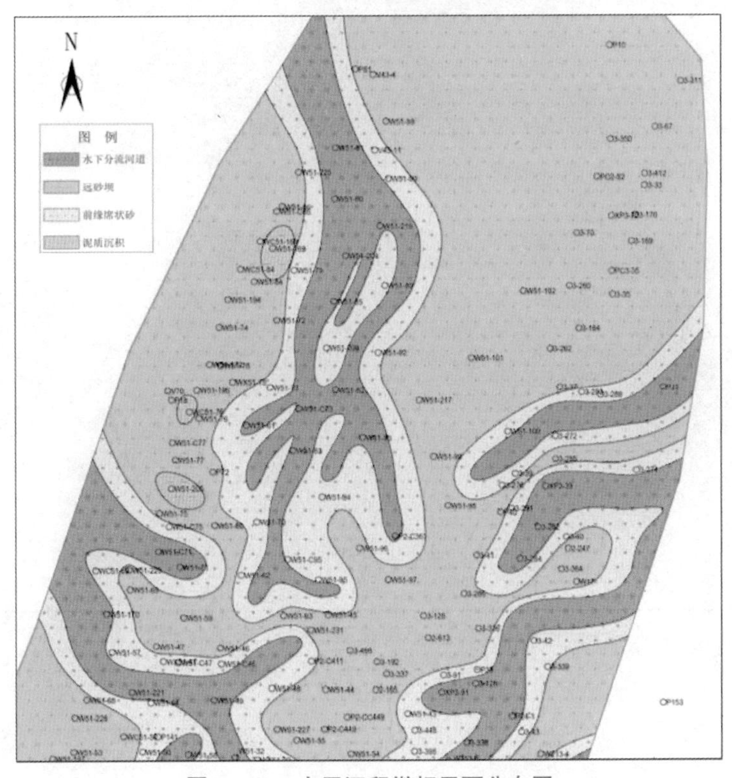

图 7－60　小层沉积微相平面分布图

W51油田沙二下23沉积微相图

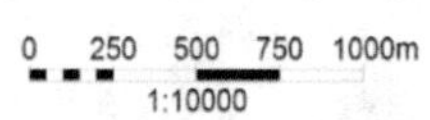

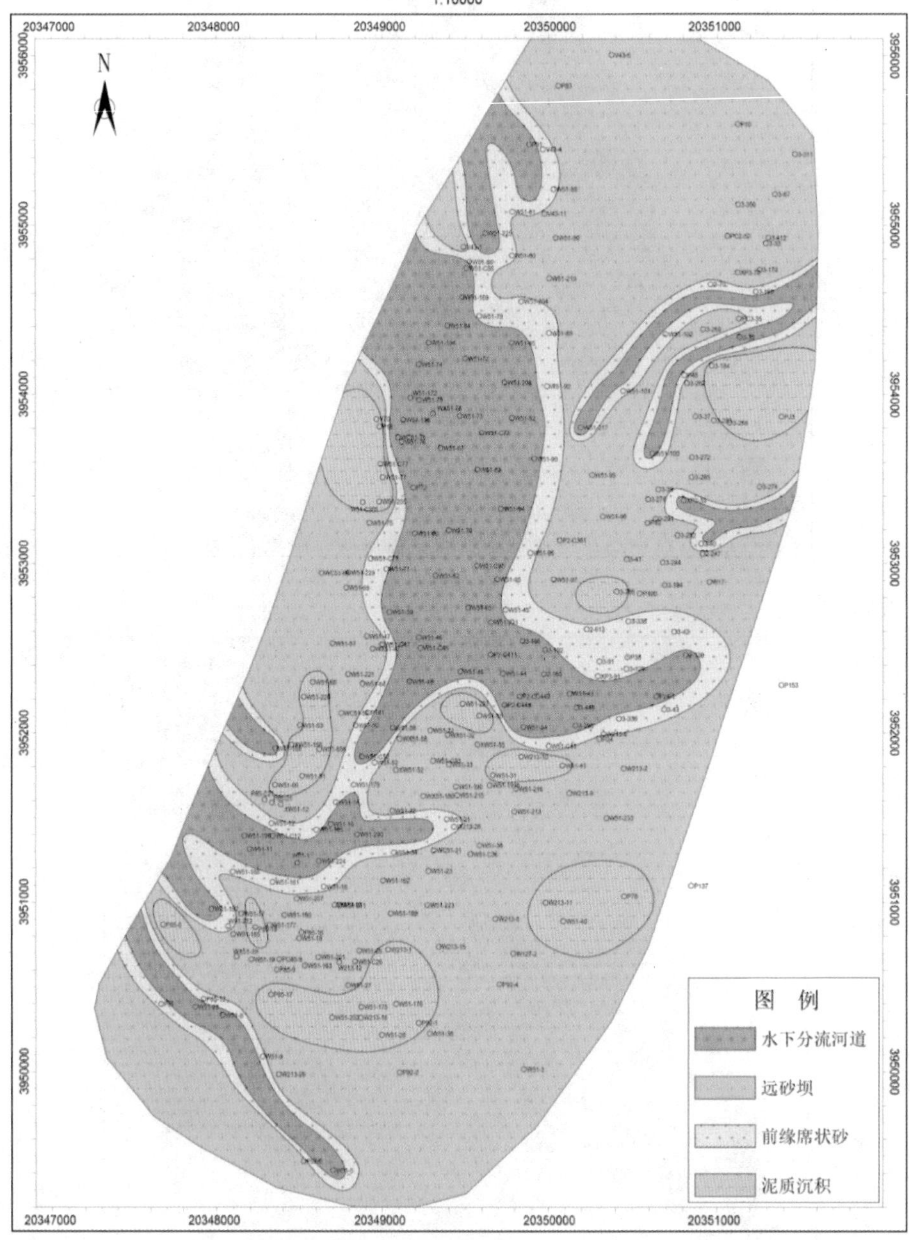

图7－61　23小层沉积微相平面分布图

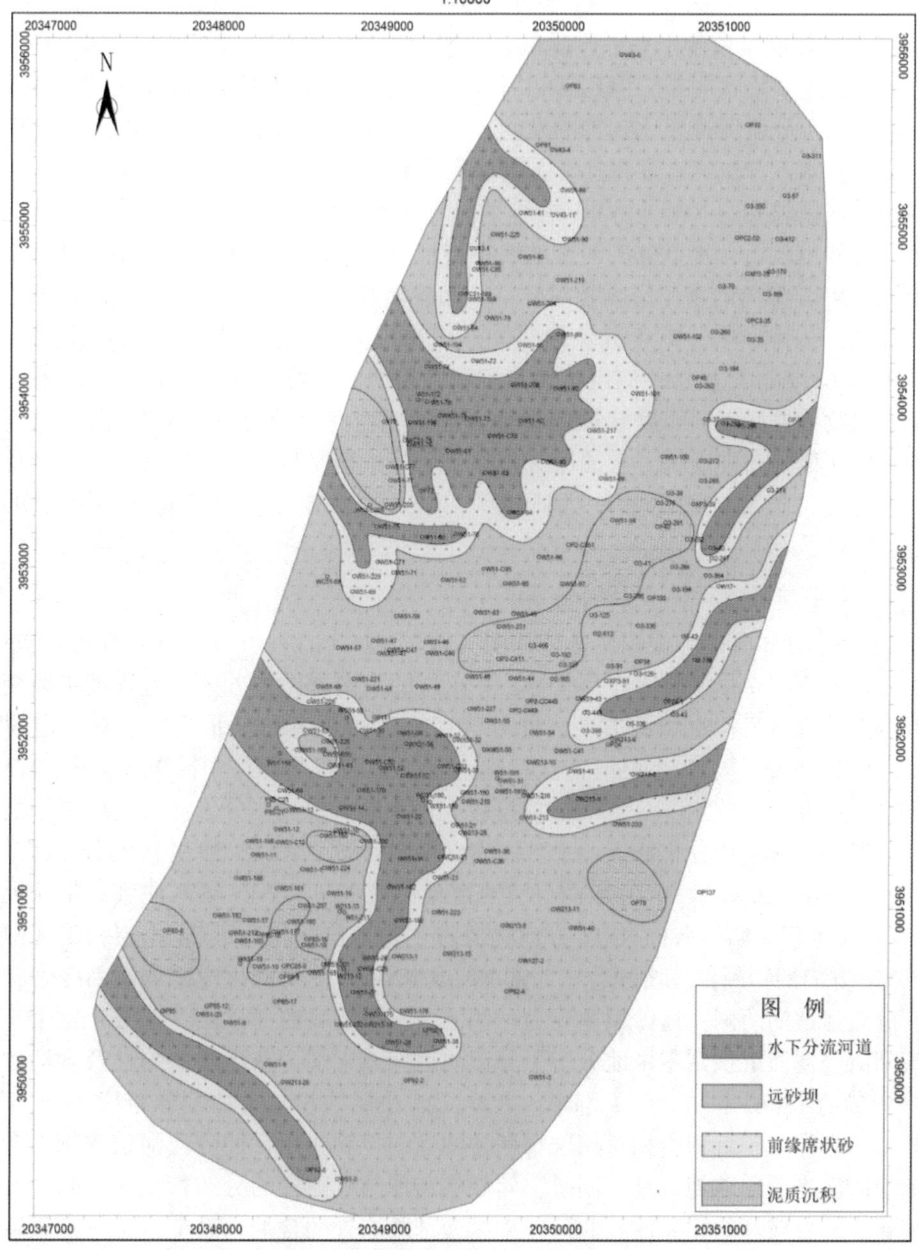

图 7－62　24 小层沉积微相平面分布图

1. 24 小层储层平面综合特征解释

24 小层砂体厚度和振幅属性切片图（图 7－63（a））表明，砂体发育区主要位于工区东部的 3－283、4－40、3－339 井区，西北部的 W51－78、W51－73、W51－82 井区，南部的 WC51－50、W51－C33、W51－22、W51－189 井区，工区中部砂体欠发育；从砂体分布的形态看，工区东部 3－283 等井区砂体呈 NNW 方向条带状展布，西北部的 W51－78 等井区砂体厚度虽稍逊于东部厚砂区，但相对稳定，形态呈朵叶状，南部的W51－C33 等井区砂体也呈条带状展布，但延伸相对较远。从 24 小层的沉积微相图上看，总体来说，工区西部的水下分流河道要比东部的发育。其中，在西北部发育一个轴向为 NNW 方向的三角洲朵叶，水下分流河道发育连片，前缘席状砂呈席状分布于河道末端。此外，西南部还存在一条规模较大的 NW 或 NNW 方向的分流河道，东部 NNE 方向的分流河道规模则相对较小，延伸也较短，水下分流河道的展布特征反映该小层沉积时，主要受控于 NNW 方向的物源，NNE 方向的物源影响相对较小。远砂坝遍布于整个工区，泥质沉积主要位于工区的中部地区，其零星分布于分流河道间。该小层物性及含油性平面分布图（图 7－63（b）~图 7－63（d））显示，储层物性与沉积微相的展布特征基本吻合，沿水下分流河道方向分布的物性要好于前缘席状砂的物性，远砂坝物性由于泥质含量偏高，而显得稍差；含油饱和度平面分布则反映了含油性分布除了受沉积相控制外，还受物性、构造及断层的影响，在分流河道和前缘席状砂优势相区，以及物性较好、构造高位和断层处含油性较好。

2. 23 小层储层平面综合特征解释

从 23 小层砂体厚度和振幅属性切片图（图 7－64（a））上看，工区西北部 W51－74、W51－72、W51－70 井区砂体连片发育，往工区的东南方向，砂体发育程度逐渐变差，在一定程度上体现了沉积古物源方向。此外，在工区的西南和东北两端也有一定的砂体发育，呈条带状展布。从 23 小层沉积微相图上看，工区西北部往中部W51－74、W51－70、W51－95、3－448 沿线水下分流河道规模较大，水动力较强，分流河道侧向频繁摆动，砂体垂向叠置，形成连片分布特征；工区西南部 W51－11、W51－25 井区的分流河道规模次之，东北部 3－35、XP3－39 井区的分流河道规模最小，呈 NE－SW 向细条带状展布，反映了 23 小层沉积时期，来自 NNW 方向物源占主导地位，相比于 24 小层，工区中部及西北部 NNW 方向的物源供应增强，东北部 NE 或 NNE 方向物源供应减弱。前缘席状砂主要分布于分流河道的两侧；远砂坝主要为一些泥质含量较高的薄砂层，遍布于整个工区；水下分流间湾等泥质沉积则零星地分布于分流河道间或末端。从小层的物性及含油性平面分布图（图 7－64（b）~图 7－64（d））上看，23 小层的物性含油性分布特征与 24 小层的较为相似，也体现了沉积微相对储层物性含油性的控制作用，即分流河道的物性含油性最好，前缘砂次之，远砂坝最差。同时，储层渗透率与孔隙度的分布特征极为吻合，反映了测井解释中二者较好的相关性。此外，工区南部断层处的含油性高值区，一定程度上反映了断层对含油性的控制作用。

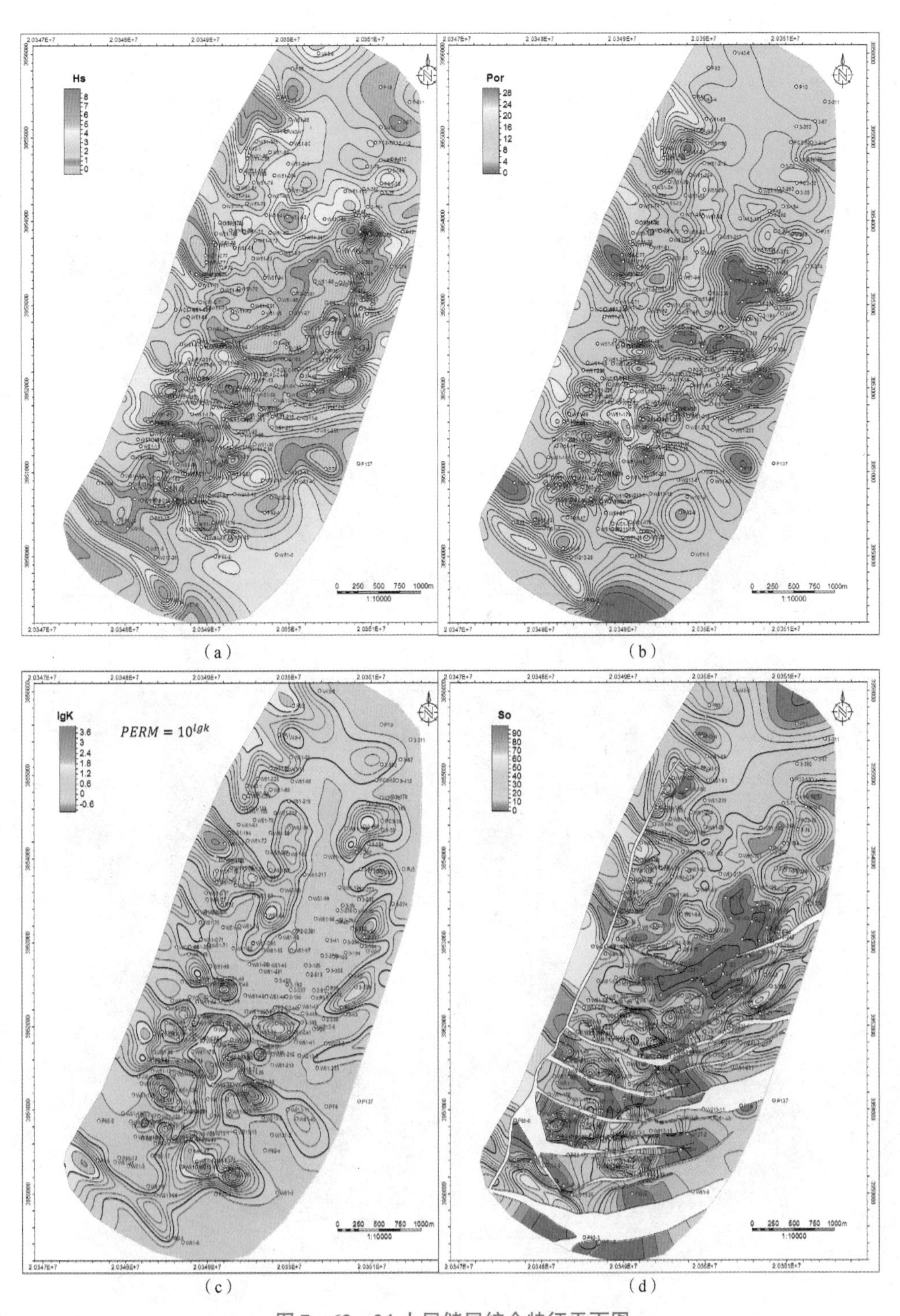

图 7－63　24 小层储层综合特征平面图

（a）砂体厚度；（b）孔隙度；（c）渗透率；（d）饱和度

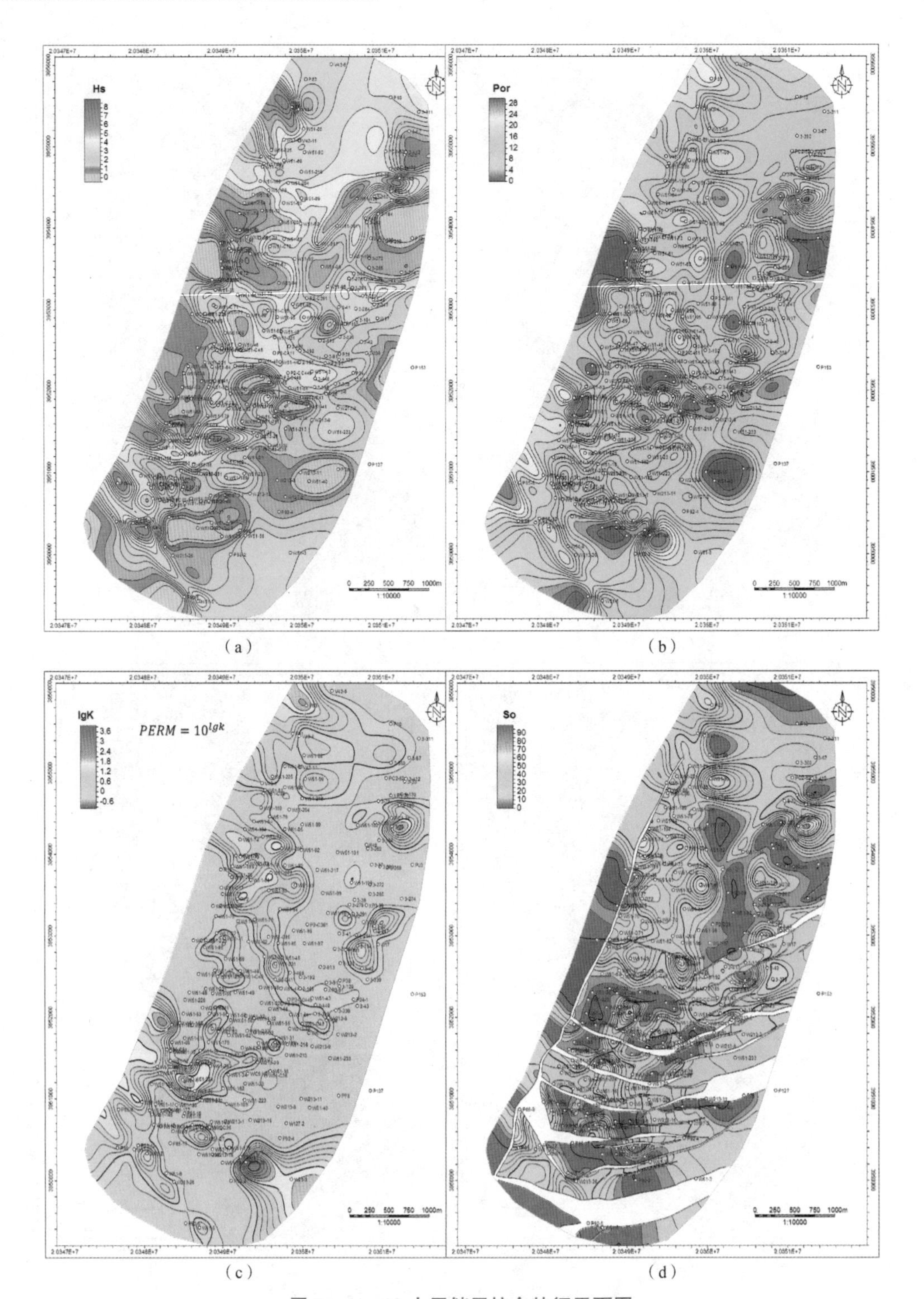

图 7-64　23 小层储层综合特征平面图

（a）砂体厚度；（b）孔隙度；（c）渗透率；（d）饱和度

第八章

深层高压薄互层高效细分

一、吸水剖面预测技术

（一）确立细分注水层段、渗透率级差界限

通过对濮城沙二下薄互层非均质油藏摸排选井，抽取了30口井进行资料分析与统计，建立了吸水百分数与注水层数/厚度关系、渗透率极差与吸水百分数关系、渗透率极差与采出程度关系曲线图版（图8－1～图8－3）。通过数值模拟结合现场资料统计，得出注水层段控制在6层/13 m时，吸水层数百分数可达60%以上。注水井射开小层渗透率级差应控制在5倍以内，层间得到有效动用。

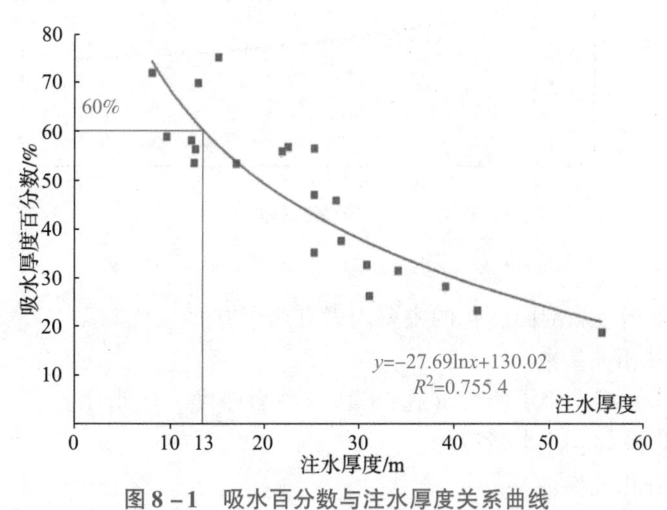

图8－1　吸水百分数与注水厚度关系曲线

（二）建立吸水剖面预测模型

注水井吸水剖面的变化既受储层地质特征和注水井注入参数的影响，也受对应油井开采的影响，属于一个极其复杂的“黑箱”系统。吸水剖面变化与影响因素之间是一种完全非线性的关系。

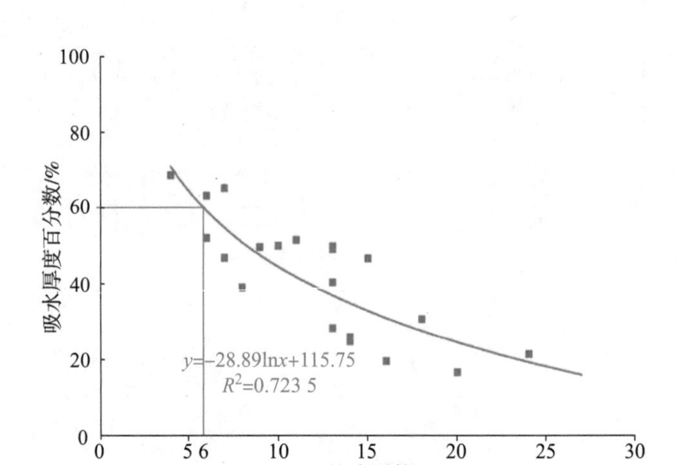

图 8-2　吸水百分数与注水层数关系曲线

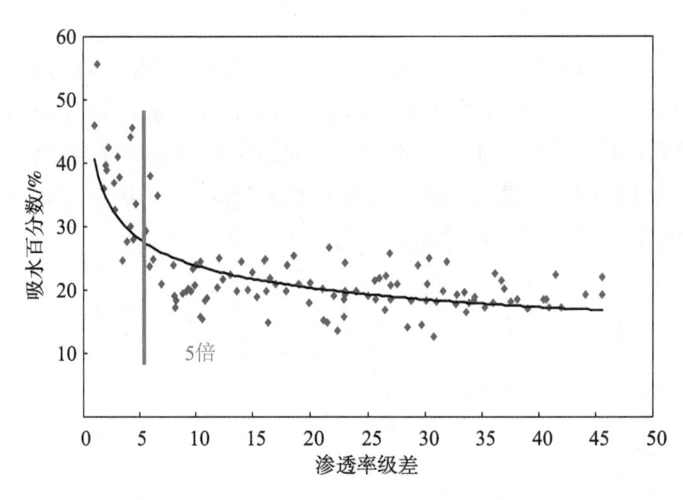

图 8-3　吸水百分数与渗透率级差关系曲线

分析认为，影响吸水剖面变化的主要因素有两个方面：

（1）与注水井相关参数

包括小层沉积微相、小层物性（孔、渗）、砂岩厚度、注水压力、小层地层压力、合注层数、单层突进系数、注水量等。

（2）对应油井相关参数

包括小层沉积微相、小层物性（孔、渗）、油层厚度、注采井距、油井产量等参数。

影响吸水剖面变化的地质开发因素多种多样，各因素影响程度不同。采用模糊理论结合自适应网络预测方法进行各因素影响程度研究。

充分利用前期大量吸水剖面测试资料，依据注水井及油井参数，量化权重值见表 8-1。

表 8－1 吸水剖面影响因素权重系数表

参数	影响因素权重	目前平均拟合误差/%	权重改变/%	平均拟合误差/%	误差变化幅度/%
注水井储层厚度	35.69	4.61	10	27.31	22.70
注水井储层渗透率	－10.123		10	27.19	22.58
注水井孔隙度	3.517		10	20.77	16.16
单层突进系数	－15.32		10	20.89	16.28
注入压力	－1.292		10	26.90	22.29
油井储层厚度	－337.4		10	10.80	6.19
油井储层渗透率	10.105		10	10.70	6.09
油井储层孔隙度	68.91		10	10.48	5.87

各因素权重系数统一变化幅度为10%，其中注水井小层厚度、渗透率及注水压力三项参数变化后对模型拟合的准确程度影响最大，表明这三项参数敏感性最高，重要性最高。

自适应模糊神经网络是一种解决影响因素与结果间非线性复杂关系的系统分析预测方法（图 8－4）。一方面，可以利用自适应神经网络回归处理海量数据；另一方面，可以利用模糊评判分析数据的综合规律和某些不确定性分布，这是将数据分析学习与分析结果推理相结合的有效预测方法。

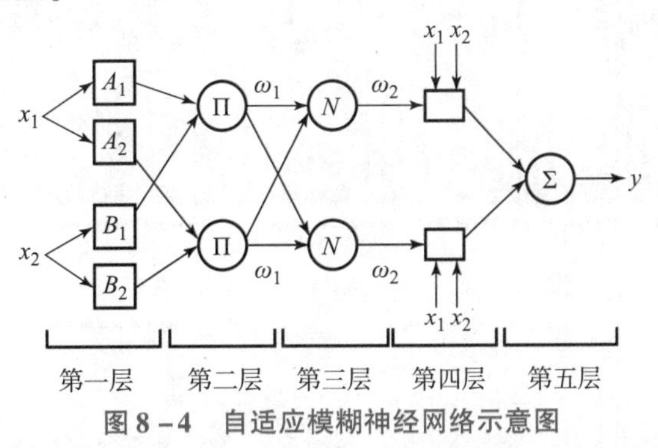

图 8－4 自适应模糊神经网络示意图

第一层为输入层，输入每项影响因素；第二层每个结点代表影响因素相应评价集的隶属度；第三层每个结点代表一条模糊规则；第四层进行各个影响因素的归一化计算；第五层是模糊神经网络的输出层，输出预测指标。

根据模糊神经网络预测法构建出数学表达系列式，进行复杂的迭代计算，计算出小层相对吸水量，与实际数据进行比较，若计算值在误差允许范围内，则得到满足要求的影响因素权重及模糊规则；若误差不符合要求，则调整模糊规则及因素权重，修改数学表达式，重新进行迭代运算，直到误差满足要求，如此得到比较可靠的吸水剖面预测模型（图 8－5 和图 8－6）。

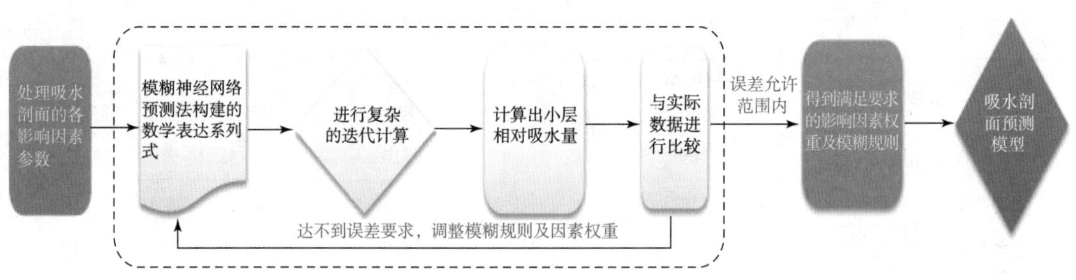

图 8-5　吸水剖面预测模型构建流程图

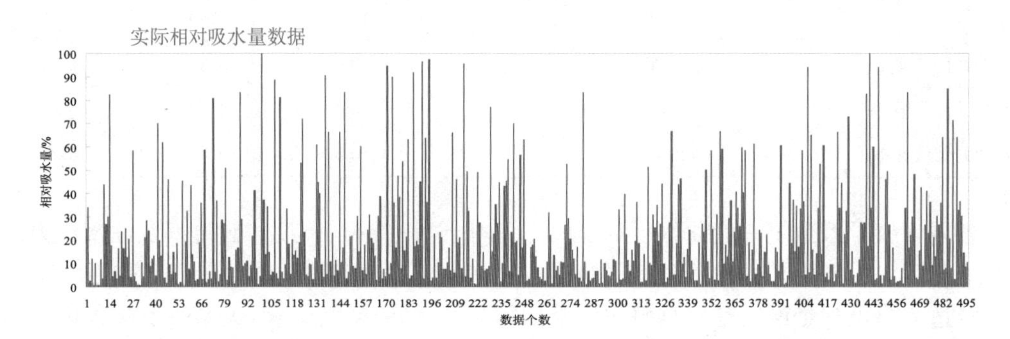

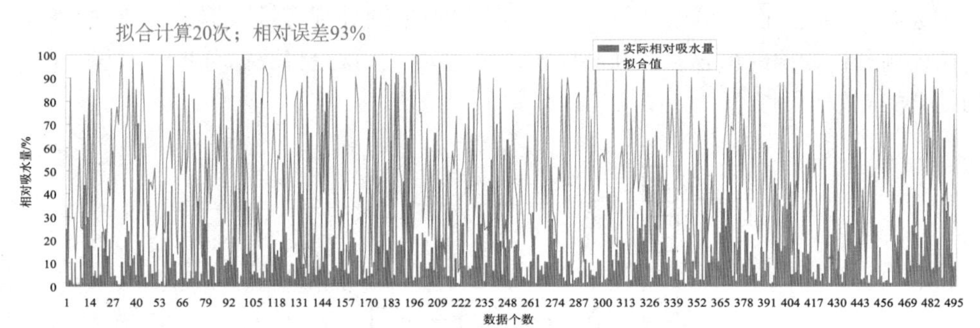

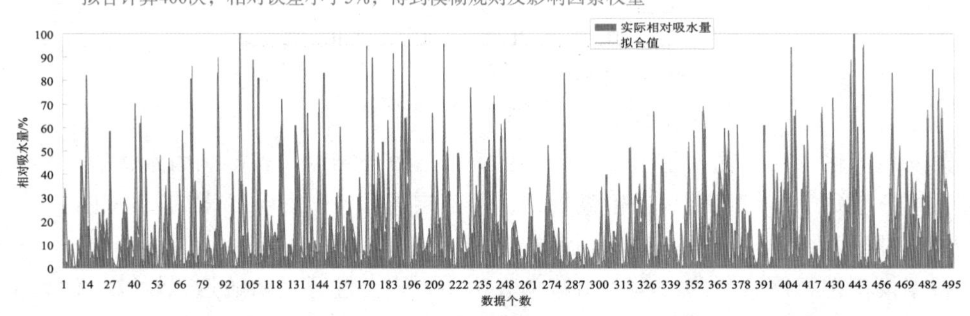

图 8-6　吸水剖面预测模型计算拟合过程

形成吸水剖面预测模型后，对未参与拟合计算的 4 口注水井 11 次吸水剖面资料进行检测比对，总体效果较好（图 8-7 和图 8-8）。

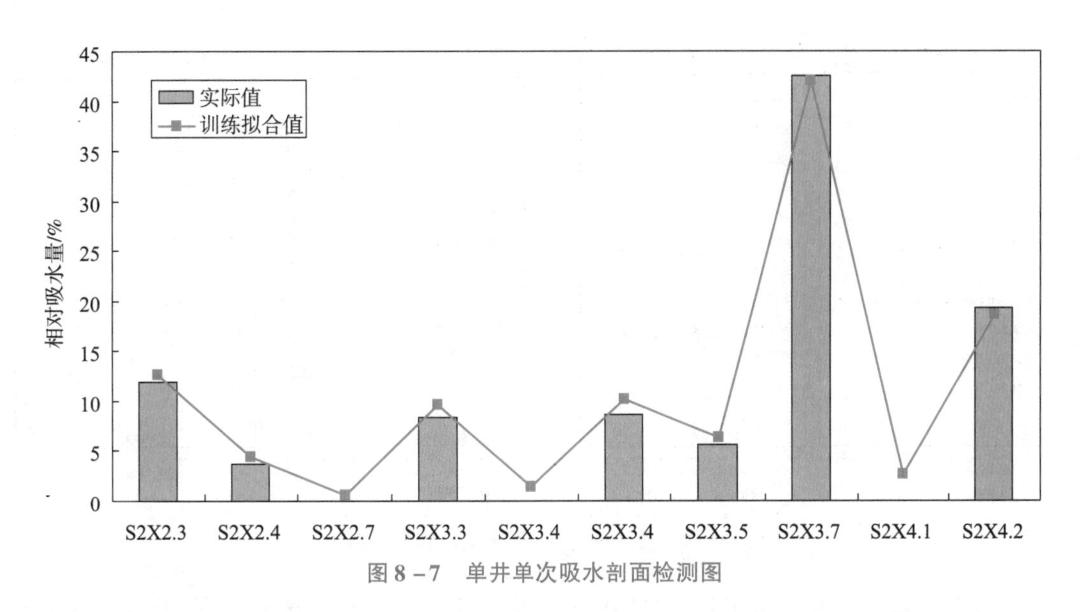

图 8-7 单井单次吸水剖面检测图

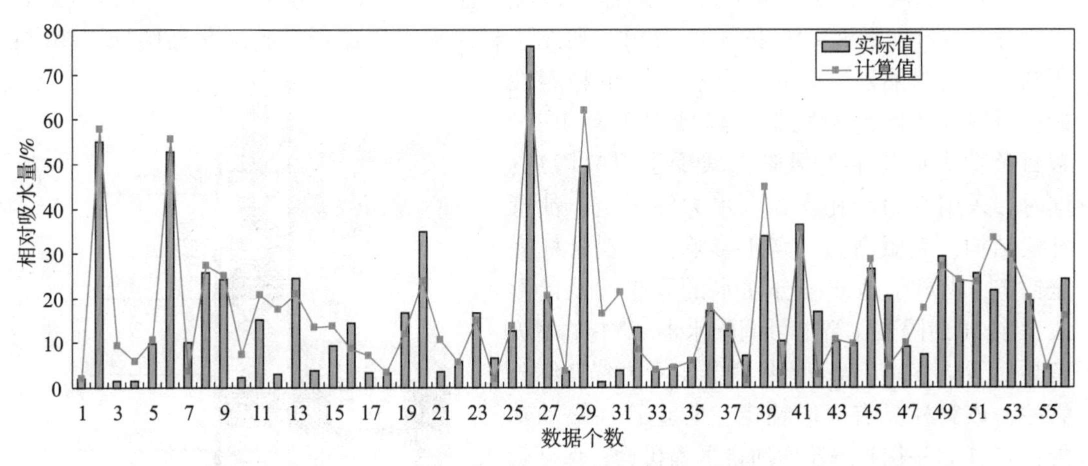

图 8-8 全区 4 口井吸水剖面检测图

吸水剖面预测技术的研究应用为注水井优化层段组合及分注方案提供了技术支撑，提高了水井作业有效益率。东沙二下实验井濮 39H 通过模拟 3 种不同层段组合下的吸水剖面预测情况，优选第三种方案作业调配，作业后测试吸剖与预测值比对，符合率较高，应用效果较好（图 8-9）。

二、逐级解封多级分注工艺

濮城油田具有油藏埋藏深、井段长、地层温度高、注水压力高的特点。薄互层隔层小，无法满足常规偏心分注工具的组配要求，工具配套难；上层压力高时，对封隔器胶筒产生下推力，导致封隔器稳定性差；工具串长，管柱解封负荷大，再加上由于井筒出砂管柱结垢等因素的影响，致使分注井作业解封负荷增加，甚至超过了通井机的极限拉力，加剧了作业风险。

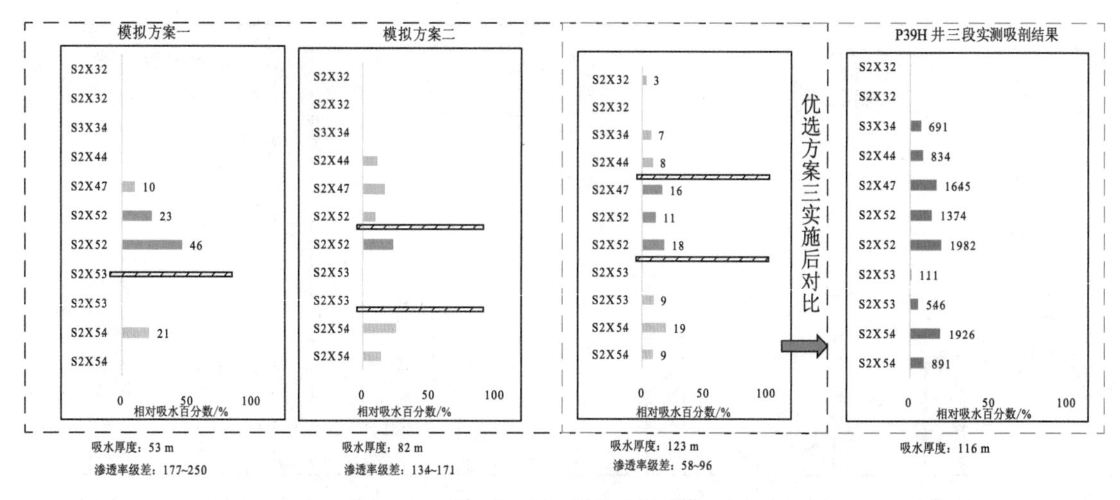

图 8－9　濮 39H 井不同分注方案预测结果

针对以上问题，从改进工具自身结构和优化分注管柱设计两方面入手，研制逐级解封多级分注技术（图 8－10 和图 8－11）。研制了封隔配水集成器，满足薄夹层分注要求；研制自平衡封隔器，提高了分注工具的稳定性能；研制逐级解封封隔器，降低因工具串长，解封负荷大而易卡的风险，减少了事故隐患；同时，采用水力卡瓦支撑、水力锚锚定、油管补偿结构，克服高温、高压影响，实现管柱完全锚定，满足了地质细分注水的要求。设计形成“Y221 封隔器＋智能可调配水器＋Y141 逐级解封封隔器/Y341 自平衡封隔器＋水力锚”细分管柱，该管柱具有双向锚定，防止管柱蠕动功能；Y341 自平衡封隔器增加自平衡机构，保证管柱稳定性；Y141 逐级解封封隔器，保证管柱安全性；可调配水，免投捞，提高了测调效率；设计同心集成封隔配水器，缩短了工具间隔；增加强磁定位装置，实现卡点精准定位的特点。耐压 80.0 MPa，耐温 130 ℃，层间细分耐压差35 MPa，细分最小隔夹层 1.2 m。现场试验四级五段分注获得成功，工具最大下深 2 763 m，最高注水压力 33 MPa。

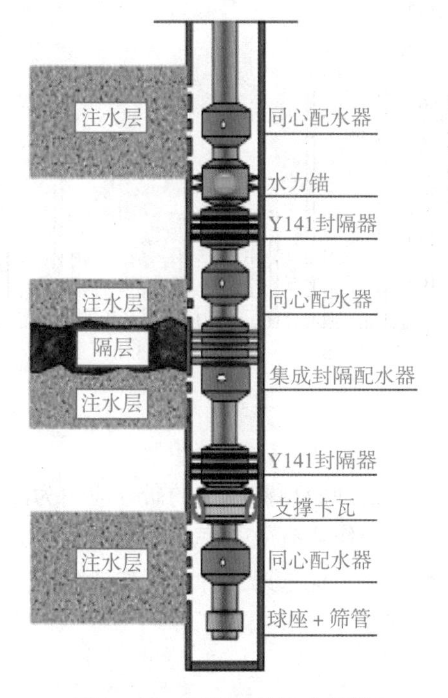

图 8－10　层间细分注水管柱

创新工具如下。

1. 封隔配水集成器

注水井段小、夹层薄、口袋小的井，常规的偏心分注技术不能满足其分注要求，封隔器和配水器之间的距离要求在 8 m 以上（图 8－12）。将一台封隔器和两台配水器集成设计，缩小投捞间距，实现小层段分注。

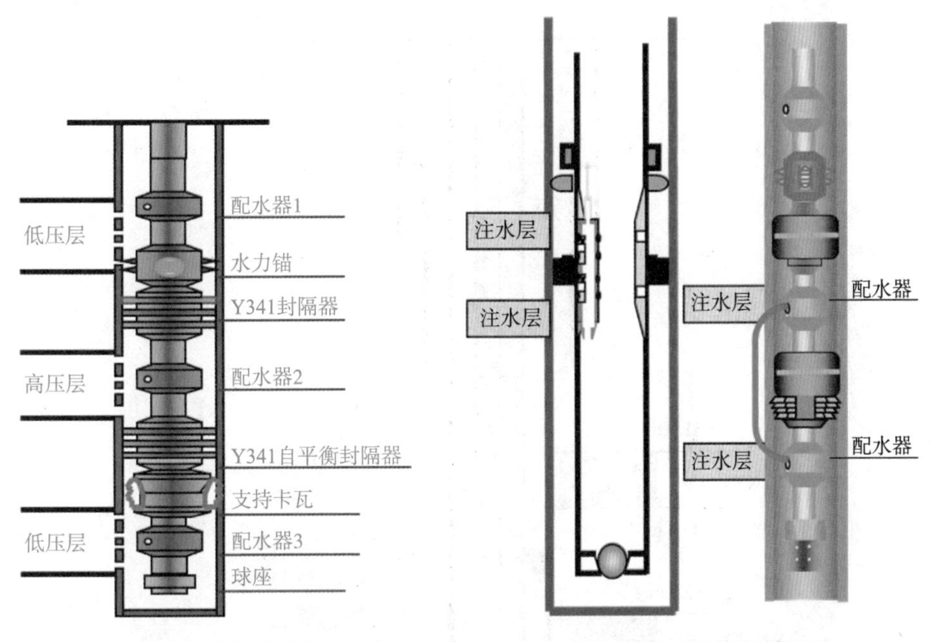

图 8－11　自平衡耐高压细分注水管柱　　　　图 8－12　常规分注管柱

封隔器、配水器一体化设计：一个堵塞器内设置两个水嘴，反洗流道和注水流道合并设计，使一个流道实现两个功能，并保证通道打开与关闭的可靠性（图 8－14）。

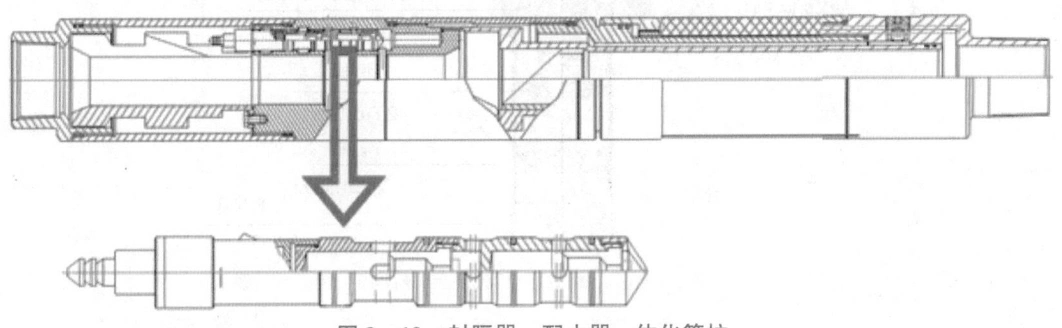

图 8－13　封隔器、配水器一体化管柱

井例：文 51－176 井（图 8－14）

主吸水层沙二下 5.1～5.4 小层对应油井文 51－2 井对应层位砂埋，该井开发上需要控制沙二下 5.1～5.4，加强沙二下 4.6，启动沙二下 3.1～3.6，调配为三级三段注水。由于调配后夹层（3.6 m）及注水层段（6.4 m）较小，常规偏心分注无法满足投捞要求，因此采用封隔配水集成细分管柱，能够满足该井小层段、小夹层分注要求。

濮城油田应用薄夹层分注 5 井次，调配 22 井次，工艺成功率 100%，满足薄夹层、小层段、小口袋井分注的要求。

2. 自平衡封隔器

下层压力较上层压力高时，水力锚具有锚定管柱防止上顶的作用。当上层注水压力较下层高或下层停注时，水力锚不工作，上下层压力差对封隔器胶筒产生下推力，封隔器易解封。封隔器增加了自平衡机构，提高了工具耐上压的能力（图 8－15）。

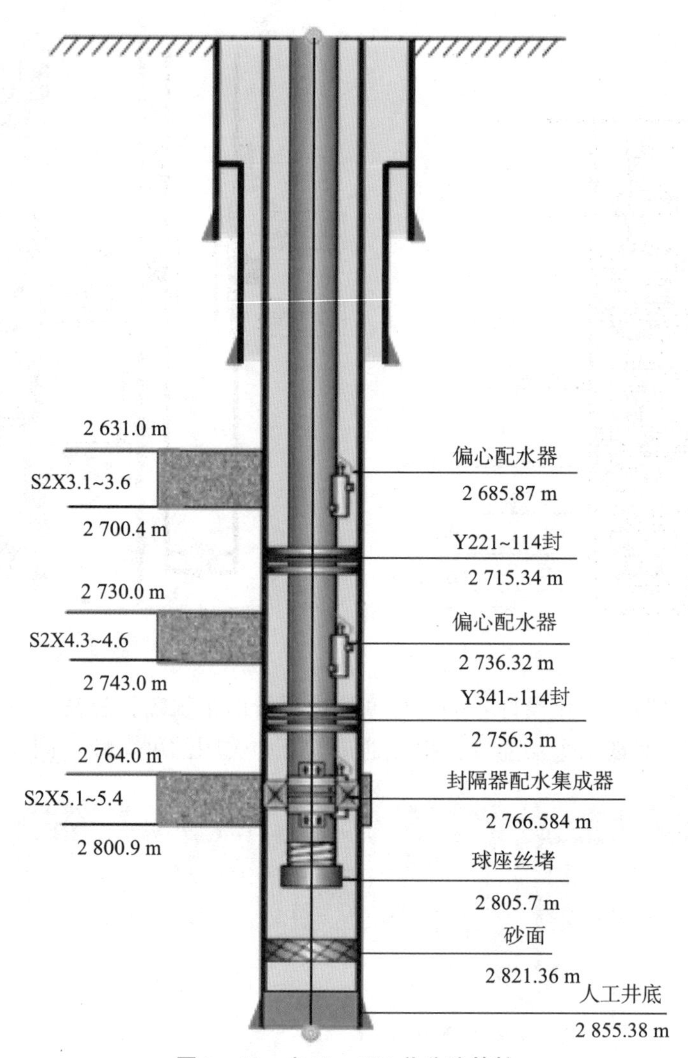

图 8 – 14　文 51 – 176 井分注管柱

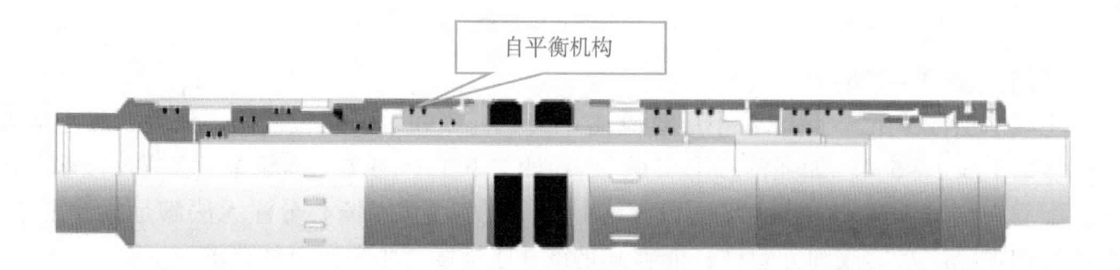

图 8 – 15　自平衡封隔器

平衡原理：注水状态下，下压高时，下压作用于密封胶筒上的力通过上压缩环、平衡活塞套和洗井套作用于上接头，锁紧机构不受力；上压高时，下推胶筒，将对外中心管产生一个向下的作用力。此时，上压又同时作用于自平衡机构，对外中心管产生一个向上的作用力。这个力稍大于下推胶筒的力，可保证内、外中心管不发生相对位移，防止封隔器锁紧机构解开，造成封隔器失效。

井例：濮 3－451 井

地质要求分层情况：

P1：沙二上 2. 1～沙二下 2. 3，井段：2 478. 1～2 858. 9 m，日配注 50 m^3 均衡，预计注水压力 12～15 MPa；

P2：沙二下 3. 1～4. 6，井段：2 872. 4～2 937. 8 m，日配注 30 m^3 均衡，预计注水压力 24～30 MPa；

P3：沙二下 5. 1～5. 4，井段：2 941. 1～2 975. 5 m，日配注 50 m^3 加强，预计注水压力 10 MPa。

从地质分层情况可以看出，P2 注水层注水压力高，P1、P3 对应注水层预计注水压力较低，层间压差最高达 20 MPa，上次管柱有效期为 280 天，起出管柱发现封隔器 2 解封，胶筒完好，工艺优选工具类型，将封隔器 2 设计为自平衡封隔器，提高了其耐上压高的能力。2018 年 3 月 27 日下入二级三段自平衡分注管柱，目前该井管柱有效期已达 408 天，且继续有效。

目前濮城油田已经应用大压差分注技术 20 井次，满足了地质要求。

3. 逐级解封封隔器

该工具解封机构由上中心管、下中心管、解封销钉组成（图 8－16 和图 8－17）。解封时，上提管柱，胶筒在摩擦力作用下保持原位置，解封销钉受到剪切力作用。当上提负荷增加时，解封销钉剪断，锁套上移，与锁簧脱离，上下中心管因无径向约束而脱离，实现逐级解封。无论管柱配置多少级封隔器，整体管柱解封力为一级封隔器的解封力，提高了管柱的安全系数。

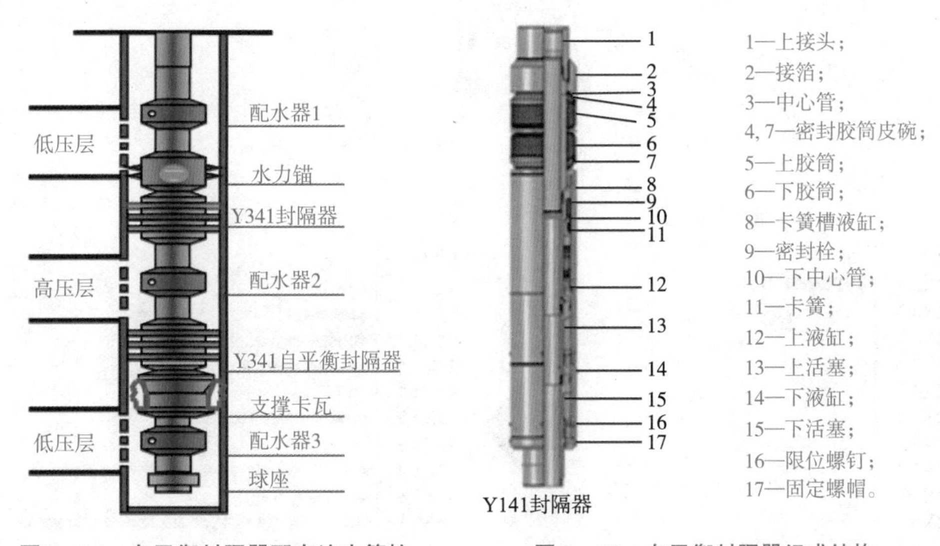

图 8－16　自平衡封隔器配套注水管柱　　　图 8－17　自平衡封隔器组成结构

逐级解封封隔器的技术关键是解封机构的设计。解封机构具有两个功能：一是承压性，即注水井正常注入时，上、下中心管连接部分的承压达到 35 MPa，满足封隔器在井下的工作要求。二是稳定性和可分离性，即注水井正常注入时，解封销钉不会剪断，锁套不会上移；解封时，解封销钉被剪断，锁套上移，中心管顺利分离。两级封隔器之间增加了一个解封距离，可以使封隔器分级解封，由于封隔器双中心管分级设计，减小了管柱解封力。

井例：新濮 3－95 井

该井于 2016 年 10 月 17 日下入四级五段逐级解封管柱（图 8－18），细分后启动新层 5 个，改善了吸水剖面（图 8－19），最高注水压力 33 MPa，日注水量 140 m^2。对应油井受效，增油效果明显，井组累增油 321 t。2018 年 11 月 1 日作业调配顺利起出。

濮城油田应用逐级解封管柱 26 井次，减小了多级细分管柱的解封负荷，实现管柱逐级解封。

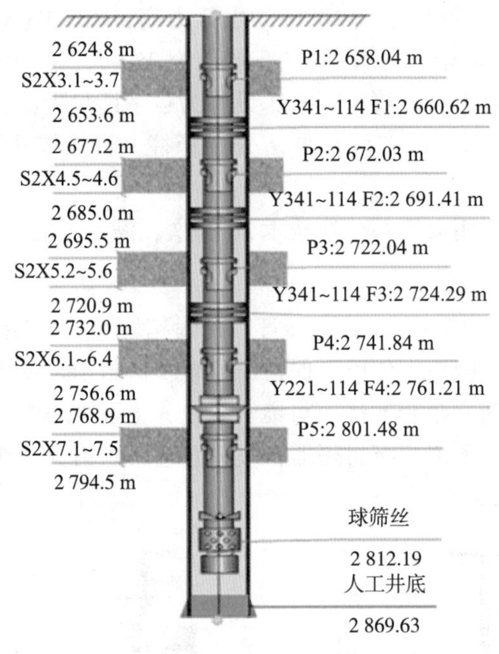

图 8－18　新濮 3－95 井下管柱示意图

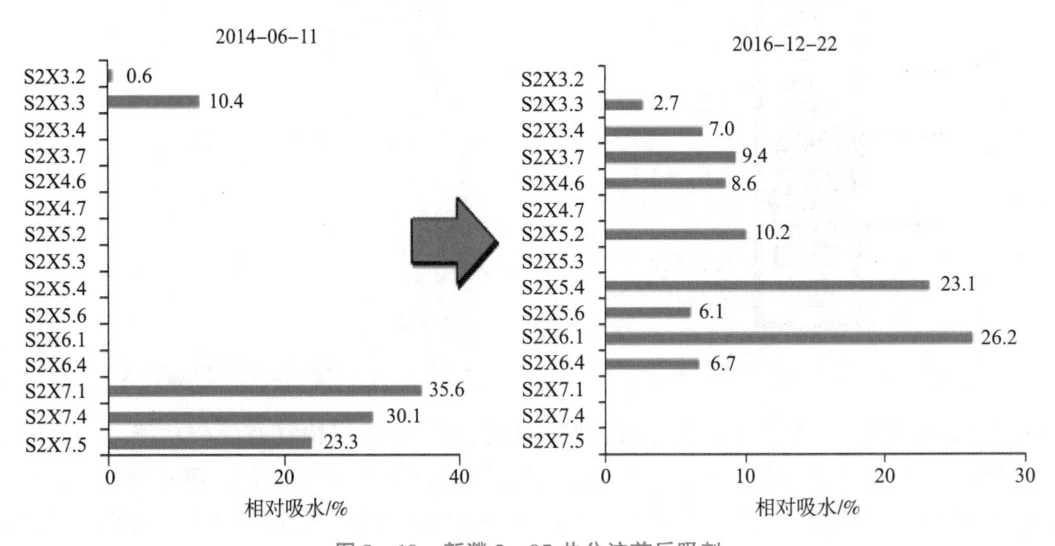

图 8－19　新濮 3－95 井分注前后吸剖

三、一体化智能高效测调技术

常规的偏心分注管柱，偏心堵塞器调节压差小，小于等于 8 MPa，层间压差大的井，调配困难；偏心分注调配时，需要捞出堵塞器并更换水嘴，调配成功率低；因操作烦琐，层间干扰严重，导致调配效率低。为此，研究应用了一体化智能高效测调技术，在常规套管内，采用偏心一体化智能测调技术，在 4 寸套管内，采用同心一体化智能测调技术（图 8－22），满足了细分注水和高效测调的要求。

（一）偏心一体化测调技术

为了提高测调效率，研制偏心可调堵塞器，形成了偏心一体化技术。偏心可调堵塞器具有双节流作用，通过固定水嘴节流降低调节压差后，再通过可调水嘴实现井下调节，调节压差在单级水嘴的基础上增加了 3～5 MPa。满足中深层油藏不同井况分注井高效测调需求，初步实现了规模化应用，平均单井测调时间小于 4 h。

改进形成了可关死、防反吐偏心可调堵塞器系列（图 8－20）。

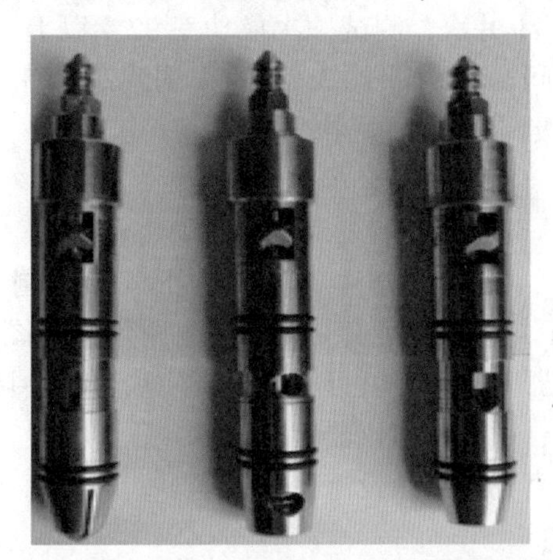

图 8－20　普通可调、可关死、防返吐系列测调堵塞器

创新研制了“双级节流偏心可调堵塞器”（图 8－21），解决了多级细分后，层间压差大，配水调节难。技术方案：可调＋固定水嘴，调节压差达到 15 MPa（在单级水嘴的基础上增加了 5 MPa）。

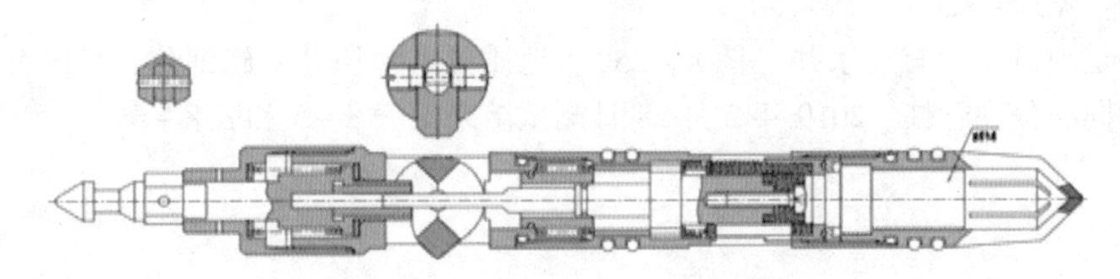

图 8－21　双级节流偏心可调堵塞器

通过对同心配水器结构优化（图 8－22），降低调节扭矩 30%。

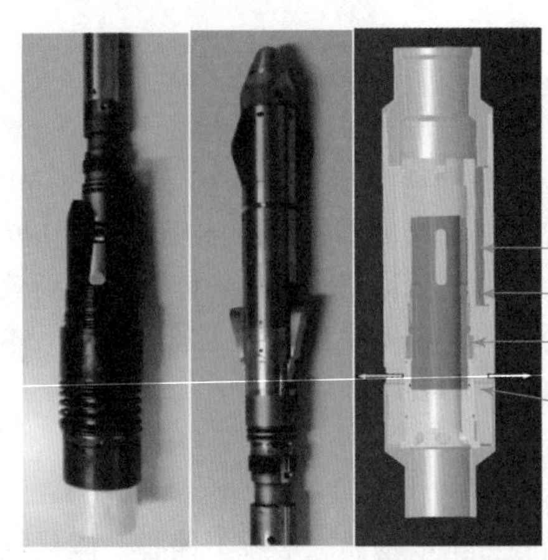

图 8-22　同心智能测调系列

井例：XP3-95 井

该井实施四级五段注水，采用偏心可调配水器，2018 年 1 月 9 日现场测调用时 4.5 h（表 8-2～表 8-4）。

偏心一体化技术应用 11 井次，测试一次成功率 92% 以上，未出现断、卡、落井等测试安全事故；单井测调时间≤4 h（平均 3.85 h），测调效率高；测试数据在线直观，资料符合率 95.45%；流量无级调节，测量精度达 2%。

（二）同心一体化测调技术

4 寸套管井内通径小，常规的分注工具无法下入，研制 ϕ80 mm 同心可调配水器（图 8-23）、大通径 Y341 封隔器，配套 ϕ36 mm 测调仪器（图 8-24），可满足 4 寸套管井多级分注需求。测调仪器一次下井就可实现分层注水、分层调参、分层验封一体化。该系统采用机电一体化技术，通过地面仪器监视流量-压力曲线，根据实时监测到的流量曲线调整注水阀水嘴大小，直到达到预设流量。

同心配水器技术参数：

最大外径：ϕ78 mm；总长度：667 mm；内孔最小通径：ϕ40 mm；工作压力：≤60 MPa；流量范围：2～800 m^3。

同心测调仪器技术参数：

外径：ϕ36 mm；耐压：60 MPa；耐温：125 ℃；流量：2～150 m^3/d。

井例：W51-72 井

该井是一口 4 寸套注水井（图 8-25），地质要求对该井实施细分，2018 年 7 月下入二级三段同心分注管柱。2019 年 2 月 28 日测试结果见表 8-5 和表 8-6。

表 8－2　XP3－95 井测试调配成果表

XP3－95 井测试调配成果表													
测试单位：石油工程技术研究院生产测井中心										测试日期：2018 年 1 月 9 日			
油压 /MPa		层段：P1		层段：P2		层段：P3		层段：P4		层段：P5		全井水量/($m^3 \cdot d^{-1}$)	
		水量 /($m^3 \cdot d^{-1}$)	相对吸水量 /%	水量 /($m^3 \cdot d^{-1}$)	相对吸水量 /%	水量 /($m^3 \cdot d^{-1}$)	相对吸水量 /%	水量 /($m^3 \cdot d^{-1}$)	相对吸水量 /%	水量 /($m^3 \cdot d^{-1}$)	相对吸水量 /%	测试水量	地面水表
	24.0	42.0	30.00	40.0	28.57	37.0	26.43	21.0	15.00	0		140.0	142.7
	23.0	36.5	30.57	34.8	29.15	30.8	25.80	17.3	14.49	0		119.4	122.5
	22.0	32.5	31.49	30.6	29.65	26.4	25.58	13.7	13.28	0		103.2	104.0
	21.0	26.2	29.67	25.1	28.43	23.5	26.61	13.5	15.29	0		88.3	90.5
	20.0	20.6	29.51	20.2	28.94	18.2	26.07	10.8	15.47	0		69.8	68.5
配水器型号		KPX－110		KPX－110		KPX－110		KPX－110					
基础数据	配注/($m^3 \cdot d^{-1}$)	40		40		40		20		0			
	层段性质	加强		限制		限制		加强		停			
	注水范围/mm	36	52	28	44	28	44	18	26				
	原配水嘴开度/%	25（当量 2 mm）		100（当量 8 mm）		100（当量 8 mm）		100（当量 8 mm）		0			
	现配水嘴开度/%	25（当量 2 mm）		85（当量 7 mm）		100（当量 8 mm）		100（当量 8 mm）		0			
压力	实注压力/MPa	22.83	25.83	21.57	24.81	22.18	25.69	23.06	26.16				
	启动压力/MPa	16.081		15.894		16.027		16.094					
	定注压力/MPa	23.06～24.81											
备注	在 23.06～24.81 MPa 下各层段注水均合格。												

表 8-3 偏心一体化技术应用工作量

序号	水井井号	完工日期	级段
1	新濮 3-95	2016. 10	四级五段
2	濮 3-368	2016. 11	一级两段
3	新濮 3-181	2016. 11	一级两段
4	文 213-18	2017. 1	两级两段
5	濮 3-406	2017. 8	三级三段
6	濮 3-428	2018. 8	四级五段
7	新濮 3-95	2018. 11	两级三段
8	濮 3-109	2019. 3	二级三段
9	濮 3-385	2019. 3	一级二段
10	濮 3-426	2019. 4	一级二段
11	濮 3-354	2019. 4	一级二段

表 8-4 偏心一体化技术测试记录

序号	井号	分注方式	测试日期	测试时长	测试资料
1	新濮 3-181	一级两段	2018. 2. 6	3 h	合格
2	濮 3-406	三级三段	2018. 5. 23	3 h	
3	濮 3-406	三级三段	2018. 6. 2	4 h 30 min	合格
4	文 213-18	两级两段	2018. 1. 16	4 h	合格
5	文 213-18	两级两段	2018. 4. 24	3 h	合格
6	文 213-18	两级两段	2018. 7. 5	5 h	合格
7	文 213-18	两级两段	2018. 9. 5	5 h	合格
8	新濮 3-95 井	四级五段	2018. 1. 9	4 h 30 min	合格
9	新濮 3-95	四级五段	2018. 4. 10	4 h 30 min	合格
10	濮 3-406	三级三段	2018. 1. 23	3 h 30 min	合格
11	濮 3-109	二级三段	2019. 3. 22	4 h 20 min	合格
12	濮 3-385	一级两段	2019. 3. 30	3 h 30 min	合格
13	濮 3-426	一级两段	2019. 4. 19	3 h	合格
14	濮 3-354	一级两段	2019. 4. 22	3 h 10 min	合格

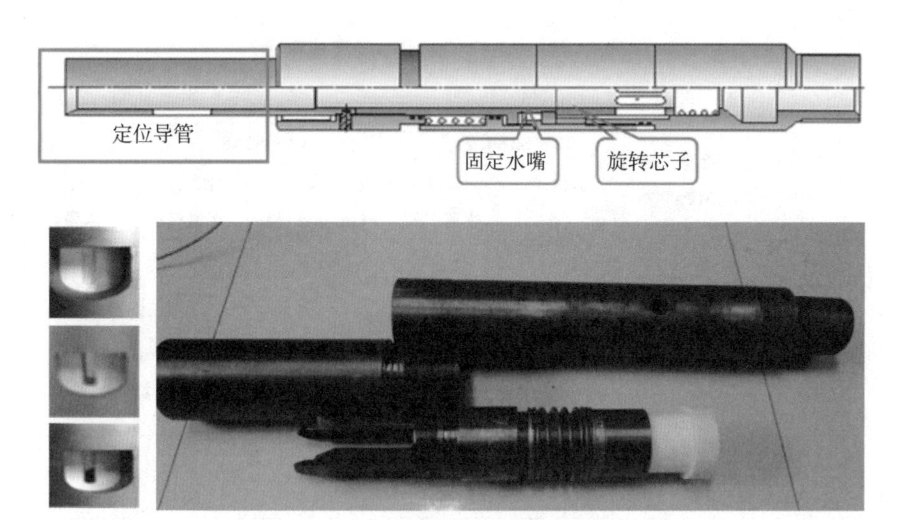

图 8－23　同心可调配水器

图 8－24　测调仪器

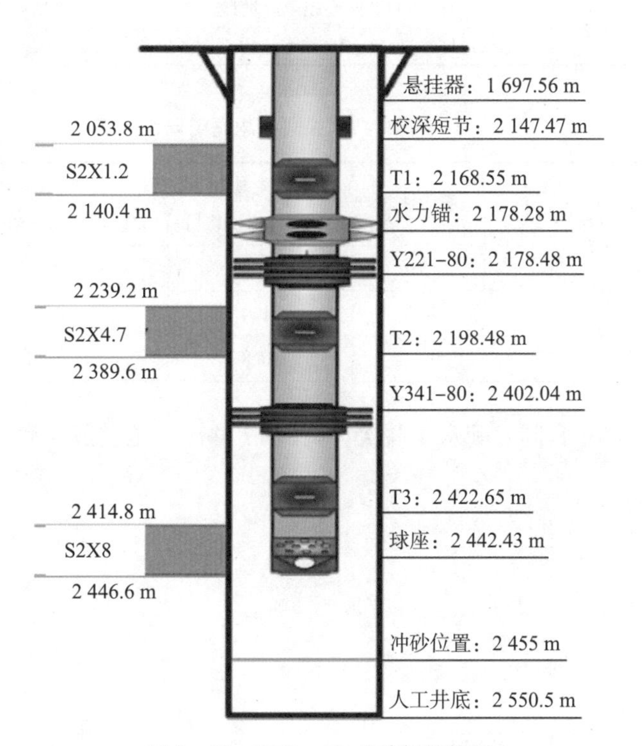

图 8－25　W51－72 井管柱结构图

表 8-5 W51-72 同心调配成果表

测试单位：石工院生产测井技术研究中心　　　　测试日期：2019 年 2 月 28 日

泵压/MPa	套压/MPa	油压/MPa	T2：S2X4.7		T3：S2X8		全井水量/($m^3 \cdot d^{-1}$)	
			水量/($m^3 \cdot d^{-1}$)	相对吸水量/%	水量/($m^3 \cdot d^{-1}$)	相对吸水量/%	测试水量	地面水表
		21.3	19.4	34.25	31.4	65.75	50.8	50
		21.8	21.3	33.02	43.2	66.98	64.5	65
		22.3	25.8	30.53	58.7	69.47	84.5	85
配水器型号			KTX-78		KTX-78			
基础数据	配注/($m^3 \cdot d^{-1}$)		20		30		50	
	层段性质		均衡		均衡			
	注水范围/MPa		16	24	24	36		
	原配水嘴开度/%		100		100			
	现配水嘴开度/%		100（8 mm）		85（6.8 mm）			
压力数据	压力范围/MPa		21.15	22.10	20.98	21.45		
	启动压力/MPa		19.25		20.05		19.85	
	定注压力/MPa		21.15～21.45					
流量计型号			TPC 同心超声流量计			流量计编号	ST50007	
备注	在 21.15～21.45 MPa 注水压力下，各层段符合配注要求。							

表 8-6 W51-72 井同心测调结果统计表

层位	水嘴编号	配注/($m^3 \cdot d^{-1}$)	层段性质	2019 年 2 月 28 日检配/($m^3 \cdot d^{-1}$)	吸水指数/[$m^3 \cdot (d \cdot MPa)^{-1}$]	启动压力/MPa
S2X4.8	T2	20	均衡	19.4	8.42	19.25
S2X8	T3	30	均衡	31.4	25.71	20.05
全井		50		50.8	34.13	19.85

濮城油田实施 4 寸套同心配水 4 井次，调配 17 井次，工艺成功率 100%。

第九章 高效增注动态分压注水技术

通过在低成本污水处理、井况综合防治、动态优化节能注水等方面开展技术创新，形成适应薄互层非均质油藏地面高效增注动态优化分水技术。

一、低成本污水处理技术

（一）优化加药技术方案，创新“水质关键控制点前移”管理机制，降低污水处理成本

在水质处理过程中，通过加入 pH 调整剂，使污水体系发生以下反应（式（9-1））：

$$H^{+} + OH^{-} \rightarrow H_2O \tag{9-1}$$

反应过程中消耗碳酸氢根和碳酸，反应产物为水和碳酸根。pH 调整剂的用量与水中溶解的二氧化碳浓度、碳酸氢根浓度正相关。

$$2Fe^{2+} + H_2O_2 + 4OH^{-} = 2Fe(OH)_3 \downarrow \tag{9-2}$$

优选廉价的双氧水为除铁剂（式（9-2））；优选最廉价的 pH 调整剂，石灰乳精准调控来水 pH，创造高效混凝环境；优选廉价的聚合氯化铝作为混凝剂；优选超高相对分子质量（1 200 万）HPAM 为絮凝剂，加速沉降。

全面推广“一稳，二控，三定，四要”水质管理模式，建立“计量站，污水处理站，采油管理区，工艺研究所，技术管理科”五级水质监控网络，如图 9-1 所示，让不合格的注入水无处藏身。水质达标率持续稳定在 95% 以上。

图 9-1　按标准取样化验水质

一稳：稳定进站水量和进站水质。稳定进站水质的关键就是均衡回收非联合站来水，保证非采出水与采出水的比例基本稳定。

二控：控制污水处理药剂的有效浓度，控制斜板沉降罐的出口水水质。

三定：定人、定时、定标准实施储罐排污、滤罐反冲洗、储罐清污、水处理设施巡检等作业。

四要：当水质不合格、波动、临近不达标临界状态时，要汇报，要查找原因，采取措施，跟踪水质至合格。

（二）污水分质处理

渗透率小于 0.01 μm^2 注水井的注水量约 1 300 m^3，占濮 3 污水处理站水量的 10%。濮 3 污水站应用新型过滤罐，满足渗透率 0.01 ~0.05 μm^2 的注水井的注水水质标准；渗透率小于 0.01 μm^2 的注水井在井口安装过滤器。

研制新型污水过滤罐（图 9 –2）。创新点：上层纤维球类滤料，中层果壳类滤料，下层矿石类滤料，不同滤料之间垫筛板，过滤精度 1.5 μm，不混层。滤后水：固体悬浮物含量不高于 2.0 mg/L，悬浮物颗粒直径中值不高于 1.5 μm，满足渗透率 0.01 ~0.05 μm^2 的注水井的注水水质标准。采油污水过滤罐的专利号为 ZL201220206790.5。

研制井口过滤器（图 9 –3）。创新点：应用颗粒滤料和金属烧结网滤芯双级过滤，实现 1.0 μm 级过滤。滤后水：固体悬浮物含量不高于 1.0 mg/L，悬浮物颗粒直径中值不高于 1.0 μm，满足渗透率小于 0.01 μm^2 注水井的注水水质标准。井口过滤器的专利号为 ZL201020190873.0。

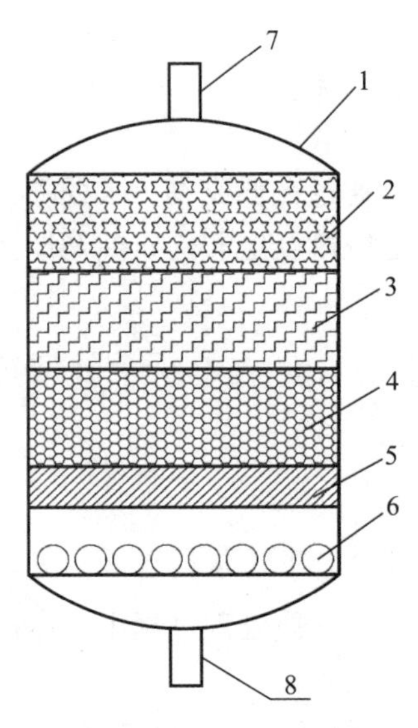

1—罐体；2—纤维球类滤料层；3—果壳类滤料层；4—矿石类滤料层；5—承托层；6—绕丝焊接管；7—进水口；8—出水口。

图 9 –2　新型污水过滤罐

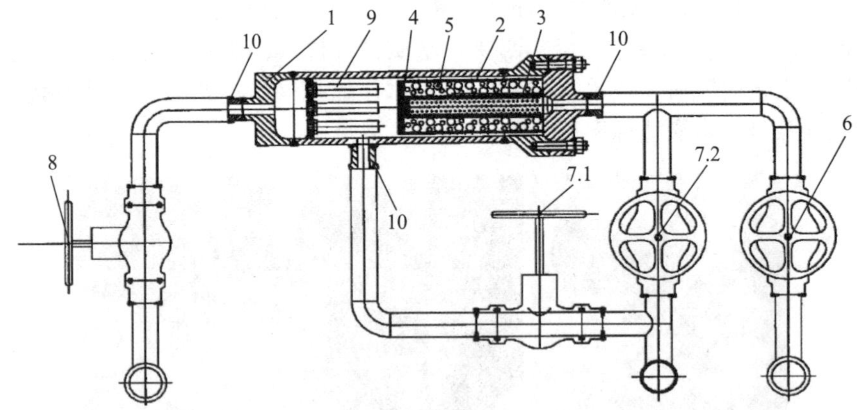

1—罐体；2—套管；3—内管；4—法兰；5—过滤物质；6—进水阀；7.1，7.2—排污阀；8—出水阀；9—金属烧结网滤芯；10—卡箍接口。

图 9 –3　井口过滤器

二、井况综合防治技术

（一）井口配套水井放压装置

常规放压是通过调整闸门的开启幅度来控制放压速度的（图9－4），因此无法精准地控制压降速度。在现场实际操作过程中，要么是由于压降速度慢，导致放压时间长，影响注水时率；要么是由于压降速度快，导致地层出砂、出盐，套管变形。

为此，研究设计水井放压装置，装置可以根据井口压力的高低，按需要调节放压速度，达到精准控制放压时的压降速度，如图9－5所示。设计承压能力40.0 MPa的放压装置，安装在井口油管的出口端，油管的高压水经过放压装置节流减压后，压力下降至0.6 MPa以下。

图9－4　现场安装位置图

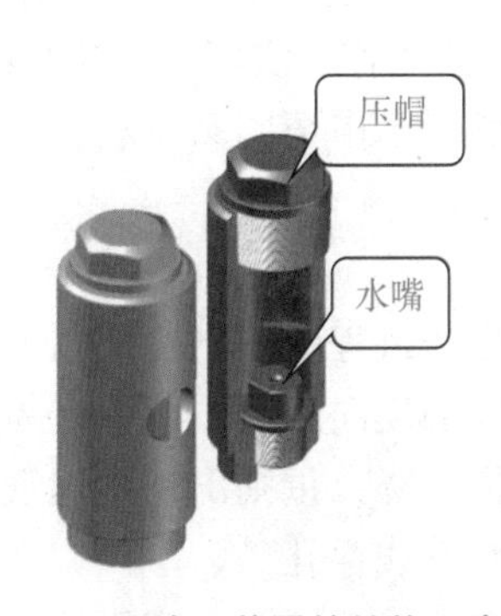

图9－5　放压装置的结构示意图

根据井口压力的高低配套不同直径的水嘴，更换水嘴时的操作步骤：先切断井口压力源，卸下压帽，卸下水嘴，更换新水嘴，安装压帽。

经过现场摸索与反复验证，制定了水井放压装置配套水嘴推荐标准，制定和宣贯《水井放压操作规程》。

井口压力大于35.0 MPa的注水井，先关井扩散压力至30.0 MP以下，再用水嘴控制放压；随着压力下降，可逐步放大水嘴。

①25.0 MPa≤井口压力＜30.0 MPa，水嘴直径≤3 mm；

②20.0 MPa≤井口压力＜25.0 MPa，水嘴直径≤4 mm；

③15.0 MPa≤井口压力＜20.0 MPa，水嘴直径≤5 mm；

④10.0 MPa≤井口压力＜15.0 MPa，水嘴直径≤6 mm；

⑤5.0 MPa≤井口压力＜10.0 MPa，水嘴直径≤7 mm；

⑥0.0 MPa≤井口压力＜5.0 MPa，可选择直径大于7 mm的水嘴，压力落0后，可用闸门控制放溢流。

在现场的应用过程中，水嘴在高压水流的冲刷下，水嘴的孔径出现过变大的问题，要求员工每4 h检查一次水嘴直径，显然不具备可操作性。因此，制定了两套保险措施：

①压降速度监测，要求压降速度不超过0.50 MPa/h。压降速度超标时，要检查水嘴直径，并按标准更换水嘴。

②溢流量监测。根据式（9－3）计算出不同压差、不同水嘴直径下的溢流量。现场采

集的溢流量如果与理论推荐值相差20%以上，就要检查水嘴直径。

$$Q = \frac{\sqrt{p}d^{1.889}}{0.8069} \qquad (9-3)$$

式中，Q 为日溢流量，m^3/d；

d 为水嘴直径，mm；

p 为水嘴前后压差，MPa。

技术指标：水井放压装置壳体承压能力 40.0 MPa；通径 50 mm；配套水嘴直径 2.0 mm、3.0 mm、4.0 mm、5.0 mm、6.0 mm、7.0 mm；连接方式为焊接。

现场应用效果：关井 24 h，井口压力不落 0 的注水井全部安装水井放压装置，累计安装水井放压装置的有 65 口井。

2016 年至今，没有出现因放压不当造成的事故水井。

创新点：用专用工具取代闸门控制放压速度，同时，通过压降速度及溢流量数据来监控专用工具是否正常工作。实现精准控制放压速度，保护井筒，防止套管破损及地层出砂。

水井放压装置已申请国家专利，专利号为 CN202202841U。

（二）井口配套新型单流阀

注水井在生产过程中，当出现以下情况时，井口压力会骤降，地层高压水迅速涌向井筒，套管在瞬间的反向压力作用下极易造成套管破损、变形；同时，地层极易出砂，出砂后轻则注水能力下降，重则出现砂埋管柱。这些情况是：

①单井注水管线穿孔。

②增注泵突然故障停泵，高压注水井的井筒水迅速窜至低压注水井。

③电力线路跳闸，注水设备停运。

在注水井井口安装单流阀能很好地避免井口压力骤降时出现的井下套损或出砂事故。但老式单流阀存在两个问题：一是老式单流阀的止回部件为垂直结构，球与球座之间容易被杂物垫住，因此止回功能有效期短；二是更换维修麻烦，需要应用气焊拆除，维修时需要专门的机床才能拆卸和安装其内部弹簧、球、球座。维修好后，安装时需要用电焊焊接（图 9－6 和图 9－7）。

图 9－6　拆除老式单流阀

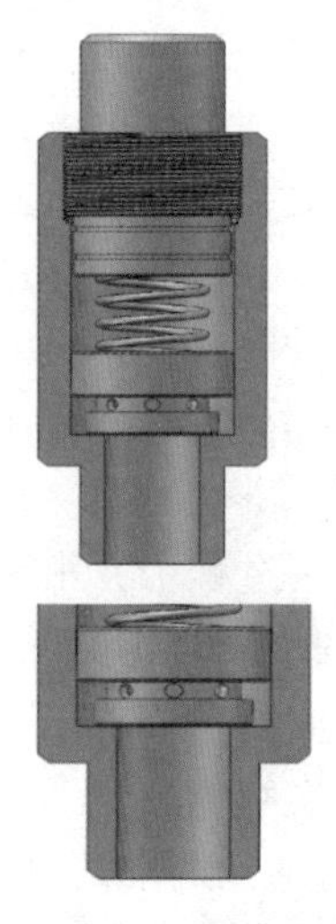

图 9－7　老式单流阀结构

针对以上问题，提出研发新型井口单流阀，要求止回功能有效期长，同时，能在线维修和清洗止回部件。

新型井口单流阀结构如图9－8所示，现场安装如图9－9所示。正常注水时，注入水经注水管线进入新型井口单流阀内，经过滤管过滤，水流向右运动推动凡尔球，克服球体重力及弹簧弹力，使凡尔球右行形成通道，水流经出液口进入井内。当新型井口单流阀进口压力骤降时，推动凡尔球右行的水流压力消失，在弹簧复位弹力的作用下，凡尔球回到凡尔球座，关闭通道，阻止地层水外溢，防止井口压力骤降，避免井下套损或出砂。

同时，为了方便清洗和更换凡尔球，新型井口单流阀的左右都采用丝扣连接，停注后可在现场完成清洗或更换内部构件工作，恢复止回功能。如图9－10所示。

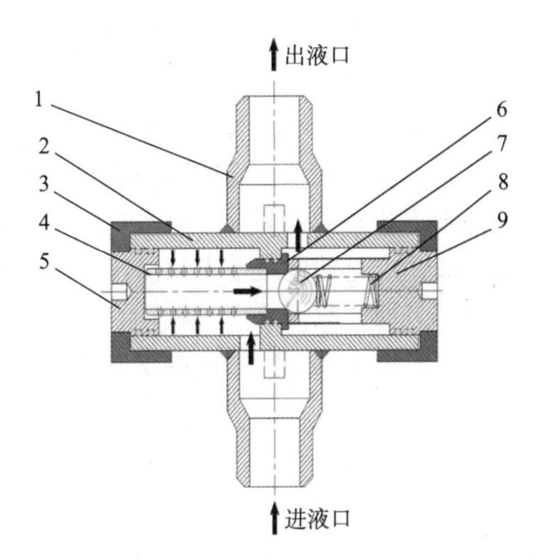

1—连接头；2—本体；3—清洗丝帽；4—过滤筛管；5—密封堵头；6—球座；7—阀球；8—弹簧；9—固定罩。

图9－8　新型井口单流阀示意图

图9－9　新型井口单流阀现场应用图

图9－10　新型井口单流阀现场维修图

技术指标：技术参数见表9－1。

表9－1　新型井口单流技术参数表

技术参数	单位	指标
总高	mm	255
总长	mm	400
最大外径	mm	102
最小内通径	mm	30
耐压	MPa	45
连接方式	焊接	

现场应用效果：注水压力超过10.0 MPa的注水井井口全部安装新型井口单流阀，累计安装了68口井。

2016年至今，共有97口水井井口出现压力骤降，但没有出现事故水井。

创新点：止回功能有效期由老式单流阀的平均90天提升至354天。一是止回流道由常规的垂直状态调整为水平状态，能很好地避免因杂物在球座与球之间停留而带来的止回功能失效；二是球座之前有过滤筛管，防止杂物进入止回流道。

维修方便，只需要带上管钳，在现场就可以完成内部构件的清洗与更换作业。

井口新型单流阀已申请国家专利，专利号为CN202659211U。

（三）研发并持续升级高压注水井不泄压洗井工艺

1. 注水井洗井的必要性

（1）预防井况恶化，减少井下事故

注水井注水过程中，油套环空中油层上界以上的水处于静止状态，环空的水体不断滋生细菌，同时，水体呈黑色并有腐臭味，铁离子超标，并伴有结垢倾向。环空水体中的腐生菌、硫酸盐还原菌成了油管和套管的腐蚀源，腐蚀源的存在导致油管腐蚀、套管腐蚀。腐蚀表现为油管外壁包裹着一层又黑又臭的细菌与腐蚀产物共生层，如图9－11所示。腐蚀的严重后果是：油管丝脱扣（管柱落井）、油管穿孔、套管丝扣渗、套管漏、套管短节破或渗漏。

图9－11　作业现场

（2）恢复正常的注水能力

注水井在长期的注水过程中，注入水中所含杂质在井筒油层附近不断聚集，甚至堵塞地层，使地层吸水能力下降、注水压力升高，影响了水井的正常注水。

为确保正常注水，提高水驱开发效果，实现油田稳产，必须定期对注水井进行洗井。周期性洗井是实现“减少井下事故，预防井况恶化和恢复有效注水”目标最经济、最有效的手段。

2. 高压注水井常规洗井工艺的缺陷

（1）高压注水井常规洗井工艺

关井自然降压至30 MPa；通过水井放压装置放压至5 MPa左右；按洗井操作规程洗井。

(2) 高压注水井常规洗井工艺的缺点

对于大部分高压注水井，自然泄压一般在 5 ~ 12 天，长的达 1 ~ 2 个月，放溢流阶段总溢流量不小于 700 m^3，溢流大的，高至 3 000 m^3 以上。

3. 应用及效果

自然泄压阶段，严重影响了注水井生产时率；放溢流阶段，放出的溢流又导致注水浪费；长期停注影响了注水开发。

因此，为了注水开发，高压注水井无法执行洗井制度，最终结果是导致井下事故，如套漏、油管掉等。开发一种新的高压注水井洗井新工艺有重大的现实意义。

针对以上问题，提出在注水井洗井出口闸门处安装减压装置，在不改变注水井井口压力的条件下建立循环，从而实现不泄压直接洗井（图 9 – 12）。

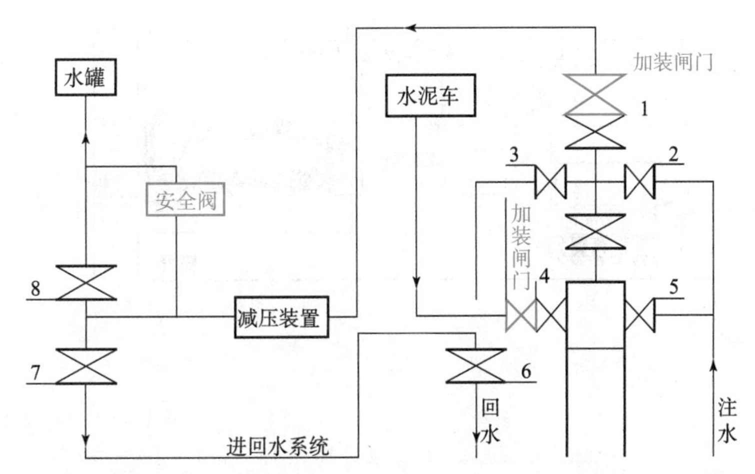

1—测试阀门；2—油管进口阀门；3—油管出口阀门；4—套管出口阀门；
5—套管进口阀门；6—回水控制阀门；7—去回水管网的控制阀门；8—去水罐的控制阀门

图 9 – 12　高压注水井不泄压洗井工艺流程图

2015 年设计一台不泄压洗井车，车上集成柴油机驱动的洗井泵、减压装置、部分管汇，如图 9 – 13 和图 9 – 14 所示。

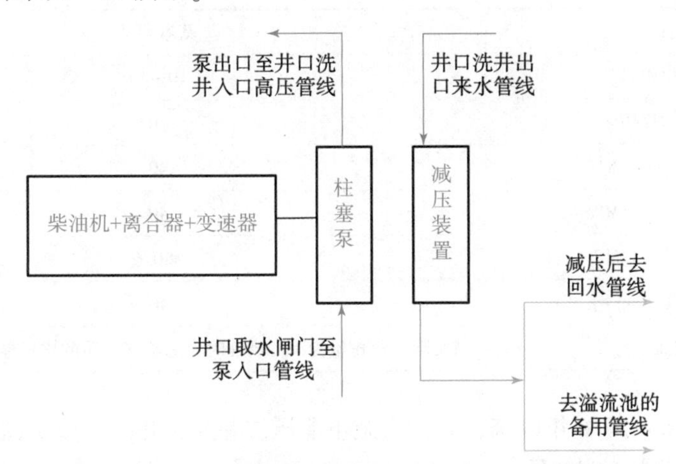

图 9 – 13　第二代高压注水井不泄压洗井工艺流程

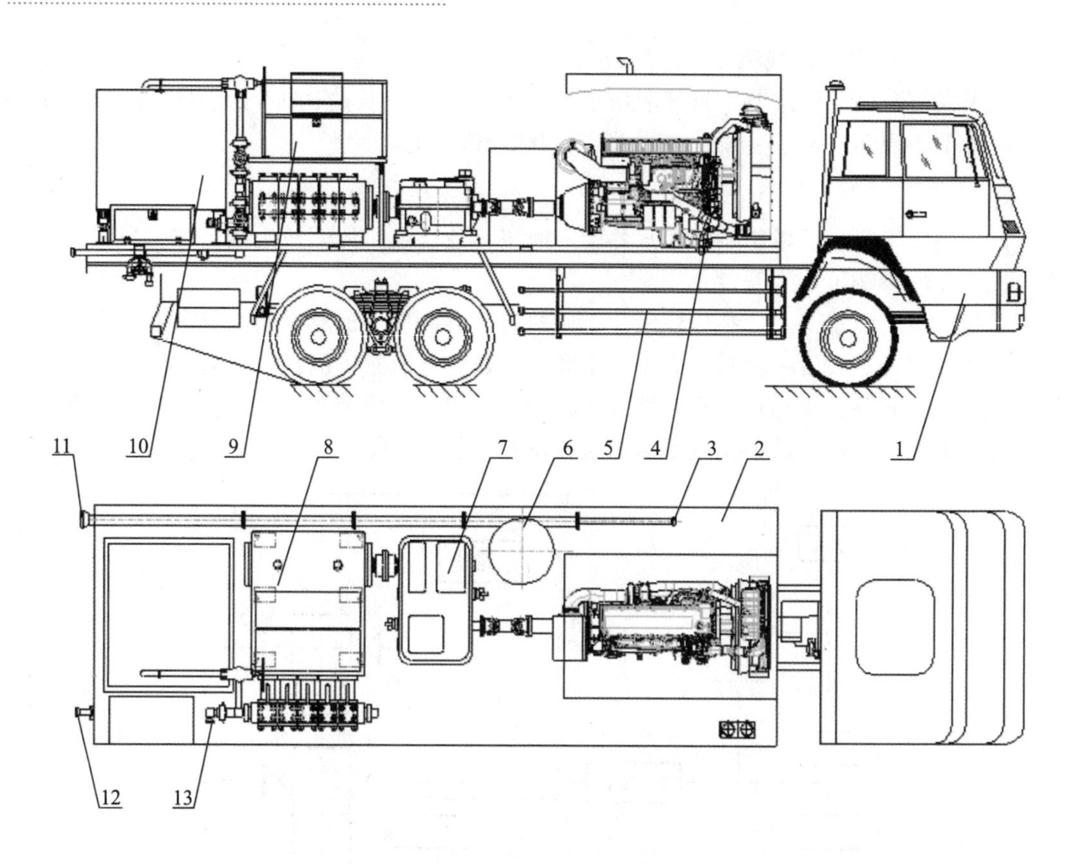

1—汽车底盘；2—台板；3—减压装置进口；4—台上发动机；5—备用管线（侧防护）；
6—减压装置；7—变速箱；8—五缸柱塞泵；9—操作柜；10—水柜；
11—减压装置出口；12—入井接口；13—高压进水接口。

图 9－14　第二代高压注水井不泄压洗井装置

技术指标：技术参数见表 9－2。

表 9－2　不泄压洗井车技术参数表

项目名称	基本参数
吸入压力/MPa	10～15
额定排出压力/MPa	40
额定理论排量/($m^3 \cdot h^{-1}$)	40
减压装置进口压力/MPa	40
减压装置出口压力/MPa	≤0.6
减压装置额定排量/($m^3 \cdot h^{-1}$)	40
总体性能	当实际工作排量为 30 m^3/h 时，对洗井介质的增压能力不低于 25 MPa

现场应用效果：2016 年以来，累计实施不泄压洗井 823 井次，减少溢流量 69.95 万立方米，节约注水成本 1 049 万元。

安全性能：由于高压注水井不泄压洗井工艺的工作环境存在高危险风险源，即井口失控，减压装置故障，出现回水系统超压穿孔。因此，在工艺上强调安全第一，设计理念为突出本质安全。

减压装置设计压力 60 MPa，远远高于实际运行压力 35 MPa；洗井时，在井口的洗井出口、洗井进口闸门上加装 60 MPa 闸门，确保洗井时井口处于受控状态；减压装置出口安装安全阀（开启压力可调），在压力超过回水系统承受压力时，自动泄流降压，智能保护回水系统。

经过现场 823 井次的应用，没有出现安全问题。

洗井排量对管壁附着物的剥离能力影响：以水在油管上行时为层流，运用流体力学计算如下：

$$u = ay - by^n + c \tag{9-4}$$

$$\frac{\mathrm{d}u}{\mathrm{d}y} = a + nby^{n-1} \tag{9-5}$$

$$\tau_w = \mu\left(\frac{\mathrm{d}u}{\mathrm{d}y}\right)_{y=0} \tag{9-6}$$

式中，u 为管内流体截面上某一点的速度，m/s；

y 为管内流体截面上任一点距管壁的径向距离，m；

a，b，c，n 为流体常数；

τ_w 为管壁处的剪切应力；

μ 为流体黏度，Pa · s。

式（9-4）为管内流体截面上某一点的速度与该点和管壁径向距离的函数关系；

式（9-5）为式（9-4）的导数，其值为剪切应力；

式（9-6）为管壁处剪切应力。

将式（9-5）代入式（9-6）中，计算出管壁处剪切应力为 a，也就是流体对管壁的冲刷力，该力的大小与流体流速没有关系，仅与管壁材质、光滑度、流体密度、流体中固体物含量及粒径等参数有关。

洗井排量对脏物携带能力的影响：运用液体力学推导出一定直径颗粒上返时所需的最小的油管内水上行速度函数关系。

$$u = \frac{d^2(\rho_s - \rho)g}{18\mu} \tag{9-7}$$

式中，u 为流速，m/s；

d 直径（颗粒），m；

ρ_s 为固体颗粒密度，kg/m^3；

ρ 为流体密度，kg/m^3；

g 为重力加速度。

应用式（9-7）计算，洗井排量为 15 m^3/h、20 m^3/h、25 m^3/h、30 m^3/h 时携带的砂粒的最大直径分别是 1. 81 mm、2. 42 mm、3. 02 mm、3. 62 mm。理论计算表明，携带的砂粒的最大直径与洗井排量正相关。

地层砂的粒径分布主要范围为 0. 45 ~ 0. 9 mm，因此，15 ~ 20 m^3/h 的排量已经可以满足生产需要。

单井洗井前后环空水质评价：洗井前环空水平均悬浮物浓度为45.2 mg/L，洗井后环空水平均悬浮物浓度为5.6 mg/L。洗井前环空水平均总铁浓度为5.1 mg/L，洗井后环空水平均总铁浓度为0.9 mg/L。洗井后环空水水质与来水水质一致。

对油层的伤害评价：随机抽取21口实施不泄压的水井进行分析。洗井前平均油压为28.1 MPa，平均日注64 m^3，洗井后平均油压为28.0 MPa，平均日注66 m^3。结论是，不泄压洗井不会伤害油层，不会影响注水能力。

图9－15和图9－16分别是W51－9、P7－124井洗井前和洗井后一个月的生产曲线。从曲线可以看出，洗井后注水压力与洗井前的基本一致，日注水量略显增加。

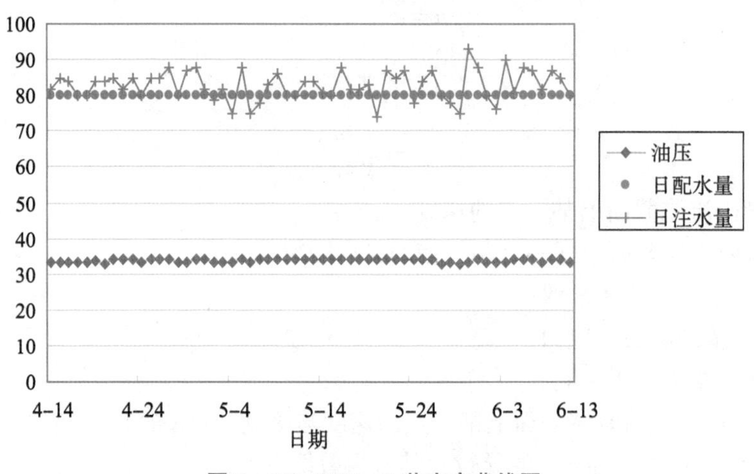

图9－15　W51－9井生产曲线图

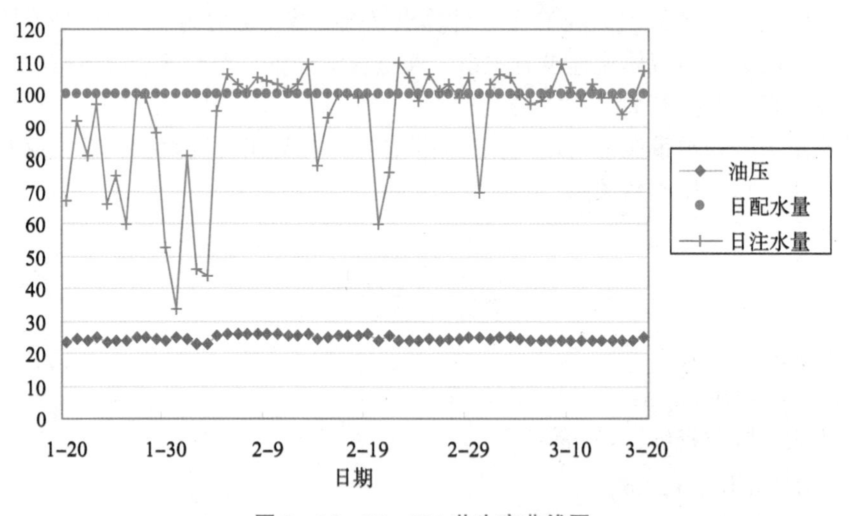

图9－16　P7－124井生产曲线图

4. 经济效益分析

(1) 相对于常规关井泄压洗井工艺的经济优势

增注井平均注水单耗11.08 (kW·h)/m^3，电价0.786元/(kW·h)。高压注水井采用不泄压洗井工艺洗井，以避免放溢流量850 m^3 计算，节约电费7 402元。

污水处理以单价为0.6元/m^3，避免放溢流量850 m^3 计算，节约污水处理费用510元。

高压注水井不泄压洗井工艺每实施一井次，创经济效益7 912元。

（2）相对于不洗井的经济优势

长期不洗井，不动管柱是井况恶化的根本原因。井况恶化最常见的症状是油管腐蚀、结垢；井况恶化严重的症状是油管丝脱扣、油管穿孔；井况恶化最严重的症状是套管丝扣渗、套管本体穿孔或渗漏、套管升高短节渗漏。以上任何一种症状，处理费用少则6万元，多则20万~30万元。

创新点：注水井必须要通过洗井来保护井筒，高压注水井常规洗井工艺需要关井泄压后才能洗井，关井泄压造成注水浪费，影响注水时率，影响注水开发。高压注水井不泄压洗井工艺很好地解决了上述生产难题。

高压注水井不泄压洗井工艺已申请国家专利，专利号为CN20184148Y。

三、全流程节能注水

（一）一次增压系统

应用2台大排量柱塞泵（排量180 m^3/h，压力16.0 MPa），注水单耗由6.82度/m^3 下降至5.45度/m^3，下降20.1%，日注水7 540度，日节电1.03万度（图9-17）。

图9-17　大排量柱塞泵

创新点：柱塞水平对置分布在曲轴箱体两端，曲轴旋转一周，两端的柱塞分别在对应的液力端工作，避免了空回程，大幅提高排出流量和机组效率。两端共同进排液，使液流脉动峰值减小，设备运行较单边泵更加平稳。

多列水平对置式高压柱塞泵，专利号为ZL201810011835.5。

（二）二次增压系统

二次增压系统主要解决两个问题：一是减少增注站，具备合并条件的，实施集中增注；二是解决泵压与单井注水压力的压力差造成的节流损失。前者可以通过更新增注泵和强化日常运行管理解决，解决泵压与单井注水压力的压力差造成的节流损失则需要相应的工艺配套措施。

节流损失按式（9-8）计算：

$$w=(p_p-p_i)v_i/3.6 \tag{9-8}$$

式中，w 为节流损失，kW·h；

p_p 为泵压，MPa；

p_i 为水井注水压力，MPa；

v_i 为日注水量，m^3/d。

从式（9-8）可以看出，泵压与水井注水压力越接近，节流损失就越小。

1. 增注供水半径计算

利用海曾威廉公式，计算出供水半径的压力损失（合理范围 $p_{损}\leqslant 1$ MPa），确定供水半径为550 m左右。

$$h=(10.67Q^{1.852}L)/(C^{1.852}D^{4.87}) \tag{9-9}$$

式中，Q 为流量，m^3/s；

L 为管长，m；

D 为内径，m；

C 为粗糙系数，钢管取100。

2. 合理管径研究

根据《油田注水工程设计规范》，流速取1.0～1.6 m/s，利用已知流量，确定管线管径，计算公式：

$$D_i=18.81\sqrt{\frac{Q}{V}} \tag{9-10}$$

管道壁厚按下式计算：

$$S_0=\frac{PD_0}{2([\sigma]^t\phi+0.4P)} \tag{9-11}$$

经计算，内径为207 mm，外径选用245 mm。

经计算，管线壁厚20 mm，选用 ϕ245 mm×20 mm 无缝钢管。

各注水支线运行负荷及管径计算结果见表9-3。

表9-3　各注水支线运行负荷及管径计算结果

序号	支线	起止点	最大输水量/m^3	管内径/mm	管外径/mm
1	102#	干线-102#站	540	89	114
2	87#	干线-87#站	480	84	114
3	86#	干线-86#站	480	84	114
4	90#	干线-90#站	480	84	114
5	96#	干线-96#站	480	84	114
6	97#	干线-97#站	480	84	114

3. 分压注水方案

分压注水方案一：零节流注水工艺。

根据式（9－8），在一个增注站内，把注水压力相近的注水井组成一个压力系统，根据注水量和注水压力配置增注泵，节流损失接近于零。

工艺的优点：节流损失小，节电效果最好。

工艺的缺点：注水压力相近的注水井组成一个压力系统，当其中一口或多口井的注水水量调整后，注水井的压力也要随之变化，而增注泵无法适应变化的水量和压力。此外，一个站设置的压力系统多，如果每个压力系统都设置备用泵，则运行维护成本高（每台泵每年增加维持成本 1.5 万元）；如果不设置备用泵，则无法平稳注水。

分压注水方案二：

将增注站原来的一套压力系统分成两套压力系统，主要应用两项工艺：集中分压增注工艺、单站分压注水工艺。

分压注水工艺是指将二次增压分为高压、中压两个压力系统，如图 9－18 所示。图中，从左至右立管分别是常压来水、中压来水、高压来水、去注水井口。根据井口压力，可以切换至任一压力系统。高压系统通过更新增注泵及其出口流程和配水阀组，来提高注水压力，解决欠注问题；中压系统充分利用现有增注泵，降低运行压力，减少节流损失，降低注水能耗。高、中压系统设置备用泵 1 台，当任何一个系统有泵停运时，启用备用泵，通过流程切换，可以任意向高、中压系统供水。

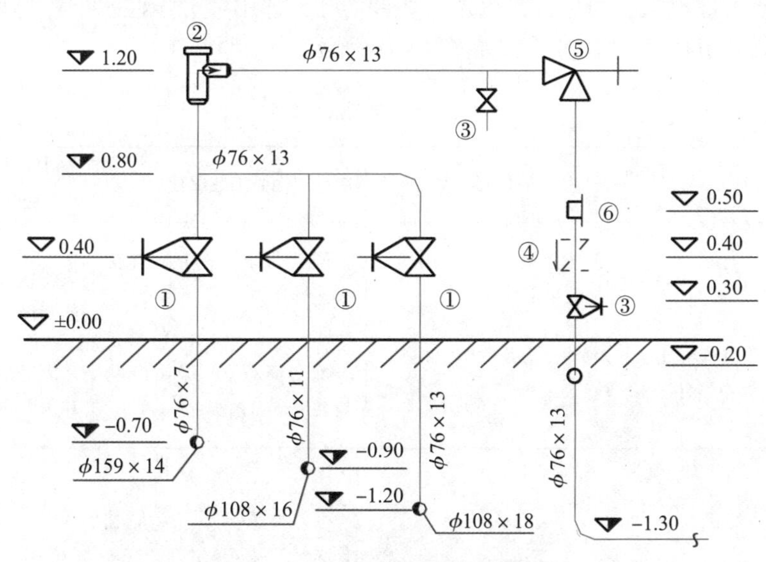

图 9－18　分压注水阀组侧视图

集中分压增注工艺是指对平面上可以合并的增注站点进行合并，组建大型增注站。增注站分高压、中压两套压力系统，高压水通过高压、中压注水支线向计量站的高压、中压配水阀组供水。

单站分压注水工艺是指注水量有一定的规模（注水量不低于 300 m^3/d），注水压力变化幅度在 10.0 MPa，并且在平面上不可以合并的增注站点实施分压注水。

一般情况下，分压注水系统共分为 3 个，常压（$p_{注}$≤16.5 MPa）、中压（16.5 MPa≤

$p_{注}$ < 中压分界值）、高压（$p_{注}$ > 中压分界值）。合理的高压、中压分界值确定原则：节流损失最少；中压区注水量与中压区泵排量匹配；高压区注水量与高压区泵排量匹配。

理论上增注泵出口压力与水井的注水压力越接近（零压差），能量损失越少，但受工艺、成本的限制，不可能每口注水井都实现零压差。

增注站内设置两套压力系统（高压系统、中压系统），实行分压注水。两套压力系统的运行压力按式（9－12）进行迭代计算，迭代计算的目标是每天能量的损失量最少，从而求出两个系统的运行压力。

$$w = \sum_{i=1}^{n}[(p_h - p_i)v_i/3.6] + \sum_{k=1}^{n}[(p_l - p_k)v_k/3.6] \tag{9-12}$$

式中，w 为当天的能量损失量，kW；

p_h 为高压系统的泵压，MPa；

p_i 为拟进高压系统的水井的注水压力，MPa；

v_i 为单井注水量，m^3/d；

p_l 为中压系统的泵压，MPa；

p_k 为拟进中压系统的水井的注水压力，MPa，

v_k 为单井注水量，m^3/d。

分压注水工艺具有运行成本低、注水量缓冲能力强的优点，兼顾节能与低成本及平稳注水。

分压注水方案比选：通过方案比选（表9－4），选用“分压注水工艺（单站分压注水工艺和集中增注分压注水工艺）”，如图9－19所示。

表9－4　方案比选表

工艺名称	节能效果	地面工艺配套	对注水量、注水压力变化的适应能力
零节流注水工艺	基本上消除了节流损失，节能效果最好	配套复杂，一个站内设置多套压力系统	工程投产后，无法适应注水井的水量和压力的变化
分压注水工艺（单站分压注水工艺和集中增注分压注水工艺）	只能部分消除节流损失，节能效果低于零节流注水工艺	配套简单，一个站内设置两套压力系统	能适应注水井的水量和压力的变化

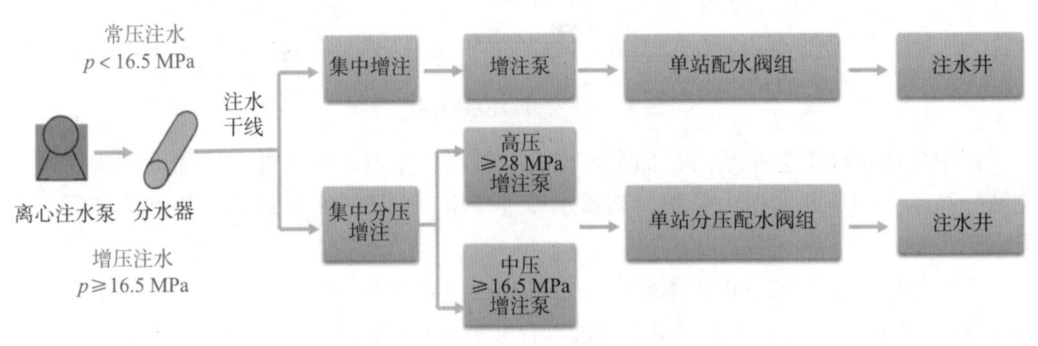

图9－19　分压注水工艺示意图

第十章 对置式大排量往复注水泵的研究

■ 一、柱塞泵运动学分析

柱塞泵作为工业生产中的重要工具，对柱塞泵曲柄滑块机构的分析及柱塞泵性能的测试在柱塞泵的生产和检测过程中有重要的意义。因此，对柱塞泵的运动学、动力学及水力学的研究分析在往复泵的生产和设计过程中是有必要的。通过对柱塞泵曲柄滑块机构的分析，得到柱塞泵活塞、连杆、曲轴的运动状态及受力情况。做旋转运动的设备，旋转运动不平衡质量在旋转过程中会产生惯性力，该惯性力会对设备产生干扰力。如果设备存在干扰力，会加剧设备基础的振动，影响柱塞泵的寿命，甚至会对操作人员的生命安全造成威胁。因此，对柱塞泵进行扰力分析对柱塞泵的设计和检测有重要意义。

柱塞泵的动力性能分析是其理论研究的主要部分。柱塞泵的运动学主要研究柱塞的运动规律，分析曲轴、连杆的受力情况。被柱塞泵输送的液体，其流道形状复杂，目前对柱塞泵水力学的主要研究方法是在分析、归纳的基础上进行理论分析和计算。

（一）柱塞泵柱塞的运动分析

对柱塞泵的柱塞进行运动分析，分析柱塞在工作过程中的位移、速度、加速度的变化情况。柱塞的加速度变化对曲柄、连杆的动力学状态影响最大，因此，对柱塞的运动分析是分析柱塞泵整体性能的一个重要前提。

1. 柱塞的位移

柱塞泵的主运动机构为曲柄滑块机构，曲轴的偏心距即曲轴半径，如图 10－1 所示。其中，F 点为柱塞运动的前死点（离主轴中心线最远点），E 点为柱塞运动的后死点（离主轴中心线最近点）。曲柄转角从柱塞前死点算起，吸入行程 x 为正。曲柄 OA 以匀角速度旋转，带动柱塞完成吸、排液的过程。

当曲柄转过 α 角后，对于柱塞的位置点（因柱塞只在 x 轴方向做运动，所以只考虑柱塞在 x 的位置点），取 O 点为坐标原点，x 轴水平向右为正，因此，柱塞的位移表达式为：

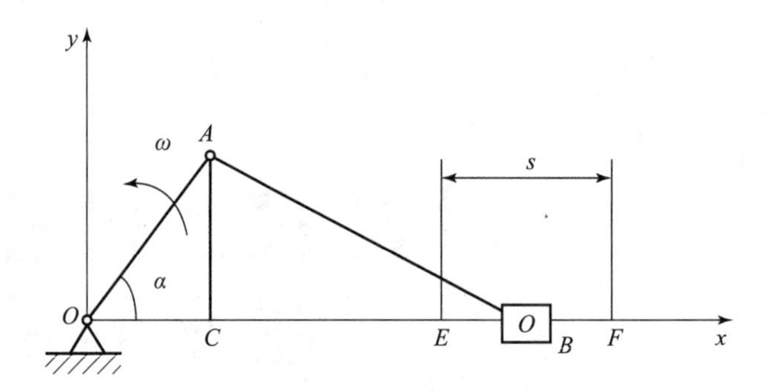

图 10－1　柱塞泵曲柄滑块运动机构图

$$x = R(1 - \cos\alpha) + \frac{R\lambda}{4}(1 - \cos 2\alpha) \tag{10-1}$$

式中，R 为曲柄的长度，m；

l 为连杆长度，m；

λ 为连杆比。

曲柄与连杆的比值称为连杆比，是影响曲柄滑块机构的一个重要特征参数，对于柱塞泵，其值一般在 1/8～1/6 范围内。通过计算得到的柱塞位移、速度、加速度表达式是一个复杂多项式，在分析柱塞泵的动力性能时，复杂多项式不容易计算，因此引入牛顿展开式对柱塞的位移、速度、加速度公式进行分析。按照式（10－1）画出柱塞的位移曲线，如图 10－2 所示。柱塞泵在吸入液体的过程中，其柱塞在前半端位移中，曲柄转过的角度要小于在后半段位移中曲柄转过的角度，并且这个差距会随着连杆比的增大而更加明显。

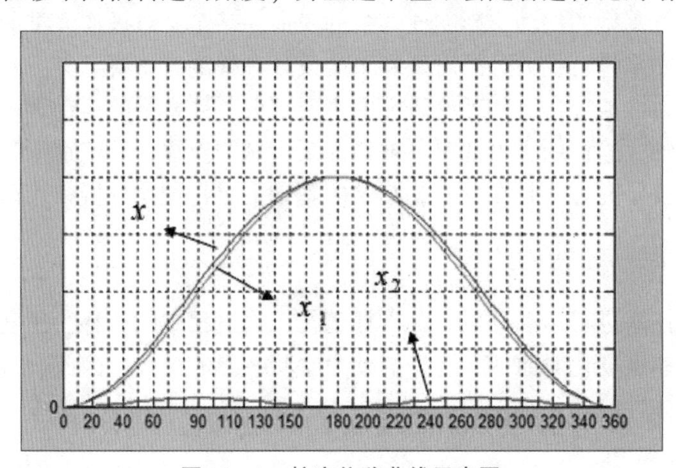

图 10－2　柱塞位移曲线示意图

2. 柱塞的速度

柱塞的运动速度是随曲柄转角的变化而变化的，将式（10－1）关于时间 t 求导，得到柱塞的速度表达式：

$$\begin{aligned} v &= R\omega\left(\sin\alpha + \frac{\lambda}{2}\sin 2\alpha\right) \\ &= R\omega\sin\alpha + R\omega\frac{\lambda}{2}\sin 2\alpha \end{aligned} \tag{10-2}$$

根据式（10－2）画出柱塞的速度 v 随曲柄转角 α 的变化示意图，如图10－3所示。当 $\alpha=0$ 或 $\alpha=\pi$ 时（柱塞位于左、右死点），柱塞的瞬时速度等于零，这是由于柱塞在这两点改变了运动方向；当 $\alpha=\pi/2$ 时，$v=-R\omega$，此时柱塞的速度等于曲柄销中心的圆周速度，但这不是柱塞的最大速度；当柱塞处于最大速度时，曲柄转角为 $\alpha_{v\max}$。对柱塞的速度表达式进行微分，根据微分求极值的方法求得柱塞在最大速度时曲柄转角的角度。由式（10－2）可见，$0\leqslant\alpha_{v\max}\leqslant1$，因此，$\alpha_{v\max}$ 小于 90°或大于 270°，即柱塞速度的最大值出现在偏向右死点的一边，大致出现在曲柄转角为 75°时。

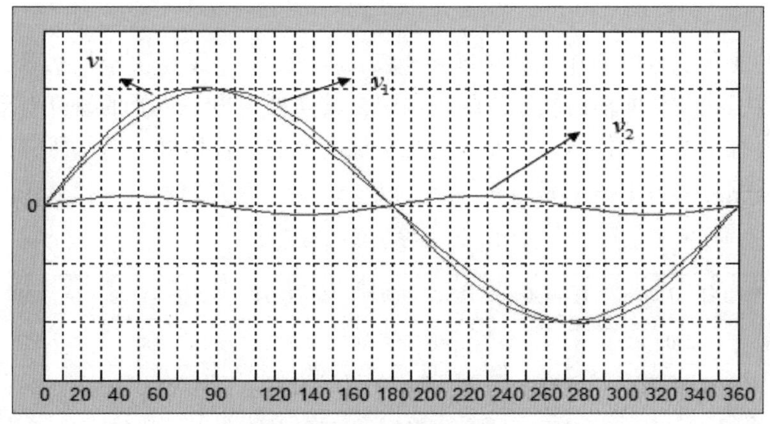

图 10－3 柱塞速度曲线示意图

3. 柱塞的加速度

对式（10－2）所表示的柱塞速度公式，关于时间 t 求导，得到柱塞加速度的表达式：

$$\begin{aligned} a &= \frac{\mathrm{d}v}{\mathrm{d}t} = R\omega^2(\cos\alpha + \lambda\cos2\alpha) \\ &= R\omega^2\cos\alpha + R\omega^2\lambda\cos2\alpha \\ &= a_1 + a_2 \end{aligned} \tag{10-3}$$

根据柱塞加速度公式（10－3），画出柱塞加速度随曲柄转角变化的曲线示意图，如图 10－4 所示。

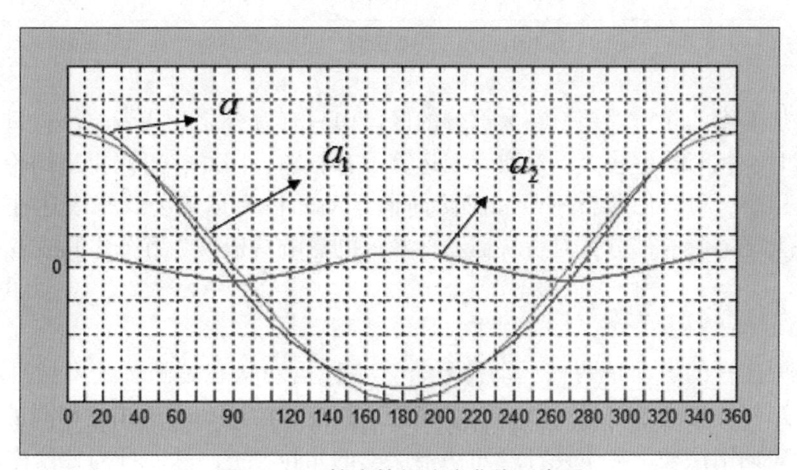

图 10－4 柱塞的加速度曲线示意图

根据对柱塞的加速度表达式和曲线示意图的分析可以得到：柱塞泵的曲轴在旋转一周的过程中，当 $\lambda=1/4$ 时，柱塞具有最大的正加速度 $a=R\omega^2(1+\lambda)$；当 α 为 π 时，柱塞具有最大的负向加速度 $a=-R\omega^2(1-\lambda)$。当 $\lambda\geqslant1/4$ 时，α 在0和 2π 时，有最大正加速度 $a=R\omega^2(1+\lambda)$，其值也为 $a=R\omega^2(1+\lambda)$；而最大负向加速度出现在 2π、$-\alpha$ 和 α，值为 $a=-R\omega^2-R\omega^2/(8\lambda)$。从式（10－3）和图10－4可以看出，柱塞的加速度表达式和其曲线示意图是由两部分构成的，连杆比的存在导致其加速度表达式在前半部分和后半部分不对称。一级简谐加速度和二级简谐加速度的变化频率差一倍。

4. 连杆比对柱塞运动状态的影响

柱塞泵的 λ 值为柱塞泵中曲柄长度和连杆长度的比值，λ 是决定柱塞泵运动性能的一个重要的参数，在类似曲柄滑块系统的机构中，其连杆比也是主要的研究对象之一。选取了几个市场占有率最大的柱塞泵，并对这几个柱塞泵的连杆比做分析，研究连杆比对柱塞运动形态的影响，见表10－1。

表10－1　柱塞泵的连杆比 λ

泵型	2NB－600	H－850	2NB－900	F－1000	3NB－1300	3DW	5DW
L/mm	1 200	1 143	4 300	1 000	1 060	555	555
R/mm	200	190.5	200	127	152.5	90	90
λ	0.167	0.167	0.154	0.127	0.144	0.162	0.162

可见柱塞泵的连杆比 λ 一般位于1/8～1/6之间，受柱塞泵内大齿轮、十字头等结构尺寸的限制，λ 不能任意增大。不同的 λ 值，对柱塞运动的影响是不同的，用柱塞的运动近似公式计算得到的位移、速度值和用精确计算公式计算得到的值相比较所得结果为运动误差。对不同的 λ，其误差见表10－2。

表10－2　柱塞泵的连杆比 λ 的误差

λ	1/5	1/6	1/6.5	1/7	1/7.5	1/5
位移/%	0.140	0.078	0.061	0.048	0.039	0.032
速度/%	0.178	0.100	0.078	0.062	0.050	0.041

对柱塞加速度的相对误差，在大部分的区段内只有万分之几或者更小；只是当加速度值趋近于零时，相对误差较大，对实际的运算没有影响。因此，可以得出结论：由于柱塞泵的连杆比很小，可以用包含一阶和二阶简谐运动的柱塞运动公式来表达柱塞的真实运动，省略去大于二阶的部分，对滑块运动参数值的影响一般仅为万分之几或者更小。

（二）连杆的运动学分析

柱塞泵中连杆的运动是两种运动的复合：一种运动状态是随着柱塞做平移的往复运动，因此，连杆随柱塞做往复运动的运动表达式和柱塞的运动表达式是相同的；另一种运动状态是绕曲柄销摆动。对于连杆绕曲柄销摆动的角位移 β，从连杆与柱塞中心线平行时开始算起，在 $\alpha=0\sim\pi$ 范围内，β 为正值；在 $\alpha=0\sim2\pi$ 范围内，为负值。当 $\alpha=90°$ 或

$\alpha=270°$时，连杆角位移有最大值（这里指绝对值），对连杆摆角公式关于时间 t 求导，得到连杆摆动的角速度公式：

$$\beta=\frac{\mathrm{d}\beta}{\mathrm{d}t}=\lambda\omega\frac{\cos\alpha}{\sqrt{1-\lambda^2\sin^2\alpha}} \tag{10-4}$$

当 $\alpha=0$ 或 $\alpha=\pi$ 时，连杆角速度有最大值（指绝对值），即 $\beta_{\max}=\pm\lambda\omega$；当 $\alpha=\pi/2$ 或$\alpha=3\pi/2$ 时，连杆角速度为零，即 $\beta_{\min}=0$。对连杆摆角速度公式求导，得到连杆摆动时的角加速度：

$$\beta=\frac{\mathrm{d}^2\beta}{\mathrm{d}t^2}-\lambda(1-\lambda^2)\omega^2\frac{\sin\alpha}{\cos^3\beta} \tag{10-5}$$

当 $\alpha=90°$或 $\alpha=270°$时，β 有最大值（指绝对值）；当 $\alpha=0°$或 $\alpha=180°$时，β 有最小值，即 $\beta_{\max}=0$。通过以上分析可以看出，曲柄滑块机构中的连杆运动是两种刚体运动的复合，包括旋转运动和往复运动。连杆往复运动和柱塞的运动形态相同，而连杆摆动的角速度和角加速度表达式则为上面所分析的。

（三）柱塞泵流量分析

流量波动是柱塞泵的主要缺点之一，这是由其运动特性所决定的。由于流量变化引起的压力波动，使吸入和排出管线产生振动，从而影响柱塞泵的使用寿命。每一次往复运动，柱塞的冲程体积等于输送介质的体积，在此假定条件下，柱塞泵在曲轴旋转一周时，排出液体的体积除以曲轴旋转一周所需的时间为柱塞泵每一缸的理论排量，记为 Q_m；曲轴转动的某一个瞬时的流量为瞬时流量，记为 $Q(\alpha)$。理论上，单位时间内柱塞泵所输送液体的体积与泵的活塞面积、冲程、冲次呈正相关。因此，每一个液缸在排出过程中产生的瞬时排量等于柱塞在该时刻的瞬时速度与柱塞截面积的乘积。求柱塞泵的流量，首先要求柱塞的截面积。多缸柱塞泵的瞬时流量表达式为：

$$Q(\alpha)=AR\omega\sum_{n=0}^{m-1}\left[\sin\left(\alpha+\frac{2n\pi}{z}\right)+\frac{\lambda}{2}\sin2\left(\alpha+\frac{2n\pi}{z}\right)\right] \tag{10-6}$$

式中，m 为排流过程中的柱塞数，当柱塞泵的活塞数为偶数时，$m=Z/2$，当活塞数为奇数时，$m=(Z\pm1)/2$；当$0\leqslant\alpha\leqslant\pi/Z$ 时，取正，当 $\pi/Z\leqslant\alpha\leqslant2\pi/Z$ 时，取负。DW 系列柱塞泵为对称排列，所以先求出单侧的每个液缸在曲柄转角为 α 时的瞬时流量。柱塞泵的一个冲程分为吸入、排出两个过程，曲柄转角为$0\leqslant\alpha\leqslant\pi$ 时，是往复泵的吸入过程；曲柄转角为 $\pi\leqslant\alpha\leqslant2\pi$ 时，是柱塞泵的排出过程。表 10－3 为对置式柱塞泵在曲柄旋转一周时的瞬时流量表达式。

表 10－3　对置式柱塞泵的瞬时流量表达式

曲柄转角	工作状态	5DW 的瞬时流量表达式
$0\leqslant\alpha\leqslant\frac{1}{5}\pi$	4、5、6、7、8 为排出过程	$Q(\alpha)=Q_4(\alpha)+Q_5(\alpha)+Q_6(\alpha)+Q_7(\alpha)+Q_8(\alpha)$
$\frac{1}{5}\pi\leqslant\alpha\leqslant\frac{2}{5}\pi$	3、4、5、6、7 为排出过程	$Q(\alpha)=Q_3(\alpha)+Q_4(\alpha)+Q_5(\alpha)+Q_6(\alpha)+Q_7(\alpha)$
$\frac{2}{5}\pi\leqslant\alpha\leqslant\frac{3}{5}\pi$	3、4、6、7、10 为排出过程	$Q(\alpha)=Q_3(\alpha)+Q_4(\alpha)+Q_6(\alpha)+Q_7(\alpha)+Q_{10}(\alpha)$

续表

曲柄转角	工作状态	5DW 的瞬时流量表达式
$\frac{3}{5}\pi \leqslant \alpha \leqslant \frac{4}{5}\pi$	2、3、4、6、10 为排出过程	$Q(\alpha) = Q_2(\alpha) + Q_3(\alpha) + Q_4(\alpha) + Q_6(\alpha) + Q_{10}(\alpha)$
$\frac{4}{5}\pi \leqslant \alpha \leqslant \pi$	2、3、6、9、10 为排出过程	$Q(\alpha) = Q_2(\alpha) + Q_3(\alpha) + Q_6(\alpha) + Q_9(\alpha) + Q_{10}(\alpha)$
$\pi \leqslant \alpha \leqslant \frac{6}{5}\pi$	1、2、3、9、10 为排出过程	$Q(\alpha) = Q_1(\alpha) + Q_2(\alpha) + Q_3(\alpha) + Q_9(\alpha) + Q_{10}(\alpha)$
$\frac{6}{5}\pi \leqslant \alpha \leqslant \frac{7}{5}\pi$	1、2、8、9、10 为排出过程	$Q(\alpha) = Q_1(\alpha) + Q_2(\alpha) + Q_8(\alpha) + Q_9(\alpha) + Q_{10}(\alpha)$
$\frac{7}{5}\pi \leqslant \alpha \leqslant \frac{8}{5}\pi$	1、2、5、8、9 为排出过程	$Q(\alpha) = Q_1(\alpha) + Q_2(\alpha) + Q_5(\alpha) + Q_8(\alpha) + Q_9(\alpha)$
$\frac{8}{5}\pi \leqslant \alpha \leqslant \frac{9}{5}\pi$	1、5、7、8、9 为排出过程	$Q(\alpha) = Q_1(\alpha) + Q_5(\alpha) + Q_7(\alpha) + Q_8(\alpha) + Q_9(\alpha)$
$\frac{9}{5}\pi \leqslant \alpha \leqslant 2\pi$	1、4、5、7、8 为排出过程	$Q(\alpha) = Q_1(\alpha) + Q_4(\alpha) + Q_5(\alpha) + Q_7(\alpha) + Q_8(\alpha)$

根据表 10－3 所表达的对置式柱塞泵瞬时流量的表达式，利用 MATLAB 软件绘制出对置式柱塞泵瞬时流量随曲柄转角 α 的变化示意图，如图 10－5 所示。

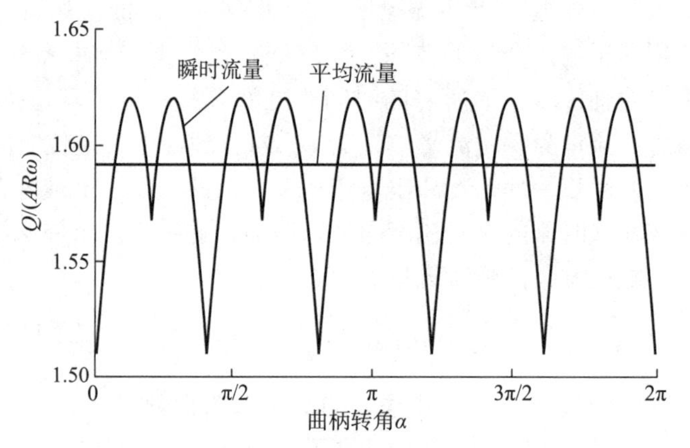

图 10－5　对置式往复泵瞬时流量变化示意图

由图 10－5 可见，柱塞泵的流量是脉动的、不均匀的。在理论上，其瞬时排量是不均匀的，不均匀程度由瞬时流量和平均流量两个指标来衡量，称为脉动频率。用脉动频率这两个指标可以分别反映理论上瞬时流量的最大值和最小值相较于理论平均流量的变化幅度。单缸柱塞泵的理论平均流量为：

$$Q_m = \frac{\int_0^{\pi} -AR\omega\left(\sin\alpha + \frac{\lambda}{2}\sin 2a\right)\mathrm{d}\alpha}{\pi} \tag{10-7}$$

在多缸柱塞泵中，假设液缸的数量为 N，那么该柱塞泵的理论平均流量为：

$$NQ_m = N\frac{\int_0^{\pi} -AR\omega\left(\sin\alpha + \frac{\lambda}{2}\sin 2a\right)\mathrm{d}\alpha}{\pi} \tag{10-8}$$

用两个脉动频率数值来反映柱塞泵瞬时流量的变化幅度会显得复杂，因此引入排量不

均匀度 η_Q 来反映往复泵在排液过程中的不均匀程度。

$$\eta_Q = \eta_{Q1} + \eta_{Q2} = \frac{Q_{max} - Q_{min}}{Q_m} \tag{10-9}$$

对液缸数量不同的柱塞泵，其脉动频率和排量不均匀程度是随着液缸数量的增加而变化的，见表 10－4。

表 10－4　柱塞泵的流量脉动频率和不均匀度

液缸数量 N	1	2	3	4	5
η_Q	3.14	1.57	0.142	0.535	0.07
η_{Q1}	2.14	0.57	0.05	0.11	0.03
η_{Q2}	1.0	1	0.09	0.21	0.04

由于柱塞泵的输出流量具有不均匀性，在排出液体的过程中，会引起排出压力的脉动，当排出压力的脉动频率是管路自振频率的整数倍时，将会引起管路的共振。柱塞泵的流量和压力不均匀性会造成动力端的负载不均匀，加大了柱塞泵零部件的磨损程度，缩短了管路的寿命。流量不均匀和压力脉动是由柱塞泵的结构特点决定的，也限制了柱塞泵的发展及应用。由表 10－4 可见，随着液缸数量的增加，其流量不均匀程度会有下降，尤其是液缸数量为奇数时，其脉动频率会减小，因此，选择合适的液缸数量及增加空气室，可以减少柱塞泵管路因流量脉动和压力脉动引起的振动。

（四）柱塞泵的容积效率

柱塞泵的理论排量只与柱塞泵的结构尺寸及曲轴的转速有关。柱塞泵的实际排量是小于理论排量的，实际排量与理论排量之比称为柱塞泵的容积效率，其决定了柱塞泵的实际水力功率的发挥水平。容积效率是衡量柱塞泵力学性能的一个重要的参数。对于单作用柱塞泵，有

$$\varepsilon = \frac{V_a}{V_h} \tag{10-10}$$

式中，ε 为柱塞泵在大气压力下计量排量和在排出压力下计量排量时的容积效率；

V_a 为在一个排出冲程中，实际被排到排出管中的液体，在大气压力下和在排出压力下的体积；

V_h 为柱塞泵的冲程容积。

造成柱塞泵实际排量比理论排量小的原因有如下三点：

①吸入阀和排出阀会因为运动惯性而存在滞后现象，阀门的滞后关闭会引起柱塞泵的回流。

②柱塞泵的液缸中会不可避免地存在着死区。由于液体的可压缩性，在高压排出的过程中，冲程容积中的一部分液体被压缩到死区中而不能排出，造成了容积损失。尤其是高速流动的液体会存在气泡现象，当介质中含有气体时，介质的可压缩性更明显。

③在排出过程中，高压介质通过密闭不良的吸入阀、活塞口、缸套等泄漏到缸体外，从而造成容积损失。

二、对置式柱塞泵的力学分析

传动端是柱塞泵力学的主要研究对象，传动端由齿轮（或皮带）、曲柄滑块机构和泵壳三个部分组成。柱塞泵传动端的零部件包括曲柄滑块机构中的曲轴、连杆、十字头及连接十字头和柱塞的介杆。关于柱塞泵的传动端和液力端的分界标准，柱塞和缸套是参与水力过程的两个部件，在本节中将其划入液力端，传动端和液力端的分界点为介杆和活塞杆的结合面。分析柱塞泵力学的主要目的是计算其运动端和传动端各零部件的受力情况及曲轴的受力情况。

（一）作用于柱塞泵传动端的力

柱塞泵本身不能决定排出压力，其排出压力是由泵装置的管道特性决定的，并且与流量无关，流量由柱塞泵的机构决定。如果认为理想状态下的被输送液体具有不可压缩性，那么，在理论上，柱塞泵的排出压力将不受结构的限制。要想让柱塞泵达到所需要的排出压力，应根据泵的设计要求，选择相适应的泵头和管道。因此，柱塞泵的排出压力不随内部运动部件的运动而发生变化。

柱塞泵的全压力是考核泵的重要的参数之一。在柱塞泵的工程计算中，通常用排出压力来表示全压力，在实际作业中，则主要参考排出管压力表的凭据读数，也称为柱塞泵的工作压力，简称泵压。液体压力的反作用力作用到柱塞，对曲柄滑块机构是作用于柱塞的柱塞力。假定所分析泵的输出压力为 p，那么柱塞力的表达式为：

$$F_1 = -pAJ_1(\alpha) \tag{10-11}$$

式中，p 为柱塞泵的输出压力。

在式（10－11）中，$J_1(\alpha)$ 为自定义的关于曲柄转角 α 的函数，不考虑泵阀的滞后，$J_1(\alpha)$ 可表示为：

$$J_1(\alpha) = \begin{cases} 0, 0 \leqslant \alpha \leqslant \pi \\ 1, \pi \leqslant \alpha \leqslant 2\pi \end{cases} \tag{10-12}$$

根据设定，曲柄转角为 $0 \leqslant \alpha \leqslant \pi$ 时，是往复泵的吸入过程；曲柄转角为 $\pi \leqslant \alpha \leqslant 2\pi$ 时，是排出过程。上式符合实际情况。

（二）摩擦力

柱塞泵在运转过程中，做相对运动的零件之间会存在摩擦力，摩擦力一般发生在液缸的柱塞和缸套之间、连接介杆的十字头和十字头导板之间。滚动轴承之间的摩擦力比较小，在分析中可以忽略不计，因此，主要考虑缸套之间的摩擦力。理论上，摩擦力的表达式为：

$$F_{摩擦力} = uNJ_2(\alpha)a \tag{10-13}$$

式中，u 为柱塞和缸套之间的摩擦系数；

N 为柱塞对缸套的压力；

$J_2(\alpha)$ 为自定义的关于曲柄转角 α 的函数。

因此，在计算中，摩擦力一般取一个常值。根据对摩擦力的分析，在柱塞泵吸入液体的过程中，柱塞不受到缸内压力，摩擦力的值为正；在排出液体过程中，柱塞受到缸内的压力，摩擦力为负。这样设定以后，对摩擦力的分析和柱塞泵在实际情况中是一致的。

（三）柱塞泵运转过程中运转部件的惯性力

在高压对置式柱塞泵中，柱塞泵通过曲柄滑块机构将旋转机械能转化为排出液体的动能，因此，运转部件自身的重力比曲轴、连杆和柱塞在高速高压下受到的液体压力小，在总的受力中只占很小的一部分。因此，在分析驱动荷载时，在误差允许的范围内，通常将质心置于便于计算的位置点。

当物体的速度发生变化时，物体会有一种力维持该物体保持前一刻的运动状态，这种力称为物体的惯性力。惯性力的大小与运动部件的自重及该物体的加速度相关，与外部荷载无关。做简单往复直线运动的活塞－十字头和做匀速圆周运动的曲轴，其惯性力是容易计算的；而做平面刚体运动的柱塞泵连杆是两种运动的复合，所以，在计算连杆的惯性力时，一般采用质量替代系统来简化计算，即将连杆质量分为两个集中质量分别置于连杆大端中心（即与曲柄端点重合）和连杆小端中心（即与十字头重合），这样曲柄端点和十字头处的加速度已知，惯性力容易计算。这样替代应满足的条件是：柱塞泵的连杆的总质量不变、连杆质心点位置不变、转动惯量不变。根据前两个条件得到：

$$\begin{cases} m_a + m_b = m_{连杆} \\ m_a = m_{连杆}\dfrac{l - l_c}{l} \\ m_b = m_{连杆}\dfrac{l_c}{l} \end{cases} \tag{10-14}$$

式中，m_a 为换算到连杆大端的质量，kg；

m_b 为换算到连杆小端的质量，kg；

$m_{连杆}$ 为连杆的质量，kg；

l 为连杆的长度，m；

l_c 为连杆重心到连杆大端的距离，m。

根据式（10－14）对运动质量的换算，则柱塞泵曲柄滑块机构经过质量替换以后的转动惯量为：

$$m_b(l - l_c)^2 + m_a l_c^2 = m_{连杆}(l - l_c)l_c \tag{10-15}$$

柱塞泵在运转过程中产生的所有惯性力将最终传递并叠加到柱塞泵外壳的底座和轴承座的作用力中，除了不同缸体之间的惯性力可能彼此抵消外，传动端不可能有其他与之平衡的力，因此，未能相互平衡彼此惯性力和惯性力矩是引起柱塞泵扰力的主要原因，也是设备基础产生振动的原因之一。

（四）曲柄滑块结构的受力分析

在分析、计算柱塞泵传动端的动力学问题时，需要的已知条件是传动端各个零部件的结构、尺寸、质量，曲柄滑块机构的运动参数及所需要输出介质的压力，以及柱塞泵的曲轴转向等约束条件。根据结构特性和问题的可解性，首先分析曲柄滑块机构的受力模型，然后分析传动轴系统。通过分析曲柄滑块机构的运动学，对曲轴的受力情况进行分析。柱塞做往复运动的运动公式为：

$$\begin{cases} x = R(1-\cos\alpha) + \dfrac{R\lambda}{4}(1-\cos2\alpha) \\ v = R\omega\left(\sin\alpha + \dfrac{\lambda}{2}\sin2\alpha\right) \\ a = R\omega^2(\cos\alpha + \lambda\sin2\alpha) \end{cases} \tag{10-16}$$

式中，$\alpha = \omega t$；

R 为曲柄的长度，m；

λ 为曲柄连杆比，$\lambda = R/l$。

理论上认为曲轴是做匀速旋转运动的，实际上，由于外载作用力对曲轴产生的力矩不是恒定不变的，所以曲轴不可能保持恒定的角速度旋转。但是，由于原动机和液缸之间传动系统的转动惯性的平衡作用和动力机本身具有的稳速功能，实际工作中，柱塞泵的曲轴基本维持匀速转动，变动率不到1%。

1. 柱塞－十字头和连杆的受力分析

按照结构的分析顺序，先将曲柄滑块机构从传动段分离出来。为了使计算方便，可以先对一个缸的活塞－十字头部分进行计算，因柱塞、十字头、介杆具有相同的运动特征，所以将力学计算转换到一点，即柱塞中心点 B。做往复运动的部件包括柱塞、连接介杆、十字头等部件，其总质量为 m_1。曲柄滑块机构中的柱塞可视为一个二力杆，曲柄以匀角速度通过连杆带动柱塞做往复运动。将旋转机械能转化为流体动能的过程中，柱塞受到连杆的推力（单个缸体排出液体时）或拉力（单个缸体吸入液体时）、缸体壁对柱塞的支撑力、柱塞自身的重力，如图10－6所示。为了简化计算，将其质心定在柱塞中心 B 点；柱塞泵在旋转过程中，柱塞受到的缸内压力为 p，那么柱塞在排出液体时，受到的柱塞力为 pA，并且柱塞力只在排液过程中存在。

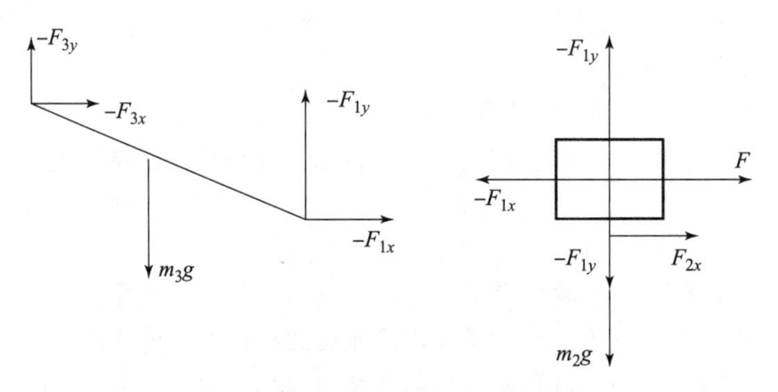

图10－6　连杆、活塞受力分析图

介杆的推力为柱塞力和柱塞摩擦力 F_f 的合力，记为柱塞杆推力 F，其表达式为：

$$F = -pA + (fpDb)J_1(\alpha)a \tag{10-17}$$

在规定摩擦力的方向函数后，根据公式可以看出，柱塞泵在吸入液体的过程中，柱塞受到的摩擦力为正，在排出液体过程中，柱塞受到的摩擦力为负，与柱塞泵的实际工作情况相符。F_{1x}、F_{1y}分别为柱塞泵的连杆对介杆－十字头的作用力；F_{2x}、F_{2y}分别为十字头部件受到的正压力和摩擦力。由于惯性力的存在，导致泵阀关闭存在滞后角现象，所以，在柱塞泵的吸入冲程开始时，曲柄转角的一段区间内，有作用于柱塞上的介质压力 p_d。因此，导致了 F_{2y} 指向下，为正值（即上导板与十字头接触）。考虑到这一因素，定义函数：

$$J_3(\alpha) = \begin{cases} 1, 0 < \alpha \leqslant \alpha_0, \pi < \alpha \leqslant 2\pi \\ -1, \alpha_0 < \alpha < \pi \end{cases} \tag{10-18}$$

于是根据图 10－6 的受力分析，得到关于柱塞这一个受力体的两个受力方程：

$$F + F_{1x} + F_{2x} = m_2 a \tag{10-19}$$

$$F_{1y} + F_{2y} + m_2 g = 0 \tag{10-20}$$

完成对曲柄滑块机构的柱塞－十字头这一受力体的受力分析后，再分析连杆这一分离体。连杆的两端分别受到十字头和曲轴对它的反力 $-F_{1x}$、$-F_{1y}$ 和 $-F_{3x}$、$-F_{3y}$。连杆质心 C 上作用有它的自重 m_3g。对连杆这一个分离体，可写出下面受力方程：

$$-F_{1x} - F_{3x} = m_3 a_{cx} \tag{10-21}$$

$$-F_{1y} - F_{3y} + m_3 g = m a_{cy} \tag{10-22}$$

根据上面对连杆和柱塞的受力方程，可以解出 F_{1x}、F_{1y}、F_{2x}、F_{2y}、F_{3x} 和 F_{3y} 六个未知数。可如下求解：先将 F_{1x}、F_{1y}、F_{3x} 和 F_{3y} 表达为 F_{2x} 的函数，全部代入式（10－20），求得 F_{2y} 摆杆的角速度 ξ_c，连杆质心在 X、Y 轴的加速度分量 a_{cx}、a_{cy} 表达式已在第一段中给出。知道了各力在 X、Y 轴的分量后，即可求得它们的大小和方向。其方向遵循图 10－6 标出的诸力的方向和正负号。以上各力中已包含了曲柄滑块机构往复运动部分的往复惯性力和连杆运动的旋转惯性力。

2. 曲轴的受力分析

通过上面对曲柄滑块机构各部件的受力分析，求得了单个连杆驱动柱塞泵完成吸、排液所受到的力。在求曲轴所受的驱动力时，忽略由于惯性导致的缸体内阀门的滞后。曲轴作为连接柱塞泵动力端和液力端的枢纽，在驱动液缸完成吸、排液时，曲轴受到以下几种力：

（1）连杆力

在多缸柱塞泵中，曲轴一般连接 3 个或者 3 个以上的连杆，呈等角排列。设曲柄错角为 β，则第 i 列连杆对曲轴的作用力为：

$$F_{3x}(i) = -m_3 a_{cx} - m_2 a + F + f_2 F_{2y} J_2[\alpha + (i-1)\beta] \tag{10-23}$$

$$F_{3y}(i) = (m_2 - m_3) g - m_3 a_{cy} + F_{2y} \tag{10-24}$$

（2）曲轴的自重

柱塞泵曲轴的质量加上大齿轮的质量，再加上所有连杆及轴承质量的一半，为曲轴的总质量，简化计算时，可分配一半的质量作用于大齿轮中心上，其余的曲轴平均分配剩下的质量。

3. 曲轴的偏心质量惯性力

设曲轴的偏心质量为 m_4，其惯性力的实质就是旋转运动所产生的离心力。惯性力的方向沿着曲柄离心向外，作用于曲柄的惯性力在 X、Y 轴上的分量分别为：

$$F_{4x} = R\omega^2 m_4 \cos\alpha \tag{10-25}$$

$$F_{4y} = R\omega^2 m_4 \sin\alpha \tag{10-26}$$

（五）扰力和扰力矩分析

扰力又称为干扰力或动力，它来源于柱塞泵机构的不平衡质量在转动时产生的惯性力。旋转设备基础振动的主要原因是旋转设备在运转过程中会产生扰力和扰力矩，因此，对设备的扰力值进行分析和确定，并根据设备扰力值的大小对设备基础进行加固处理，以减小因扰力对设备基础的振动，提高设备使用寿命。

1. 旋转设备产生扰力分析

旋转设备在运转时，会产生引起设备基础共振的扰力。旋转设备产生扰力的原因具有多样性，主要有设备机构的特点、生产和制造过程中的偏差、维护保养不当3个原因。在动力荷载作用下，机构产生的内力是随时间变化的，在运动过程中，机构的质心具有加速度，构件在旋转中具有角加速度，所以需要考虑惯性力的作用。

①机构内部运动部件的不平衡质量在运动时产生惯性力。

②在设备的设计中，要尽量减少各个运动部件在运动过程中存在的不平衡性，使其不平衡性控制在被允许的范围内。但由于设计特点的限制或者设计中考虑不周，如部件的刚度达不到要求、传动的层次过于复杂，都会增大设备的扰力。

③受到制造和装备水平的限制。不管设备设计得如何理想，如果制造质量低劣，没能达到设计的精度要求，如装配密合过差、间隙过大、材料质量分布不均匀造成质量偏心，均会增大旋转时对设备的扰力。

设备在设计、制造、生产的过程中，都会由于误差而使设备在运转过程中产生扰力。理论上，扰力的计算、分析是不考虑这一部分扰力值的大小的。因此，对柱塞泵扰力的计算，只分析由不平衡质量的运动部件在运动时产生的扰力。

2. 扰力的计算

柱塞泵的扰力是由各列曲轴－连杆－柱塞构成的曲柄滑块机构在运动时产生并作用在设备基础的惯性力。所以，在计算扰力时，应首先分析其惯性力。柱塞泵工作时的运动分为往复运动和旋转运动，因此，在分析扰力时，首先确定做往复运动的部件和做旋转运动的部件及其质量。

（1）曲柄滑块机构的质量分析

曲柄滑块运动的主要运动部件分为往复运动部件（由柱塞、介杆、十字头等组成，简称为活塞组，沿柱塞泵液缸中心线做直线往复运动）和旋转运动部件。柱塞泵的旋转运动部件与往复运动部件通过连杆连接起来，连杆小端随柱塞沿柱塞泵液缸中心线做直线往复运动，连杆大端随曲柄销绕主轴颈中心线做旋转运动。曲柄滑块机构的主要运动部件如图10－7所示。

将对置式柱塞泵简化为曲柄滑块机构，往复运动部件的质量 m_s 换算到柱塞的中心点处。在柱塞泵的设计中，曲轴各个拐的对应尺寸和质量均相同，往复运动部件的质量为柱塞、柱塞杆、介杆、十字头及部分连杆的质量。

$$m_s = m_p + \frac{l_c}{l} m_c \tag{10-27}$$

式中，m_p 为活塞组的质量，kg；

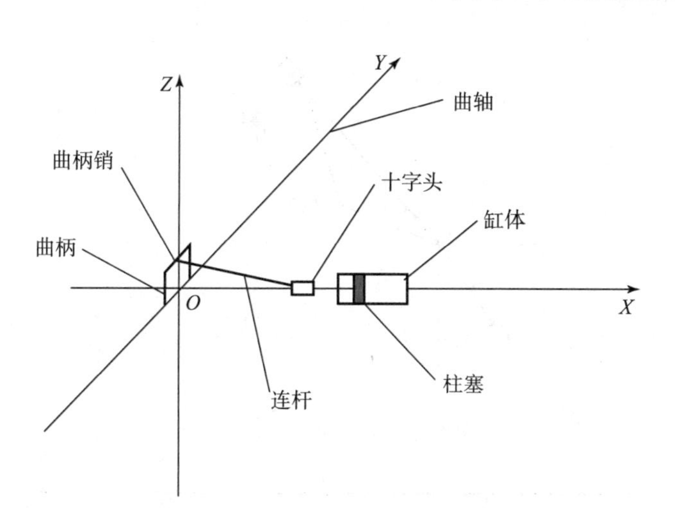

图 10－7　柱塞泵曲柄滑块机构的主要运动部件

m_c 为连杆的质量，kg；

l_c 为曲柄销至连杆重心的距离，m；

l 为连杆的长度，m。

将柱塞泵旋转运动部分的不平衡质量设为 m_r，在不影响总的离心力的情况下将旋转运动部件的质量集中到曲柄销的中心处，以便于计算。柱塞泵旋转部件的质量为曲柄、连杆大端轴承、曲柄销及部分连杆质量，按下式换算旋转质量：

$$m_r = m_b + \left(1 - \frac{l_c}{l}\right)m_c \tag{10-28}$$

式中，m_b 为曲柄组的质量，kg。

（2）柱塞泵的惯性力分析

根据式（10－28），确定做旋转运动和往复运动的质量，对曲柄滑块机构进行分析，求解曲柄滑块机构做往复运动部件的往复惯性力：

$$I_s^n = m_s R\omega^2 \lambda \cos 2\alpha \tag{10-29}$$

式中，I_s^n 为二谐往复惯性力；

m_s 为柱塞的加速度；

λ 为曲柄连杆比，$\lambda = R/l$。

曲柄滑块机构往复惯性力的方向与柱塞的加速度方向相反，指向缸体的方向为正，背离缸体的方向位负。在计算柱塞泵的扰力时，首先建立坐标系，如图 10－8 所示，其中，φ 为 z 轴与柱塞轴线的夹角，角速度为 $2/T$，T 为曲轴的转速。水平方向的扰力为往复运动部件惯性力和旋转运动部件旋转惯性力在 x 轴方向的分量。

3. 多缸柱塞泵的扰力计算公式

在水平对置柱塞泵中，一个曲柄连接两个结构不同的连杆，驱动对置的两个缸体内的柱塞（图 10－9）完成吸、排液过程。因连杆的结构和质量均不相同，在计算对置式柱塞泵时，对曲轴两侧的各列机构扰力分开计算。在多缸柱塞泵中，曲柄呈规律性布置。在计算多缸对置式柱塞泵时，曲柄的数量为 N，曲柄错角 $\beta = 2\pi/N$。

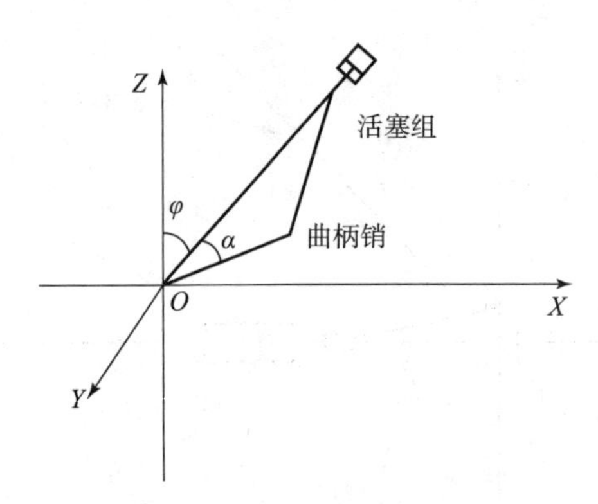

图 10－8　扰力计算的坐标系

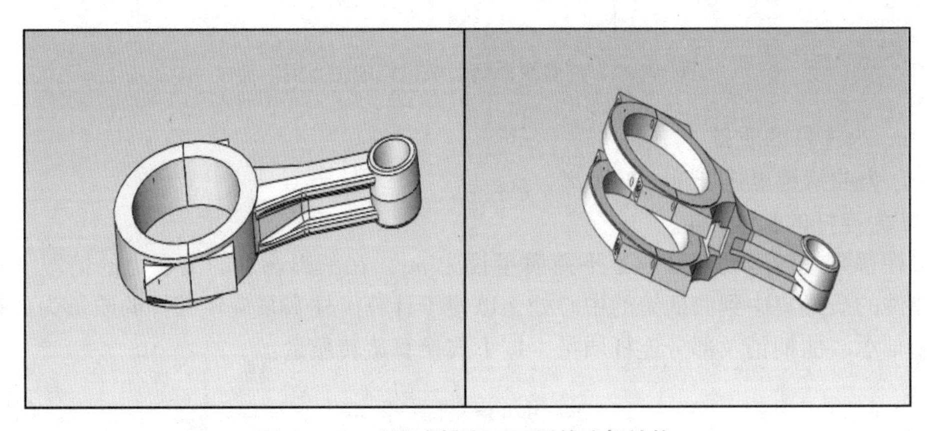

图 10－9　对置式柱塞泵两侧的连杆结构

①根据柱塞泵的单缸扰力计算公式求得 NDW（D－对置式，W－往复式）柱塞泵扰力的计算通式：

对置式柱塞泵的一谐水平扰力：

$$P_{x1} = mR\omega^2 \left(1 + 2\sum_{i=1}^{\frac{N-1}{2}} \cos \frac{2i\pi}{N}\right)\cos\alpha \tag{10-31}$$

对置式柱塞泵的二谐水平扰力：

$$P_{x2} = mR\omega^2\lambda \left(1 + 2\sum_{i=1}^{\frac{N-1}{2}} \cos \frac{4i\pi}{N}\right)\cos2\alpha \tag{10-32}$$

式中，m 为互相对置的连杆质量差的绝对值。

对置式柱塞泵一般呈奇数列排列，对特殊的偶数列排列的对置式柱塞泵，则不适用本公式。

②对置式柱塞泵的扰力分析。

在水平对置柱塞泵中，处于同一水平线的两个缸体由同一个曲柄连接驱动，但由于两侧连杆的结构不同，其质量也不相同。两侧连杆的质量分别为 m_{c1} 和 m_{c2}，高压对置式柱塞泵单缸和整体的扰力值见表 10－5。

表 10－5　高压对置式柱塞泵单缸和整体的扰力值

高压柱塞泵最扰力	单缸最大扰力值/N	整体最大扰力值/N
水平一谐扰力	189.558	0
水平二谐扰力	95.43	0
竖向一谐扰力	30.707	0
竖向二谐扰力	0	0

在多缸柱塞泵中，不同液缸因存在着曲柄错角，在旋转过程中，会互相抵消一部分扰力值。根据对柱塞泵的扰力产生的原因及扰力公式的分析，对单缸、多缸非对置及多缸对置柱塞的扰力进行计算和比较，得出减小设备扰力值的方案。在多缸对置式柱塞泵中，扰力值的变化取决于同一曲柄销驱动的两个曲柄质量差的绝对值和曲柄错角。在与曲柄错角相关的多项式中，只有存在特殊角度时，该多项式的值才为0（例如液缸缸量为3的倍数时），因此，多缸对置式柱塞泵一般通过对曲轴两侧结构不同的连杆进行配重，使曲轴两侧的连杆在质量上尽量相同，相互抵消曲轴两侧产生的扰力。在设计过程中，设法减小各个部件在运动过程中存在的不平衡性，减小旋转运动的不平衡质量；在生产制造过程中，提高柱塞泵的制造质量，采用质量分布均匀的材料，尽量达到设计精度要求；在装配过程中，提高装配密合性，减小设备零部件之间的间隙。

4. 柱塞泵的扰力矩分析

根据对柱塞泵扰力的分析，每个柱塞在 Z 轴上的竖向扰力与柱塞所到坐标系原点距离的乘积为单个柱塞的回转力矩。整个机构的回转力矩为所有柱塞回转力矩的和，在 X 轴上的水平扰力与柱塞所到坐标系原点距离的乘积为单个柱塞的扭转力矩，整个机构的扭转力矩为所有柱塞扭转力矩的和。计算扰力矩时，曲柄转角及力矩的方向均以逆时针为正，水平扰力对 Z 轴的力矩作用在 XOY 平面内，力矩的方向由 Z 轴正向观察，逆时针为正，顺时针为负，竖直扰力对 X 轴的力矩作用在 YOZ 平面内，力矩的方向由 X 轴正向观察，逆时针为正，顺时针为负。水平扰力与 X 轴的方向一致为正，反向为负。以高压对置式柱塞泵曲轴的第三段曲柄中心点为原点建立坐标系，如图 10－10 所示。

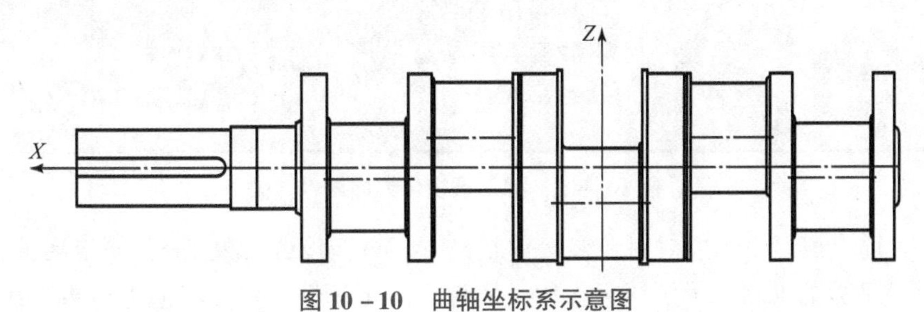

图 10－10　曲轴坐标系示意图

根据坐标系示意图得到每一个液缸的柱塞所产生的扰力到原点的距离分别为 C_i，每个柱塞在 Z 轴上的竖向扰力与柱塞所到坐标系原点距离的乘积为单个柱塞的回转力矩，整个机构的回转力矩为所有柱塞回转力矩的和。每个柱塞在 X 轴上的竖向扰力与柱塞所到坐标系原点距离的乘积为单个柱塞的扭转力矩，整个机构的扭转力矩为所有柱塞扭转力矩的和。

三、对置式柱塞泵性能可视化界面

柱塞泵在运转中，其柱塞的往复行程是一个复杂的过程，曲轴以匀角速度旋转，带动连杆驱动柱塞完成吸、排液的过程，柱塞的加速度以频率 p 做近似正弦曲线的变化，因此，柱塞的速度、受力及柱塞泵的整体扰力和曲轴的受力情况是随时间变化而变化的。分析柱塞泵的性能特性是一个复杂的过程，综合利用各类仿真类软件可对柱塞泵的动力性能有直观的认识，也能更好地考核一个柱塞泵的综合素质。但是单一的动力学仿真很难对柱塞泵的整体性能有完全的了解。

对置式柱塞泵性能分析可视化界面设计包括 GUI 用户界面设计和回调函数在 MATLAB 提供的开发环境 GUI 下完成。柱塞泵性能分析 GUI 界面包括输入连杆长度、连杆质量、曲柄长度、曲柄质量、输出压力等 9 个参数变量；在可视化界面，则有柱塞运动加速度示意图、流量脉动示意图、曲轴等效驱动力矩示意图、柱塞泵扰力示意图 4 个子界面，共需要 4 个坐标轴对象；同时，针对所需最大驱动力矩、流量脉动频率、一谐水平最大扰力和一谐竖向 4 个输出数据，可以直观地了解往复泵的性能极限，考核曲轴能否承受最大的力矩，如图 10 - 11 所示。

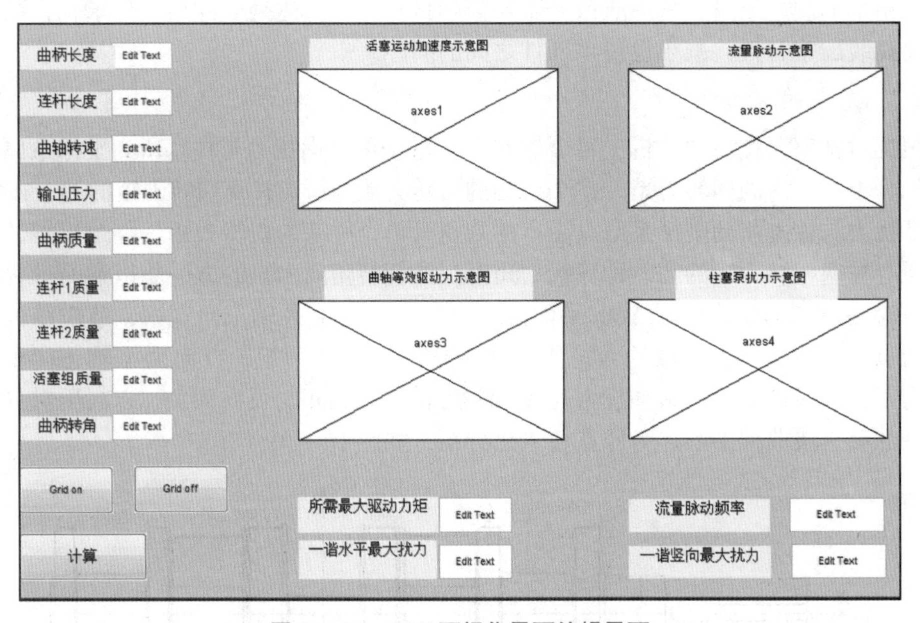

图 10 - 11　GUI 可视化界面编辑界面

GUI 布局完成后，需要对对象参数重新设置。重新设置对象 Tag，便于区分输入/输出对象及回调函数的编写。为了该可视化界面程序的可读性，对 Tag 值进行再次编写。在该可视化界面中，全局变量的定义和读取是回调函数的核心，在回调函数开始位置，通过 global is - Pause 完成全局变量的定义和声明。输入文本框中可输入参数变量，在回调函数中，通过函数完成读取。然后经过回调函数的计算，将曲线和数据分别输出到坐标轴和文本框。柱塞泵性能分析可视化界面的回调函数流程如图 10 - 12 所示。分析柱塞泵的整体性能时，需要输入柱塞的具体参数，回调函数读取参数变量并赋值于函数中的标识符号，执行回调函数中的曲线生成命令，输出可视化的变化曲线；回调函数利用 for 循环语句，利用已知的参数变量和计算公式求出柱塞泵的性能极限，将数值赋值于输出文本框，然后显示于可视化界面。

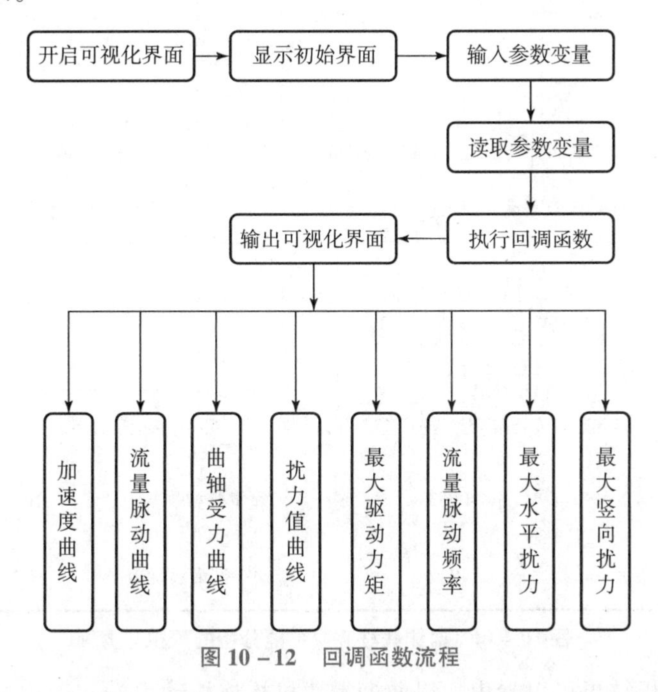

图 10－12　回调函数流程

在模拟分析中，模拟仿真的步长可以在输入对话框中选取，曲柄转角每 360°是一个周期，每隔 5°选取一次输出数值。根据已知参数，依次在输入对话框中输入，然后单击“计算”按钮，得到可视化界面坐标轴的输出结果和输出对话框的计算结果，如图 10－13 和图 10－14 所示。

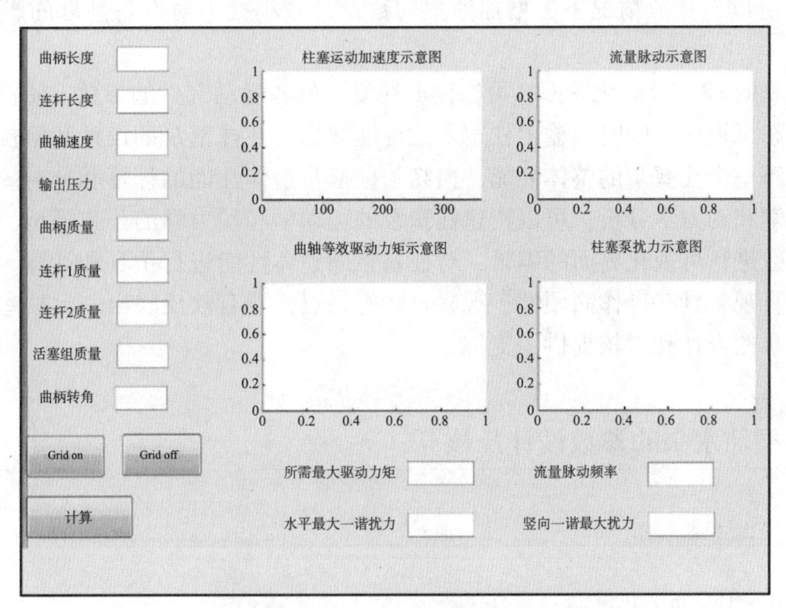

图 10－13　GUI 可视化界面开始界面

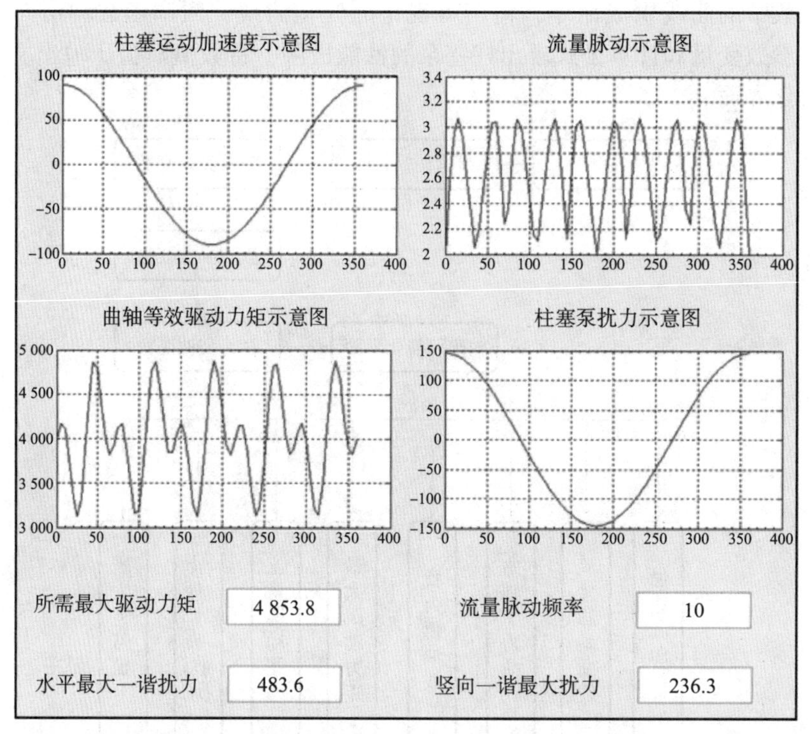

图 10-14　对置式柱塞泵性能分析的可视化界面

根据模拟分析结果可以看出，以曲柄滑块机构连接动力端和液力端的往复式柱塞泵的一个特点就是流量脉动，且随着液缸数量的增加，脉动频率会随之增加，但是脉动幅度会减小。在扰力方面，根据扰力公式可以看到单个液缸的扰力按照正弦（或余弦）规律变化，柱塞泵整体扰力也按照相同的规律变化。同时，扰力也会随着液缸数量的增加而减小，所以，一般情况下，增加液缸的数量来减小扰力对设备基础的影响是一种有效的方式。

通过直观的 GUI 可视化界面，可以读取往复泵的各运动部件的参数，使柱塞泵运动学和动力学形态可视化，同时，输出柱塞泵的性能数据。在柱塞泵的设计和检校中，可以更加快速地了解一个柱塞泵的整体性能，提高了柱塞泵整体性能的计算和分析效率。对柱塞泵进行运动学和动力学分析，可以构建柱塞泵的运动学和动力学的公式模型，针对需要考核的性能参数进行可视化界面的编辑，对柱塞泵的整体性能进行仿真和计算。该性能分析可视化界面直观，具有操作简便性、观察直观等特点，能有效反映出一台柱塞泵的整体性能，为柱塞泵的设计和考核提供了支持。

四、新型注水泵的参数设计及核算

（一）主要技术参数

额定流量：185 m^3/d；

额定压力：18 MPa；

控制方式：变频启动、自动恒压。

（二）泵型及总体结构设计

驱动方式：电动机驱动。

结构形式：7 联（缸）卧式对置往复式柱塞泵。

减速形式：硬齿面平行轴一级减速机。

液力端结构形式：液力端为直通式，对称布置在动力箱体两侧。

卧式七联对置往复泵的动力端（传动部分）：包含曲轴箱体、曲轴、连杆、十字头等部件。

曲轴形式：曲轴作为动力传输的关键零件，其结构形式选择至关重要。本方案选择了 4 个支点的 7 拐曲轴，中间两个支点的分布在 2、4 拐的右侧位。曲轴为整体铸件，采用强度较高的 QT900－2 材质；曲拐错角 $\lambda = 360° \div 7 = 51.43°$；相邻曲拐错角按照常规确定为 3λ，即 $51.43° \times 3 = 154.29°$。

轴承选型：曲轴受力情况复杂，工作时最大挠度和最大偏转角均处在两端轴颈处，两端轴承选用转角较大的向心圆锥滚动轴承；中间支点为保证曲轴的刚度，选用只承受径向力的圆柱轴承。

箱体：由于曲轴结构的特殊性要求及连杆机构的水平对称安装，箱体必须采用水平中开式，采用常用的 HT250 铸铁铸造工艺制作。由于每个曲柄销上需安装一对连杆，因此连杆大端也采用剖分式，靠连接环将两支连杆连接。十字头为整体铸件，也采用通用结构及材质 QT500－5。

（三）主要结构参数的确定

往复泵的主要结构参数取决于曲轴冲次 n（每分钟往复次数）、柱塞行程 S 和柱塞直径 D，设计的主要任务是寻求其最佳组合。

已知：流量 $Q = 7\,900 \sim 8\,900 \div 24 \div 2 = 165 \sim 185$ （m^3/h）；排出压力 $p = 18$ MPa。

1. 柱塞平均速度

根据现场使用条件，确定 $u_m = 1.3$。

由于

$$u_m = \frac{S_n}{30}$$

故

$$S_n = 30u_m$$

2. 曲轴转速 n 和柱塞行程长度

综合影响曲轴转速 n 的因素，取 $n = 220 \sim 280$ r/min，由 $u_m = 1.3$，得 $S = 195 \sim 155$ mm。

宜取 $n = 260$ r/min，$S = 180$ mm，程径比 $\psi = S/D$，ψ 取 2.5。

$D = 175 \div 2.5 = 70$，实际可选取常用值。

3. 原动机功率计算及确定

(1) 泵的有效功率

根据 $$N_e = \frac{pQ}{36.7}$$

式中,p 为压力;

Q 为排量。

将 $Q = 185\ \mathrm{m^3/h}$,$p = 18\ \mathrm{MPa}$ 代入,得 $N_e = 907.4\ \mathrm{kW}$。

(2) 泵的电动机功率

根据 $$N_d = \frac{N_e}{\eta\eta_d\eta_{d'}}$$

式中,η 为机械效率取,0.96;

η_d 为传动装置效率,取 0.93;

$\eta_{d'}$ 为电动机效率,取 0.95。

将 $N_e = 907.4\ \mathrm{kW}$、η、η_d、$\eta_{d'}$ 代入,计算得原动机(电动机)功率为 1 070 kW。查电动机功率标准系列,选定电动机功率为 1 120 kW。

4. 传动比计算,减速机型号确定

根据上述计算确定的 S、D、n,核定泵的流量 Q。

由式

$$Q_t = ASnZ$$

式中,A 为柱塞面积,$A = \pi D^2/4 = 3.14 \times 0.072 \div 4 = 0.003\ 846\ (\mathrm{m^2})$;

S 为行程,$S = 0.180\ \mathrm{m}$;

n 为曲轴转数,$n = 260\ \mathrm{r/min} = 15\ 600\ \mathrm{r/h}$;

Z 为联数(柱塞数),$Z = 7 \times 2 = 14$。

将上述值代入后,得 $Q_t = 151.2\ \mathrm{m^3/h}$。

由于泵本身存在工作腔的容积损失,主要考虑阀在关闭时滞后造成的容积损失率 $\Delta\eta_{V_2}$、阀的密封面磨损造成泄漏形成的容积损失率 $\Delta\eta_{V_3}$,它们的和占 2% ~10%。容积损失率取 4%,由于:

$$\eta_V = \frac{Q}{Q_t}$$

为使泵的实际流量达到设计值 185 $\mathrm{m^3/h}$,则理论流量 $Q_t = 185 \div (1 - 4\%) = 192.7\ (\mathrm{m^3/h})$。

5. 核算柱塞直径 D、曲轴转速 n

由 $Q_t = ASnZ$ 可求得 $n = Q_t/ASZ$,将上述值代入后,得 $n = 331.4\ \mathrm{r/min}$。曲轴转速大于 280 r/min,说明选择的柱塞直径、柱塞行程不合适,需重新核算。前已述及,该设计采用减速机降速,可选取标准减速比,电动机选 4 级转速,取标准电动机转速 1 490 r/min,传

动比 $i=5.6$，由此计算得到曲轴转速 $n=1\ 490 \div 5.6=266$（r/min）。将其代入 $Q_t=ASnZ$，重新计算 A，即可求得 $D=0.078$ m。取柱塞直径$D=78$ mm。

确定减速机的型号为 ZDY450－5.6－Ⅰ。

（四）结构设计

1. 箱体（机体）设计

箱体设计首先是确定箱体的形式，根据本例的实际情况，选取七联对置式卧式泵的机体形式为开式。箱体材质采用灰铁铸造（HT250）。主要结构尺寸，包括主轴承座孔直径 D_Z、滑道宽度 B、滑道长 L_2、十字头滑道孔径 DS、相邻滑道轴线间距离 a、主轴孔中心线距底平面高度 H 及箱体壁厚尺寸等，都与曲轴尺寸相关，因此，需要对曲轴的尺寸进行详细计算。

2. 曲轴设计

曲轴设计原则：主要尺寸可根据柱塞力量级相同的同类型泵选定，再经强度和刚度校核后进行校正。

（1）曲柄销直径 D

按经验公式

$$D=(5.4\sim7.2)\sqrt{P}$$

式中，P 为最大活塞（柱塞）力，t：

$$P=\frac{\pi d^2 p}{4}=\frac{3.14\times0.078^2\times1.8}{4\times1\ 000^{-1}}=7.6(\text{t})$$

式中，$d=78$ mm，$p=18$ MPa。

将 $P=7.6$ 代入，得 $D=7.2\sqrt{P}=7.2\times\sqrt{7.6}=220$（cm）。

考虑到实际使用时注水压力增加的因素和为减小连杆与曲柄销之间的磨损，应增大曲柄销直径（增大系数 $k=1.2$），则曲柄销直径 $D=220\times1.2=264$（mm），取 $D=270$ mm。

（2）曲轴轴颈直径 D_1

$D_1=(0.9\sim1.1)D$，取 $D_1=220$ mm。

（3）曲柄半径 r

$$r=S/2=180/2=90(\text{mm})$$

（4）连杆大头轴瓦宽度 b

采用连杆大头定位及厚壁瓦结构，得 $b=(0.55\sim0.85)D$，取系数 0.75，则 $b=0.75D=202.5$ mm，取 $b=200$ mm。

（5）曲柄销长 L

$L=b+2\times(2\sim5)$，取系数 5，则 $L=200+2\times5=210(\text{mm})$。

（6）曲柄厚度 t 和宽度 h

$$t=(0.5\sim0.7)D$$

$$h=(1.4\sim1.8)D$$

在具体选择 t、h 时，还要考虑轴颈重叠度 S_0/D 及曲轴的总长度。若厚度 t 选得过大，势必造成曲轴长度增加，箱体宽度也相应增加。为确保曲柄强度，对于铸造曲轴的宽度 h，宜取大值，结合现在较为流行的圆形曲柄，可估算曲柄外径 D'：$D'=1.7D=1.7\times270=459(\mathrm{mm})$，轴承部位 $D=460$ mm。

曲柄厚度 t 可从曲柄实际体积换算求得：

$$t=\frac{V}{rh}$$

式中，r 为曲柄半径，值为 $h/2$；

V 为等效体积，$V=0.5^2\times1.7^2D^3$，实际体积 $V'=t\pi D'^2\div4$。

使曲柄实际体积与等效体积相等，则 $t=V/(\pi D'^2)\div4=90(\mathrm{mm})$，也即曲柄厚度平均为 90 mm。

（7）确定曲轴轴承类型、液缸（填料涵）中心距

七联缸曲轴有 7 组 14 个连杆同时工作，从动力输入端起，共安装 4 个轴承，两端各安装一个单列圆锥滚子轴承，此类轴承能够承受径向力和轴向力，两者必须反向安装；中间两个轴承相同，均为单列圆柱滚子轴承，此类轴承只承受径向力。从曲轴受力状态分析可知，其有如下特点：

①从动力输入端起，第一曲柄与曲轴结合面受到的扭矩、弯矩最大，输入端轴承所受的径向力也最大。

②从第二曲柄之后，与曲轴的结合面受到的扭矩依次递减。

③中间两个轴承只可占用第三、第五曲柄位置。

④靠近曲轴末端的第六、第七、第八曲柄厚度可减薄。

⑤液缸基准中心距

$$a=L+t+2t_1=210+90+2\times5=310(\mathrm{mm})$$

式中，t_1 为连杆安装系数，一般取 5 mm；

对于七联缸，Ⅰ、Ⅶ液缸之间的距离 $L=310\times6=1\ 860(\mathrm{mm})$；

f 实际液缸距：$A_{\mathrm{I}\to\mathrm{II}}=320$ mm，$A_{\mathrm{II}\to\mathrm{III}}=335$ mm，$A_{\mathrm{III}\to\mathrm{IV}}=320$ mm，$A_{\mathrm{IV}\to\mathrm{V}}=335$ mm，$A_{\mathrm{V}\to\mathrm{VI}}=270$ mm，$A_{\mathrm{VI}\to\mathrm{VII}}=270$ mm。

曲轴结构图如图 10－15 所示。

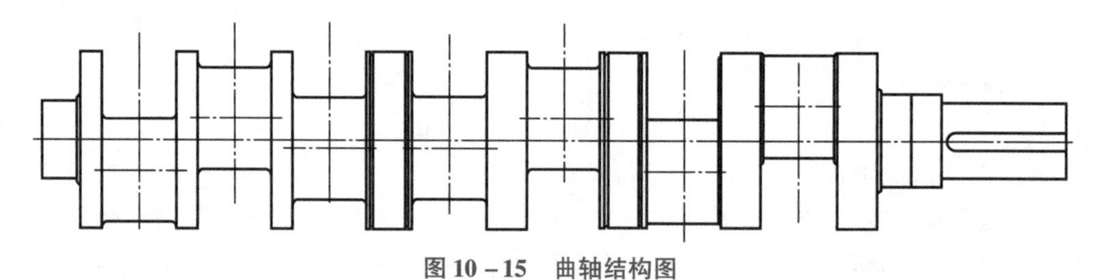

图 10－15　曲轴结构图

3. 连杆结构设计

（1）连杆定位及连接方式选择

根据本案为对置设计的实际，选择大头定位，厚壁轴瓦。在同一曲柄销上左右各安装一支连杆大头，两支连杆大头之间用剖分式连接环连接，靠两只紧定螺钉连接固定。

（2）连杆长 l 和连杆比 λ 选择

在结构允许的条件下，应尽可能减小连杆比 λ，一般应使 $\lambda\leqslant1/4$。由 $\lambda=\frac{r}{l}$，$\lambda=$

77.5 mm 将 $\lambda=0.20$、0.18、0.16 代入，可得 $l=387.5$ mm、430.5 mm、484 mm，取连杆长 $l=470$ mm。

（3）杆体及大、小头尺寸确定

杆体尺寸主要包括杆体中间几何形状尺寸 H_m、B_m；大、小头尺寸包括宽度 B 及轴瓦宽度等。

①杆体中间截面尺寸当量直径 d_m。

$$d_m=(2.2\sim2.8)\sqrt{p}$$

式中，p 为最大柱塞力，t。

当中间截面为圆形时，系数选 2.5 ~ 2.8 cm/d，取 2.6 cm/d，将 $p=7$ 代入上式，得 $d_m=2.65\times\sqrt{7}=7.0(\text{cm})$。

②杆体中间截面尺寸 H_m、B_m。

杆体中间截面面积为 $A_m=\frac{\pi}{4}d_m{}^2=3.14/4\times7^2=38.46(\text{cm}^2)$。为了减小箱体体积，连杆杆体中间截面形状近似按正方形设计，由于 $H_m=\sqrt{1.7A_m}$是按矩形杆体给出的公式，所以正方形取系数 1.35，则 $H_m=\sqrt{1.35A_m}=\sqrt{1.35\times38.46}=7.2(\text{cm})$，取 $H_m=70$ mm。$B_m=72$ mm。

连杆大、小头之间的杆体为等面积，也即等高等宽。

③连杆大头宽度 B。

由于本例为对置式结构，无连杆盖，对置的连杆互为连杆盖，靠剖分式连接环连接，因此连杆大头宽度尺寸不同于一般的设计，需要增加两个连接环的厚度。连接环的厚度 B_0 取决于连接螺钉的直径尺寸 d_0：

$$d_0=K\sqrt{p_{\max}}$$

取 $K=0.65$，$p_{\max}$为最大柱塞力。前已得出 $p=7$，代入上式，计算后得 $d_0=1.72$ cm。

根据以往经验，连接环厚度 B_0 约取连接螺钉直径 d_0 的 1.5 ~ 2.5 倍。

本设计取 $B_0=2d_0=2\times1.72=3.44(\text{cm})$，由此确定连接环厚度为 $B_0=35$ mm。

由于

$$B=B_m+2B_0+2r+2r'$$

式中，r 为铸造件工艺系数；

r'为凸缘厚度。

将 $B_m=72$、$B_0=35$、$r=5$、$r'=4$ 代入，得 $B=72+2\times35+2\times5+2\times4=160(\text{mm})$（与曲柄销长度相等）。

④连杆小头尺寸。

小头尺寸包括小头直径即十字头销直径 D'和小头宽度 B'。

小头直径 $D'=(2.5\sim3.2)\sqrt{p_{\max}}$，取系数为 2.9，则 $D'=2.9\times\sqrt{7}=7.67(\text{cm})$，取 $D'=76$ mm。

小头宽度 $B'=(1\sim1.3)D'$，取系数为 1.1，则 $B'=1.1\times76=8.36(\text{cm})$，取 $B'=83$ mm。

小头衬套宽度 $B_x=(1\sim1.3)D'$，取系数为 1，则 $B_x=83$ mm。

（五）曲轴强度校核

基于理想的物理假设，把曲轴视为绝对刚性系统；主轴颈和曲柄销的中点是支反力的作用点，也是外力集中作用点；忽略了零件自身重力、相互作用力、加工质量影响等产生的附加载荷。

1. 作用在曲轴上的力

在上述若干假设条件下，作用在曲轴上的力有：作用在曲柄销中点的集中力——切向力 T_i 和径向力 R_i；作用在主轴颈上的支反力 N_A、N_B；作用在输入端主轴颈上的总扭矩 M。它们都属于外力且都是曲柄转角的函数，时刻变化着。通过对曲轴各点进行受力分析发现，在工作中，曲轴不同截面的受力会产生突变。我们的目的就是确定曲轴预选截面的内力，包括弯矩、扭矩和轴向力，为强度校核提供依据。

2. 曲轴强度校核

经分析，曲轴的危险截面有两个：第二曲柄销中截面；输入端轴颈根部。曲轴强度校核公式：

$$n=\frac{\sigma_{-1}Z_{wz}}{\sqrt{M_x^2+M_y^2+M_z^2}}\geqslant[n]$$

式中，σ_{-1} 为材料对称弯曲疲劳强度，$\mathrm{kgf/cm^2}$；

n 为计算的安全系数；

$[n]$ 为许用安全系数，一般为 4.0 ~6.5。

M_y，M_z，M_x 为分别是校核截面绕 Y、Z 轴的弯矩和绕 X 轴的扭矩，kgf · cm；

Z_{wz}，Z_{wx} 为分别是校核截面绕 Z 轴的抗弯端面模数和绕 X 轴的抗扭端面模数。

已知条件：柱塞直径 $D=6$ cm、连杆长度 $L=4.7$ cm、行程 $S=15.5$ cm、曲轴半径 $r=7.75$ cm、$p_1=250\ \mathrm{kgf/cm^2}$；曲柄销直径 $D'=19$ cm、主轴颈直径 $d'=15$ cm；短臂曲柄厚度 $t_1=6.5$ cm、长臂曲柄厚度 $t_2=8$ cm，$Z_{wz}=\frac{\pi d^3}{32}=673\ \mathrm{cm^3}$，曲轴材料为 QT900，$\sigma_{-1}=3\,040\ \mathrm{kgf/cm^2}$。

3. 第二曲柄销中点危险截面强度校核

曲轴外部受力条件：当曲轴旋转至 $\phi_1=0°$、$\phi_2=240°$、$\phi_3=120°$时，求第二曲柄销中点危险截面的 M_x、M_y、M_z 值。

①M_x 曲柄Ⅰ推动连杆柱塞处于运动方向突变点，R_1 与柱塞压缩方向一致，$R_1=-p'=-\frac{\pi}{4}D^2p$；相对于危险截面产生的扭矩 $T_1=R_1=-\frac{\pi}{4}D^2p_1=-3.14\div4\times6^2\times250=-7\,065$ (kgf)；沿 N_{Ay} 方向，$T_2=T_3=7\,065$ kgf，依此 $F_{Cy}=2\,932$ kgf，可求出 $N_{Ay}=-7\,308$ kgf；从动力输入端至曲柄销Ⅱ的危险截面，作用在曲轴上可对危险截面产生扭矩的力的代数和 $N=-7\,065+2\,932-7\,308=-11\,441$ （kgf）。因此，$M_x=Nr$，其中 r 为曲轴半径（柱塞行程的1/2），取$r=77.5$ mm $=7.75$ cm，则 $M_x=-11\,441\times7.75=-88\,668$ （kgf · cm）。

②在由曲轴轴线和 Y 轴组成的平面内，沿 Z 轴方向作用于曲轴上的力会对危险截面产生弯矩 M_y。经过分析，有以下几种力：皮带轮自重 $F_c=850$ kg、支点力 N_{Az}。其中，N_{Az}是

附加载荷及各曲柄销沿 Z 向产生的分力的代数和，经过计算，能够对危险截面产生弯矩的支点力 $N_{Az}=1\ 387$ kgf，得出 $M_{Ay}=1\ 387\times46.8=64\ 911.6$（kgf · cm），而附加载荷对支点产生的弯矩 $M_{cy}=-850\times28.4=-24\ 140$（kgf · cm）。上述弯矩矢量和对危险截面产生的 Y 轴弯矩 $M_y=64\ 911.6-24\ 140=40\ 771.6$（kgf · cm）。

③在由曲轴轴线和 Z 轴组成的平面内，沿 Y 轴方向作用于曲轴上的力会对危险截面产生弯矩 M_z。经过分析，有以下几种力：皮带轮预紧力 $F_{cy}=2\ 932$ kg、支点力 N_{Ay}。其中，N_{Ay} 是附加载荷及各曲柄销沿 Y 向产生的分力的代数和，经过计算，能够对危险截面产生弯矩的支点力 $N_{Ay}=-7\ 308$ kgf，故 $M_{Az}=-7\ 308\times46.8=-342\ 022$（kgf · cm），而预紧力对支点产生的弯矩：$2\ 932\times28.4=83\ 268.8$（kgf · cm）。

曲柄销开始排程时，受到柱塞反力产生的弯矩 $M_{WR1}=7\ 065\times25=190\ 125$（kgf · cm）。上述弯矩矢量和对危险截面产生的 Z 轴弯矩：

$$M_z=-342\ 022+83\ 268.8+190\ 125=-68\ 628\ (\text{kgf}\cdot\text{cm})。$$

$$n=\frac{\sigma_{-1}Z_{w_z}}{\sqrt{M_x^2+M_y^2+M_z^2}}\geqslant[n]$$

$$n=\frac{3\ 040\times673}{\sqrt{(-88\ 668)^2+40\ 771.6^2+(-68\ 628)^2}}=17>[n]=6.5$$

证明曲轴的曲柄销中点的危险截面静强度校核合格。

五、对置泵总体设计

（一）结构与工作原理

对置式大排量往复泵是由动力驱动系统、减速机系统、曲轴箱部件、液力端部件、配电系统及润滑油冷却系统组成的。其工作原理是，电动机通过输出轴将动力传递给减速机，降速后传给曲轴箱，然后通过曲轴、曲柄连杆机构将旋转运动变为直线往复运动，再由接杆、柱塞将往复运动动能传递给液力端部件，从而完成机械能到液压能的转换。

对置泵结构与工作流程如图 10－16～图 10－22 所示。

（二）对置式大排量柱塞泵结构特点

该型泵结构采用柱塞水平对置分布在曲轴箱体两端。曲轴旋转一周，两端的柱塞分别在对置的液力端工作，避免了空回程。基于这样的设计原理，一是能够有效地将冲击载荷转化为平稳载荷，将周期变化的“惯性力和惯性力矩”流畅地转变为运动力，最大限度地提高泵的机械效率；二是设计结构更加紧凑，有效减小了泵的体积；三是泵两端共同进排液，使液流脉动峰值减小，实现平稳进出水，降低了泵机组的振动频率。四是曲轴回转过程中无空耗运行，电动机拖动载荷更均匀，有效提高了电能利用效率。

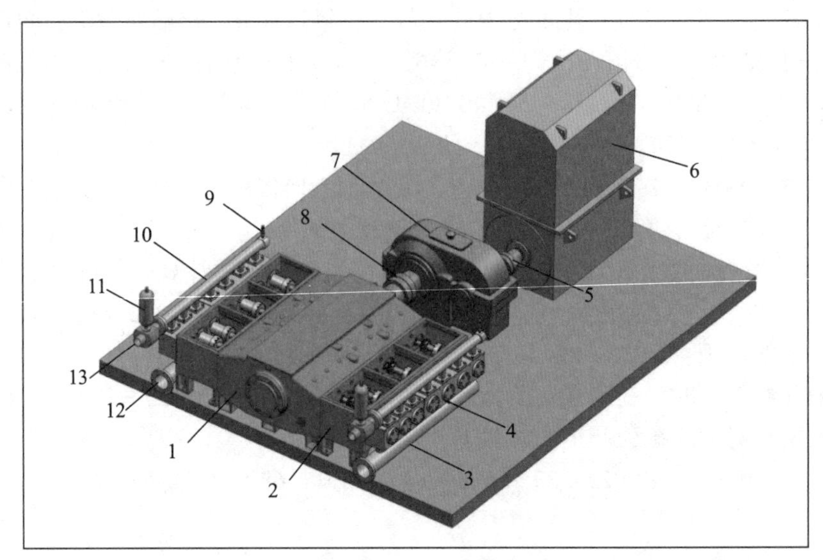

1—主箱体；2—连接段（左、右两个）；3—进液汇管（左、右两支）；4—液力端（左、右两个）；5—电动机联轴器；6—高压电动机；7—圆柱齿轮减速机；8—机联轴器；9—减压阀（两支）；10—高压排液汇管（左、右两支）；11—不锈钢蓄能器；12—进液口软连接（左、右两支）；13—出口法兰（左、右两支）。

图 10－16　对置式大排量柱塞泵单机组结构示意图

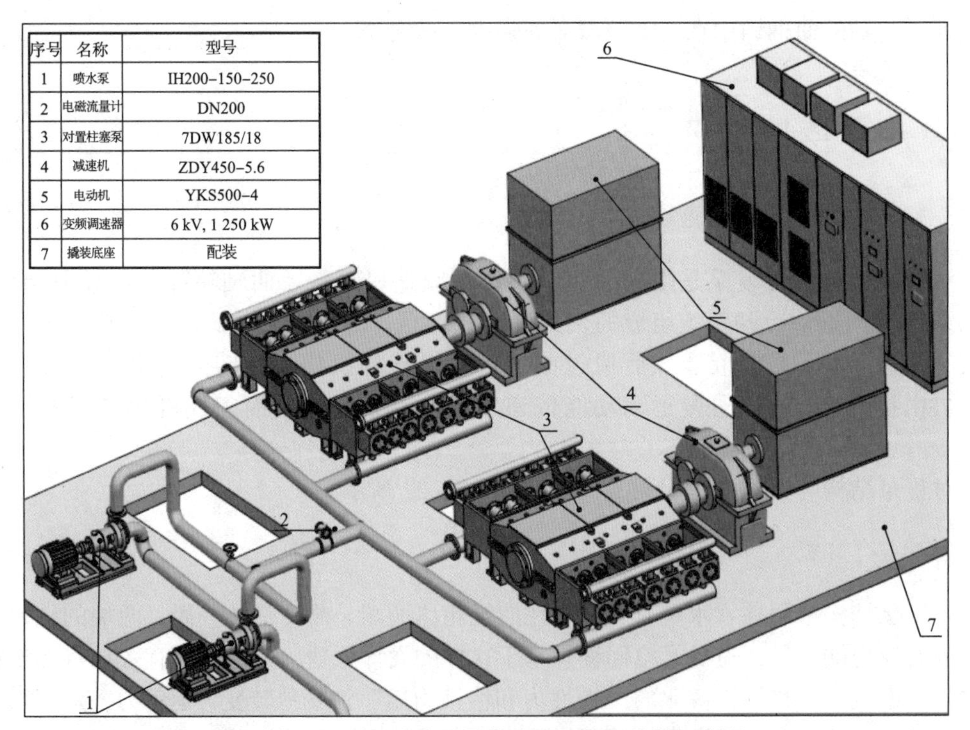

序号	名称	型号
1	喷水泵	IH200-150-250
2	电磁流量计	DN200
3	对置柱塞泵	7DW185/18
4	减速机	ZDY450-5.6
5	电动机	YKS500-4
6	变频调速器	6 kV, 1 250 kW
7	撬装底座	配装

图 10－17　对置式大排量柱塞泵双机组结构示意图

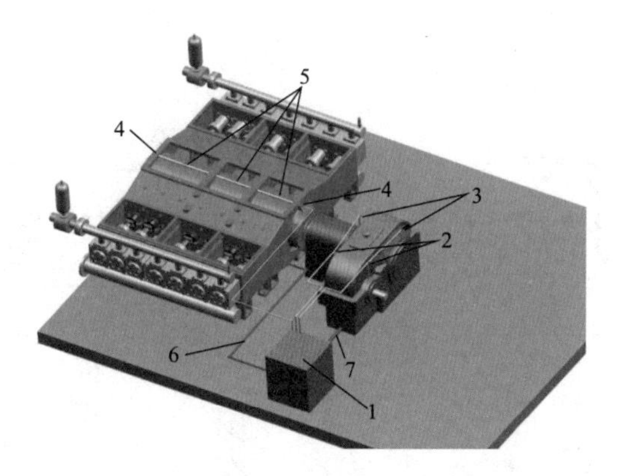

1—润滑油泵站；2—减速机输入轴前、后轴承滴注润滑；3—减速机输出轴前、后轴承滴注润滑；
4—主箱体曲轴前、后轴承滴注润滑；5—主箱体内曲轴连杆轴瓦、十字头机构滴注润滑；
6—主箱体润滑系统回油管；7—减速机润滑系统回油管。

图 10－18　对置式大排量柱塞泵润滑示意图

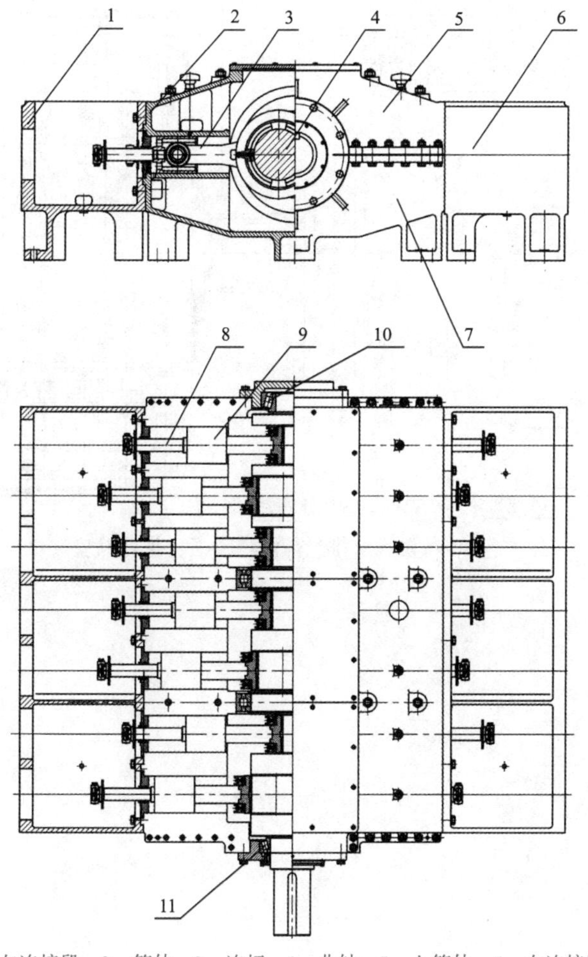

1—左连接段；2—箱体；3—连杆；4—曲轴；5—上箱体；6—右连接段；
7—下箱体；8—接杆；9—十字头；10—后轴承；11—前轴承。

图 10－19　对置式大排量柱塞泵动力机构结构图

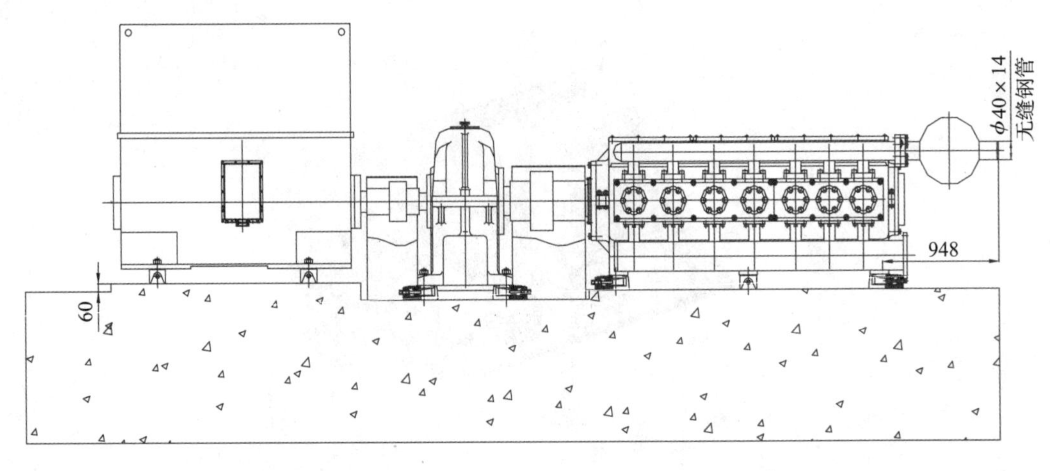

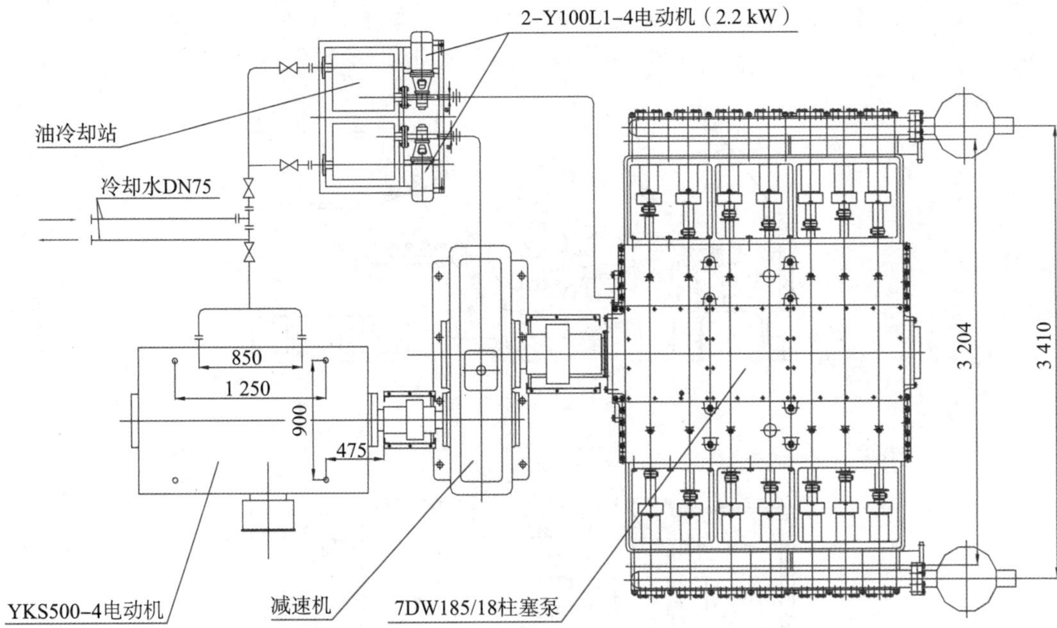

图 10-20 对置式大排量往复注水泵机组管路安装图

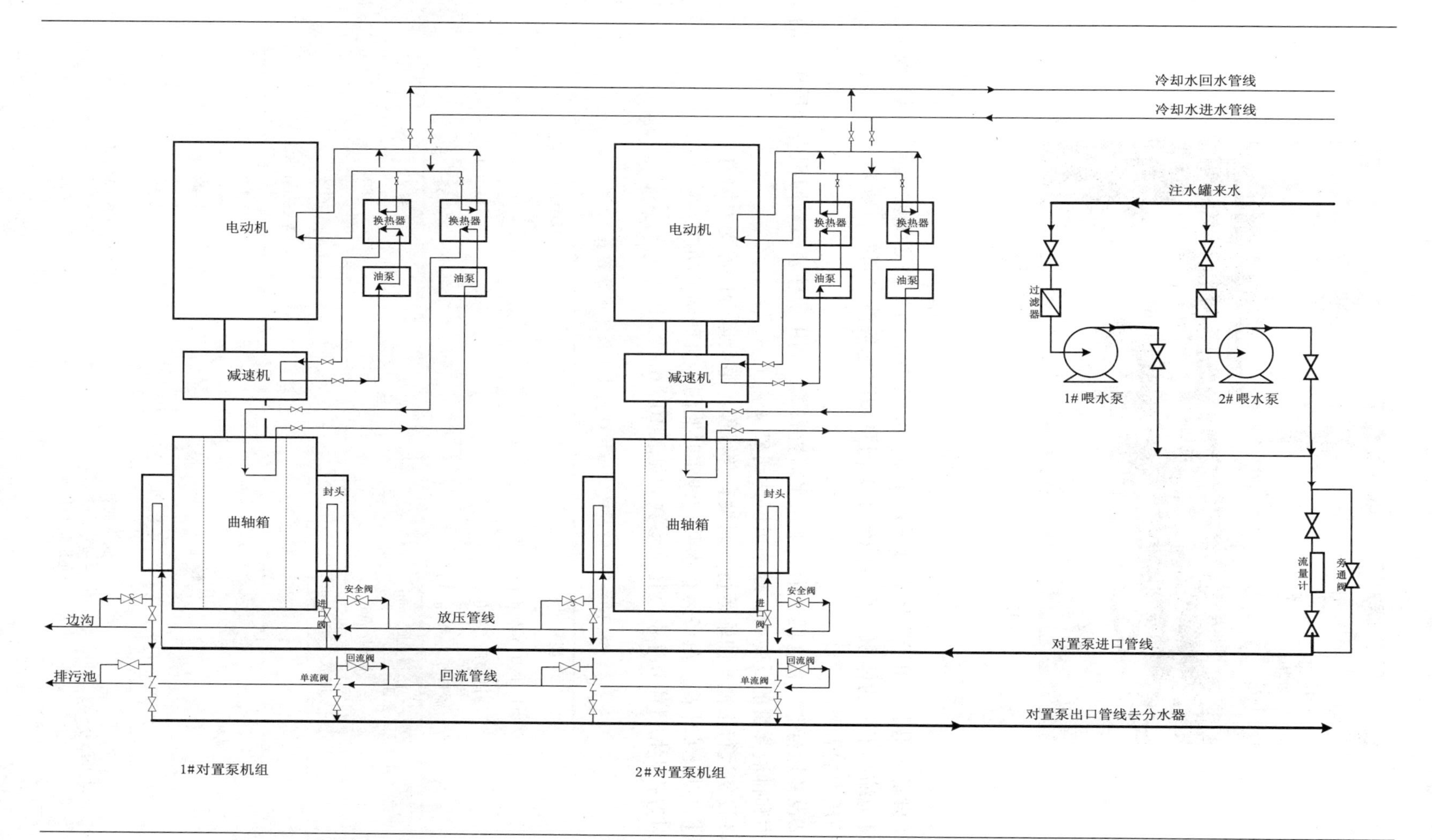

图 10－21　对置式大排量往复注水泵工艺流程图

图 10－22　对置式大排量往复注水泵实物图

（三）新型对置式大排量往复注水泵性能特点

①设备体积小。由于整体设计采用了水平对置式结构，一套传动轴带动两套液力端，大幅度地缩小了泵的体积，有效降低了老旧泵站改造条件，同时，满足了油田注水大排量、高压力的需要。

②设备运行效率高。两个液力端水平对置布置，利用了柱塞运动回程中介质压头的反作用力和排液弹簧的反弹力；效率可以达到 85% 以上。

③设备运行平稳。曲轴运行一周没有空行程，整个运行过程受力均匀。

④自动化水平高，具备运行参数在线实时监测、自动调节功能。

对置式大排量往复注水泵技术参数表见表 10－6。

表 10－6　对置式大排量往复注水泵技术参数表

型号		7DW185/18
出口压力/MPa（max）		18
进口压力/MPa		0.2～0.4
流量/（$m^3 \cdot h^{-1}$）		185
柱塞直径/mm		≤80
行程/mm		180
往复次数/（次 · min^{-1}）		269
配用电动机	型号	YKS500－4
	功率/kW	1 120
	转速/（r · min^{-1}）	1 485
	电压/V	6 000
动力部分	润滑油牌号	CD15DW－40
	润滑油总用量/L	720

续表

型号	7DW185/18
进口管/(mm×mm)	245×20
出口管径/(mm×mm)	127×14
外形尺寸/(mm×mm×mm)	6 500×3 500×2 000
质量/kg	35 000

六、新型对置连杆传动装置

传统的往复泵的曲轴只有一侧安装连杆，如图 10－23 所示；对置式往复泵（图 10－24）的曲轴两侧均需要安装连杆，且两个连杆要求必须对称分布在凸轮轴的两侧。采用传统的连杆安装在凸轮轴的两侧时，必须采用错开的方式，始终无法实现对称分布，不能满足中开对置式往复泵的技术要求。为此，研制了能够适应中开对置式往复泵技术需要的新型对置连杆传动装置。

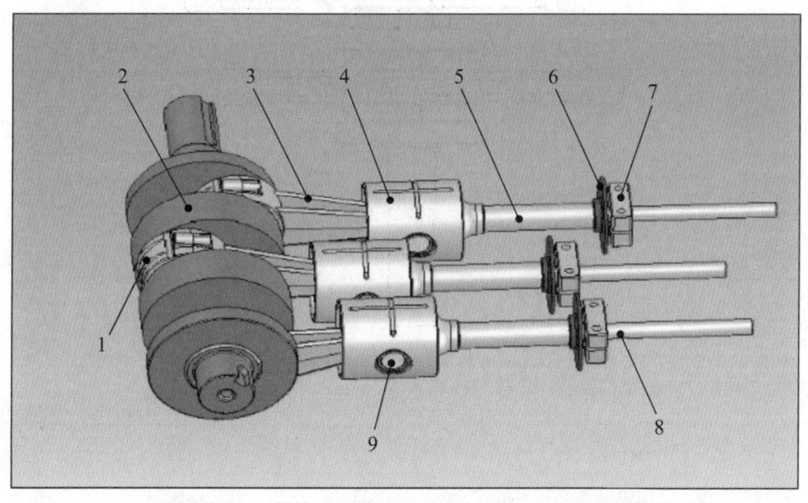

1—连杆盖；2—曲轴；3—连杆；4—十字头；5—十字头挺杆；
6—防护板；7—连接卡子；8—柱塞；9—十字头销。

图 10－23　常规往复式注水泵传动机构结构示意图

（一）基本结构

该对置连杆传动装置包括曲轴、一个双孔式连杆和一个叉形连杆。曲轴上安装有多个对置连杆传动机构，两个连杆对称分布在曲轴的两侧。叉形连杆的大头孔部为两个，连接部分为直线部和叉形部，直线部与小头孔部连接，叉形部的外端分别与两个大头孔部连接。叉形连杆的两个大头孔部与曲轴连接，与之对应的双孔式连杆的大头孔部安装在叉形连杆两个大头孔部之间的曲轴上。结构示意图如图 10－25 和图 10－26 所示。

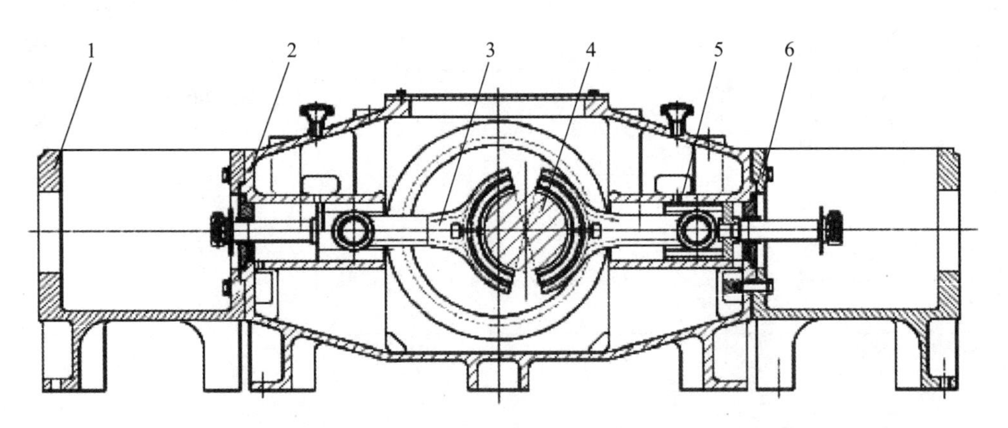

1—连接段；2—箱体；3—连杆组件；4—曲轴；5—十字头组件；6—密封压盖组件。

图 10－24　对置式大排量往复注水泵传动机构结构示意图

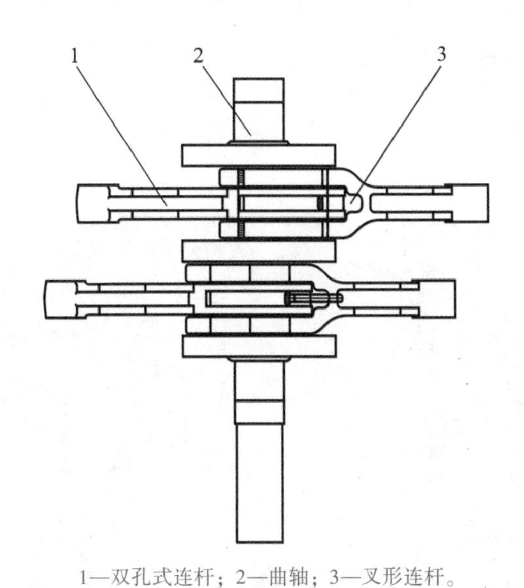

1—双孔式连杆；2—曲轴；3—叉形连杆。

图 10－25　对置连杆传动装置传动机构结构示意图

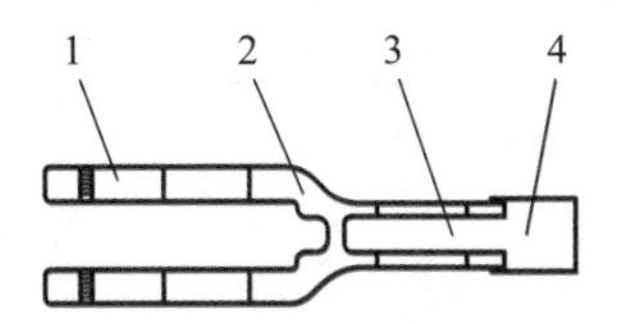

1—大头孔部；2—叉形部；3—直线部；4—小头孔部。

图 10－26　叉形连杆结构示意图

（二）基本原理

该装置将叉形连杆与普通的双孔式连杆组合安装在曲轴上，实现了叉形连杆和双孔式连杆中开对置分布在曲轴的两侧，较好地适应了中开对置式往复泵的技术需要。如图 10－27 和图 10－28 所示。

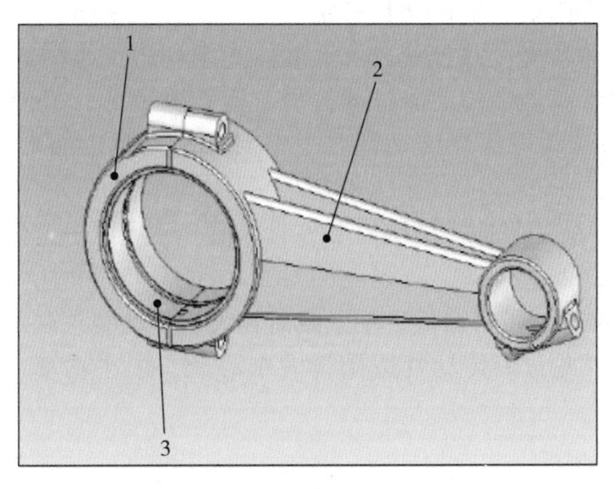

1—连杆盖；2—连杆体；3—连杆瓦。

图 10－27　传统的双孔式连杆

图 10－28　叉形连杆实物图

（三）技术特点

该传动装置具有成本低，工作稳定、可靠的优点，曲轴和传统的双孔式连杆仍可继续使用，成本低廉。

■ 七、直连齿轮减速机传动方式

（一）带传动与齿轮传动性能分析

1. 带传动

带传动是利用张紧在带轮上的柔性带进行运动或动力传递的一种机械传动。根据传动原理的不同，有靠带与带轮间的摩擦力传动的摩擦型带传动，也有靠带与带轮上的齿相互啮合传动的同步带传动。带传动具有结构简单、传动平稳、能缓冲吸振、可以在大的轴间距和多轴间传递动力，并且其造价低廉、无须润滑、维护容易等特点，在机械传动中应用十分广泛。摩擦型带传动能过载打滑、运转噪声低，但传动比不准确（滑动率在2%以下）。同步带传动可保证传动同步，但对载荷变动的吸收能力稍差，高速运转有噪声。

优点：传动平稳、缓冲吸振、结构简单、成本低、使用维护方便、有良好的挠性和弹性、过载打滑。

缺点：传动比不准确、带寿命低、轴上载荷较大、传动装置外部尺寸大、效率低，不适合高温易燃场所。因此，带传动常适用于大中心距、中小功率、带速 $v=5\sim25$ m/s、$i\leqslant7$ 的情况。

2. 齿轮传动性能分析

齿轮传动是机械传动中应用最广的一种传动形式。它的传动比较准确，效率高，结构紧凑，工作可靠，寿命长。

优点：瞬时传动比恒定，传动比范围大，可用于减速或增速，速度（指节圆圆周速度）和传递功率的范围大，可用于高速（$v>40$ m/s）、中速和低速（$v<25$ m/s）的传动；传动效率高，效率可达99%以上；结构紧凑，适用于近距离传动。

缺点：制造工艺复杂，成本高；无过载保护作用，不适合远距离传动。

（二）选型决策

作为油田重点节能改造项目，必须采用先进、高效的机械装置。皮带传动装置虽然技术成熟、一次成本较低，但其传动效率相对较低、寿命短、体积庞大。由于对置式大排量注水泵机组转速较高、负荷重、轴向尺寸长、齿轮承受的偏心力矩大，设备制造商尚无同类设备工业化应用的先例，存在一定的技术风险。我们通过严谨、细致的技术论证，采用直连齿轮减速机传动的风险可控，得到了油田设备管理部门领导的肯定，并给予了有力的技术支持。

减速机结构各项参数如图10－29～图10－32和表10－7所示。

（三）性能特点

①减速机外壳为HT250铸造结构，具有吸震效果好、残存内应力低、受热膨胀系数小、热稳定性好的特点。

②传动轴、齿轮轴采用优质45钢，经调制热处理后，使其具有较高的抗拉强度和较好的综合机械性能，抗冲击能力、抗挠性能均得到提高。

③从动齿轮采用45钢锻坯加工而成，整体做调质热处理，齿面进行表面淬火（含齿轮轴）、精磨工艺加工形成硬齿面，内部组织具有较好的综合机械性能，增加了齿轮的耐磨性，提高了齿轮的抗冲击能力，延长了使用寿命。

④轴承选用国内知名品牌的重载系列，在箱体轴承润滑油道的设计上，采用强制润滑方式，确保轴承可靠润滑和导热功效，以保持轴承能可靠、稳定工作。

⑤采用高精度温度检测装置。温度传感器安装在箱体的油池内，对减速机油温进行实时跟踪监测与采集，并将信号反馈至监控台。

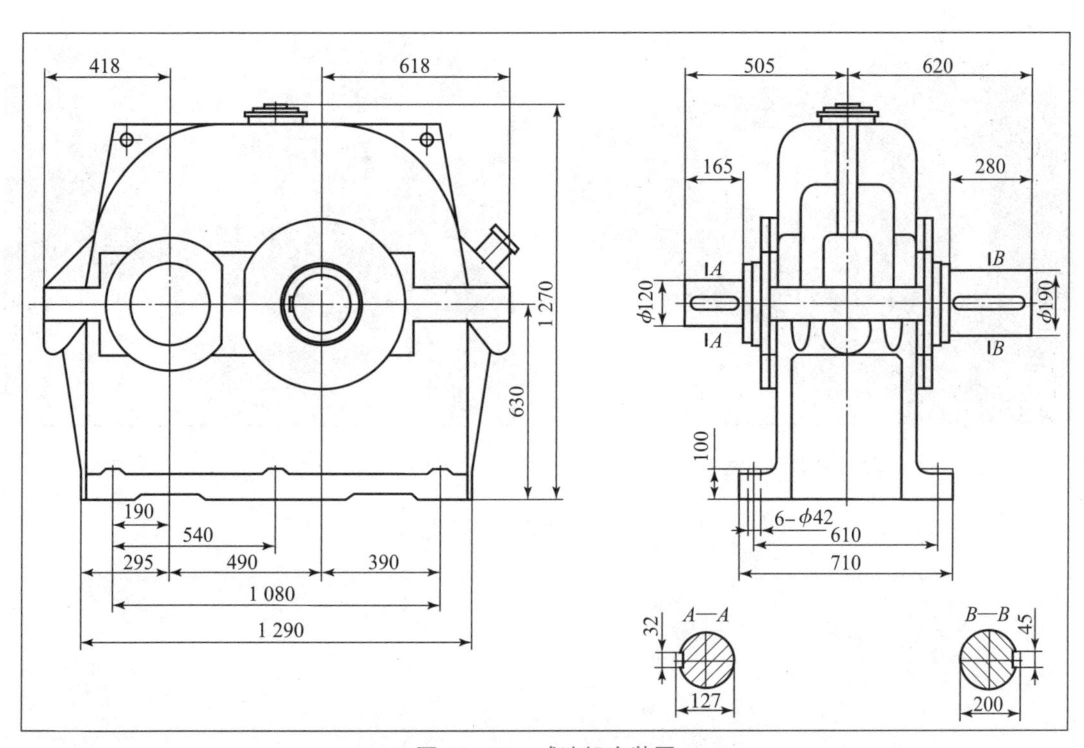

图 10－29　减速机安装图

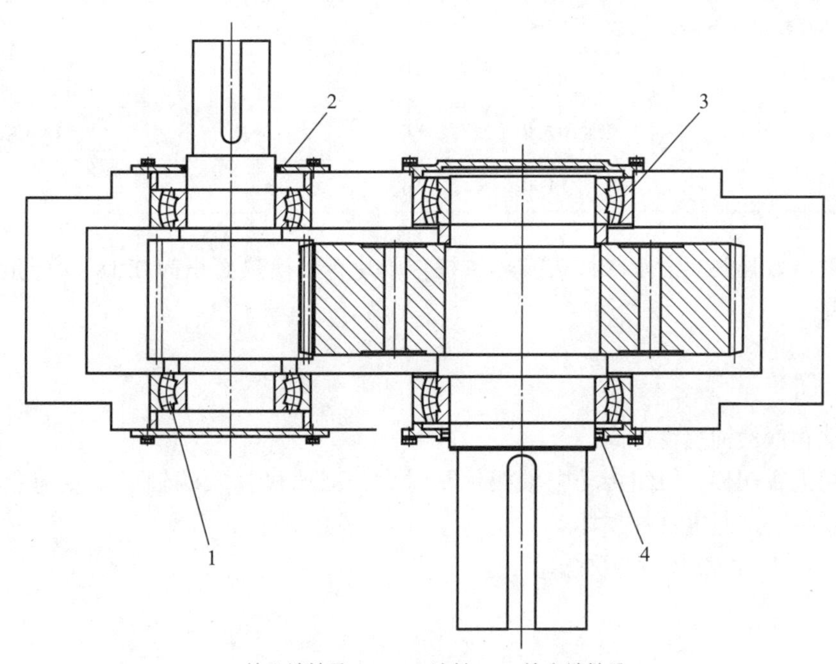

1—输入端轴承；2，4—油封；3—输出端轴承。

图 10－30　减速机结构图

图 10－31　带传动实物图

图 10－32　直连齿轮减速机传动实物图

表 10－7　减速机技术参数表

参数	数值	单位	备注
减速比	5.6		
输入功率	1 100	kW	
输出扭矩	7 002.8	N·m	
输入转速	1 500	r/min	
输出转速	269.7	r/min	
润滑油	工业闭式齿轮油		L－CKD320
质量	3 900	kg	

⑥采油高效强制润滑水冷板式换热系统，单片有效换热面积为 0.18 m^2，最大处理量为 70 m^3/h。

（四）存在问题

①减速箱润滑油温度过高。

②机组振幅超标，机组传动中轴线偏移过大，减速机输入端轴承承受超负荷偏心力矩，导致轴承、油封等部件损坏。

如图 10－33 和图 10－34 所示。

（五）改进措施

1. 改进了强制润滑系统

①改进了油位观察装置。原减速机油位看窗位置设置不合理，致使润滑油加注量过低，减速齿轮润滑不充分，导致润滑油温度高达 94 ℃。设计安装了油位标尺，问题得到了一定缓解，润滑油温度降至 84 ℃。

图 10－33　检修减速箱

图 10－34　减速箱轴承滚柱损坏

②合理布置润滑油管路，减少弯头数量，由不锈钢金属管替换橡胶软管，降低沿程摩阻，提高流动速度，此时润滑油温度为 80 ℃。

③换装自带风冷润滑油泵，流量由 20 L/min 提高至 25 L/min，此时润滑油温度为 74 ℃。加装风冷装置后，发现管路复杂，摩阻增大，效果不理想，还增加了耗电量。再次更换大流量润滑油泵，流量提升至 60 L/min；压力提升至 6.3 MPa，润滑油温度降至 55 ℃。

2. 提高轴承质量

将原国产 22326CA/W33 型输入轴、23244CA/W33 输出轴轴承，更换为瑞典 SKF 的产品，具有精度高、承载能力强、耐磨性好、使用寿命长等特点。

3. 采用了高性能弹性联轴器

7DW185 对置式高压柱塞泵传递功率按 1 250 kW 计算，传递扭矩 T_c 为 102.846×10^3 N·m。起初选定的联轴器为膜片联轴器，型号为 JMⅡ26/JMⅡ27，其最大外盘直径为 720 mm，质量达 970 kg，转动惯量为 50.4 J/32.4 J。

尽管这部分做功会转为转动惯量储存起来，用于平衡柱塞工作时的抗水冲击作用，但对于整个注水系统而言，会使 1%～1.5% 的功率成为空占功率。也就是在选择配用电动机功率时，应适当考虑余量。

为避免上述缺陷，提高 7DW185 对置式高压柱塞泵系统的节能效果，设计上进行了周密计算，尽量压缩空耗功率占用。在保证功率可靠传递的情况下，降低传动环节的能量消耗，以提高传动效率。在此选取性能更为优良、传递效率更高的弹性柱销联轴器。具体技术参数指标为：型号为 LX12/LX12，最大外盘直径为 450 mm，质量为 480 kg，转动惯量为 20.5 J/25.5 J。与起初所选膜片联轴器相比，外盘直径减小了 270 mm，质量减小约 50%。主要特点：弹性柱销采用高强度尼龙，其质量是钢材的 1/6，转动惯量大为降低。柱销工作时，有良好的弹性变形能力，抗冲击能力增强，降低了传动噪声和振动。半联轴均采用球铁 QT700－2，吸震性好，采用数控机床加工，保证工件有较高的尺寸精度。装配后，传动轴之间具有良好的对中性，确保了大功率曲轴运动传递的平稳性。

八、机泵出口管路工艺系统减震设计

对置式大排量往复注水泵机组投入试运行后，出口管路工艺系统振幅严重超标，严重影响了设备的安全运行，实施减震改造措施势在必行。

（一）管道振动原因

管道通常用于输送流体，其两端分别与主动机的出入口、容器、阀门等设备或装置相连接。管道及其支承架和与之相连接的各种设备或装置构成一个复杂的机械结构系统，在有激振力的情况下，这个系统就要产生振动。从力学的角度看，管道系统的振动是一类特殊的机械运动。由初始干扰所引起，而后仅在恢复力作用下的振动，称为自由振动。而管道系统的振动并不是自由振动，它是由作用在管系上的周期性激振力引起的受迫振动。

管道内流体的压力脉动产生的激振力即为管道振动的主要激振力之一。由于往复泵管道系统中的动力机具有间歇性、周期性吸、排量的特点，它们将使管流产生脉动。处于脉动状态的管内流体，在遇到弯管头、异径管等管道元件时，将产生一定的随时间变化的激振力，在这种激振力的作用下，管道及其附属设备即产生振动。基础设计不当及主机等动力平衡性能差，也会引起主机及基础振动，进而引起与其相连的管道及设备振动，这是管道振动的另一个主要激振力。管道结构在激振力的作用下，呈现复杂的振动状态。当管道流体压力脉动的频率与机械结构的固有频率重合时，将产生机械共振，此时管道发生剧烈的振动。对于对置式大排量往复注水泵出口管线来说，其振动包括主动机的不平衡惯性力激励、基础激励引起的振动，以及往复泵工作引起的压力脉动流对管道结构作用产生的振动等。

（二）管道压力脉动的分析

柱塞泵工作时周期性地吸排水使管中流体压力呈现脉动状态，当压力脉动的频率与管道结构固有频率一致时，将产生机械共振，引起管道剧烈振动。图 10 – 35 所示为管线中一点压力随时间的变化曲线，称为压力脉动曲线。管内流体压力脉动的变化程度称为压力不均度。

在设计管道时，应尽可能地不使用弯管，即使使用，也应力求转角 β 尽量小。由此可见，流体压力脉动流经管道弯管处时，将引起管道的振动。压力脉动在弯管处产生的交变力与弯管转角 β 有关，当 $\beta = 0°$ 时，$\Delta R = 0$，无交变力；当 $\beta = 180°$ 时，ΔR 最大。如图 10 – 36 所示。

同样，脉动状态的流体也将在图 10 – 37 所示的异径管处产生交变力 ΔR：

$$\Delta R = \Delta p(A_1 - A_2)$$

式中，p 为管内流体压力；

A_1，A_2 为管道截面积；

Δp 为压力脉动幅值。

由此式可知，变截面处的交变力 ΔR 也将引起管道的振动。

同样地，脉动压力遇到盲板、阀门等管道附件时，也会产生激振力。这些附件往往是管道结构不可或缺的部分，因此，管内流体只要存在压力脉动，则必产生激振力引起管道振动。所以，在管道的减振工作中，应考虑尽可能地减小管内流体压力脉动。

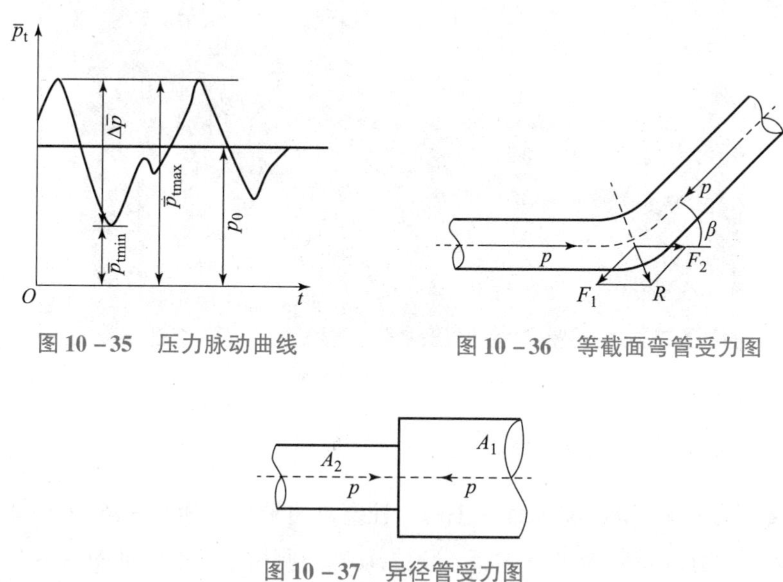

图 10－35　压力脉动曲线

图 10－36　等截面弯管受力图

图 10－37　异径管受力图

（三）对置式往复注水泵出水管线现状

注水泵出水管线安装图如图 10－38 所示。管线外径为 194 mm，壁厚 16 mm，一端通过法兰与注水泵相连，水经注水泵加压后流入管线。沿正常工作状态时水流方向，管线上依次装有安全阀、球形稳压器、回流阀、平衡式截止阀、弯管、高压闸阀，水经高压闸阀后，流入埋于地下的汇管，如图 10－39 所示。

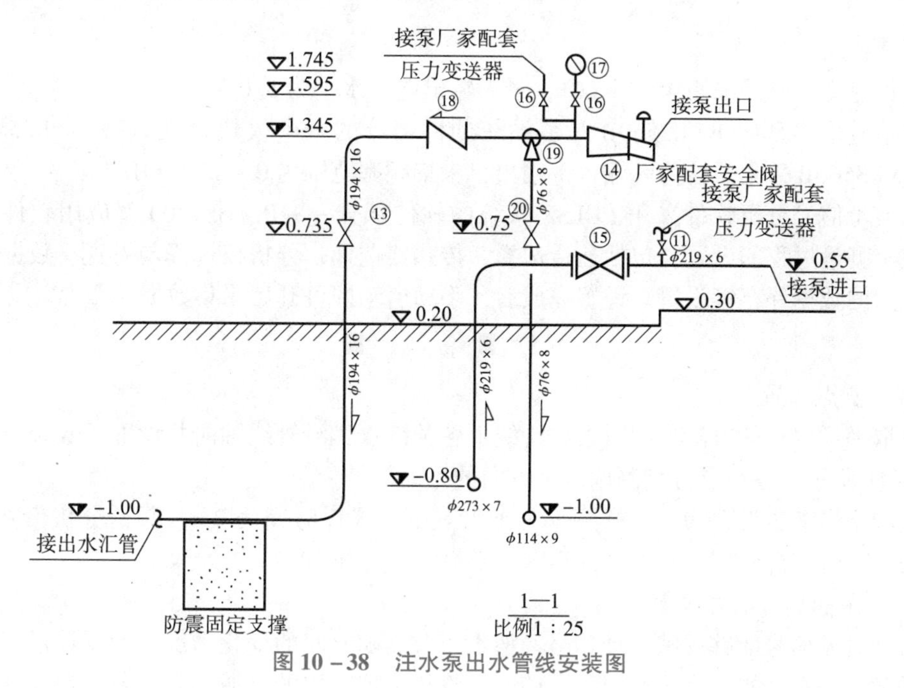

图 10－38　注水泵出水管线安装图

图 10－39　注水泵出水管线实物图

（四）振动响应信号的测试与分析

电动机转频为$f_m = 1\ 486/60 = 24.8$（Hz），柱塞泵曲轴转频为$f_b = 269/60 = 4.48$（Hz），计算得管中流体压力脉动基频为30.8 Hz。管道振动响应测试系统框图如图10－40所示。

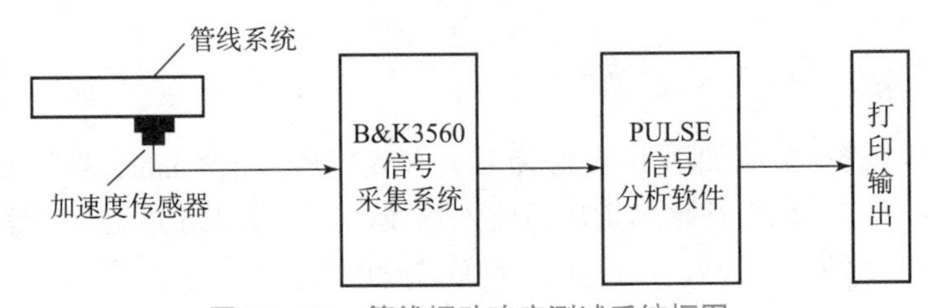

图 10－40　管线振动响应测试系统框图

1. 测试设备

①加速度传感器采用4514－001，最大输出电压水平为5.0 V。

②信号采集系统 B&K3560B 是该系统硬件部分的一个模块（还包括 B&K3560C/D/E）。B&K3560B 采集系统为5输入1输出，采集频率范围为0～25.6 kHz。

③实验信号分析软件采用 PULSE 系统的软件部分——PULSE7700 型应用软件。可以进行整个测量过程的设置，包括通道选择、传感器选择、分析仪选择与设置、数据显示设置及以后的数据保存等设置。设置完成后，手动启动即可开始采集数据。

2. 测点布置及实验参数设置

（1）测点布置

采取平均取点的方法，同时考虑管线上各关键点，沿管线轴向共设置了6个测点，如图10－41所示，各测点分别测取两个方向的振动信号。

实验采样参数设置为：采样频率为1 024 Hz，采样时间为2 s，频谱分析带宽为0～400 Hz，频谱分析线数为800线，频率分辨率为0.5 Hz。

（2）振动响应信号采集

振动时域信号能够反映振动信号幅值大小及其随时间的变化情况。为了揭示管线振动信号的频率分布及幅值大小情况，实验时，将传感器测取的时域信号进行了快速傅里叶变

图 10－41　管线振动响应测试点分布图

换，获得了管线上振动较大点的振动响应频谱信息，如图 10－42～图 10－52 所示。

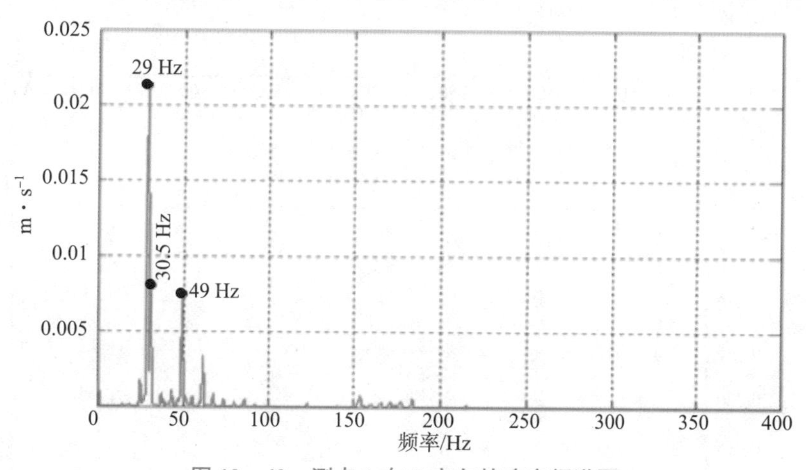

图 10－42　测点 1 在 Z 方向的响应频谱图

（3）振动响应信号分析

①不平衡惯性力和管内流体的压力脉动在异形管件等处产生的激振力是管线振动的两个主要原因。

②注水泵出水管线振动的两个主导频率为 29 Hz 和 30. 5 Hz，分别对应于泵房内基础激励频率和管线内流体压力脉动频率。越靠近弯管处，30. 5 Hz 频率分量引起的振动越大。

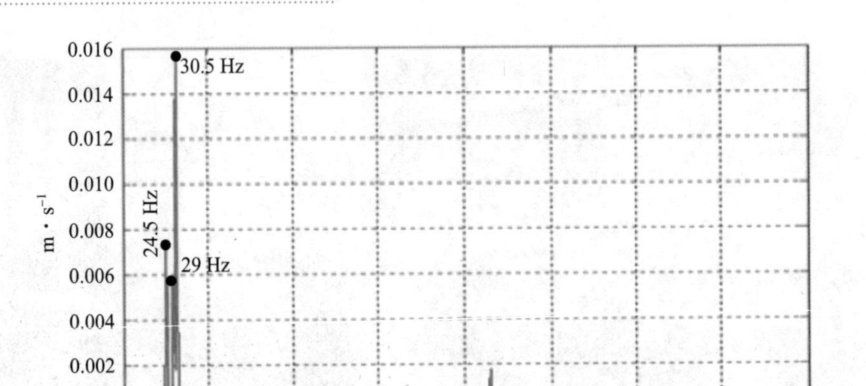

图 10－43　测点 1 在 *X* 方向的响应频谱图

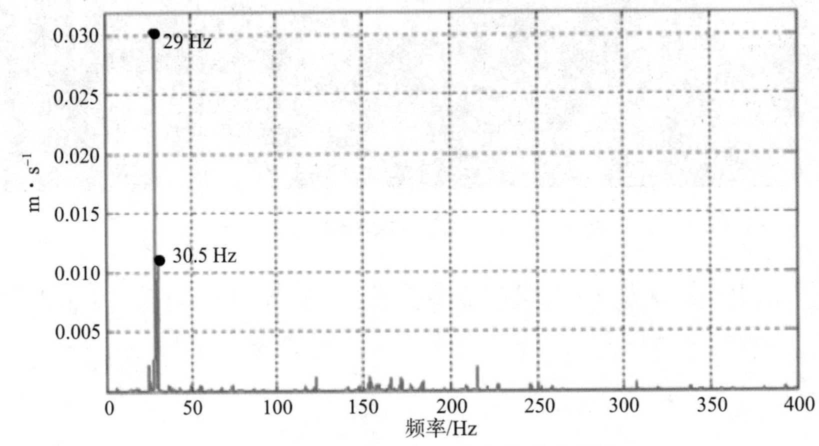

图 10－44　测点 1 在 *Y* 方向的响应频谱

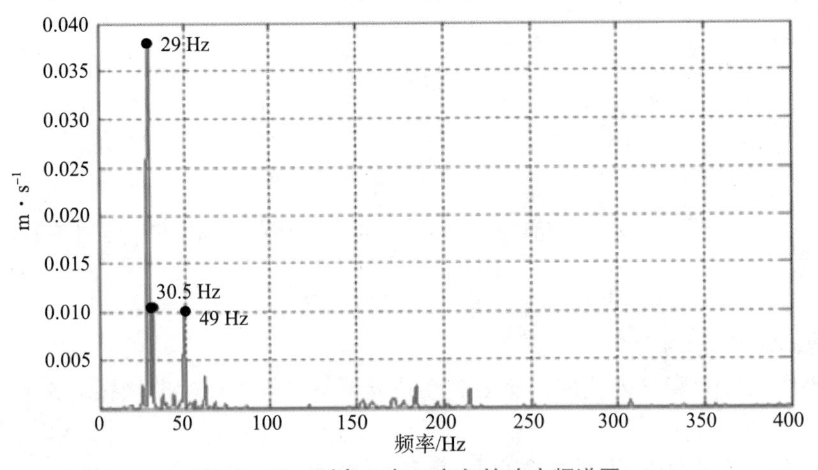

图 10－45　测点 2 在 *Z* 方向的响应频谱图

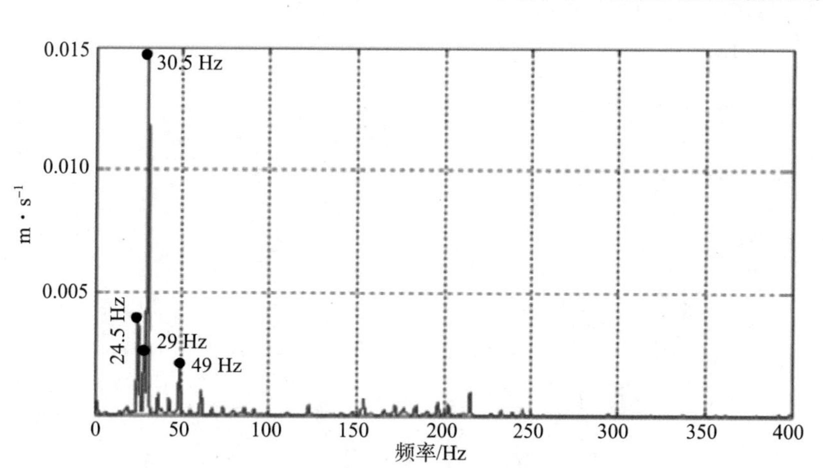

图 10－46　测点 2 在 *Y* 方向的响应频谱图

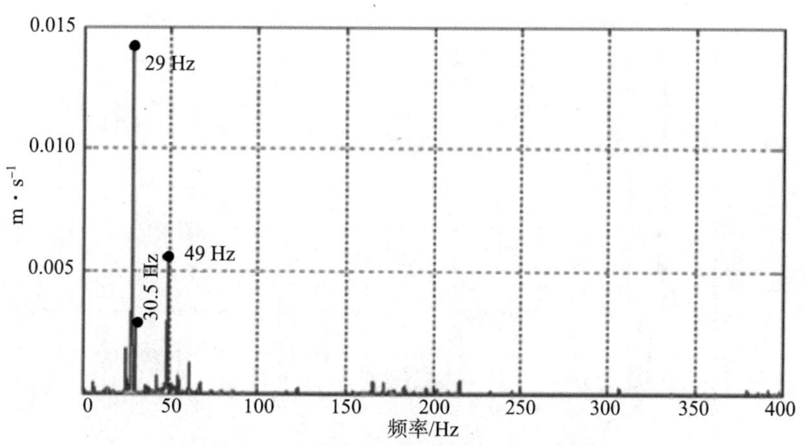

图 10－47　测点 3 在 Z 方向的响应频谱图

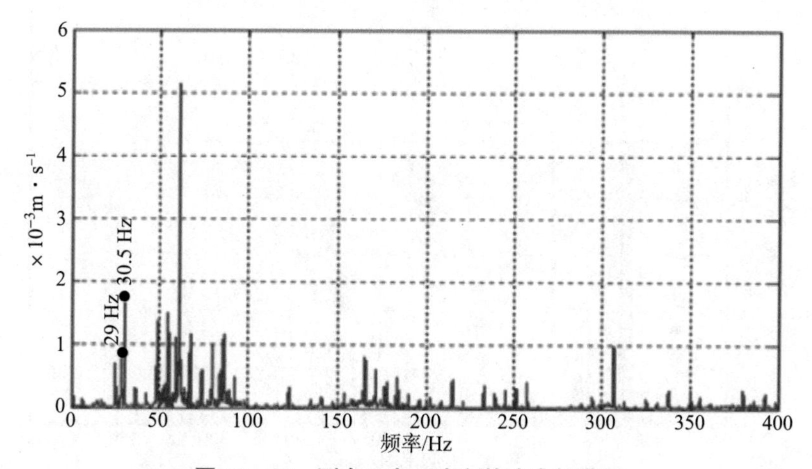

图 10－48　测点 3 在 *Y* 方向的响应频谱图

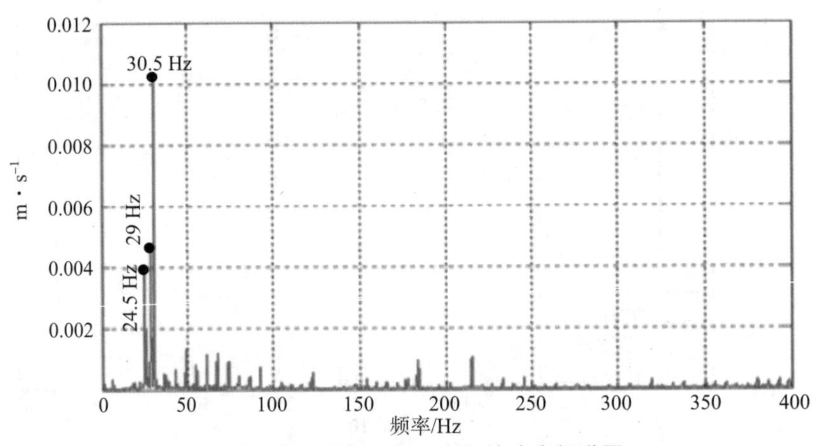

图 10-49　测点 5 在 Z 方向的响应频谱图

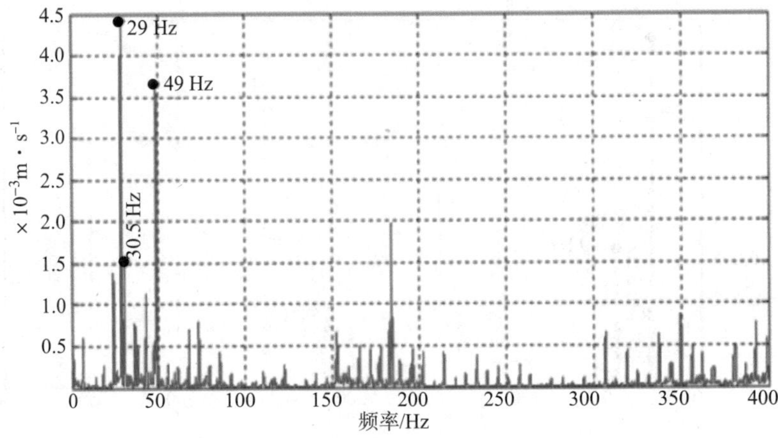

图 10-50　测点 5 在 Y 方向的响应频谱图

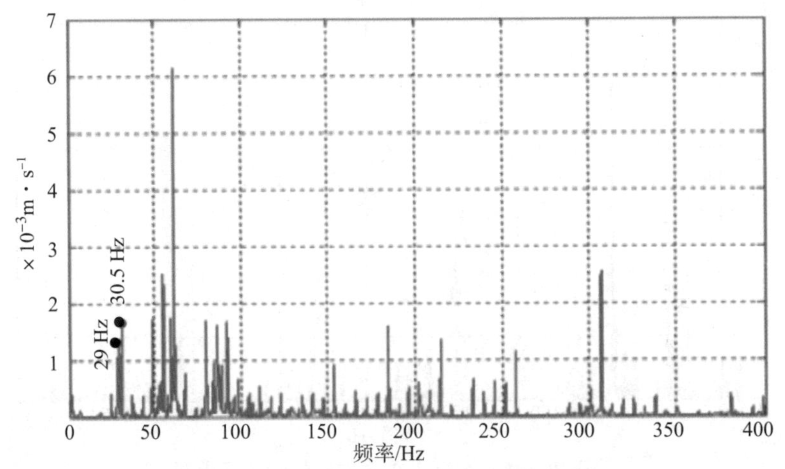

图 10-51　测点 6 在 Z 方向的响应频谱图

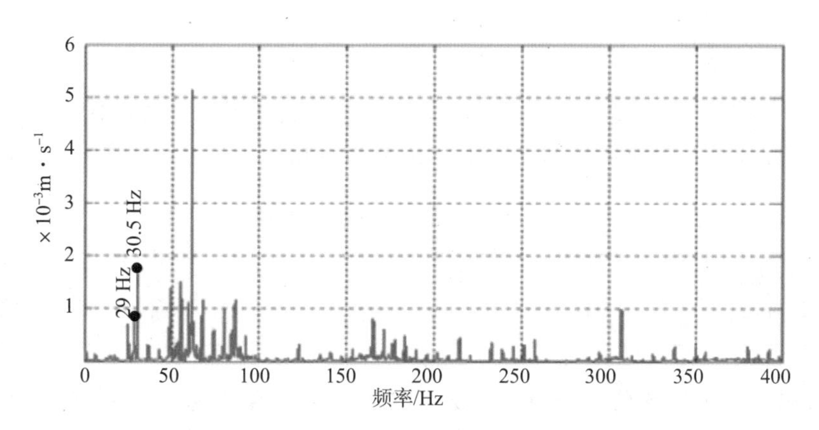

图 10－52　测点 6 在 Y 方向的响应频谱图

③管线测点 4、5、6 处因支撑少、刚度小，振动较测点 1、2、3 处大，改造工作应该考虑这些刚度较小的点。

(五) 改进措施

①针对注水量的变化，将 2#工频运行泵柱塞直径由 78 mm 降至 70 mm，额定流量由 185 m^3/h 降至 150 m^3/h；1#变频运行泵运行频率由 25 Hz 提高至 35 Hz，解决由于设备能力与工况不匹配而形成的憋压、喘振问题。

②喂水泵流量偏大、憋压严重，形成脉动流。切削叶轮流量由 400 m^3/s 降至 300 m^3/s；实施机械密封改造，消除盘根漏失。

③进出口地下管路用三合土夯实回填，汇管采用管卡刚性固定。

④出口管系拆除缓冲球，增加蓄能器。

⑤安全阀移装至末端，放空引管采用高压软管。

⑥底脚垫板由弹性材料改为刚性垫铁。

⑦泵进口、电动机冷却水进出口加装软连接橡胶管。

如图 10－53 和图 10－54 所示。

图 10－53　改造前管路布置

图 10－54　改造后管路布置

（六）改进效果

相较于原管路布置，改造后管线除第一阶和第六阶固有频率变化较小外，其他几阶均有较大提高，完全避开了激励频率 29 Hz 和 30.5 Hz 的共振区，避免产生共振，见表 10－8。

表 10－8　改造后管线固有频率值

模态阶次	1	2	3	4	5	6
改造后管线固有频率/Hz	21.092	42.314	57.793	86.594	96.390	182.10

激振力频率为压力脉动频率 30.5 Hz 下的振动位移值见表 10－9。U_{SUM} 项为总位移。从表中数据可知，改造后管线的刚度增大，振动响应值减小，管线振动得到了有效抑制。

表 10－9　改造前后管线上关键点的振动位移值　　$\times 10^{5}$ m

状态	节点	U_X	U_Y	U_Z
改造前	1	3.643	0.044	1.902
	2	3.804	0.034	1.865
	3	3.847	0.112	2.190
	4	3.831	0.015	2.417
	5	3.792	0.054	1.510
	6	3.163	0.008	0.149
改造后	1	2.842	0.023	1.022
	2	2.701	0.031	1.102
	3	2.770	0.098	1.282
	4	2.835	0.023	1.414
	5	2.920	0.063	1.193
	6	2.372	0.014	0.139

九、机组智能监控系统

（一）往复泵智能监控技术要求及总体方案

1. 监控系统设计原则

本注水站有两台大排量高压往复泵及其配套设备。为了实现工艺参数的监控和数据采集、历史数据记录和报表生成、报警指示记录，本设计新建 PLC 控制系统一套，包含 PLC 控制柜、操作员工作站及远程 SCADA 数据采集服务器一套。操作员工作站设置在已建值班室，在监控室内设置一套远程注水站 SCADA 数据采集服务器。正常情况下，由室内的 SCADA 数据采集服务器实现远程控制功能，注水站内操作员经授权后方可进行操作。在满足安全的工艺过程的前提下，仪表、设备选型力求统一；采用具有高可靠性、高稳定性和可维护的自动化软硬件，保证工艺设备安全、高效、平稳运行；降低劳动强度，提高生产率及经济效益。

2. 系统监控参数

高压往复泵房内设有大排量高压往复泵及电动机 2 套、喂水泵 2 台、润滑油泵 2 台、冷却系统 1 套等，监控内容如下。

（1）高压往复泵房

①往复泵房内，每台高压往复泵进口处设置压力变送器（PIT－101A、PIT－102A），低压(0.05 MPa)时声光报警，极低压（0.03 MPa）时停泵；每台高压往复泵出口处设置压力变送器（PIT－101B、PIT－102B），高压（17.5 MPa）时声光报警，极高压（19.5 MPa）时连锁停相应泵。

②每台高压往复泵电动机轴承设铂电阻温度检测，高温（85 ℃）时声光报警，极高温（95 ℃）时连锁停机；每台高压往复泵电动机定子设铂电阻温度检测，高温（115 ℃）时声光报警，极高温(125 ℃)时连锁停机。

③每台高压往复泵上的柱塞脱扣、填料刺漏等检测，采用高清摄像头进行视频监视，并能将视频信号通过 Web 服务器远传。

④每台高压往复泵润滑油管线设压力变送器（PIT－101C、PIT－102C），低压(0.12 MPa)时声光报警，极限低压（0.1 MPa）时停高压往复泵。

⑤每台高压往复泵电动机循环冷却水来水管线设压力变送器（PIT－101D、PIT－102D），压力小于 0.2 MPa 时，声光报警并停高压往复泵。

（2）储水罐

储水罐设液位检测及报警装置（LIT－101A/B），高液位（8 m）时声光报警并远传，低液位（4 m）时对声光报警并远传。

（3）喂水泵

①高压往复泵房内，每台喂水泵进水总管设压力变送器（PIT－104），压力小于 0.03 MPa时，声光报警并将信号远程监控，压力小于 0.02 MPa 时，停喂水泵及其高压往复泵。

②每台喂水泵运行状态，故障状态远处；喂水泵进水总管 DN273，PN10 电磁流量计(FIT－101)，流量监控信号传至低压配电室 PLC 系统。

（4）润滑油泵

润滑油泵出口管线设压力变送器（PIT－106A），低压（0.12 MPa）时声光报警，高压（0.4 MPa）时报警并连锁停机。

（5）变频室

实时调节变频器输出频率，控制注水系统出口总压值维持恒定，实现恒压供水。

（6）循环冷却泵房

冷却循环水泵出水口汇管处设置压力检测器（PIT－107），低压（0.25 MPa）时声光报警，极限低压（0.2 MPa）时停止用泵，并自动投运备用泵，同时，可实现自动投运解除；2 台冷却水泵的运行状态、故障状态信号远传。

（7）注水系统出口总压力

注水系统干线上设压力变送器（PIT－104），根据其反馈信号，控制变频器的输出频率，实现恒压注水，并进行数据远传。

3. 监控系统I/O点数统计

根据监控系统的总体目标及生产要求，每台大排量高压往复泵监控I/O点数统计见表10－10。

表10－10 注水系统监控I/O点数

信号	类别	监控	自动	手动
AI	4～20 mA	29		
RTD	热电阻	33		
AO	4～20 mA		2	
DO	220 V AC，5 A，无源触点		26	
	以太网模块			

4. 监控系统总体目标与方案

①以大排量高压往复泵注水站实现无人巡回且可视化监控为总体目标。大排量高压往复泵注水站工作现场噪声大、振动大且安全性差，需实现无人巡回且可视化监控，优点为：高压往复泵站的各个状态参数集中显示在监控界面，在线反映其运行情况，避免人为因素造成的各种误差；视频采集系统能实时回传视频监控图像，实现可视化监控；可快速显示高压往复泵站故障，具备自动报警及停泵功能，提高注水站工作的安全性与注水效率；实现整个注水泵站无人巡回，大大降低了工作人员的监测负担；现场数据自动收集、保存、记录。

②注水系统智能监控方案主要分为集中式和分布式。集中式监控是一种传统式的监控方案，主要用于一台设备的监控，将每台设备的数据通过通信系统传递给上位机监控界面。分布式监控主要用于多台设备的同时监控（图10－55）。本设计针对两台大排量高压往复式高压往复泵站的监控，故采用分布式监控方案。

下位机控制系统由一个主控制器（PLC 200）和三个从控制器（PLC 200）组成，控制器之间通过CAN网络总线连接，主控制器与上位机（人机界面）之间采用RS485总线连接。数据采集系统将传感器组采集的信号经过A/D转换、软件滤波，通过RS485总线将数据传给上位机监控界面。另外，每台高压往复泵站还连接一个工业用高清摄像头，多个摄像头通过视频分割器将信号同时传递给上位机监控系统，实现该设备的可视化监控。若设备出现运行故障，声光报警器能自动发出报警信号提醒现场工作人员，并视故障情况停泵。

（二）分布式智能监控系统下位机开发

1. 监控系统中的硬件系统的设计

按照注水系统分布式智能监控系统的要求进行硬件选型，控制器（PLC）是恒压注水

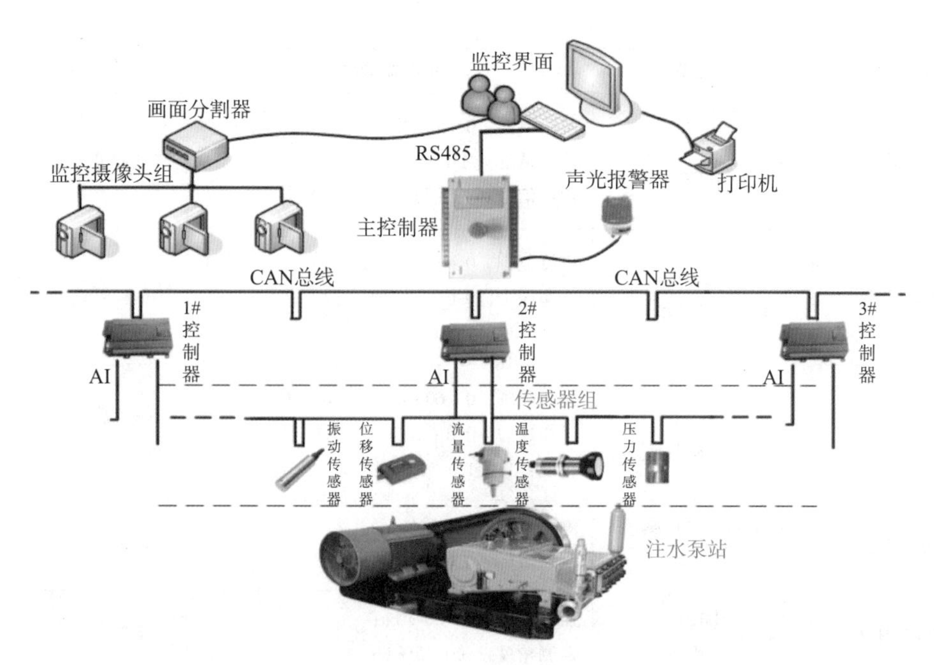

图 10－55　分布式监控方案

控制系统中的核心硬件，承担着采集输入信号、控制输出信号及实现数据交换等任务。扩展模块的作用是接收传感器测得的信号，每一个扩展模块可以接收 8 个信号。监控系统硬件如图 10－56 所示。监测点监控方案见表 10－11。

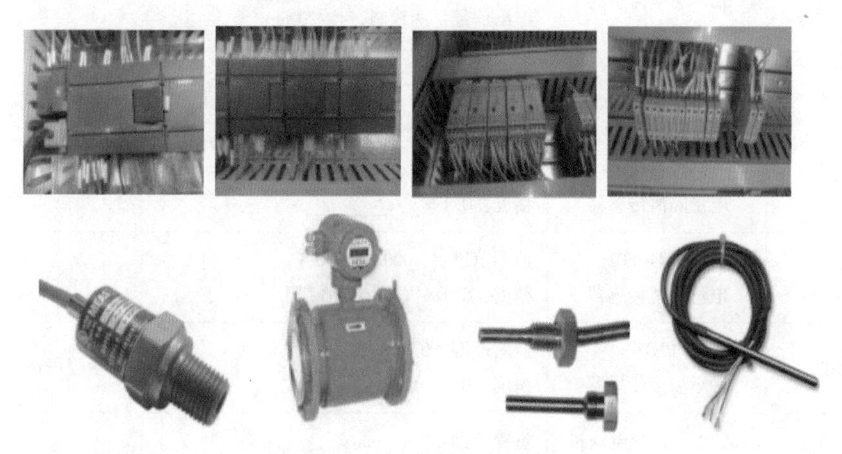

图 10－56　监控系统硬件

表 10－11　监测点监控方案

监控参数	传感器型号	传感器参数	备注
泵进、出口压力	MSP300 传感器	监测范围：0～50 MPa； 监测精度：±0.1%FS； 输出信号：两线制，4～20 mA	

续表

监控参数	传感器型号	传感器参数	备注
润滑油压力	MSP300 传感器	监测范围：0～50 MPa； 监测精度：±0.1% FS； 输出信号：两线制，4～20 mA	量程可选
振动位移	CZ680 振动位移传感器	监测范围：0～600 m^3/h； 工作压力：0.6～50 MPa； 精度：±0.1%	量程可选
出口流量	LDG－S 电磁流量计	监测范围：0～600 m^3/h（量程可选）； 工作压力：0.6～50 MPa； 精度：±0.1%	结合能耗、机组及泵效率显示
润滑油液位	电涡流液位传感器 IN081	测量范围：0～2 000 mm； 承压范围：0～10 MPa	量程可选
润滑油压力	HM20 传感器	监测范围：0～20 MPa； 监测精度：±0.15% FS	量程可选
润滑油温度	SMD1206 温度传感器	监测范围：－30～150 ℃； 精度：0.2 ℃	
轴承温度	PMD 轴承温度传感器	监测范围：0～200 ℃； 精度：0.3 ℃； 输出信号：两线制，4～20 mA	量程可选
定子温度	PT100 温度传感器	监测范围：－20～100 ℃； 精度：0.1 ℃	量程可选
相电流	WBV414U01 电量隔离传感器	监测范围：0～200 A； 精度：0.1%	量程可选
电压	WBV414S01 电量隔离传感器	监测范围：1 000～5 000 V； 精度：0.1%	
轴承温度	PMD 轴承温度传感器	监测范围：0～100 ℃； 精度：0.15 ℃	量程可选
机身振动	CZ891 一体化电动机 振动传感器	量程范围：0～1 mm； 监测精度：1.5%	
累计运转及能耗	软件实现	软件实现	
冷却水液位	CR－606C 电容式液位传感器	测量范围：0～2 000 mm； 承压范围：0～10 MPa	量程可选
进出口压力	HM20 传感器	监测范围：0～20 MPa； 监测精度：±0.15% FS	量程可选

续表

监控参数	传感器型号	传感器参数	备注
进出口温度	普通型温度传感器	监测范围：－30～100 ℃； 精度：0.3 ℃	量程可选
环境温度	普通型温度传感器	监测范围：－30～100 ℃； 精度：0.3 ℃	量程可选

注水站控制系统采集信号过程中，隔离栅将输入的电流或电压信号送入模块内进行多重处理，再输出电流和电压信号。隔离栅的使用大大降低了系统外部因素对信号传输的干扰，提高了被测量的准确性。

2. 泵体接杆、柱塞脱扣监控方案

由于高压往复泵需要昼夜不停地开泵注水，具有持续时间长、运转速度快等特点，工作环境非常恶劣。工作过程中容易发生接杆或者柱塞的脱扣现象，该现象通常是因为柱塞与接杆之间产生了相对转动。由于接杆不会转动，通常是柱塞产生转动，从而引起直线运动。若发生脱扣现象，设备仍然运转，极易造成设备损坏，因此，对脱扣现象的监测非常重要。

高压往复泵脱扣检测装置包括金属圆盘、防水型接近开关、报警装置和控制系统，如图 10－57 所示。圆盘安装在柱塞的外周上，正对圆盘在大流量高压往复泵所在箱体的内壁安装防水型接近开关，防水型接近开关连接控制系统，控制系统连接报警装置。当柱塞与接杆之间产生相对转动时，圆盘会慢慢远离防水型接近开关。当防水型接近开关在单位时间内没有检测到金属圆盘时，表明即将发生脱扣，防水型接近开关立即将该信息以信号的形式传给控制系统，并通过控制系统控制高压往复泵停止运行，防止脱扣后设备运转而对设备造成损坏。同时，控制系统启动报警装置进行报警，从而使技术人员及时发现故障并进行维修。另外，该金属圆盘还能够起到防止填料刺漏出的水稀释曲轴箱内润滑油，确保往复泵使用寿命的作用。

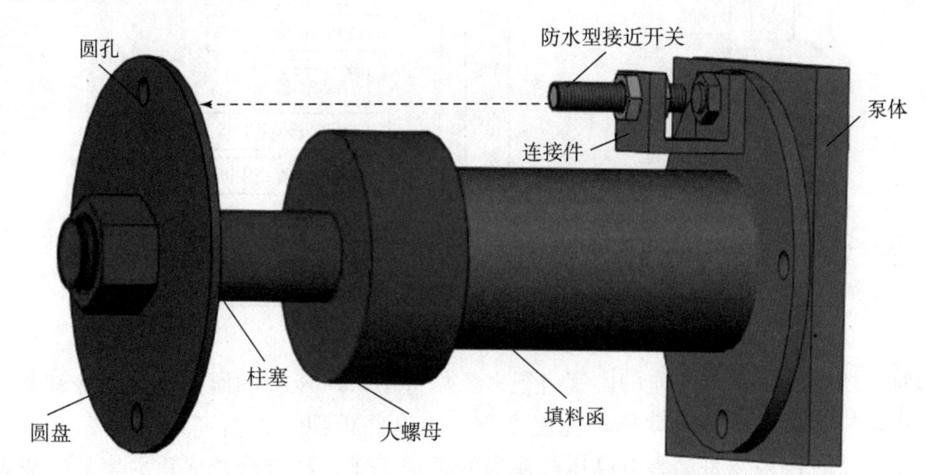

图 10－57　接杆、柱塞脱扣监控装置示意图

3. 视频与声光报警系统设计

三路摄像头和视频分割器与监控计算机连接，专门开发一套软件系统，将其嵌入监控界面。通过该界面，不仅能实时看到画面，还能按照需要人为调整摄像头角度，实现多方位监控。当高压往复泵设备发生故障时，声光报警器能及时释放报警信号，使注水泵站的监测人员做出快速的反应。选用的声光报警器型号为 HX－100B。在每台往复泵柱塞上方安装高清摄像头，实现脱扣、刺水等现象的可视化监控。同时，在整个厂区安装摄像头，实现整体的可视化监控，视频信号可以无线发送出去。

4. 注水系统下位机程序设计

下位 PLC 连接监控界面与采集信号的传感器，主要实现信息采集和执行工作人员发出的操作指令。选择 4 个 S7－200 CPU224 CN 用于构建分布式智能监控系统主控单元。选取 1 个 PLC 作为主控 PLC，其他 PLC 用于采集每台高压往复泵及相应系统部件的被测变量信号。下位机程序结构图如图 10－58 所示。

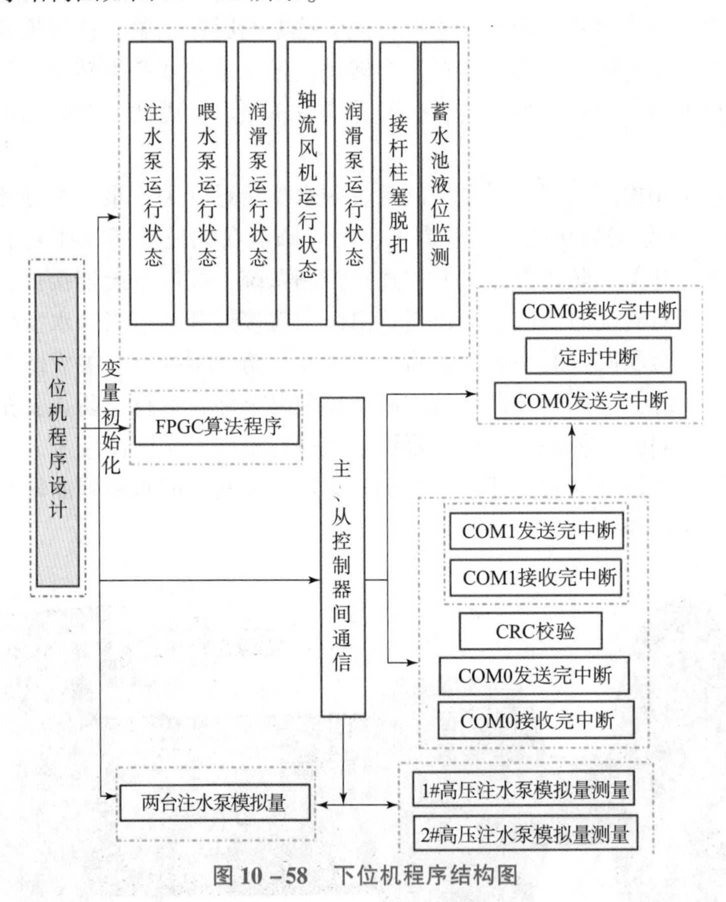

图 10－58　下位机程序结构图

影响高压往复泵正常工作的因素有很多，如进出口水压、润滑油压力、冷却水温度和压力、电动机定子温度、电动机轴瓦温度等。当这些模拟量的值高（低）于某一特定值时，如果不及时停泵，将会影响高压往复泵的正常工作，甚至会造成重大事故。影响高压往复泵工作的模拟量输入之间的逻辑关系为并，即当其中任何一个条件满足时，高压往复泵将停止工作。停泵信号通过 PLC 200 的 Q0.2 端口输出，进而与之相连的继电器发出相应的动作，将高压往复泵的电源切断，达到停泵的目的。

（三）分布式智能监控系统上位机开发

1. 监控系统上位机设计思路

对置式大排量高压往复泵智能监控系统主要分为3个部分：控制部分、可视化部分、管理部分。根据工况设置的指令和要求，监控界面将数据传输到控制硬件中，通过这种交互方式来控制下位机实时监控数据变化，数据处理流程图如图10－59所示。在控制部分，“组态王”软件利用其I/O驱动内部程序获取下位机设备中相关的参数，通过内部逻辑判断处理，将信号呈现到人机交互监控界面上。

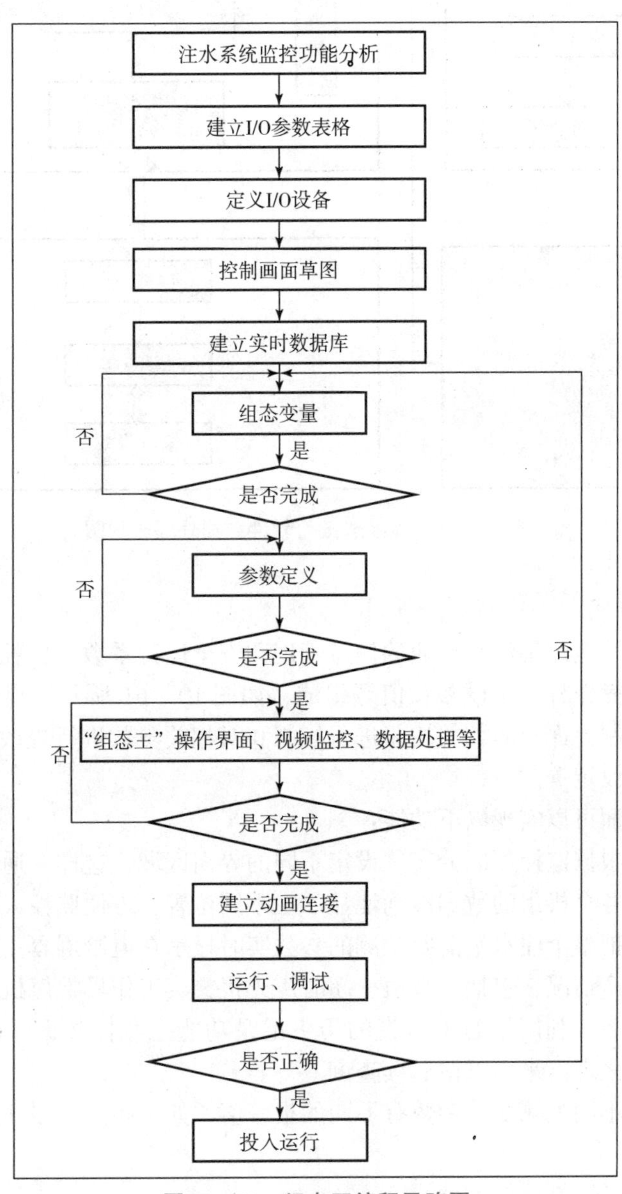

图10－59　组态王编程思路图

"组态王"软件数据处理流程图如图 10－60 所示。在通信方面，"组态王"通过数据库与下位机设备完成点对点的通信，并将接收到的数据和信息存储在特定的单元内，还可以利用采集到数值生成报表、建立实时动态曲线图。"组态王"数据库中的点参数为上位 PLC 和下位 PLC 建立起数据连接，通过这个通道，组态王系统做出相应的数值计算、逻辑判断。

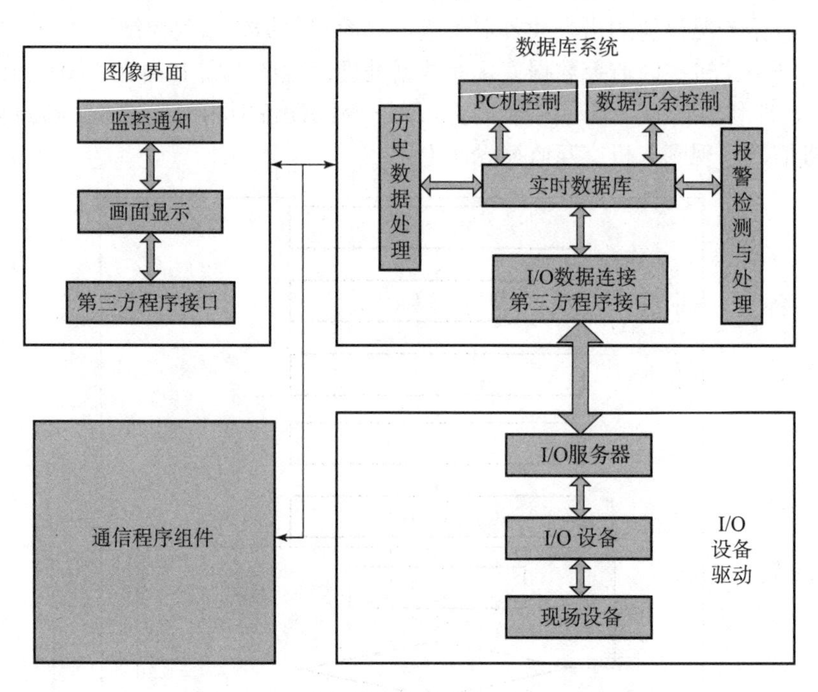

图 10－60　"组态王"软件数据处理流程图

2. 人机交互控制界面设计

监控界面能很好地改善注水作业的信息管理和安全运行系数。监控界面主要由按钮开关、信号指示灯、操作杆、预设参数值等组成，如图 10－61 所示。界面操作人员在授权的前提下可以对控制界面上的相关按钮进行控制和对相关参数进行更改。例如，控制算法的调用、总压值的设定等。

人机交互主界面可以实现以下功能：

①分机定位。根据监控厂区分布，设定不同的界面区域，这样，通过"组态王"对下位机数据的读取将各个机组的数据准确地显示在不同位置，方便监控人员操作处理。

②实时监控。把整个注水站需要检测的参数实时显示在电脑屏幕上，通过此可以实时查看注水系统的生产情况，包括参数值、超时声光报警、工作异常停机等。

③历史记录报表。利用组态王自带的历史记录功能把监控数据及时地记录到数据库中，以表格的形式呈现出来，以便后续查询。

④报警功能。不同被测变量参数有不同的报警值，如果超过了设定的值，会产生声光报警。

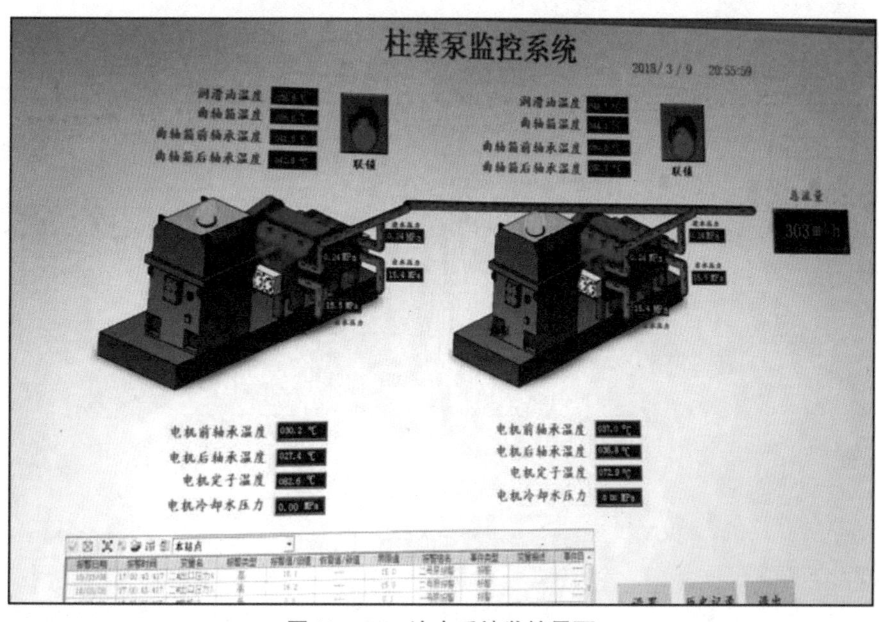

图 10－61　注水系统监控界面